"十三五"职业教育部委级规划教材

针织服装结构原理与制图

（第 3 版）

谢丽钻　编著

中国纺织出版社有限公司

内 容 提 要

本书以工厂生产实际为基础，结合现代服装时尚，以丰富的结构制图实例，阐述了针织服装结构制图的基本原理、针织服装制图与机织服装制图的不同点以及100多种不同款式类型的针织男女上下装、裙装、童装、针织服装配件的制图方法。

本书图文并茂，通俗易懂，可读性、可操作性强，对教学和生产都具有较高的实用价值。既可作为高等院校服装专业的教材，也可供服装企业技术人员及针织服装爱好者学习和参考。

图书在版编目（CIP）数据

针织服装结构原理与制图 / 谢丽钻编著. --3 版
. -- 北京：中国纺织出版社有限公司，2020.7
"十三五"职业教育部委级规划教材
ISBN 978-7-5180-7452-5

Ⅰ . ①针… Ⅱ . ①谢… Ⅲ . ①针织物 – 服装设计 – 结构设计 – 职业教育 – 教材②针织物 – 服装 – 制图 – 职业教育 – 教材 Ⅳ . ① TS186.3

中国版本图书馆 CIP 数据核字（2020）第 085256 号

策划编辑：朱冠霖 张晓芳 责任编辑：朱冠霖
责任校对：楼旭红 责任印制：何 建

中国纺织出版社有限公司出版发行
地址：北京市朝阳区百子湾东里A407号楼 邮政编码：100124
销售电话：010—67004422 传真：010—87155801
http://www.c-textilep.com
中国纺织出版社天猫旗舰店
官方微博 http://weibo.com/2119887771
三河市宏盛印务有限公司印刷 各地新华书店经销
2008年11月第1版 2016年1月第2版 2020年7月第3版第1次印刷
开本：787 × 1092 1/16 印张：19.25
字数：338千字 定价：58.00元

凡购本书，如有缺页、倒页、脱页，由本社图书营销中心调换

第3版前言

随着我国服装业多元化的深入发展,对针织服装教学所需的教材质量要求也日益提高。《针织服装结构原理与制图》继第2版出版以来,得到了读者的喜爱。此次再出第3版,有赖于读者和出版社的大力支持,给编著者一个更高的平台,来不断完善和充实书本的内容。

针织服装在造型和结构设计上与机织服装既有一般的共性,又有其固有的特性。本书是根据服装结构的基本原理和理论体系,将针织与机织服装制图方法结合起来,既保留了针织服装结构的风格和特色,又在一定程度上拓展了服装结构的理论,建立了针织服装相应的结构设计模式,为针织服装向时装化、个性化的发展提供了理论依据。

本书共分八章,内容广泛,由浅入深。涵盖了男、女服装,儿童服装;有内衣,有外衣;有传统服装,也有时尚款式;服饰中有帽饰,也有包饰。书中在保留第2版的传统服装基础上,增加了不少新款式,使内容更加体现现代服装时尚,贴近生活实际。第一章、第二章讲述人体测量、针织服装的尺寸设计、结构制图的基础知识以及针织面料特性;第三章、第四章讲述了针织裙、裤装的结构原理及制图实例;第五章阐述了针织上装的结构原理及制图实例,其中包括男女内衣、男女休闲装等;第六章讲述了针织童装结构原理与制图,包括婴儿装、童装不同款式的结构制图实例;第七章介绍了针织特色服装,制图实例有时装、套装、运动装。同时,一些款式附有结构制图步骤,使不同层次的读者能够更好地理解和学习,增强可读性。第八章介绍了针织服装配件及其制图实例。全书实例丰富,图文并茂,制图方法简单易学,计算公式标注在制图中,操作便捷;内容与生产实际紧密结合,实例分析透彻,具有实用性和可操作性。

编著者

谢丽钻

2020年1月

第2版前言

本书自出版以来，得到了读者的大力支持和厚爱，8年来重印7次。此次修订，是出版社给予编著者一个更高的平台，来不断完善和充实本书的内容。在此，仅向出版社和广大读者表示衷心的感谢！

针织服装在造型和结构设计上与机织服装既有一般的共性，又有其固有的特性。本书是根据服装结构的基本原理和理论体系，将针织与机织服装制图方法结合起来，既保留了针织服装结构的风格和特色，又在一定程度上拓展了服装结构的理论，建立了针织服装相应的结构设计模式，为针织服装向时装化、个性化的发展提供了理论依据。

本书共分八章，第一章、第二章讲述人体测量、针织服装的尺寸设计及结构制图的基础知识，增设了针织面料特性的知识，介绍针织面料的性能和特征，目的是拓展读者的知识面，增强对针织服装特性的感性认识，对学习针织服装结构制图会有很大的帮助；第三章、第四章讲述了针织裙、裤装的结构原理及制图实例，增加了裙装、男女裤装一些款式的结构制图步骤；第五章阐述了针织上装的结构原理及制图实例，包括男女内衣、男女休闲装等，增加了男女上装一些款式的结构制图步骤；第六章讲述了针织童装结构原理与制图，包括婴儿装、童装不同款式的结构制图实例，增加了童装一些款式的结构制图步骤；第七章内容是针织特色服装，制图实例有时装、套装、运动装，增加了一些款式的结构制图步骤，使不同层次的读者能够更好地理解和学习，增强可读性，同时，删除了相似款式的结构制图，使内容更加简洁和紧凑；第八章介绍了针织服装配件及其制图实例。全书实例丰富，涵盖面广，款式时尚，制图方法简单易学；计算公式标注在制图中，操作便捷；内容与生产实际紧密结合，实例分析透彻，具有实用性和可操作性。

由于本人水平有限，有不足之处，敬请专家、同行及各位读者不吝赐教。

编著者
2016年1月

第1版前言

近年来，随着人们穿衣观念的转变，针织服装已从单一的内衣产品逐渐渗透到外衣等服饰领域，且日趋时装化和个性化，成为当今服装主流的重要分支，它以其面料富有弹性、款式简洁自然、休闲随意、穿着方便舒适等优势，占据着人们穿衣的重要位置。针织服装在造型和结构设计上与机织服装既有一般的共性，又有其固有的特性。

针织服装专业已成为一门新兴的学科，针织服装业的飞速发展，日新月异，要求有相应的教材来适应教学的需求。为此，本书根据服装结构的基本原理和理论体系，将针织服装与机织服装的制图方法结合起来，既保持了针织服装结构的风格和特色，又在一定程度上拓展了服装结构的理论，从而制订了针织服装女装基本样。对基础纸样的制作及各类服装造型的结构制图原理及应用规律等，本书都作了全面的阐述，建立了针织服装相应的结构设计模式，为针织服装向时装化、个性化的发展，提供了理论依据。

本书共分八章，第一章、第二章讲述了人体测量、针织服装的尺寸设计及结构制图的基础知识；第三章、第四章讲述了针织裙装、裤装的结构原理及其结构制图实例；第五章阐述了针织上装的结构原理与结构制图实例，其中包括男女内衣、男女休闲装等；第六章讲述了针织童装结构原理与制图，包括婴儿装、童装不同款式类型的结构制图实例；第七章内容是针织特色服装，制图实例有时装、套装、运动装；第八章介绍了针织服装配件及其结构制图实例。全书实例丰富，涵盖面广，款式时尚，制图方法简单易学，计算公式标注在制图中，操作便捷，内容与生产实际紧密结合，实例分析透彻，具有实用性和可操作性。

针织服装属于新兴学科，在理论上还需要不断完善和提高。由于编者水平有限，且全书款式图和结构图绘制（使用CorelDRAW软件）工作量很大，在论述和制图中难免有不妥或不足之处，请专家、同行及各位读者不吝赐教。

编著者

2008年5月

教学内容及课时安排

章/课时	课程性质/课时	节	课程内容
第一章 （1课时）	基础篇 （6课时）		·人体测量与针织服装尺寸设计
		一	人体测量
		二	针织服装尺寸设计
第二章 （5课时）			·针织服装结构制图基础
		一	针织服装的规格设计
		二	针织服装主要部位结构
		三	服装部位制图线条名称
		四	常用制图符号与术语
		五	针织服装结构制图方法
		六	针织服装面料的特性
第三章 （10课时）	实操篇 （104课时）		·针织裙装结构原理与制图
		一	裙子基本型
		二	针织裙结构制图方法
		三	针织裙结构制图实例
第四章 （16课时）			·针织裤装结构原理与制图
		一	裤子基本型
		二	针织裤结构制图方法
		三	针织女裤结构制图实例
		四	针织男裤结构制图实例
第五章 （30课时）			·针织上装结构原理与制图
		一	针织女装原型
		二	针织上装结构制图方法
		三	针织女上衣结构制图实例
		四	针织男上衣结构制图实例
		五	针织女式内衣结构制图实例
		六	针织男式内衣结构制图实例
第六章 （20课时）			·针织童装结构原理与制图
		一	童装结构制图特点
		二	婴儿装结构制图实例
		三	儿童下装结构制图实例
		四	儿童上装结构制图实例

章/课时	课程性质/课时	节	课程内容
第七章 （24课时）	实操篇 （104课时）		·针织特色服装结构制图
		一	针织特色服装结构制图要点
		二	针织运动女装结构制图实例
		三	针织运动男装结构制图实例
		四	针织时装结构制图实例
		五	针织套装结构制图实例
第八章 （4课时）			·针织服装配件结构制图
		一	针织服装配件结构制图要点
		二	针织服装配件结构制图实例

注 各院校可根据自身的教学特点和教学计划对课程时数进行调整。

目录

基础篇——

人体测量与针织服装尺寸设计

课题名称： 人体测量与针织服装尺寸设计

课题内容： 男女人体的结构特征、人体测量的基本方法、针织服装尺寸设计

课题时间： 1课时

教学目的： 让学生懂得人体测量的基本方法。

教学方式： 运用PPT及示范教学。

教学要求： 1. 认识、了解男女人体结构，结合人体模特讲解人体测量的方法。

2. 让学生分小组互相学习人体测量的方法，激发学习的热情。

课前准备： 1. 服装软尺。

2. 人台模特。

第一章　人体测量与针织服装尺寸设计

第一节　人体测量

针织服装工业化生产的成衣规格通常是根据国家号型标准或客户提供的规格表制定的，但是，作为服装设计与制作者，人体测量是必备的基础知识和技术。正确的规格尺寸是制图的依据，我们不但要掌握人体各个部位测量的要领，了解规格表中尺寸的来源，还要学会规格尺寸的设计。

一、测量要领

1. 测量时的姿态

进行人体测量时，被测量者一般取立姿，自然站直，两脚尖略分开，双肩放松，双臂自然下垂，双手分别置于身体两侧，不能低头探视或做深呼吸等动作。测量者位于被测量者的左侧。

2. 测量的程序

量体要按一定的程序进行。女装测量顺序：衣长、腰长、袖长、裤长、裙长、胸围、腰围、摆围、臀围、膝围、脚口、肩宽、颈根围等部位。男装测量顺序：衣长、背长、袖长、胸围、腰围、臀围、膝围、脚口肩宽、颈根围等部位。

二、测量方法

在测量围度时，软尺应保持水平状态，不松不紧，以软尺刚好能转动为宜。

1. 人体围度测量

①至⑧的测量见图1-1（a）：

①胸围：经胸高点（BP）水平围量一周。

②腰围：在腰部最细处水平围量一周。

③腹围：在腰围与臀围的二分之一处水平围量一周。

④臀围：在臀部最丰满处水平围量一周。

⑤臂根围：经过肩端点、腋点围量一周。

⑥颈围：经前颈点至第七颈椎点水平围量一周。

⑦臂围：在上臂最丰满处水平围量一周。

⑧腕围：沿着腕部最细处水平围量一周。

⑨至⑪的测量见图1-1（b）：

⑨胸宽：两前腋点间的距离。前腋点指人体自然直立时，胸与上臂会合所形成夹缝的止点。

⑩胸高：从侧颈点至胸高点的距离。一般胸高为23~27cm。女性随着年龄的增长，肌肉松弛，乳房下垂渐渐增加。因此在纸样设计时，胸高应根据年龄的不同而有所不同。

⑪胸距：胸前两乳点间的水平距离，一般胸距为18cm。

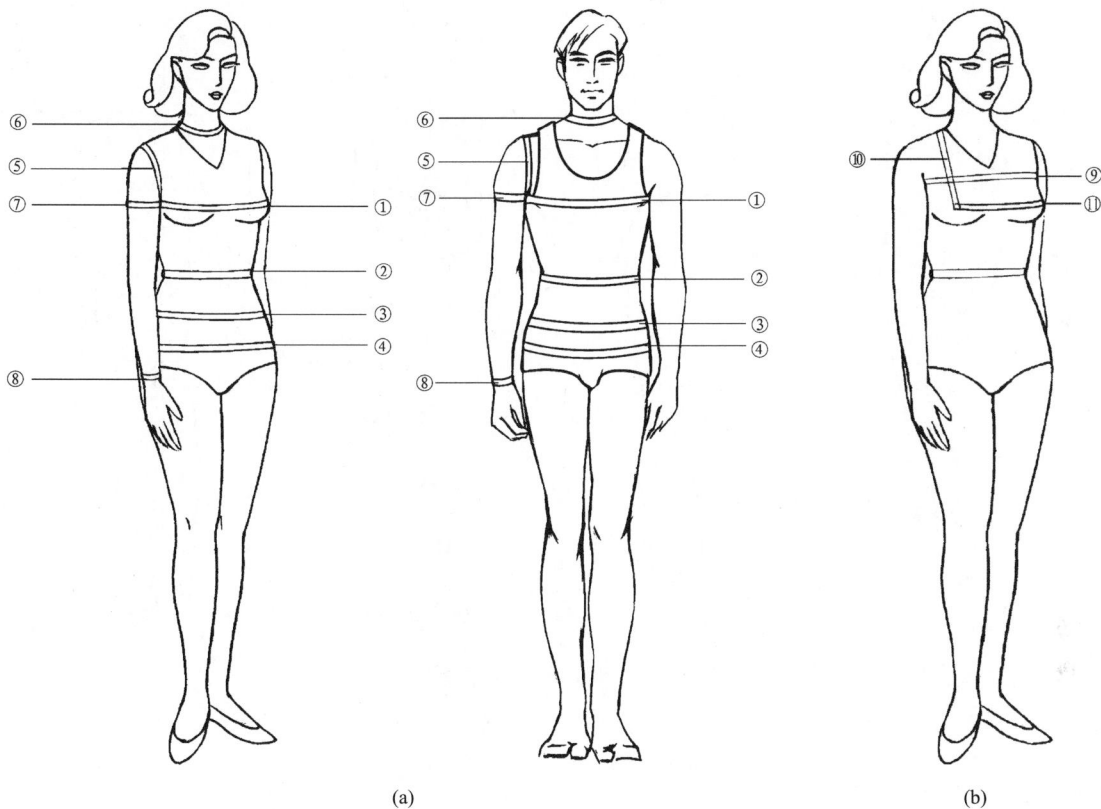

(a)   (b)

图1-1　人体围度测量

2. 人体长度测量

①至④的测量见图1-2（a）：

①袖长：从肩端点沿手臂向下量至所需的长度。

②前腰长：从侧颈点经胸高点向下量至腰围线处。

③裙长：从体侧腰围线处向下量至所需裙长位置。

④裤长：从体侧腰围线处向下量至脚踝外凸点的位置，或者根据款式需要确定。

⑤至⑨的测量见图1-2（b）：

⑤总肩宽：左、右肩端点间的水平弧长。

⑥背长：从后颈点（第七颈椎点）量至腰围线。

⑦背宽：两后腋点间的距离。后腋点指人体自然直立时，后背与上臂会合所形成夹缝的止点。

⑧后衣长：从后颈点向下量至所需的长度。

⑨立裆：被测者立姿，由腰围线垂直量至臀位线处的距离或被测者坐姿，从腰部最细处垂直量至椅上的长度。

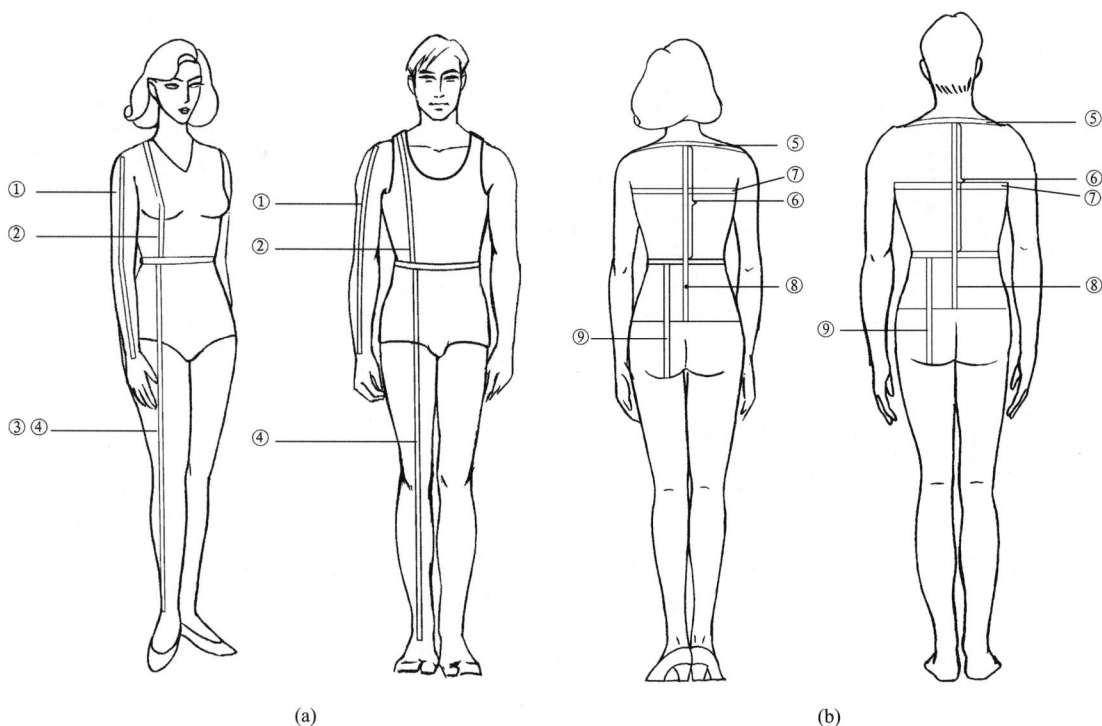

(a) (b)

图1-2　人体长度测量

第二节　针织服装尺寸设计

服装结构设计以人为本，以穿着舒服为准则。因此，服装的尺寸设计受人体因素的制约，如衣服的长短、松紧等都应有一定的设计范围和审美习惯，其原则是实现服装与人体的平衡。

一、针织服装围度尺寸设计

人体在动态时需要服装有一定的基本松度和运动松度。因此，对服装围度尺寸的设定，一般都不能小于人体各部位的实际围度与基本放松度之和。但是，可以根据不同材料的特性对围度尺寸作出适当的调整。如针织物和机织物在围度上的尺寸就有较大的区别。由于针织织物弹性好，进行贴体型设计时，围度尺寸可比人体实际围度尺寸小；作略宽松型设计时，则胸围需要加一定的放松度。

腰部是人体的活动支点并连接胸部及臀部，无论上、下哪一部位的移动都会牵动腰部。当人体呈坐姿时，腰部和介于腰部与臀围之间的腹部与立姿时相比稍有增大。因此，腰部要加松度和运动松度，其松量尺寸设定要稍大于胸部的松量，否则服装造型不美观，人体也会有不适感。而下装如裤子、半截裙等的腰围规格则只需要加一定的放松量，不必加运动量。

针织上衣的设计一般有四个基本造型，即紧身型、适体型、半宽松型、宽松型。

人步行时，臀部比胸部、腰部的动作幅度要大，臀围应将基本松度和运动松度加入臀部尺寸，但是当臀围增加运动松度时会影响裤子的造型美，而且当人体下蹲时，大腿及膝部往往有扩张感，裤长也随着下肢弯曲而显短。因此臀部的运动量往往转向大腿或膝位处，臀围只保持其基本松度，同时裤长要适当加长。

由此可见，胸围和臀围的放松度是根据人体不同部位的动态需要而设定的，我们不但要注重服装的造型美，更要强调其功能性，才能达到服装与人体的合适度。

二、针织服装长度尺寸设计

服装长度尺寸的设计除了要注意不同时期的服装流行因素外，还要考虑人体穿着的适体性。

人体的连接点是人体运动的活动支点。人体活动时，作为人体连接点的肩部、膝部、肘部都会给服装带来较大的牵动。如果袖长、裤长设置在这些连接点上，会使人体与服装产生不适感。因此，服装长度的设计要避开与活动支点的接触。

三、针织服装尺寸设计的参考数据

针织服装围度、长度的尺寸设计可参考以下数据。

1. 针织服装围度尺寸设计（图1-3）

①紧身型，胸围尺寸设计不但不加放松量，而且要小于实际围度尺寸。实际围度尺寸的应用可视针织面料的弹性程度而变化。

②适体型，胸围尺寸设计的放松量为3~5cm。

③略宽松型，胸围尺寸设计的放松量为6~8cm。

④宽松型，胸围尺寸设计的放松量在10cm以上。

2. 针织服装长度尺寸设计参考数据（图1-4）

①无肩和无领类上衣的长度由BP向上8cm处起向下量

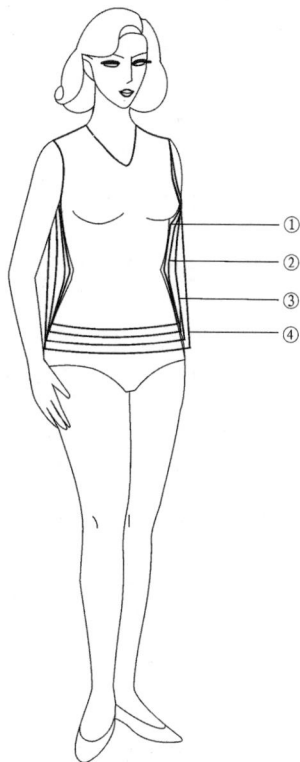

图1-3　针织服装围度尺寸设定

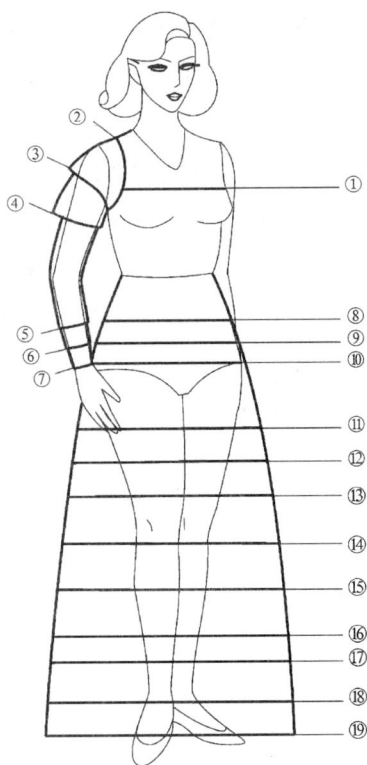

图1-4　针织服装长度尺寸设定

至所需长度。

②背心式上衣袖窿的位置，应离开侧颈点及肩端点。

③连肩袖上衣袖口的位置多位于上臂靠近肩端点处。

④短袖上衣的袖口位置多位于肘点之上，同时也可根据款式造型的需要增减，一般不与肘点重合。

⑤中袖的袖口位置多在肘点与手腕之间。

⑥八分袖的袖口位置在肘点向下15cm左右。

⑦一般长袖上衣的袖口长至手腕处下2~3cm。

⑧针织时装下摆的位置可根据流行趋势而定。

⑨休闲装、普通运动装的摆位适宜在臀围线以上，也可根据流行趋势减短或加长。

⑩运动外衣的摆位一般在臀位线左右，也可根据流行趋势减短或加长。

⑪运动短裙的摆位在膝上20cm左右。

⑫网球裙的摆位在膝上15cm左右。

⑬短裙摆位在膝上5~10cm。

⑭中庸裙摆位在齐膝或膝下5cm。

⑮中长裙的摆位、五分裤裤脚口在膝下10cm左右。

⑯长裙的摆位在膝下20cm左右。

⑰八分裤的裤脚口在膝下25cm左右。

⑱长裤的裤脚口在脚踝处以下。

⑲及地裙的裙长拖地或接近拖地。

四、人体运动对针织服装尺寸的影响

针织服装无论是运动服还是休闲服，都要求穿着舒适，便于活动，特别是运动服装要求更高。针织面料的特点是具有弹性，适宜制作运动服，使之穿着后既能紧贴身体，又能满足人体运动所带来的需求量。但是，运动服与日常着装的结构造型有一定的差异，因此要了解人体的运动特点，才能避免因针织服装的主要部位采寸不当而导致胸围、臀围偏松或偏紧，立裆偏长或偏短等现象的出现。

1. 人体运动时的肌肉拉伸对尺寸的影响

人体直立、双手横向伸直或弯曲抱臂时，肩部及手臂部分的肌肉出现拉伸，若双手上举，下肢弯曲，肌肉拉伸则更大。在制作一些特定项目的运动服时，要充分考虑到这些因素，适当增加袖长、裤长及袖口、裤口的规格，保证人体运动时手臂和下肢伸展自如。

2. 人体运动时的肢体变化对尺寸的影响

人体在运动时，肢体会有各种体态的变化，特别是一些难度大的运动项目，如体操、篮球等运动，使人的肢体动作幅度增大，但是体操服要求紧身贴体，而篮球服则要求宽松，其围度的采寸差别比较大。我们要根据不同运动项目的运动强度以及对面料弹性的需求来设计服装的围度尺寸，使其在不影响服装造型的前提下有足够的宽松度。

思考题

1. 男女体型各有那些特征？
2. 人体测量的正确站立姿势有哪些？
3. 人体运动对针织服装尺寸有什么影响？

基础篇——

针织服装结构制图基础

课题名称：针织服装结构制图基础

课题内容：针织服装规格、针织服装部位、常用术语和制图线条的
名称、针织服装结构制图的方法及针织面料的特性

课题时间：5课时（讲授4课时，面料特性实物分辨1课时）

教学目的：让学生掌握服装结构制图的细部结构构成知识和针织
面料的特性。

教学方式：运用PPT、市场调查（收集针织面料）。

教学要求：1. 要从服装流行的角度认识和理解规格尺寸设计。

2. 熟悉制图线条和制图术语。

3. 掌握针织服装面料的性能与特征。

第二章　针织服装结构制图基础

第一节　针织服装的规格设计

针织物是利用织针将纱线弯曲成线圈并相互串套连接而形成的，以针织物缝制成的服装统称为针织服装。针织面料的织造结构，使其具有良好的透气性、吸湿性和延伸性，由于针织面料容易脱散，因而其款式设计造型较简洁，着重以图案、印花、提花、分割拼色等为装饰手法。穿着方式以松身套头着装为主，穿脱方便舒适。

在服装工业生产纸样设计中，服装规格起着关键的作用，它不仅是纸样设计的依据，也是纸样放缩、产品质量检验及生产管理技术的标准。服装的规格设计即是服装成品各部位尺寸的制定。

一、棉针织内衣规格尺寸系列

棉针织内衣规格尺寸系列是根据国家号型标准由国家技术监督局制定和发布的。针织内衣上必须有号型系列的标志，号是指人体的身高，表示服装的长度；型是指人体的胸围或腰围尺寸，表示服装的围度。其号型系列设置是以中间标准体（男子以总体高170cm、围度95cm；女子以总体高160cm、围度90cm）为中心向两边依次递增或递减组成。总体高和胸围、腰围均以5cm分档组成系列。总体高155cm及以下，则以60cm为起点，胸围、腰围均以45cm为起点依次递增组成幼童、中童规格尺寸系列。

根据国家棉针织成衣规格的有关规定，在针织内、外衣上必须有号型系列的标志，标明以厘米为单位的总体高和成品胸围、腰围。表示方法为：总体高与围度之间用斜线分开，如170/95（cm）。以下是我国1997年棉针织内衣规格尺寸系列标准（GB/T 6411—1997）。

1. **男女针织成品各主要部位规格**（表2-1~表2-4）

表2-1　成年男子上衣类成品主要部位规格　　　　　　单位：cm

号	部位名称	型		80	85	90	95	100	105	110
155	衣长			63	63					
	袖长	长袖	插肩	73	74					
			平肩	54	54					
		短袖		15	15					

续表

号	部位名称		型	80	85	90	95	100	105	110
160	衣长			65	65	65				
	袖长	长袖	插肩	75.5	76.5	76.5				
			平肩	55.5	55.5	55.5				
		短袖		16	16	16				
165	衣长				67	67	67			
	袖长	长袖	插肩		79	79	79			
			平肩		57	57	57			
		短袖			16	16	16			
170	衣长					69	69	69		
	袖长	长袖	插肩			81.5	81.5	81.5		
			平肩			58.5	58.5	58.5		
		短袖				17	17	17		
175	衣长						71	71	71	
	袖长	长袖	插肩				84	84	84	
			平肩				60	60	60	
		短袖					17	17	17	
180	衣长						73	73	73	73
	袖长	长袖	插肩				86.5	86.5	86.5	86.5
			平肩				61.5	61.5	61.5	61.5
		短袖					18	18	18	18
185	衣长							75	75	75
	袖长	长袖	插肩					89	89	89
			平肩					63	63	63
		短袖						18	18	18

备注：1. 号、型分档为5cm；衣长分档为2cm
　　　2. 长袖袖长：平肩袖长分档为1.5cm；插肩袖长分档为2.5cm；短袖袖长分档为1cm（号分档为10cm）
　　　3. 束摆衣长短于平摆衣长3cm；汗布背心、圆领衫衣长减小1cm

表2-2　成年女子上衣类成品主要部位规格　　　　　　单位：cm

号	部位名称		型	75	80	85	90	95	100	105
150	衣长			60	60	60				
	乳罩背心衣长			48	48	48				
	袖长	长袖	插肩	69	70	71				
			平肩	51	51	51				
		短袖		13	13	13				

续表

号	部位名称 型			75	80	85	90	95	100	105
155	衣长			62	62	62				
	乳罩背心衣长			50	50	50				
	袖长	长袖	插肩	72.5	73.5	73.5				
			平肩	52.5	52.5	52.5				
		短袖		13	13	13				
160	衣长				64	64	64	64		
	乳罩背心衣长				52	52	52	52		
	袖长	长袖	插肩		75	76	76	76		
			平肩		54	54	54	54		
		短袖			14	14	14	14		
165	衣长					66	66	66	66	
	乳罩背心衣长					54	54	54	54	
	袖长	长袖	插肩			78.5	78.5	78.5	78.5	
			平肩			55.5	55.5	55.5	55.5	
		短袖				14	14	14	14	
170	衣长						68	68	68	
	乳罩背心衣长						56	56	56	
	袖长	长袖	插肩				81	81	81	
			平肩				57	57	57	
		短袖					15	15	15	
175	衣长							70	70	70
	乳罩背心衣长							58	58	58
	袖长	长袖	插肩					83.5	83.5	83.5
			平肩					58.5	58.5	58.5
		短袖						15	15	15

备注：1. 号、型分档为5cm；衣长分档为2cm；乳罩背心分档为2cm

2. 长袖袖长：平肩袖长分档为1.5cm；插肩袖长分档为2.5cm；短袖袖长分档为1cm（号分档为10）

3. 束摆衣长短于平摆衣长2cm；汗布衫类衣长减小1cm

表2-3 成年男子裤类成品主要部位规格 单位：cm

号	部位名称 型	80	85	90	95	100	105	110
155	裤长	97	97					
	立裆	32	32					
160	裤长	100	100	100				
	立裆	33	33	33				

续表

号 型 部位名称		80	85	90	95	100	105	110
165	裤长	103	103	103	103			
	立裆	34	34	34	34			
170	裤长		106	106	106	106		
	立裆		35	35	35	35		
175	裤长			109	109	109	109	
	立裆			35	35	35	35	
180	裤长				112	112	112	112
	立裆				36	36	36	36
185	裤长					115	115	115
	立裆					36	36	36
横裆		26	27.5	29	30.5	32	33.5	35

备注：1. 号、型分档为5cm；横裆分档为1.5cm；裤长分档为3cm
　　　2. 绒类裤长可增加2cm；直裆增加1cm

表2-4　成年女子裤类成品主要部位规格　　　　单位：cm

号 型 部位名称		75	80	85	90	95	100	105
150	裤长	94	94	94				
	立裆	32	32	32				
155	裤长		97	97	97			
	立裆		33	33	33			
160	裤长		100	100	100	100		
	立裆		34	34	34	34		
165	裤长			103	103	103	103	
	立裆			35	35	35	35	
170	裤长				106	106	106	
	立裆				35	35	35	
175	裤长					109	109	109
	立裆					36	36	36
横裆		26	26	27.5	29	30.5	32	33.5

备注：1. 号、型分档为5cm；横裆分档为1.5cm；裤长分档为3cm
　　　2. 绒类裤长可增加2cm；直裆增加1cm

2. 幼童、中童针织成品各主要部位规格（表2-5、表2-6）

表2-5　幼童、中童成品上衣类主要部位规格　　　　　　　单位：cm

号	部位名称		型 45	50	55	60	65	70	75
60	衣长		26						
	袖长	长袖	21						
		短袖	6						
70	衣长			28					
	袖长	长袖		23					
		短袖		6					
80	衣长			30					
	袖长	长袖		25					
		短袖		7					
90	衣长					34			
	袖长	长袖				28			
		短袖				7			
100	衣长					38			
	袖长	长袖	插肩			44			
			平肩			31			
		短袖				8			
110	衣长						42		
	袖长	长袖	插肩				48		
			平肩				34		
		短袖					8		
120	衣长						46		
	袖长	长袖	插肩				52		
			平肩				37		
		短袖					9		
130	衣长							50	
	袖长	长袖	插肩					56	
			平肩					40	
		短袖						9	
135	衣长							50	
	袖长	长袖	插肩					59	
			平肩					43	
		短袖						10	

号	部位名称		型	45	50	55	60	65	70	75
140	衣长								52	
	袖长	长袖	插肩						61	
			平肩						44.5	
		短袖							10	
145	衣长								54	
	袖长	长袖	插肩						63	
			平肩						46	
		短袖							11	
150	衣长									56
	袖长	长袖	插肩							65
			平肩							47.5
		短袖								11
155	衣长									58
	袖长	长袖	插肩							67
			平肩							49
		短袖								12

表2-6 幼童、中童成品裤类主要部位规格 单位：cm

号	部位名称	型 45	50	55	60	65	70	75
60	裤长	36						
	立裆	20						
	横裆	18.5						
70	裤长		39					
	立裆		22					
	横裆		18.5					
80	裤长		42					
	立裆		22					
	横裆		20					
90	裤长			49				
	立裆			24				
	横裆			20				
100	裤长			56				
	立裆			24				
	横裆			21.5				

续表

号	部位名称 \ 型	45	50	55	60	65	70	75
110	裤长				63			
	立裆				26			
	横裆				21.5			
120	裤长				70			
	立裆				26			
	横裆				23			
130	裤长					77		
	立裆					28		
	横裆					23		
135	裤长					83		
	立裆					28		
	横裆					24		
140	裤长						86	
	立裆						30	
	横裆						24	
145	裤长						89	
	立裆						30	
	横裆						25	
150	裤长							92
	立裆							32
	横裆							25
155	裤长							95
	立裆							32
	横裆							26

备注：45、50、55型产品规格中裤子腰围加大一档

3. 针织服装成品测量规定（表2-7、图2-1）

表2-7　针织服装成品测量规定

类别	序号	部位	测量规格
上装	①	衣长	连肩产品由肩宽中点量至下摆；平肩产品由肩缝最高处量至下摆
	②	胸围	由袖窿缝与侧缝交叉处向下2cm处横量；带中腰产品的胸围由下摆向上8~12cm处横量
	③	袖长	平肩式产品由袖窿肩端量至袖口边；插肩式产品由后领中点量至袖口边

续表

类别	序号	部位	测量规格
裤装	④	裤长	后腰宽的四分之一处向下直量至裤口边
	⑤	立裆	裤身对折,从腰边口向下斜量裆弯角处
	⑥	横裆	裤身对折,从裆弯角处横量

注 表中的序号①至⑥对应图2-1中的部位①至⑥。

图2-1 针织成品主要的测量部位

二、针织服装规格与机织服装规格的不同点

针织服装由于服装材料的织造方式不同,而有别于机织服装。机织服装贴体的造型是

依靠结构上的收省、折褶去除多余的面料，达到合体，因而机织服装各个部位都有较具体的规格来控制，如颈椎点高、颈围、腰围等。而针织服装多为休闲风格，其造型设计主要是运用面料的弹性，所以其尺寸控制范围不多。

针织服装具有造型宽松、自然舒适的特点，因此我们要根据服装的不同风格和流行趋势，按照不同销售地区消费者的体型状况，参照国家服装号型标准或针织成衣规格系列标准，设计恰当的规格尺寸，或视服装造型的需要对规格尺寸作出适当的调整。

三、针织外衣规格与针织内衣规格的不同点

针织外衣规格是有别于针织内衣规格的，上述我国1997年棉针织内衣规格尺寸系列标准GB/T6411—1997只适合针织内衣，随着针织服装向时尚型方向发展，在规格的制定上针织外衣要向机织服装靠拢，但是也不能失去针织服装特有的风格，宽松型外衣的成品规格参照棉针织内衣规格尺寸系列标准制定，号、型分档为5cm；贴体时尚型外衣的成品规格可参照国家服装号型标准制定，号分档为5cm，型分档为4cm。

第二节　针织服装主要部位结构

对服装部件的结构进行认识和了解，是学习针织服装结构制图的基础之一。针织服装主要结构部位有领、衣身、门襟、袖窿、腰、袖、下摆等。

一、领型设计

1. 无领型（挖领）

挖领是在领圈中挖出不同形状的领线，然后在领线上镶边，其领口处理主要有三种形式，见图2-2。

（1）折边形式。领口折边形式有双折边和单折边两种，使用专用单针链缝机。折边领口的弹性较罗纹领差，领的尺寸要适当加大，等于或大于头围的尺寸，便于穿脱。折边的宽度不宜过大，以免领口起皱影响外观效果。一般领面明线宽度为0.8～1cm。

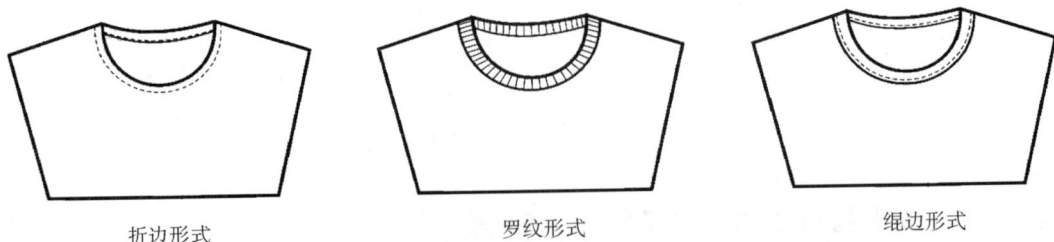

| 折边形式 | 罗纹形式 | 绲边形式 |

图2-2　针织服装领口部位

（2）罗纹形式。罗纹组织织物是双面纬编针织物，它由正面线圈和反面线圈组合配置而成，具有很好的伸缩性，用于领口使其收紧，达到造型的效果。

若使领口成型后平服圆顺，除了要准确把握罗纹与领圈尺寸的比例外，其高度也有一定的影响。平服的罗纹领高度一般为2.5～3cm为宜，童装为2cm；中领为4～5cm，竖立的高领为6～7cm。

（3）绲边形式。绲边是用来包裹衣片的，既有包边收拢的作用，也有一定的装饰性。缝制时使用专用双针机及专用导布器，专业导布器是自动将布条两边的缝口往里折叠，便于包裹衣片，形成绲边形式。绲边分为单针和双针两种形式，面料采用罗纹或本料布。单针绲边宽度为0.6～1cm；双针绲边宽度为1～2.5cm。由于绲边包裹衣件之间会出现约0.25cm的缝隙，因此，在绲边的部位需要减或加上约0.25cm（外长需要减内长需要加），以保证该部位规格尺寸的准确（图2-3）。

此外，也可以在领线的基础上加上花边、蕾丝、荷叶边等，增强装饰性。

2. 有领型

在领线上可添置各种不同形状、不同颜色、不同质地的领

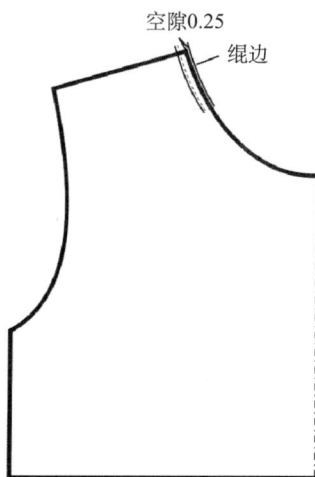

图2-3　绲边

子，其主要形式有立领、翻领、衬衫领等，质地有本料布、罗纹、机织布及仿皮面料等。

二、衣身设计

衣身是服装的主体，主要有衣片分割变化、腰部变化、下摆变化等。

1. 衣片分割

针织服装结构简单，衣身（及袖）多采用在不同部位镶拼不同质地、不同面积、不同颜色的面料，以增加服装款式的装饰效果。

2. 腰部变化

针织休闲装一般不收腰，但随服装流行趋势的变化，也可以收腰。通常是利用针织面料的弹性达到收腰的效果，而有的是借用分割线进行收省，加强腰部的修饰，以显示女性的曲线美。

3. 下摆设置

针织服装的下摆常用的有折边、绲边、拷边和罗纹四种形式。运动风格的款式多用罗纹形式收紧下摆。拷边是在下摆拷上很细密的线迹，一般多用于以罗纹面料制作的上衣或是用平纹面料制作的荷叶褶边上。

另外，根据个性设计的需求也有不经任何处理的毛边下摆，让下摆自然卷曲或散开，外形独特。

三、袖窿设计

1. 袖窿

袖窿可称为挂肩，一般以弯量的称为袖窿，以斜量的称为挂肩。针织休闲装装袖在设计时一般不分前后衣片，而时装型的袖窿可分前后衣片，以符合人体着装的要求，同时体现现代服装的时尚感。袖窿丈量的方法，机织服装一般采用直量，而针织服装采用斜量，针织背心挂肩的形式有折边、绲边、装罗纹三种。

2. 袖型

袖子按长度分有长袖、中袖、短袖，袖型按连接方式分有装袖、插肩袖、连袖、无袖（即背心样式）等；按形态特点可分为平袖、灯笼袖、喇叭袖等。

3. 袖口

袖口有折边、绲边、罗纹、橡筋带、拷边、毛边等形式。

四、门襟设计

门襟有全开襟、半开襟、不开襟三种形式，开襟部位随着款式的变化而设置。门襟有用拉链、纽扣、串带襻等扣合，也有不设任何扣合形式而自然敞开。

五、口袋设计

口袋主要有挖袋和贴袋两种形式。挖袋有装拉链袋、单线袋和双线袋等；贴袋有工字褶袋、风琴袋等。口袋的变化很多，实际中可根据服装款式的造型及功能需要进行构思设计。

六、腰头设计

裤、裙的腰头一般有装置拉链的腰头、松紧带（橡筋）和弹力罗纹三种。

七、裤裆设计

内穿裤的裤裆有两种形式，一种裤裆设置为单层片，另一种裤裆设置为双层片，均采用拼接，既省料，又方便设置双层。单层片的裤裆多为内穿式保暖长裤，裤裆较大，造型不美观；双层片的裤裆内裤，设置的双层片比单层片耐磨些。外穿裤的裤裆无论是休闲裤还是时装裤都应分前后裆，以达到人体对裤裆造型的需求，使穿着后舒适且造型美观。

第三节　服装部位制图线条名称

一、服装部位制图及线条名称

服装制图各部位线条名称如图2-4~图2-6所示。

领弧线　肩线　　　　　　　肩线　领弧线

袖隆　　　　　　　　袖隆　半襟

胸围　　　　　　　　胸围

后　　　　　　　　前

腰围　　　　　　　　腰围

下摆宽　　　　　　　　下摆宽

门襟、里襟

完成后袖　袖山高　袖肥　袖口

领高　领长

肩线　领宽

挂肩　后领深　前领深

胸宽

胸围

腰围

下摆宽

领弧线　领弧线

胸围线　胸围线

后　前

侧缝线　后中线　侧缝线　前中线

下摆线　下摆线

袖中线　袖肥线　袖缝线　袖口线

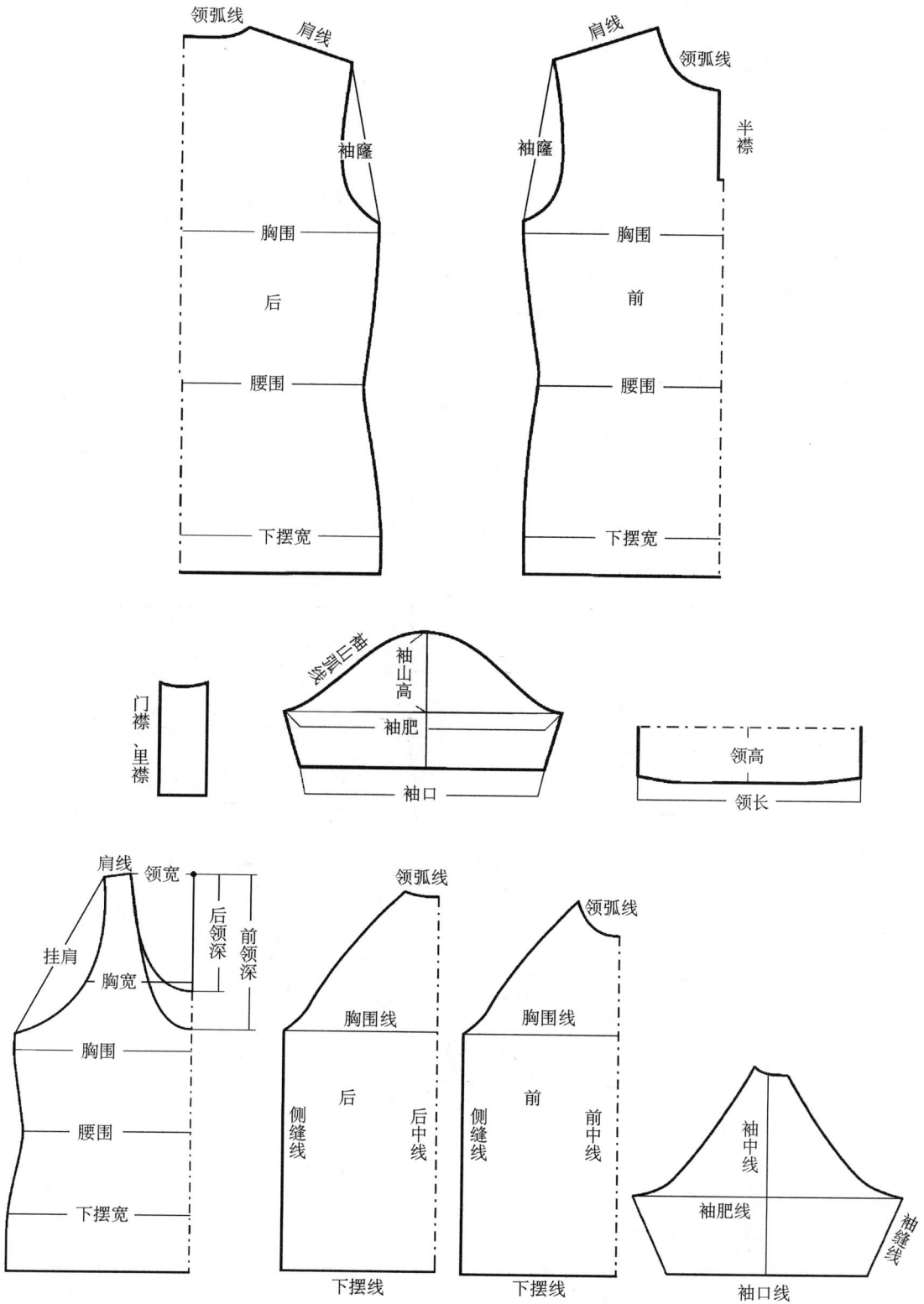

图2-4　上衣部位制图及线条名称

起翘　　　　　　　　　上平线　　　　　　　　起翘

腰围线　　　　　　　　　　　　　　　　腰围线

臀围线　　　　　　　　　　　　　　　臀围线

后　　　　　　　　　　　　　　　　前

后中线　　　　侧缝线　　　　　侧缝线　　　　前中线

下摆线　　　　　　　下平线　　　　　　下摆线

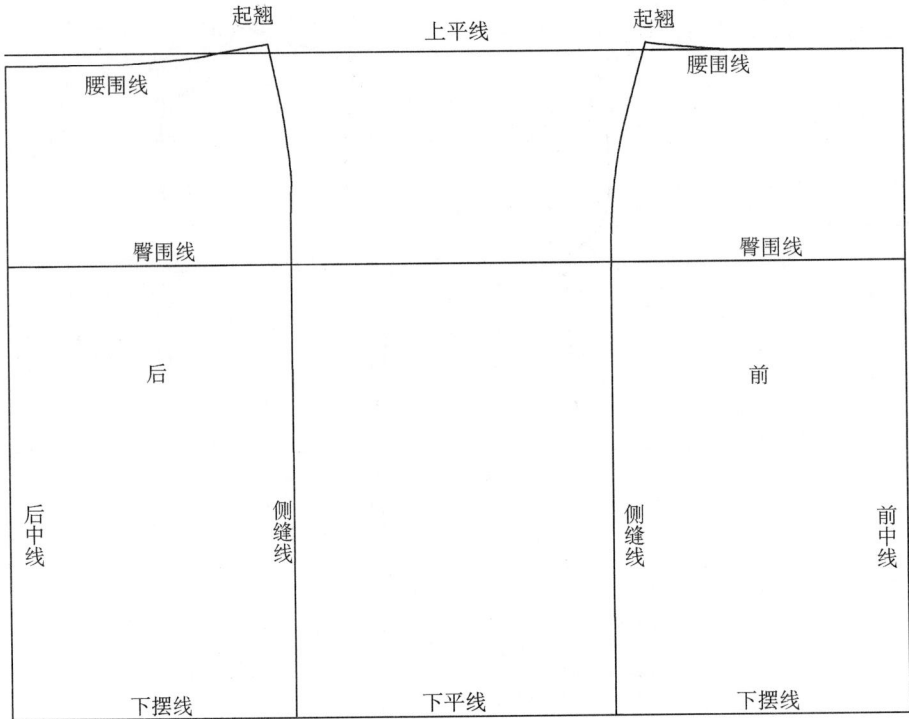

图2-5　裙部位制图及线条名称

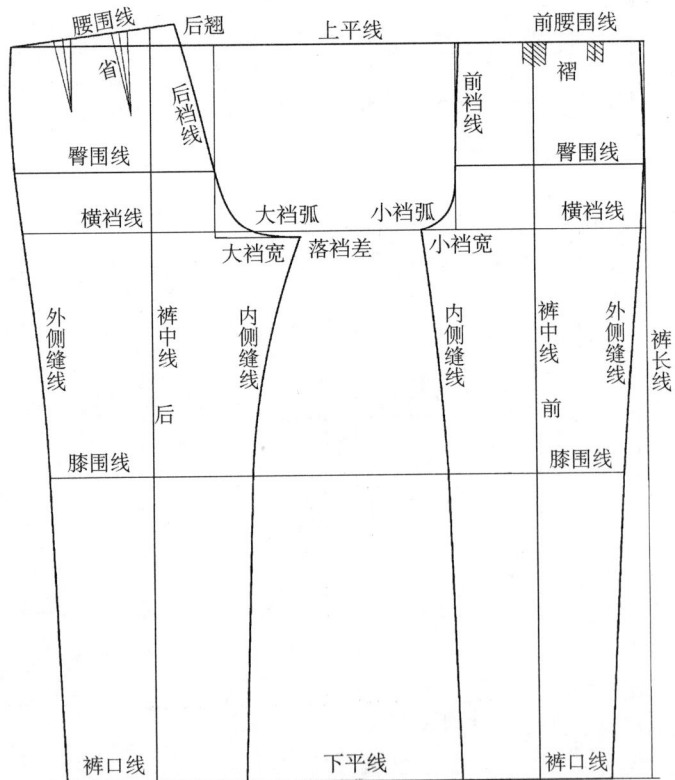

腰围线　　后翘　　　上平线　　　前腰围线

省　　　　　　　　　　　　　　褶

前档线

后档线

臀围线　　　　　　　　　　　　　臀围线

横档线　　　　大档弧　　小档弧　　横档线

大档宽　　落档差　　小档宽

外侧缝线　　裤中线　　内侧缝线　　　内侧缝线　　裤中线　　外侧缝线　　裤长线

后　　　　　　　　　　　　　前

膝围线　　　　　　　　　　　　　膝围线

裤口线　　　　　　　下平线　　　　　　裤口线

图2-6　裤部位制图及线条名称

二、服装制图常用线条形式

根据国家标准和服装行业使用的习惯，服装制图常用线条有以下五种（表2-8）。

表2-8 服装制图常用线条

序号	名称	图线形式	线条粗细（mm）	使用说明
1	细实线	——————	0.176	制图基础线、辅助线，制图尺寸标示线
2	粗实线	——————	0.6	制图的轮廓线
3	点划线	—·—·—·—	0.176	对折线，表示裁片连接不可分割
4	虚线	- - - - -	0.176	叠在下层的轮廓线，也可表示部位的明缉线
5	双点划线	—··—··—··—	0.176	折转线，表示裁片的折边部位

第四节 常用制图符号与术语

一、制图符号

为了在服装制图时简便快捷，使用统一的针织服装制图符号，便于理解和操作，以提高制图的效率和质量（表2-9）。

表2-9 常用制图符号

序号	符号名称	制图形式	符号用途
1	等分		表示在同一线段上作平均等分
2	等量	△ ○ □	用同一符号表示两个部位线段长度相等
3	等长		表示两线的长度相等
4	直角		表示两线互相垂直
5	连接		表示两个部位的线条重合不分割
6	重叠		表示两片裁片重叠
7	褶裥		表示按图中的方向折叠褶裥
8	细褶		表示用线车缝收拢折褶

续表

序号	符号名称	制图形式	符号用途
9	经向		表示衣片的经纱向
10	顺向		表示面料绒、顺毛或图像正向的方向、裁衣片时不能倒向
11	斜向		表示衣片纱向为纵向
12	省略		表示用于不能用图表示的较长部位
13	明线		表示衣服某部位表面缉明线
14	拉链		表示该部位装拉链
15	嵌线		表示该部位采用嵌线
16	罗纹		表示该部位采用罗纹
17	缉纹		表示该部位缉明条
18	绷缝		表示该部位双针绷缝
19	绲边		表示该部位绲边，单行线为单针，双行线为双针
20	折边		表示该部位包缝后折边缉明线
21	橡筋带		表示该部位缉橡筋带

二、制图术语

1. 各种领

①罗纹领：用罗纹与领口缝拼接的领。

②高领：领高至颏底（双层）。

③中领：领高至颈的中段（双层）。

④罗纹绲领：用罗纹布包裹领边的领，分双针和单针绲领两种。

⑤折领：领口边包缝后，将领的缝口向里折缉明线。

⑥横机领：用横机织成的领。

⑦缉条：缉明线的宽条。

2. 上衣部位

①门襟：锁眼的衣襟。

②里襟：钉纽扣的衣襟。

③明襟：门襟、里襟与衣片分割。

④暗襟：门襟与衣片不分割，里襟与衣片分割。

⑤半襟：门襟开至胸部。

⑥全襟：门襟开至下摆。

⑦下摆衩：上衣侧缝下摆位置的开衩。

⑧半围：围度尺寸的二分之一。

⑨细褶：在裁片所需部位缉一条线，拉紧底线，使面料呈现皱状。

⑩工字褶：将两个规则的褶裥对向摆放，截面形成工字形。

3. **各种袖型**

①背心型：无袖有肩带。

②翼袖：衣身与袖片相连，不分割。

③插肩袖：袖山与肩相连的袖。

④半袖：从袖山中点往下量至所需的长度。

4. **口袋类型**

①插袋：将袋布置于衣片的分割线内缝制而成的口袋。

②拉链袋：将拉链置于袋口中缉缝的口袋。

③暗裥袋：袋中有工字褶的口袋。

④明袋：在服装表面直接用袋布缝制的口袋。

⑤风琴袋：两侧有活褶的口袋。

5. **下装部位**

①前裆长：从前裤腰上口中线量至前小裆止点。

②后裆长：从后裤腰上口中线量至后大裆止点。

③松腰头：装橡筋带之前裤腰的宽度。

④紧腰头：装橡筋带后的成品尺寸。

⑤罗纹腰头：腰口缝拼接罗纹的腰头。

⑥低腰：立裆低于腰线的腰位。

三、服装结构制图的部位代号

服装制图是将设计的款式平面展开的结构分割设计形式，在纸样绘制中要有一定的制图的基本要求，使图样规范、统一，便于识别（表2-10）。

表2-10　服装结构制图的部位代号

序号	部位	代号	序号	部位	代号
1	半胸围	B'	12	袖口宽	CO
2	半腰围	W'	13	领口宽	NW

续表

序号	部位	代号	序号	部位	代号
3	半臀围	H'	14	前领深	FND
4	半下摆	OP	15	后领深	BND
5	衣长	L	16	帽长	HL
6	领长	CL	17	帽宽	HW
7	肩宽	S	18	裤长	L
8	胸高点	BP	19	直裆	D
9	背长	BAL	20	横裆	T
10	袖窿弧长	AH	21	膝围	K
11	袖长	SL	22	裤口宽	SW

第五节　针织服装结构制图方法

常用服装结构制图方法有两种——平面纸样构成法和立体纸样构成法，服装常用的平面纸样构成法有原型法、比例分配法和定寸法。

针织服装的结构制图方法基于针织服装的种类、面料性能特点而有别于机织服装，但两者在制图方法上又有共性。针织服装结构制图方法的选用见图2-7。

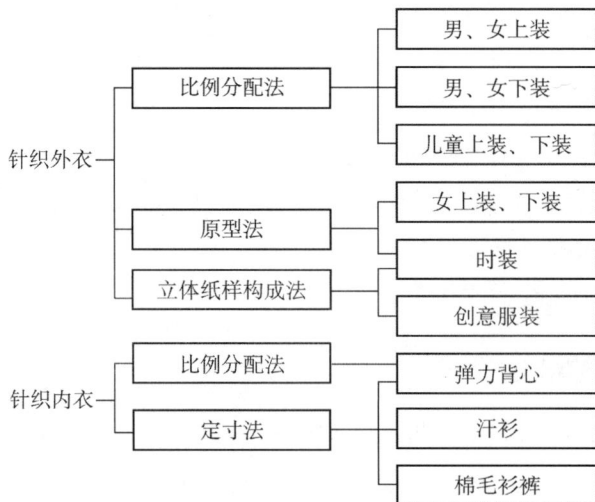

图2-7　针织服装结构制图方法的选用

一、立体纸样构成法

立体纸样构成法又称立体裁剪法，这种方法是在人体模型上，按照设计者的构思，将面料直接进行毛样制作，在造型的同时剪掉多余的部分，并用珠针固定从而使设计具体化，使服装裁剪方便、直观、准确、快速。待衣片修正后将其绘画成纸样。它不仅可以立刻展现设计效果，还能准确把握服装各个部位的规格，服装贴合人体，衣身线条自然流畅，弥补了平面裁剪法的不足。这种方法多在设计时装、创意服装或礼服时采用。

目前国内一些服装品牌效法国际上流行的服装设计技法，采用这种制图方法进行板型设计和制作，使服装更加合体。但立体纸样构成法也有它的局限性，由于人体模特和人体之间存在一定的差异，使服装的放松量不好估计，手法较难掌握，同时成本高、效率较低。

二、平面纸样构成法

平面纸样构成法是按服装主要控制部位的尺寸，结合人体的体型特征及裁剪变化原理，运用一定的计算方法，在纸上或面料上对各种服装款式绘制出平面分解的纸样。下面分别介绍原型法、比例分配法和定寸法。

1. 原型法

原型法是一种平面结构设计的方法，来源于立体造型的平面展开，它以标准尺寸绘画出具有人体生理和活动机能所需的标准纸样，是款式变化过渡的间接纸样。

根据我国与日本人体体型特征相近的特点，我国于20世纪80年代从日本引进原型法，其中日本文化式女装原型在国内使用比较普遍。用原型纸样变化，通过放松度或收缩度进行服装款式制图，具有快捷、准确的特点。但是日本文化原型只适合机织服装使用，由于针织服装与机织服装在面料和结构造型上都不一样，直接使用日本文化原型，对针织服装结构造型有很大的影响。因此，本书在日本文化原型的基础上，结合针织面料的特性，通过对胸省、肩省的合理转移和腰线的对应变化构成了针织服装的基本原型，提出了针织服装结构设计的方法，解决了以下问题：

（1）针织休闲装结构造型的合理设计。

（2）针织服装贴体型的结构处理问题。

（3）针织服装宽松型的结构处理问题。

2. 比例分配法

比例分配法是我国服装平面结构制图的传统方法，它通过人体测量设定衣长、胸围、肩宽、领围、裤长、臀围、腰围等主要部位的尺寸，根据款式造型的要求，运用比例的形式计算求出服装结构图的细部尺寸，并完成结构制图。这种方法简明、快捷易学，适合各类服装的制图，也是针织服装制图中使用较多的方法。但是有的部位仅用比例的方法还不够准确，需要修正、补充。

3. 定寸法

定寸法是针织服装，特别是针织内衣制图的传统方法。由于针织面料具有一定的变形性，而且内衣款式简单、衣片数量少，一般都用明确的规格、衣片形状来控制，这是针织服装的特性所决定的。这种方法符合针织面料的特点，简便、快捷、容易掌握，适合于传统内衣产品的制图。传统的针织内衣细部规格具体，造型线条基本呈直线，板型较成熟和稳定。目前随着针织时装的兴起，针织内衣的搭配也逐渐讲究，因此沿用多年的定寸法也不能直接参照。以定寸法结合比例分配法适用于针织内衣，也是针织服装制图方法的最佳组合。

三、针织服装制图格式

在针织服装下装部位中的腰围、臀围、横裆、膝围、裤口、裙摆，上装中的胸围、腰围、下摆、袖肥、袖口、帽宽等部位是有"全围"规格和"半围"规格之分，在制图时必须看清楚规格尺寸的标示，全围规格用1/4制公式计算，半围规格用1/2制公式计算。

第六节　针织服装面料的特性

针织服装穿着舒适、贴身、合体，能充分体现人体的曲线美，这是与针织面料的特殊性能密不可分。针织服装从内衣化发展到外衣化，与面料的特性及不断地推陈出新有很大的关系。现代针织面料更加丰富多彩，已经进入了多功能化和高档化的发展阶段，成为服装材料中富有个性的一类。

一、针织面料的特征

针织物是用织针将一条纱线或长丝弯曲构成线圈，并相互串连所形成的面料。

针织物分为纬编织物和经编织物两大类。

（一）纬编织物

针织物的线圈是由纱线在空间弯曲形成，而每个线圈均由一根纱线组成，当针织物受到外来的张力，如横向拉伸，线圈的高度就会减少，线圈的宽度却在增加，如直向拉伸时，线圈的弯曲也发生了变化，而线圈的高度就会增加，同时线圈的宽度却在减少，当外力消除后，针织物则会回复原状。因此，针织物的延伸性大，同时也使针织面料具有尺寸不稳定性、容易变形等特点。

（二）经编针织物

经编线圈的串连方向正好与纬编织物相反，是一组或几组平行排列的纱线，按经向喂入，弯曲成圈并相互串套。因此，弹性比纬编织物差，不那么容易脱散，尺寸稳定性比纬编织物稍好，但略差于机织面料。

针织面料的弹性对服装结构放松量会带来比较大的影响，一般针织物的横向拉伸力为

20%，高弹性针织物可达到100%，因此，制作紧身服装的高弹性针织面料不仅不要放松量，还应该适当地减少胸围尺寸，使放松量为负数，即人体的胸围尺寸大于或等于针织服装的规格尺寸。

二、针织面料的特性

针织面料不仅富有弹性、手感柔软舒适、保暖性良好，还具有以下的特性。

1. 透气性

针织物是由线圈串连成圈状的结构，能保存较多的空气，原料大都是以棉纱和涤棉为主，因此，质感柔软，有较大的透气和吸湿性能。

2. 卷边性

针织物中有些品种，如弹性强、纱线粗、线圈长度短的织物，由于边缘线圈中弯曲线段的内应力失去而引起的边缘织物卷起现象，使成衣片的接缝处一侧不平整或服装边缘的尺寸变化，会直接影响服装的规格尺寸和整体造型。有些针织物的卷边性会在织物进行后整理的过程中消除，避免了衣片缝制时的麻烦。

3. 脱散性

在针织物中因某根纱线断裂引起线圈与线圈分离而失去串连是比较常见的，线圈在外力的作用下，容易使线圈之间发生分离而脱散。因此，针织服装设计是不适宜运用太多的夸张手法，分割线也不宜过多。

4. 易勾丝、起毛、起球

当针织物遇到毛糙或硬物时会勾出纱线，在织物表面形成线圈称为勾丝。织物在使用或洗涤中经受摩擦，织物表面中露出纱线茸毛，叫作起毛。茸毛不能自行脱落而互相纠缠在一起，揉成小毛粒，叫作起球。这些都会影响针织服装的外观效果。

5. 自然回缩

针织物在成品加工或使用过程中，衣片的长度和宽度会出现不同程度的自然收缩的现象。因此，在服装纸样制作时，直向需要加上自然回缩，如果使用弹性较强的面料、横向也同样要增加相应的自然回缩。

三、针织坯布自然回缩率

针织物由于线圈结构的特性，自然回缩率要比机织物大些，而且不同的纤维、不同的织造结构、不同的染整后处理方法的针织物回缩率是不一样的，因此，在成品制作之前，必须要考虑针织坯布的织造结构及自然回缩率的因素，才能使服装成品规格尺寸准确。

1. 自然回缩率

自然回缩率是指针织坯布从织造、染整、裁剪到缝制产品的过程中，所产生的自然收缩。无论是天然纤维还是化学纤维，在织造和后整理过程中，由于机械的作用及坯布后整理卷成筒形，而使纱线有所拉长。同时，针织面料在成批大生产的铺料裁剪的过程中，使面料存在着一定的张力，在裁剪后经拉伸的面料其伸长部分自然回复原状，造成织物的自然回缩，而且成衣在制作过程中加上衣片印花或高温熨烫，产生了一种潜在的收缩率。

2. 常用针织坯布自然回缩率标准

常用针织坯布自然回缩率没有统一的标准，这是因为自然回缩率除了上述原因外，还有在工业化生产裁剪铺料中因人为的操作方式不同而有一定的影响。表2-11是常用针织坯布的自然回缩率，仅供针织服装款式打制样板时参考选用。

表2-11　常用针织坯布的自然回缩率　　　　　　　　　单位：cm

坯布类别	自然回缩率（%）	坯布类别	自然回缩率（%）
18.2tex（32支）13.9tex（42支）平纹布	3	纯棉卫衣布	4～4.5
27.8tex×2（21支/2股）、18.2tex×2（32支/2股）	4	纯棉毛布	3
纯棉提花	4.5	丝盖棉	2.5～3
印花布	2～4	经编布	2～2.5
纯棉毛巾	4.5	经纬编布（网眼织物）	2.5
涤棉布	2.5～3	纯棉拉架（氨纶）	4.5左右

3. 纸样部位的自然回缩率及计算方法

在纸样制作时，要根据针织面料的纱支结构及缝制工艺，选取适当的自然回缩率，其计算的方法如下：

（1）上衣类。衣长70cm，假设自然回缩率是3%，计算长度是：衣长+衣长×自然回缩率，得出公式是：衣长（1+自然回缩率），将数字代入公式计算：70cm（1+3%）=72.1cm。

（2）下装类。裤长102cm，假设自然回缩率是2%，计算长度是：裤长+裤长×自然回缩率，得出公式是：裤长（1+自然回缩率），将数字代入公式计算：102cm（1+2%）=104cm。

（3）毛样制板。针织服装简洁的造型，工厂制板大都是采用毛样制板，快速省时，制板计算自然回缩率的方法有所不同。计算长度的方法是（成衣规格+肩部缝口+下摆折缝+缝纫损耗）×（1+自然回缩率）。

四、纸样缝制部位缝份设置

缝份是指衣服缝制部位在缝合中所耗用的量，也称缝耗。缝份设置的量与所选用的针织专机有关，如五线包缝比三线包缝的线迹宽，所耗用的量就相对多一些。也有因工艺操作技术不熟练，包缝时所切割的面料缝耗比较多，那缝份设置的宽度就要加大。因此，在样板制图时，要根据机种和缝制工艺以及缝制部位加上相应的缝份。下列表为服装主要部位采用不同机种所产生的缝份的一般规定，仅供针织服装款式打制样板时参考选用

（表2-12）。

表2-12 纸样缝制部位缝份设置   单位：cm

缝制部位	机种	缝份	备注
侧缝	三线包缝机	1	双层
侧缝	四线包缝机	1.25	双层
领口（罗纹）	三线包缝机	1	单层
背心领口、折边	平缝机	1.6	双折
分割拼缝	四线包缝机	1.2	双层
袖口、下摆折边2.5cm	绷缝机	3	单层
袋口折边	平缝机	3	单层
领口绲边	双针机	−0.25	单层
肩缝	三线包缝机	1	双层
肩缝	四线包缝机	1.2	双层
时装类领口折边	平缝机	1.2	单层
裤腰折边	平缝机	橡筋带宽度+1.6	单层
裤腰折边	三线包缝机	橡筋带宽度+1	单层

思考题

1. 服装"号型"表示什么？男、女分别以什么标准为号型中间标准体？
2. 针、机织服装规格有哪些不同点？
3. 如何分辨服装制图的轮廓线和基础线？
4. 针织服装制图方法有哪几种？
5. 针织面料有哪些特性？

课后准备

1. 收集服装不同时期的规格尺寸设计特点。
2. 收集五种不同织造结构针织面料，并写出其特征。

实操篇——

针织裙装结构原理与制图

课题名称： 针织裙装结构原理与制图

课题内容： 针织半截裙、连衣裙

课题时间： 10课时

教学目的： 让学生掌握针织裙装结构原理与制图的方法。

教学方式： 运用PPT、结构制图软件教学。

教学要求： 1. 要以裙装的结构原理来分析裙子的结构特征。

2. 要认识不同弹性的面料的裙装结构特点。

第三章　针织裙装结构原理与制图

第一节　裙子基本型

由于裙子最能表现女性的线条美，自古至今裙子一直受到女性的青睐。裙子的种类繁多，款式的变化在时装流行中也较为突出。

一、裙子基本型规格

裙子的基本型是裙子结构变化的基础，所以必须掌握裙子基本型的结构制图方法及原理。裙子基本型的规格是根据服装标准《GB/T 13351—2008》系列号型表中的相关数据以及当今女性喜欢贴体型的潮流制订的：腰围66cm（全围），臀围88cm（全围），腰长18cm，裙长60cm。由于制图规格尺寸是从服装号型规格中提取并用全围标示的，所以裙基本型制图公式采用的是全围的1/4形式。但是，为了适应实际生产，本书中裙的基本型及制图实例都是采用针织"半围"的1/2围制计算公式的制图方法。因此，裙子的基本型规格是半腰围33cm，半臀围44cm，腰长18cm，裙长60cm。

二、裙子基本型及制图步骤

步骤①至③见图3-1。

①作长方形：长=裙长−腰头宽3cm，宽=H'（44cm）+2cm（放松量）。

②作裙臀围线：由上平线向下量18cm处作一条上平线的平行线，即臀围线。

③作裙侧缝辅助线：将臀围线分为两等份，向左移动1cm，过此点作臀围线的垂线（侧缝辅助线），其两端分别交于上、下水平线上。右侧长方形为前片基础形，左侧长方形为后片基础形。前片比后片（1/2半围）大1cm，使侧缝线后移，利于裙的前幅造型美观。

步骤④至⑥见图3-2。

④作腰围线：在前片腰围辅助线上，从前中线向左取W'/2+1cm，余下部分分为三等份；再从后中线向右取W'/2−1cm，余下部分同样也分为三等份。

⑤作前、后侧缝线：由侧缝辅助线与臀围线交点处沿侧缝辅助线向上平线方向量取3.5cm作一点；然后在侧缝辅助线与水平线的交点处向前后片（水平方向）各取一个等份，并各向上翘起0.5cm作为腰围线的端点，曲线画顺前、后腰围线的端点至臀围线上方

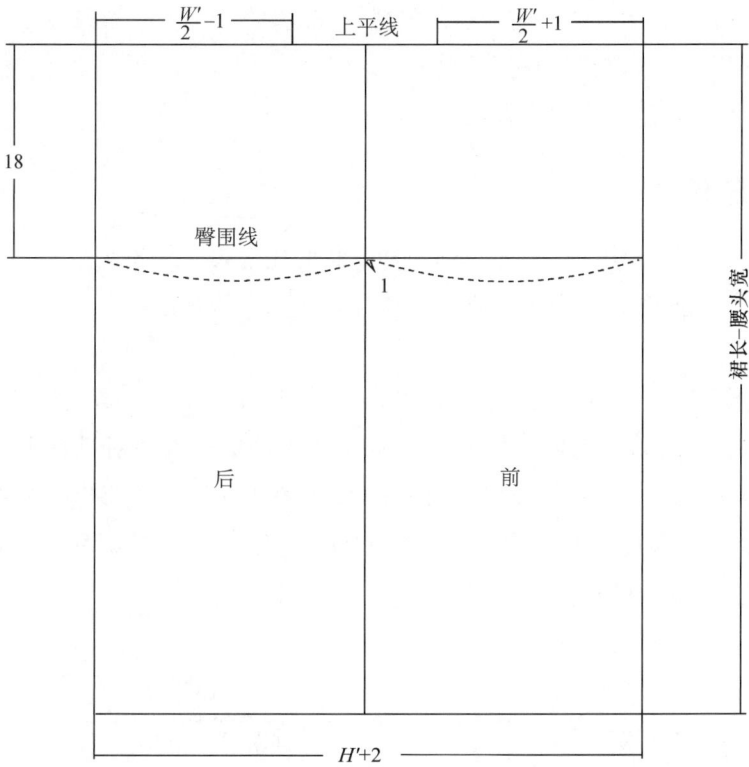

图3-1　裙基本型制图

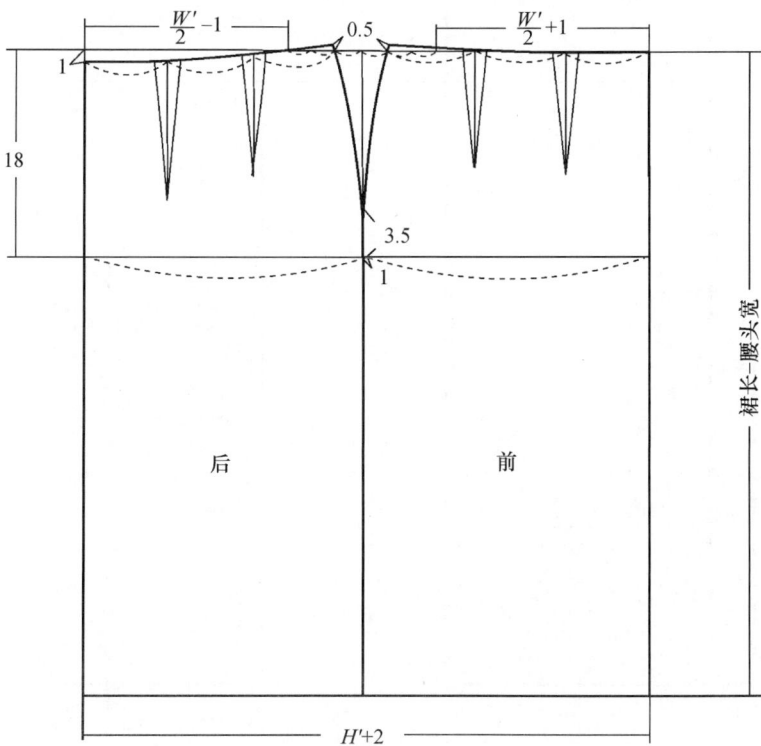

图3-2　裙基本型完成图

3.5cm点，并垂直画至下摆。至此前、后片侧缝线完成。

⑥作前、后省：后片腰围线中点下降1cm，以适合人体的需要。然后将前、后片余下的各两等份分别作为省量，绘画成省道。

三、裙子结构原理

裙子的结构是服装结构中最为简单的一种，其变化主要是外轮廓造型。为便于理解裙子款式变化的规律和原理，我们采用裙子的基本原型来展示变化。

1. 紧身裙

紧身裙属于贴身设计，臀围放松量仅为2cm。由于裙和裤不一样，没有立裆的制约，2cm的放松量完全可以满足人体一般动态时所需的放松量，因而对日常生活不会造成不便。紧身裙贴体的造型，适合较成熟、性感的女性穿着。其结构与裙的基本型相同，可以在基本型中进行再设计。制图规格：腰围33cm（半围），臀围45cm（半围），裙长70cm。紧身裙结构图见图3-3。

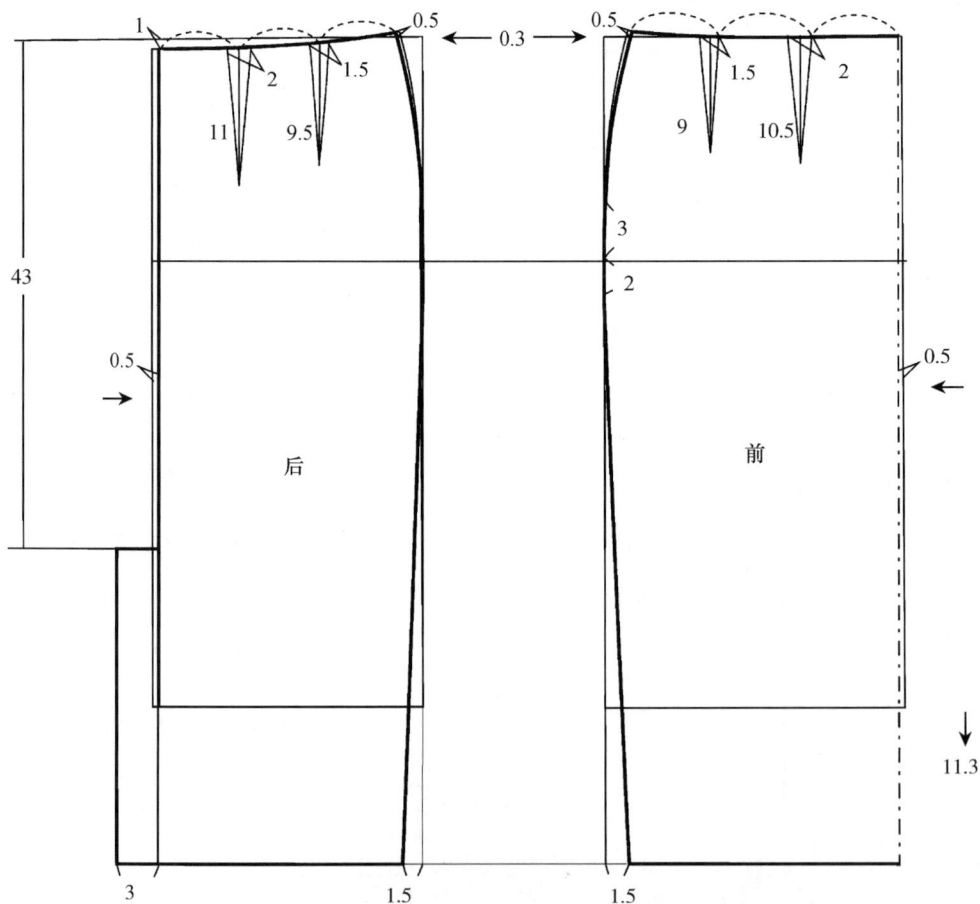

图3-3 紧身裙结构图

制图步骤：

①绘出裙的基本型。

②裙长：裙长−腰头宽+自然回缩=（70cm−3cm）×（1+2%）≈68.3cm。基本型的裙长（不含腰头）为57cm，因此在基本型下摆基础上向下加出11.3cm为紧身裙长长度。

③臀围宽：基本型臀围宽−紧身裙臀围宽=46cm−45cm=1cm，因此，在基本型的前、后中线各收进0.5cm作为紧身裙的前、后中线。

④腰围宽：腰省需加以调整，前、后片腰省各四个，省宽分别为1.5cm和2cm。前腰围宽=W'/2+1cm+3.5cm（省）=21cm，基本型的前腰围宽为21.8cm（含省），但腰口中心线处已减少了0.5cm，则侧缝线处应去掉0.3cm；后腰围宽=W'/2−1cm+3.5cm（省）=19cm，基本型的后腰围宽为19.8cm（含省），因此与前片相同需在侧缝线处去掉0.3cm即可。

⑤前、后裙下摆侧缝各内收1.5cm，使裙的造型紧身贴体、造型优美，绘顺侧缝线时臀围线向上3.5cm（臀围与腰围之差越大，则数据越小）、向下3cm要与侧缝辅助线重合。

⑥由于裙子比较长，且下摆窄，因而后中缝设有开衩，便于行走。裙衩的长度根据裙子的长短而定，一般是从上平线向下量43cm为衩较为适宜的最高点，开衩过高或过低会影响行走。

2. A型裙

在裙子的造型中，腰、臀、下摆三者比较变化最大的是下摆，而腰线的变化最为关键。因为当裙子合体时，腰围与臀围之差是比较大的，需要加入省缝来缓解这个差值。因此，腰口线形状是比较平的。

小A型裙的放松量与基本造型一样，只是下摆加宽至可以满足自由行走的需要量。下面利用裙子的基本型作裙子的变化。

①将裙的基本型中靠近侧缝的腰省延长至臀围线，再继续向下画线垂直并与下摆线相交，见图3−4。

②然后由下摆向上将垂直线剪开至臀围线，合并延长的腰省，外轮廓线发生变化，下摆增大，即形成小A型裙，见图3−5。

3. 变化的原理

①从小A型裙的变化图中可以看出，随着裙摆的增大，裙摆线需起翘，腰围线也上翘呈弧线状，下摆越大其起翘就越大，腰围弧线就越弯曲；下摆越小其起翘就越小，腰围线也就越平直。由此可见，下摆线与腰围线的起翘量与裙摆的围度有着直接的制约关系，下摆线与腰围线的起翘量是由底摆围度侧缝线的倾斜度所决定的。

②当两省都转移合拼后，若需要再增加裙子的底摆围，以形成波浪褶，体现其优雅的风格时，可适当地增加臀围的放松量，侧缝线顺着腰口呈斜线直下至下摆，下摆越大臀围的放松量就越大。

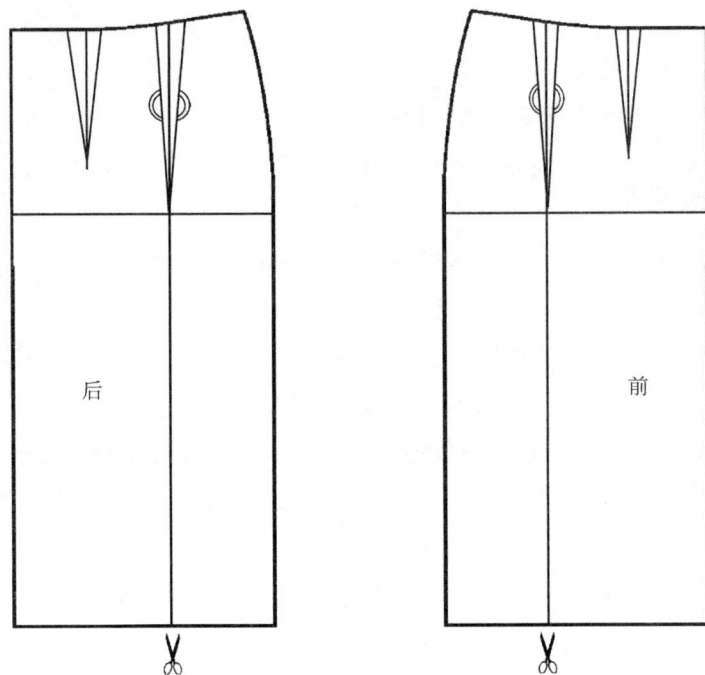

图3-4　裙子的变化（一）

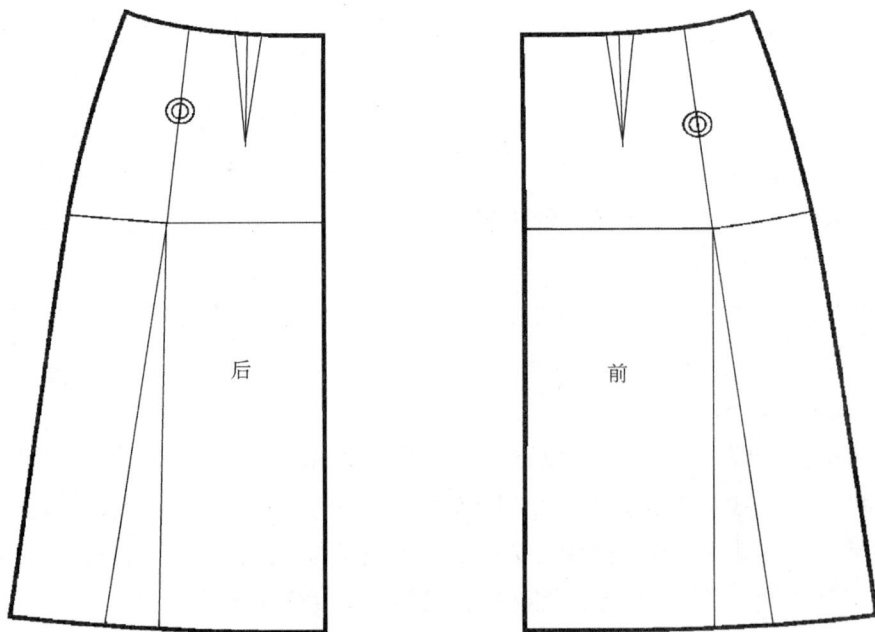

图3-5　裙子的变化（二）

第二节　针织裙结构制图方法

一、裙子原型应用

以鱼尾裙为例。

1. 款式图（图3-6）
2. 成品规格（表3-1）

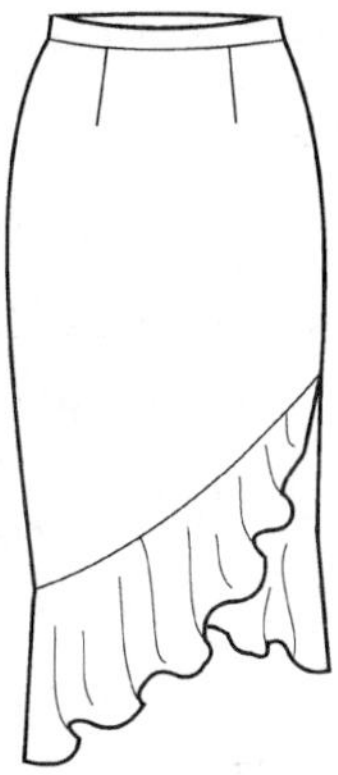

表3-1　成品规格表

单位：cm

部位 尺寸 号型	裙长 L	腰围（半围） W'	臀围（半围） H'（即H/2）
160/66	75	34	46

图3-6　款式图

3. 结构制图（图3-7、图3-8）
4. 制图步骤

（1）前片（图3-7）。

①绘出裙基本型的前片。

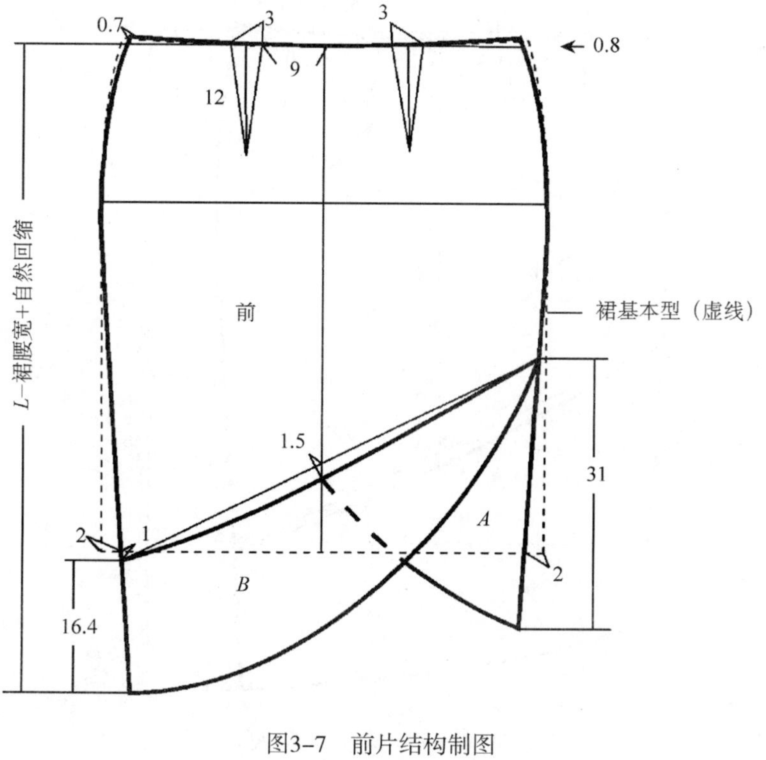

图3-7　前片结构制图

②裙长（不含腰头）：裙长−腰头宽+自然回缩=（75cm−3cm）×（1+2%）=73.4cm，由基本型的裙长（不含腰头）57cm处，向下量16.4cm。

③臀围宽：鱼尾裙臀围尺寸与原型臀围半围尺寸都是46cm，因此不用修改。

④腰围宽：腰省需加以调整，前片共设腰省2个，省大为3cm。前腰围宽取$W'/2+1cm+3cm$（省）$=34cm/2+1cm+3cm=21cm$，根据原型的前腰围宽是21.8cm（含省），腰围宽就多了0.8cm。腰围宽在收进0.8cm的同时将腰口线起翘量改为0.7cm，因为侧缝线比原线条曲度大。

⑤下摆宽：从原型裙的下摆收进2cm，再依次连接臀围点、腰围点，画顺侧缝线。再按图中所标示的数据画出分割线及下摆线。

（2）后片（图3-8）。

①绘出裙基本型的后片。

②裙长：与前片裙长相同，从下摆向下量16.4cm。

③臀围宽：取原型后片臀围尺寸，不用修改。

④腰围宽：腰省需要调整，后片共设腰省4个，省大分别为1.5cm、2.5cm。后腰围宽$=W'/2−1cm+4cm$（省）$=34cm/2−1cm+4cm=20cm$，根据原型的后腰围宽是19.8cm（含省），腰围宽就多了0.2cm。腰围宽在收进0.2cm的同时将腰口线起翘量改为0.7cm。

⑤下摆宽：从原型裙的下摆收进2cm。按图中标示绘出侧缝线、分割线及下摆。

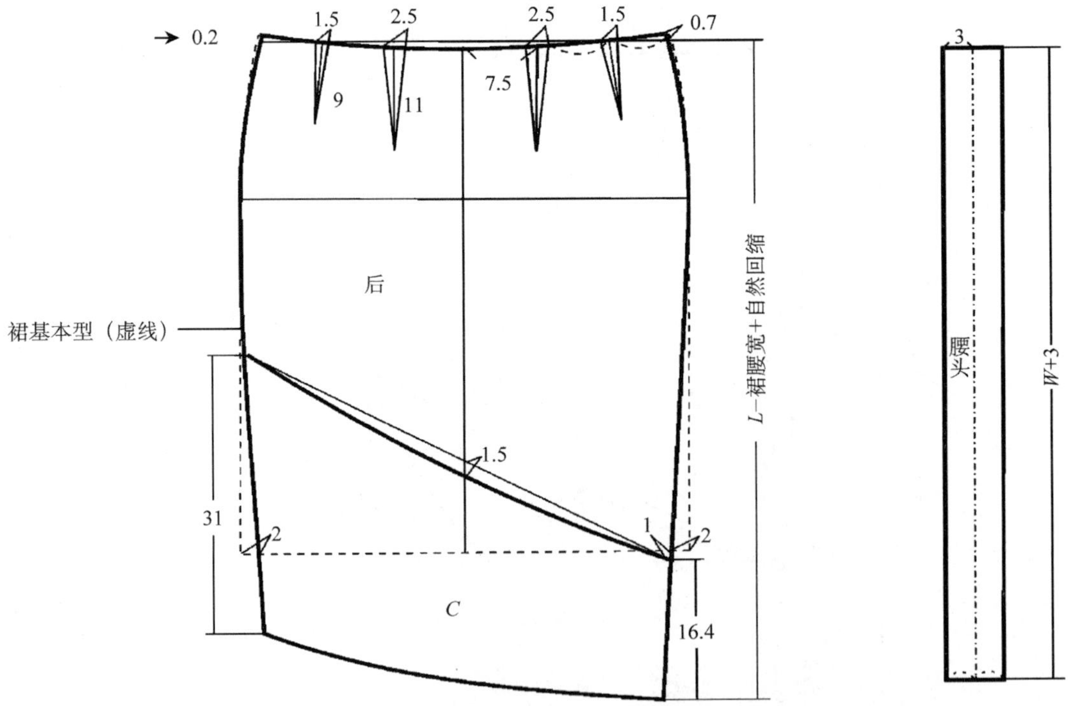

图3-8　后片及裙腰结构制图

（3）裙摆展开图（图3-9）。

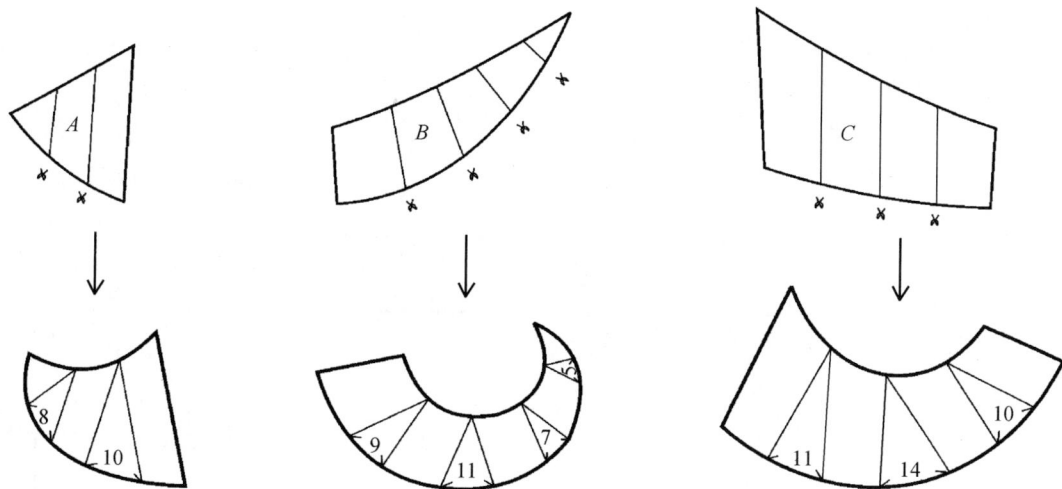

图3-9 裙摆展开图

二、裙子比例法制图

以整圆裙为例。

1. **款式图**（图3-10）

2. **成品规格**（表3-2）

表3-2 成品规格表　　　　　单位：cm

尺寸 号型　　部位	裙长 L	半腰围 W'	腰头宽
160/66	70	34	3

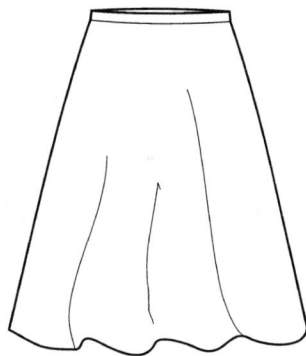

图3-10 款式图

3. **结构制图**（图3-11）

4. **制图步骤**

（1）前片。

①作基本线：绘出上平线，然后垂直于上平线画一条直线作为前中线。

②腰围宽：$W'/3-0.5cm=34cm/3-0.5cm=10.8cm$。

③裙长：裙长-腰头高+自然回缩=（70cm-3cm）×（1+自然回缩率）=（70cm-3cm）×（1+2%）=68.3cm。

（2）后片。

①长度与围度宽一样。

②腰围宽：腰围宽与前片相同，后片腰围深线比前片腰围线下降1cm。

（3）腰头。

①腰头长：34cm×2+2.5cm=70.5cm。

②腰头宽：3cm，3cm×2=6cm。

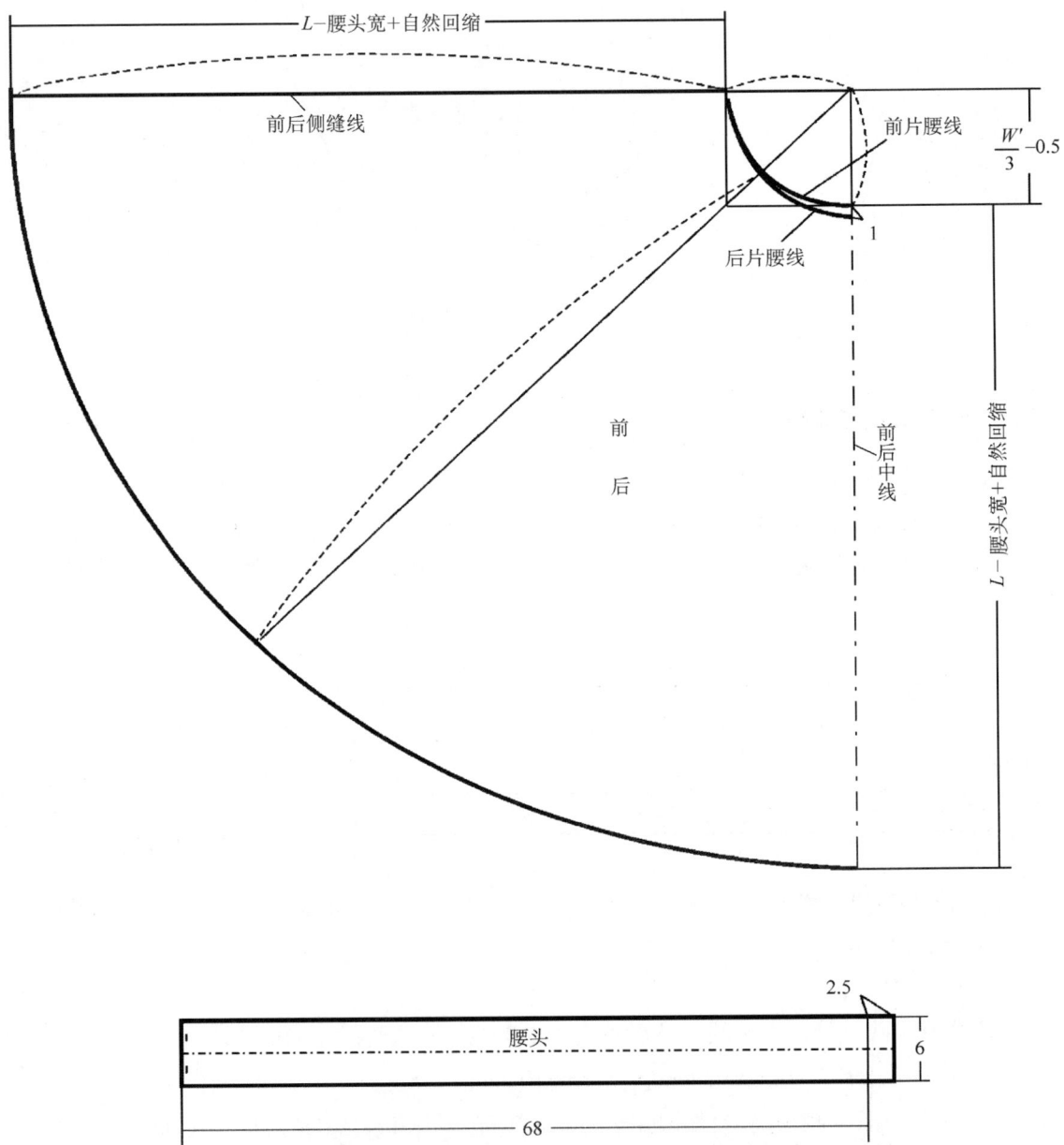

图3-11　结构制图

第三节 针织裙结构制图实例

一、连腰筒裙

1. **款式图**（图3-12）
2. **成品规格**（表3-3）

表3-3 成品规格表 单位：cm

号型\尺寸\部位	裙长 L	半腰围 W'	半臀围 H'（H/2）
160/66	70	34	46

注 此款采用经编面料制作。

图3-12 款式图

3. **结构制图**（图3-13）

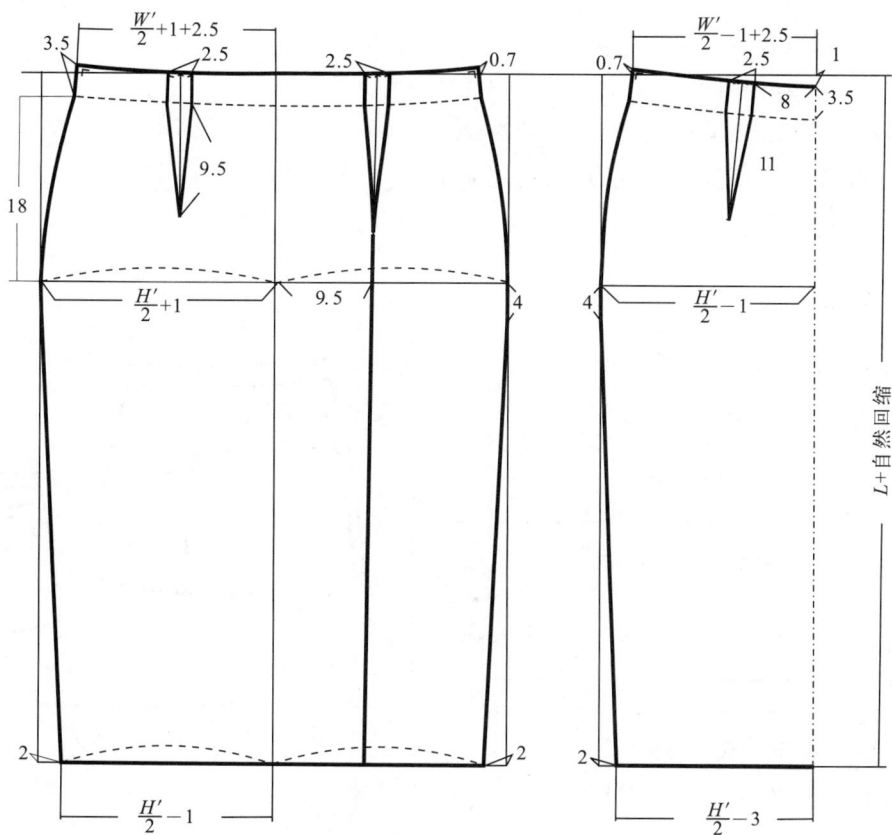

图3-13 结构制图

4. 制图步骤

（1）前片。

①作基础线为上平线。

②前裙长：70cm（1+自然回缩率）。

③裙腰宽：3.5cm。

④臀围线：18cm，从裙腰宽线向下量18cm。

⑤腰围：1/2腰围（34cm）+1cm+省（2.5cm）=20.5cm。

⑥腰头起翘：0.7cm。

⑦臀围：1/2臀围（46cm）+1cm=24cm。

⑧裙摆宽：1/2臀围（46cm）−1cm=22cm。

⑨分割线：在右边距离中线9.5cm，垂直于上平线绘画一条直线作为分割线。

⑩省：长9.5cm，宽2.5cm，右边的省要结合分割线来绘画。

（2）后片。

①延长上平线、臀围线、下平线。

②裙腰宽：3.5cm。

③腰围：1/2腰围（34cm）−1cm+省（2.5cm）=18.5cm。

④后中线：在上平线向下降1cm。

⑤腰头起翘：0.7cm。

⑥臀围：1/2臀围（46cm）−1cm=22cm。

⑦裙摆宽：1/2臀围（46cm）−3cm=20cm。

⑧省：长11cm，宽2.5cm。

二、斜插袋短裙

1. 款式图（图3-14）

2. 成品规格（表3-4）

表3-4 成品规格表　　　　　　单位：cm

部位 尺寸 号型	裙长 L	半腰围 W'	半臀围 H'（即$H/2$）
155/64	45	33	45

图3-14 款式图

3. 结构制图（图3-15）

4. 制图步骤

（1）前片。

①裙长：［裙长（45cm）−裙头宽（3cm）］（1+自然回缩率）。

②腰围宽：1/2腰围（33cm）+袋省（1cm）=17.5cm。

③臀围宽：1/2臀围（45cm）-1cm=21.5cm。

④袋口：10cm×5cm，1cm是袋口省。

（2）后片。

①延长前片的上平线、臀围线和下摆线。

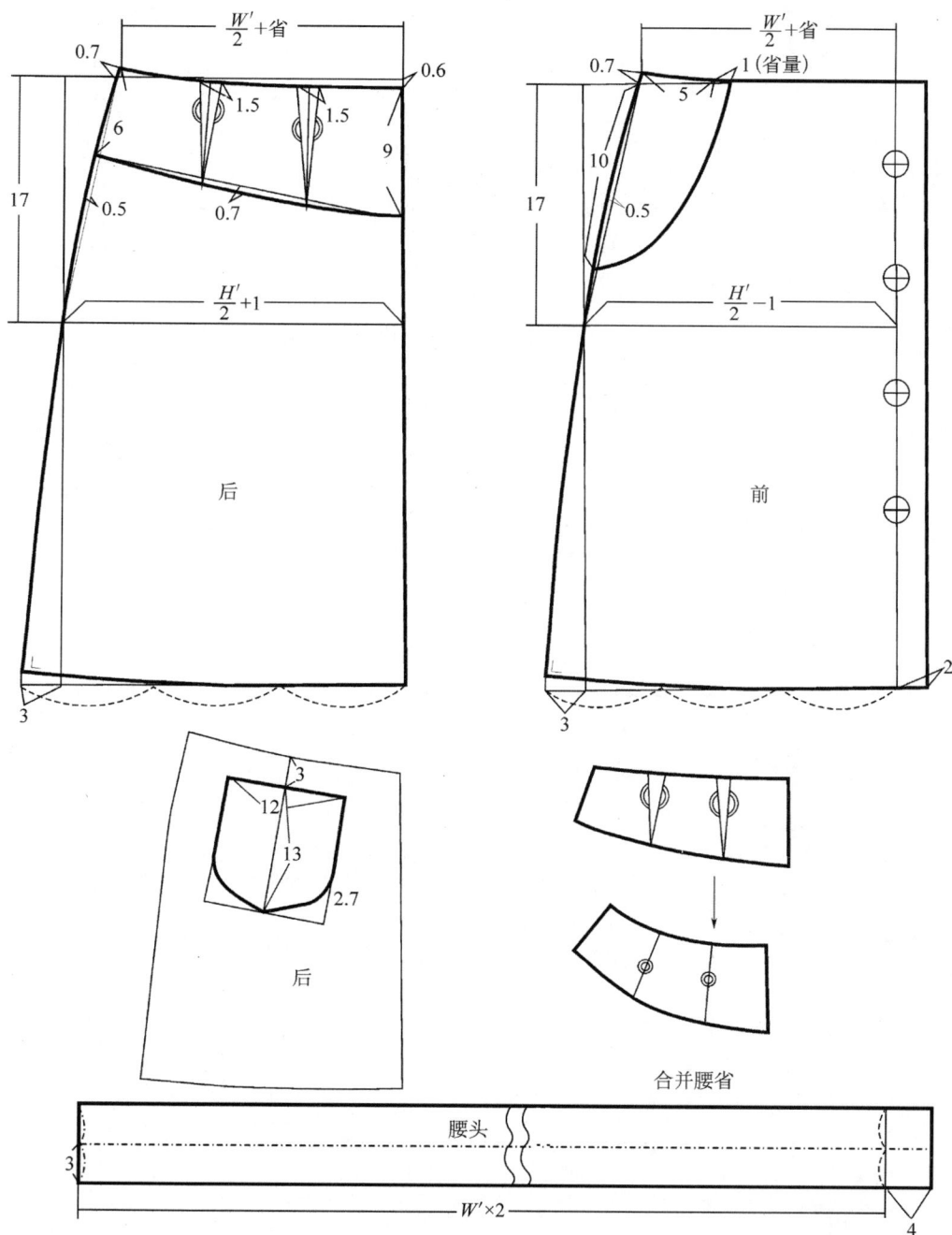

图3-15　结构制图

②腰围宽：1/2腰围（33cm）+省（3cm）=19.5cm。

③臀围宽：1/2臀围（45cm）+1cm=23.5cm。

④后片育克：侧缝6cm，中缝9cm，腰省合并转移到斜向分割线。

⑤腰头：长33cm×2+搭门4cm=70cm。

三、塔裙

1. **款式图**（图3-16）

2. **成品规格**（表3-5）

表3-5　成品规格表　　　　单位：cm

号型　　　尺寸　　　部位	裙长 L	半臀围 H'（即$H/2$）	半腰围 W'
160/66	70	47	30

图3-16　款式图

3. **结构制图**（图3-17）

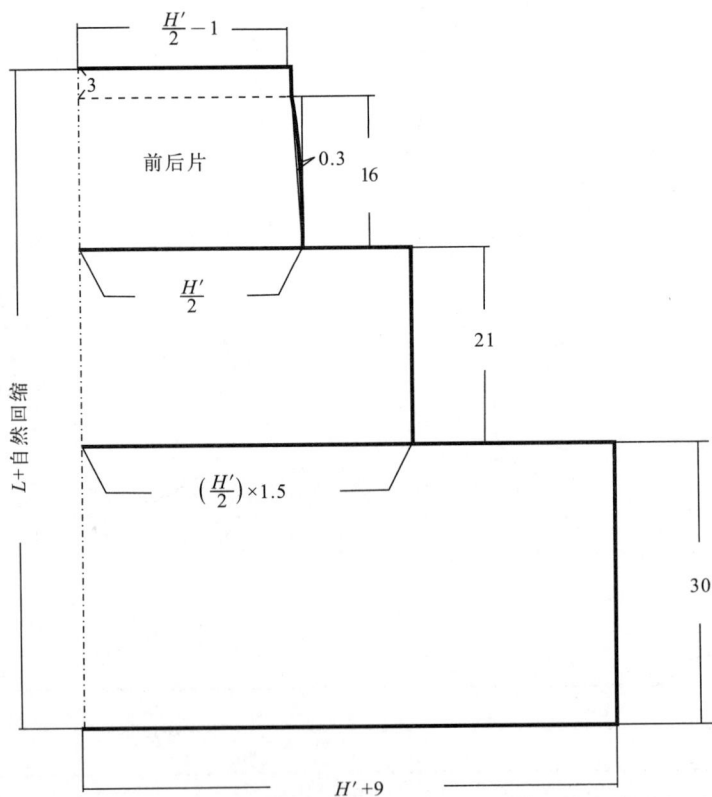

图3-17　结构制图

4. 制图步骤

前后片：

①作基础线为上平线。

②前（后）裙长：70cm（1+自然回缩率）。

③裙腰宽：3cm。

④分割线：裙子共分割为三层，第一层，从裙腰线向下量16cm为臀围线，然后往下分割21cm为第二层、余下30cm为第三层。

⑤腰围：1/2臀围（47cm）-1cm=22.5cm。

⑥臀围：1/2臀围（47cm）=23.5cm。

⑦中层围宽：1/2臀围（47cm）×1.5（倍）=35.2cm。

⑧裙摆宽：臀围（47cm）+9cm=56cm。

四、休闲A裙

1. 款式图（图3-18）

2. 成品规格（表3-6）

表3-6 成衣规格表   单位：cm

部位 尺寸 号型	裙长 L	半腰围 W'	半臀围 H'	半下摆 OP
160/66	66	35	47	52

注 此款采用经编面料制作。

图3-18 款式图

3. 结构制图（图3-19）

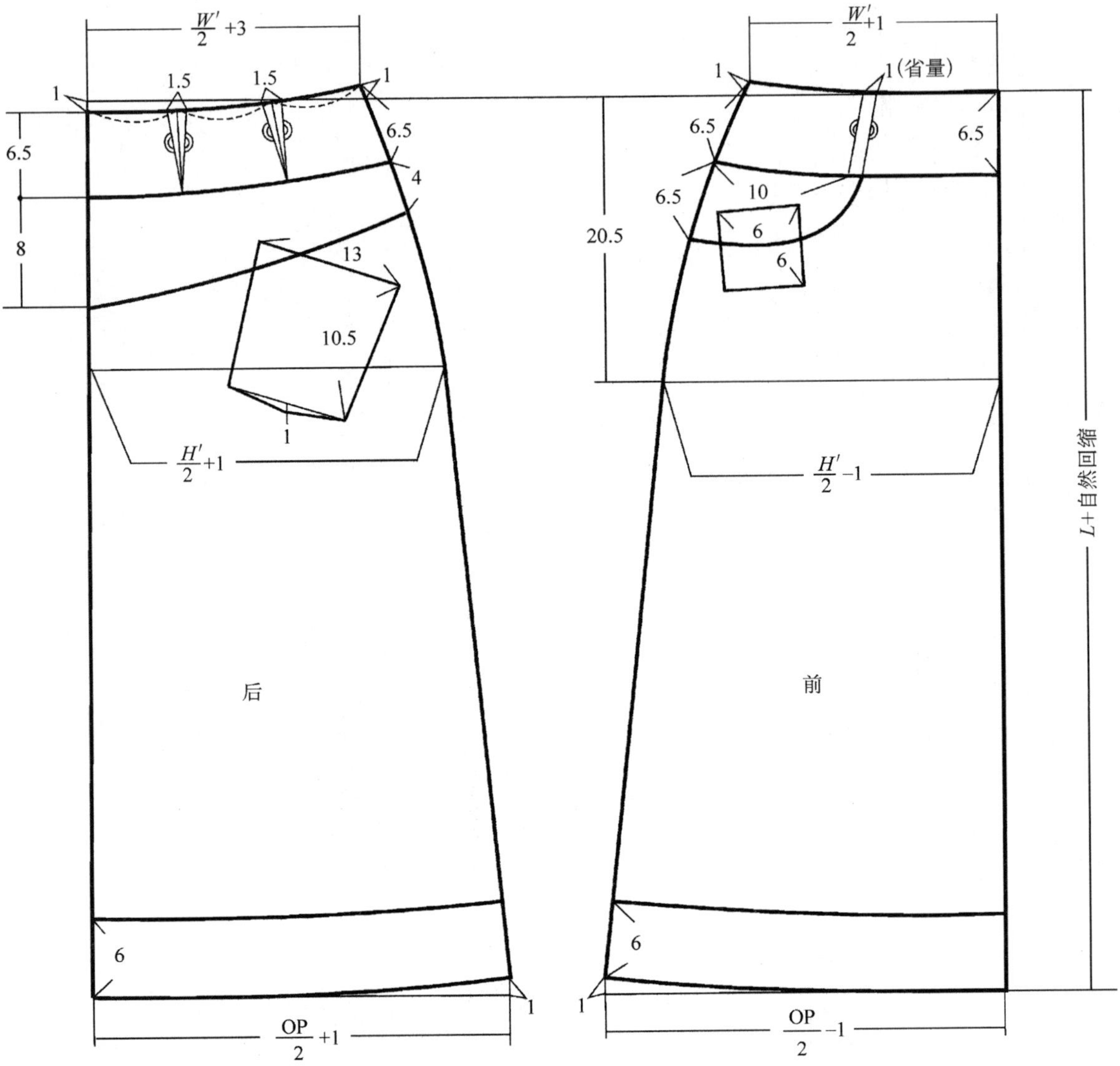

图3-19 结构制图

五、休闲短裙

1. 款式图（图3-20）

2. 成品规格（表3-7）

表3-7 成品规格表   单位：cm

部位 尺寸 号型	裙长 L	半腰围 W'	半臀围 H'	裙腰宽
160/68	52	37	47	4.5

图3-20 款式图

3. 结构制图（图3-21）

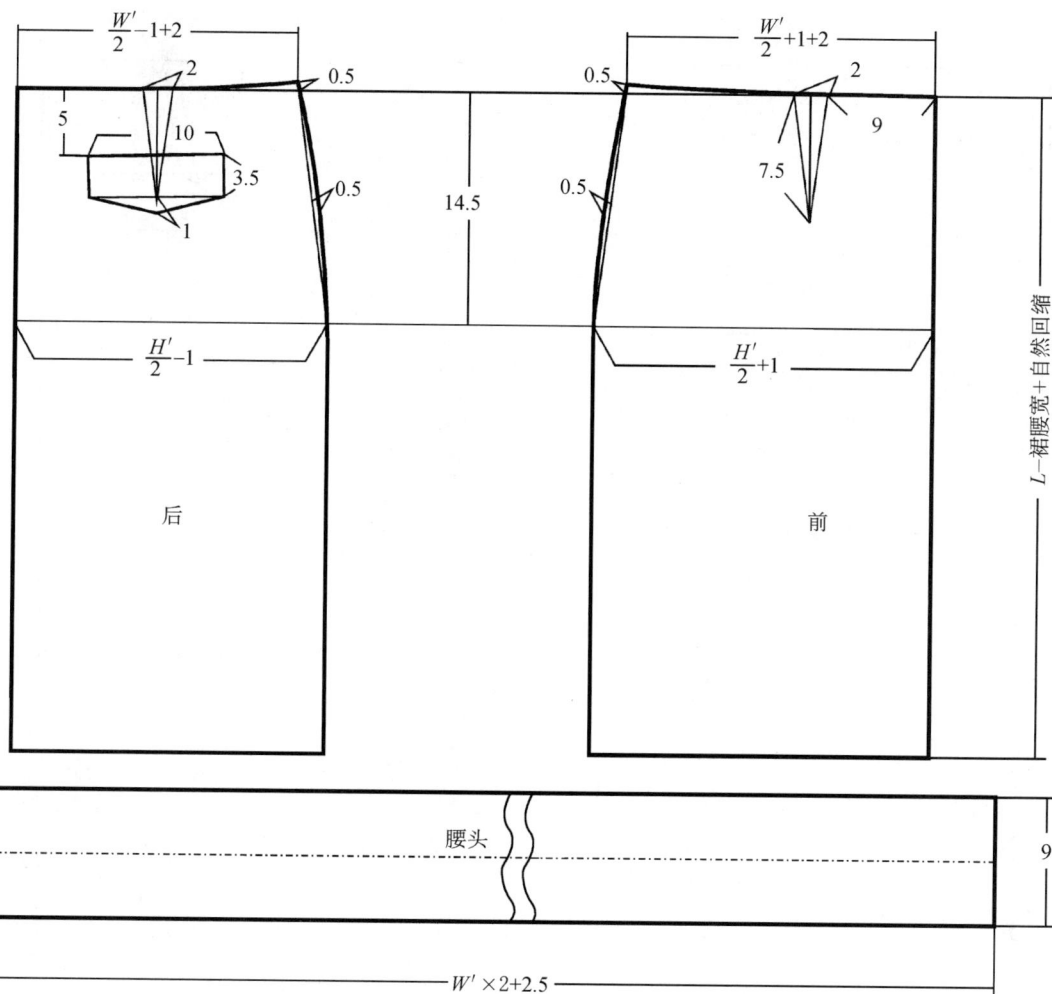

图3-21　结构制图

六、半胸超短裙

1. 款式图（图3-22）

2. 成品规格（表3-8）

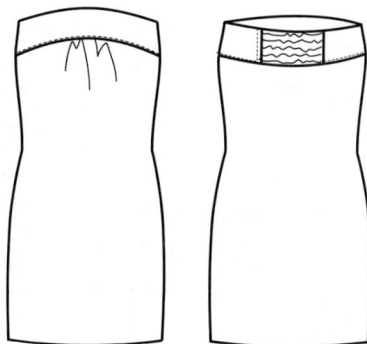

图3-22　款式图

表3-8 成品规格表　　　　　　　　　　　　　单位：cm

号型　尺寸　部位	前裙长 FL	后裙长 BL	半胸围 B'	半腰围 W'	半臀围 H'
160/84	70	68	40	38	44

3. 结构制图（图3-23）

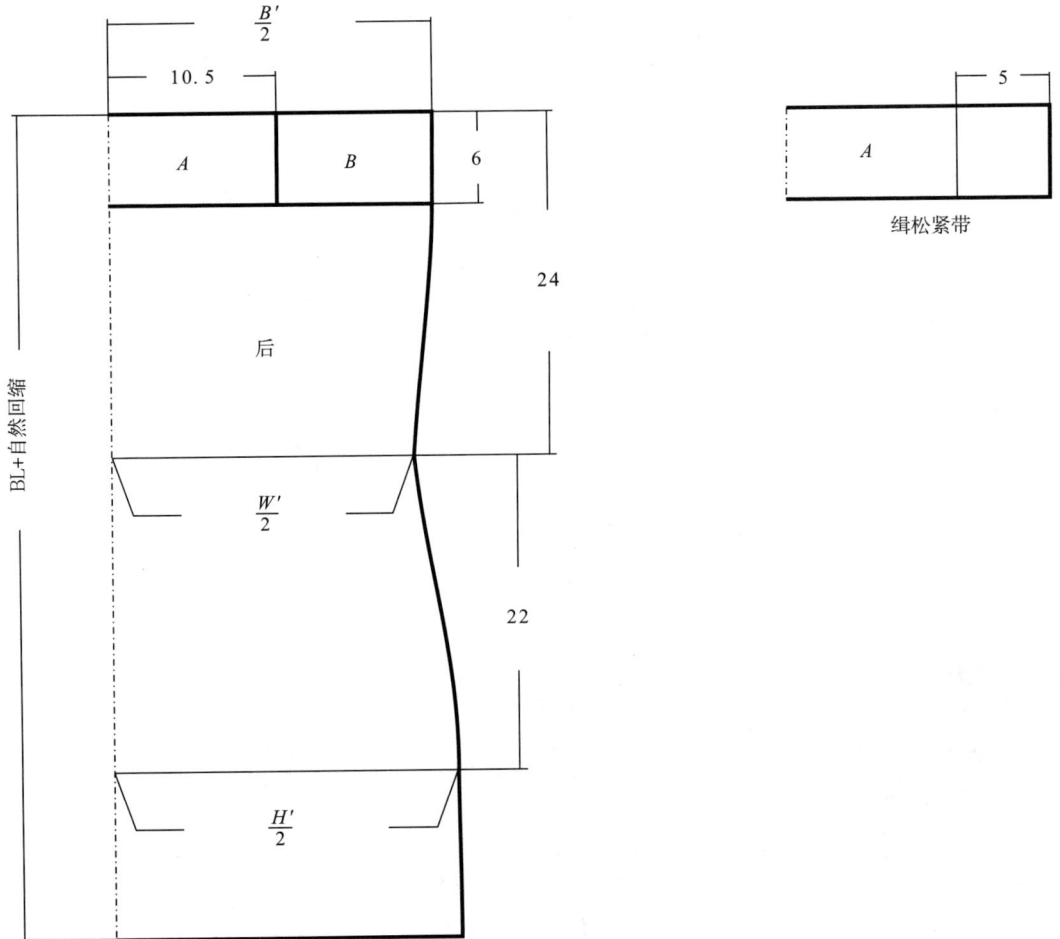

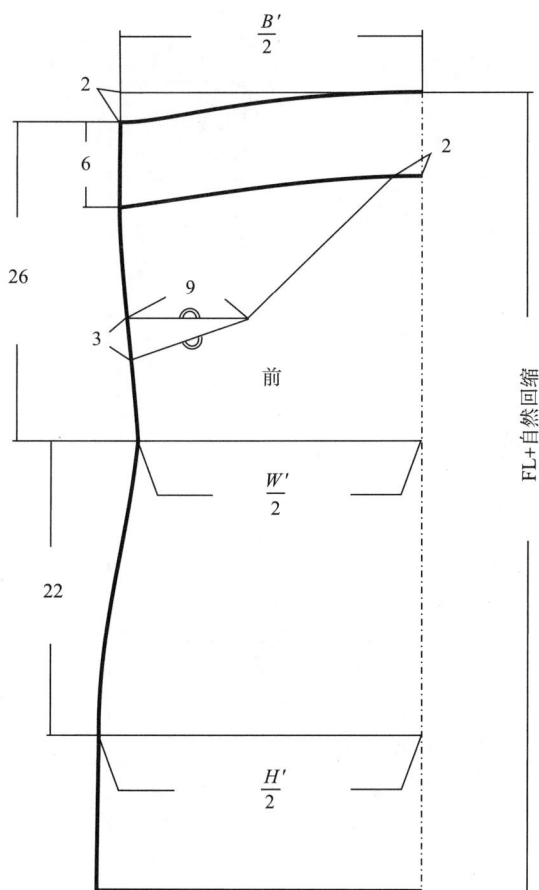

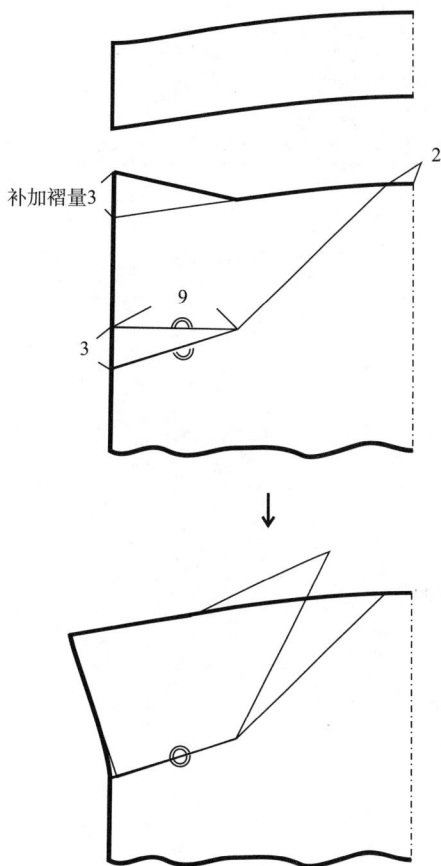

图3-23　结构制图

七、结带背心裙

1. **款式图（图3-24）**

2. **成品规格（表3-9）**

表3-9　成品规格表　　　　　　　　　单位：cm

部位 尺寸 号型	裙长 L	半胸围 B′	领口宽 NW	前领深 FND	后领深 BND	挂肩 AH	半下摆 OP
160/84	106	47	26	22	8	20	59

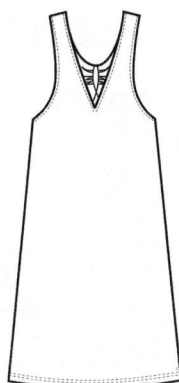

图3-24　款式图

3. 结构制图（图3-25）

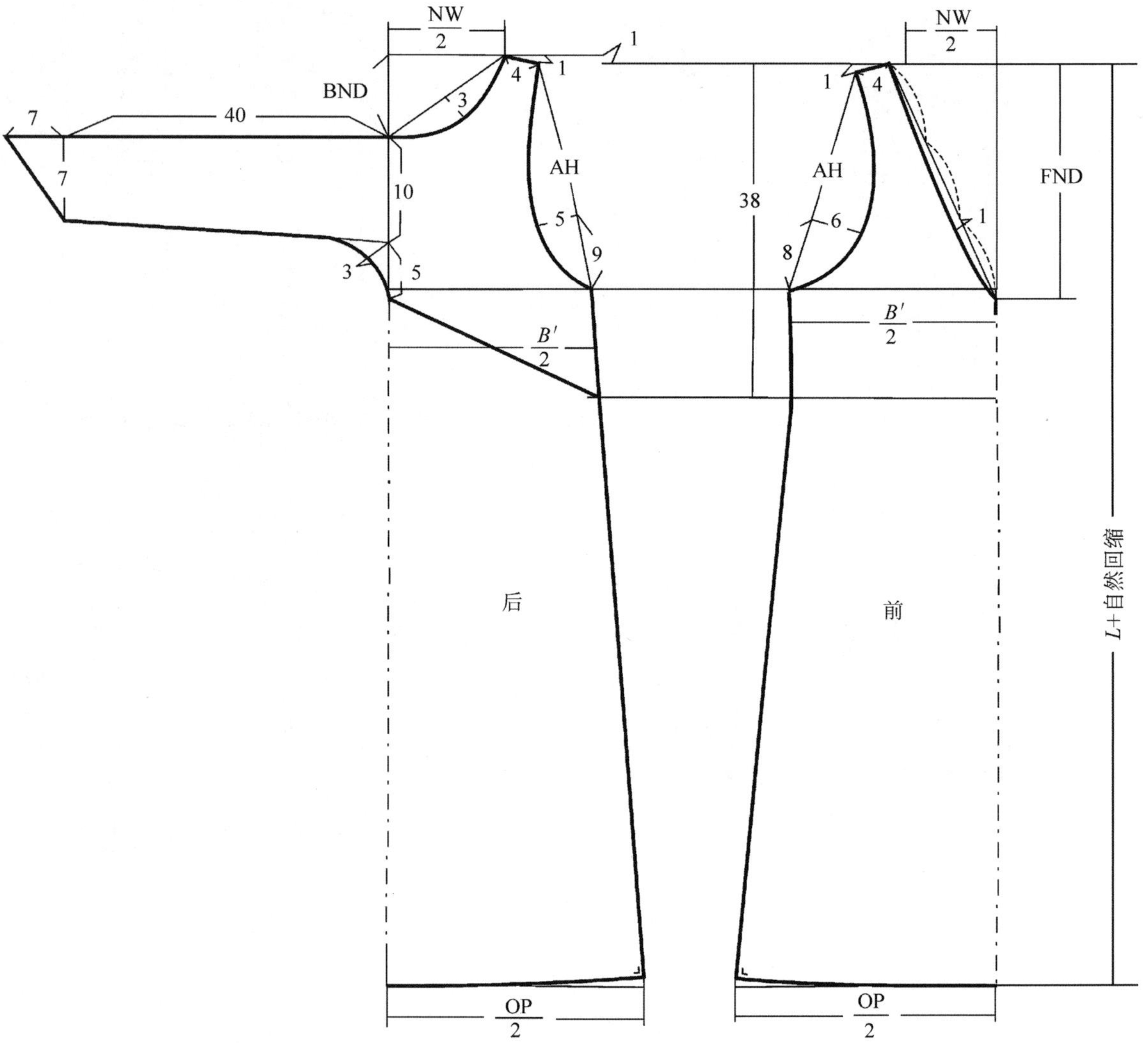

图3-25　结构制图

八、U领背心裙

1. 款式图（图3-26）

2. 成品规格（表3-10）

表3-10　成品规格表　　　　　　　单位：cm

部位 尺寸 号型	后裙长 （后领中量） L	前裙长 （肩领点量） FL	半胸围 B′	半腰围 W′	袖窿 AH	半下摆 OP	领口宽 NW	前领深 FND	后领深 BND
160/84	93	84	41	45	25	70	20	18	3

图3-26　款式图

3．结构制图（图3-27）

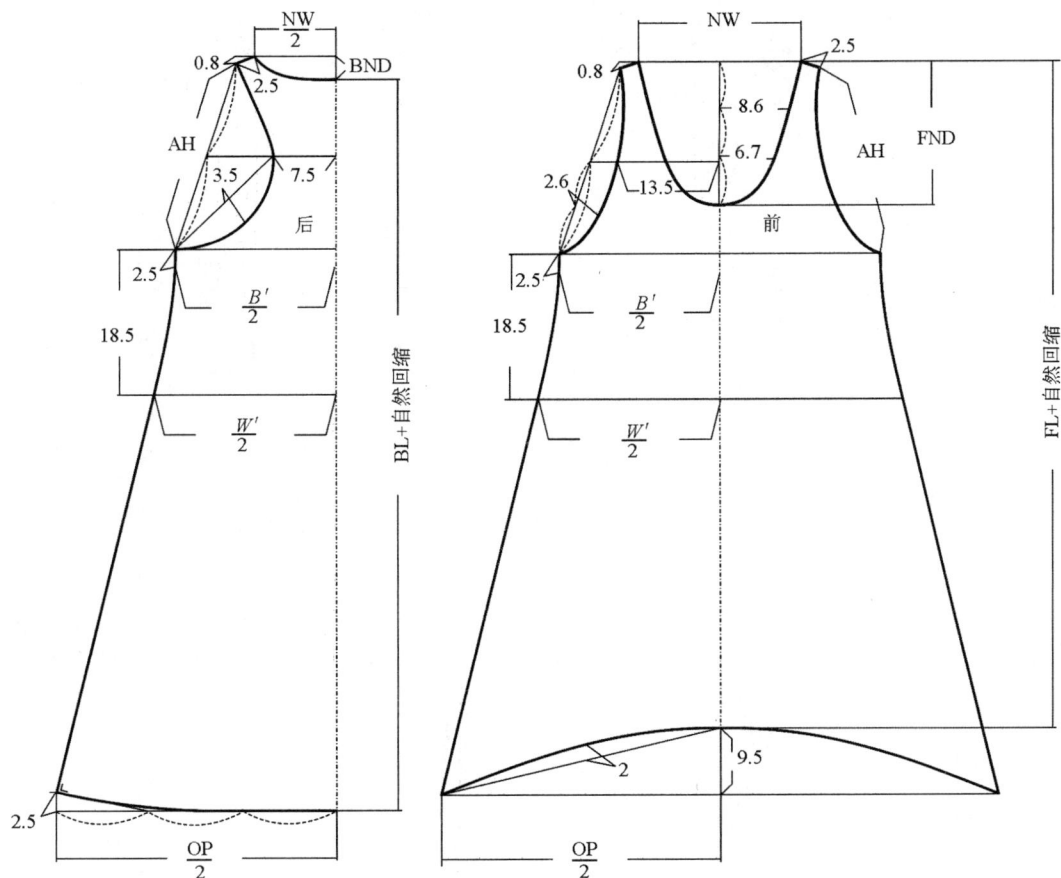

图3-27　结构制图

九、背带休闲裙

1．款式图（图3-28）

2．成品规格（表3-11）

表3-11　成品规格表　　　单位：cm

部位 尺寸 号型	裙长 L	半胸围 B'	半臀围 H'	领口宽 NW	前领深 FND	后领深 BND
160/84	94	44	47	24	17	21

图3-28　款式图

3. 结构制图（图3-29）

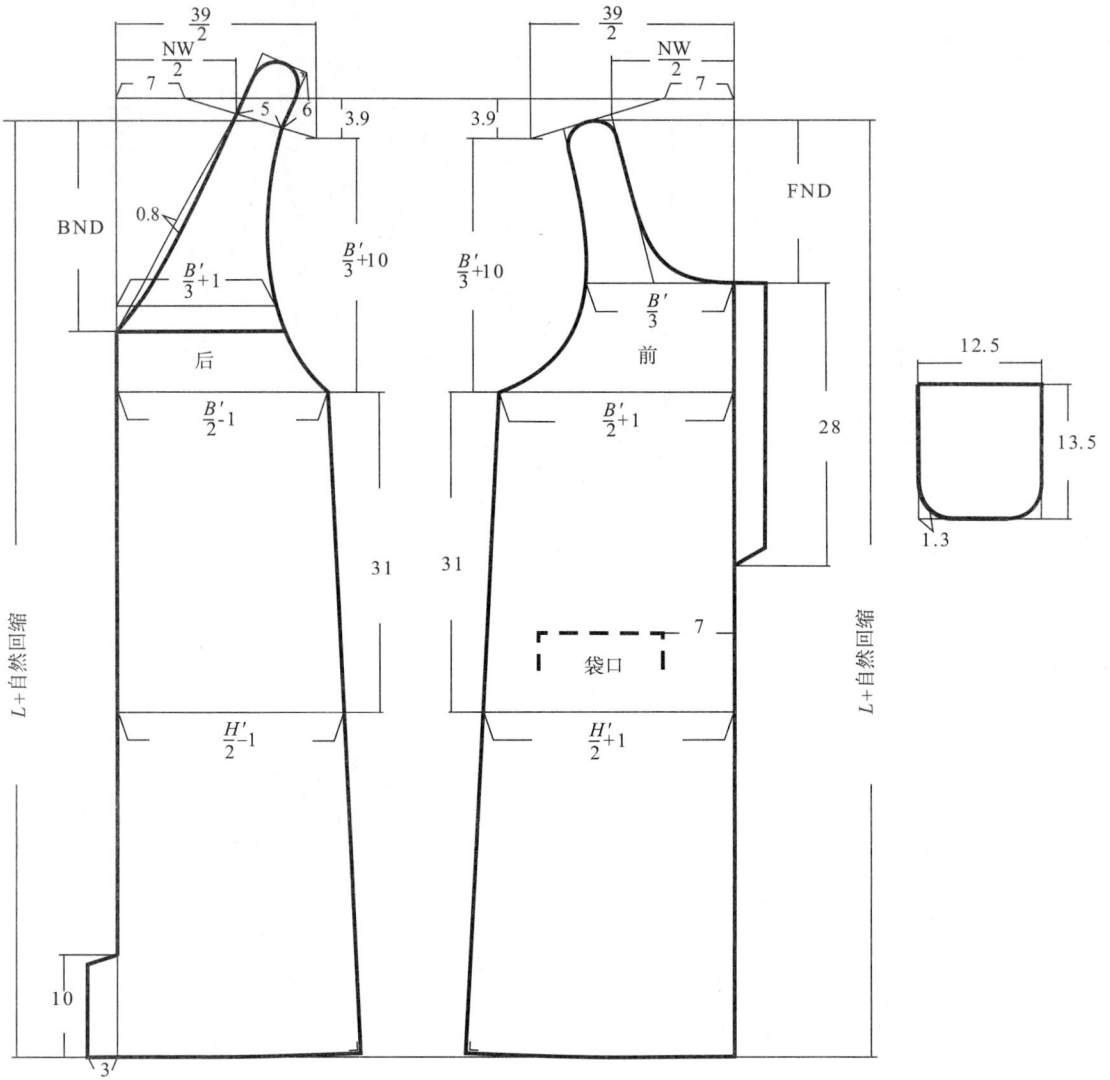

图3-29　结构制图

十、吊带时装连衣裙

1. 款式图（图3-30）

2. 成品规格（表3-12）

图3-30　款式图

表3-12　成品规格表　　　　　　　　　　单位：cm

尺寸 号型	部位	衣长 L	半胸围 B'	肩宽 S	半腰围 W'	半臀围 H'	半下摆 OP
160/84		110	43	39	37	47.5	62

3．结构制图（图3-31）

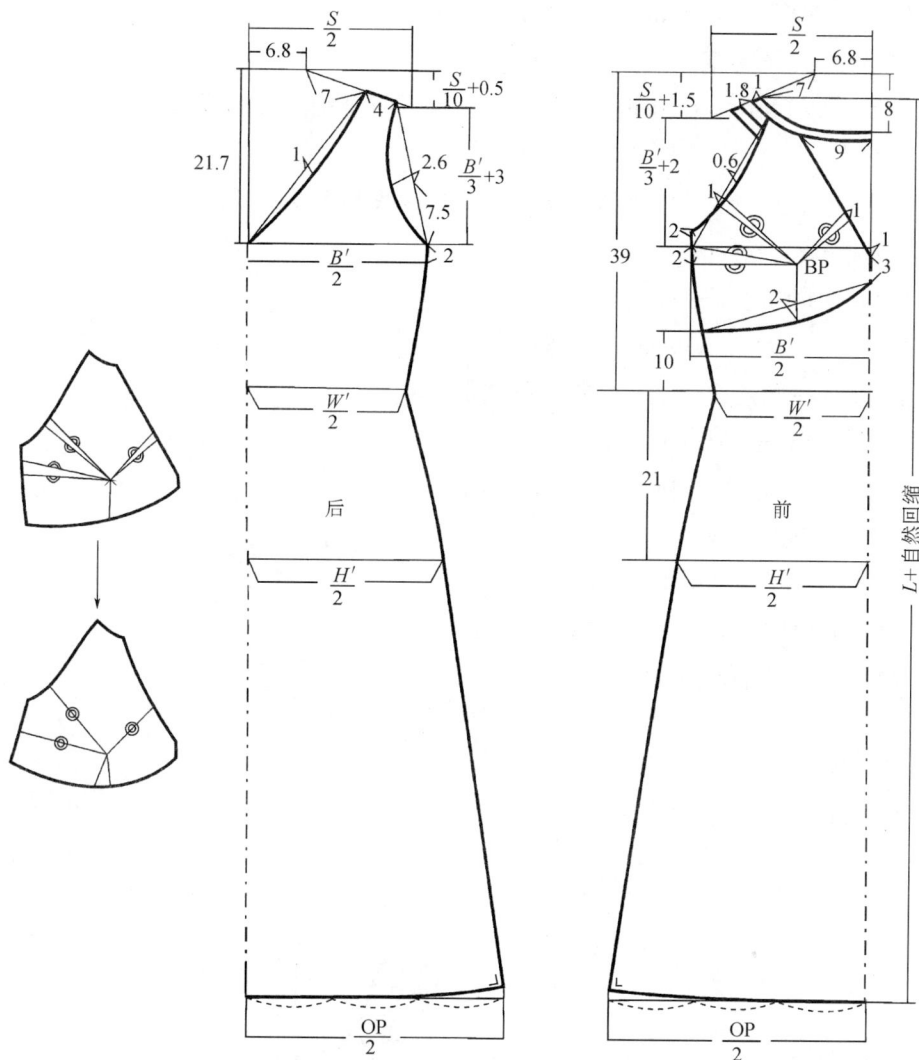

图3-31　结构制图

4．制图步骤

（1）前片。

①原型领口宽：6.8cm。

②原型肩斜线：1/10肩（39cm）+1.5cm=5.4cm。

③原型肩宽：1/2肩（39cm）=19.5cm。

④领口宽：在原型领口上，再在肩斜线取7cm。

⑤原型领口深：8cm，从原型上平线往下量。

⑥裙长：裙长110cm（1+自然回缩率），从领口线往下量。

⑦袖窿深；1/3胸围（43cm）+2cm=16.3cm。

⑧胸围：1/2胸围（43cm）=21.5cm。

⑨腰围：1/2腰围（37cm）=18.5cm。

⑩臀围：1/2臀围（47.5cm）=23.75cm。

⑪下摆宽：1/2下摆宽（62cm）=31cm。

⑫分割线：从腰围线上10cm，胸省、腋省、领省分别向分割线转移。

（2）后片。

①延长前片的上平线、胸围线、腰围线、臀围线和下摆线。

②原型领口宽：6.8cm。

③肩斜线：1/10肩（39cm）+0.5cm=4.4cm。

④原型肩宽：1/2肩（39cm）=19.5cm。

⑤领口宽：在原型领口上，再在肩斜线取7cm。

⑥领口深：15cm，从领口线往下量。

⑦袖窿深：1/3胸围（43cm）+3cm=17.3cm。

⑧胸围：1/2胸围（43cm）=21.5cm。

⑨腰围：1/2腰围（37cm）=18.5cm。

⑩臀围：1/2臀围（47.5cm）=23.75cm。

⑪下摆宽：1/2下摆宽（62cm）=31cm。

十一、吊带裙

1. **款式图**（图3-32）
2. **成品规格**（表3-13）

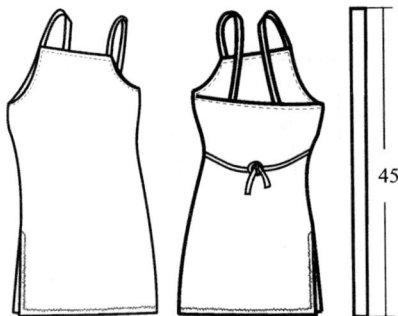

图3-32 款式图

表3-13 成品规格表　　　　　　　　　　　　　　　　　　单位：cm

尺寸 号型 \ 部位	前裙长 FSL	后裙长 BSL	半胸围 B'	半臀围 H'
160/84	85	73	45	54

3. **结构制图**（图3-33）

4. **制图步骤**

（1）前片。

①作基础线为上平线。

②前裙长：85cm（1+自然回缩率）。

③前胸宽：左前胸宽11cm，右前胸宽10cm。

④袖窿深：左边在上平线向下量3cm，然而再取16cm画一条平行于上平线的线为袖窿深线（也是胸围线），右边袖窿深在上平线向下量12cm。

⑤胸围：1/2胸围（45cm）=22.5cm。

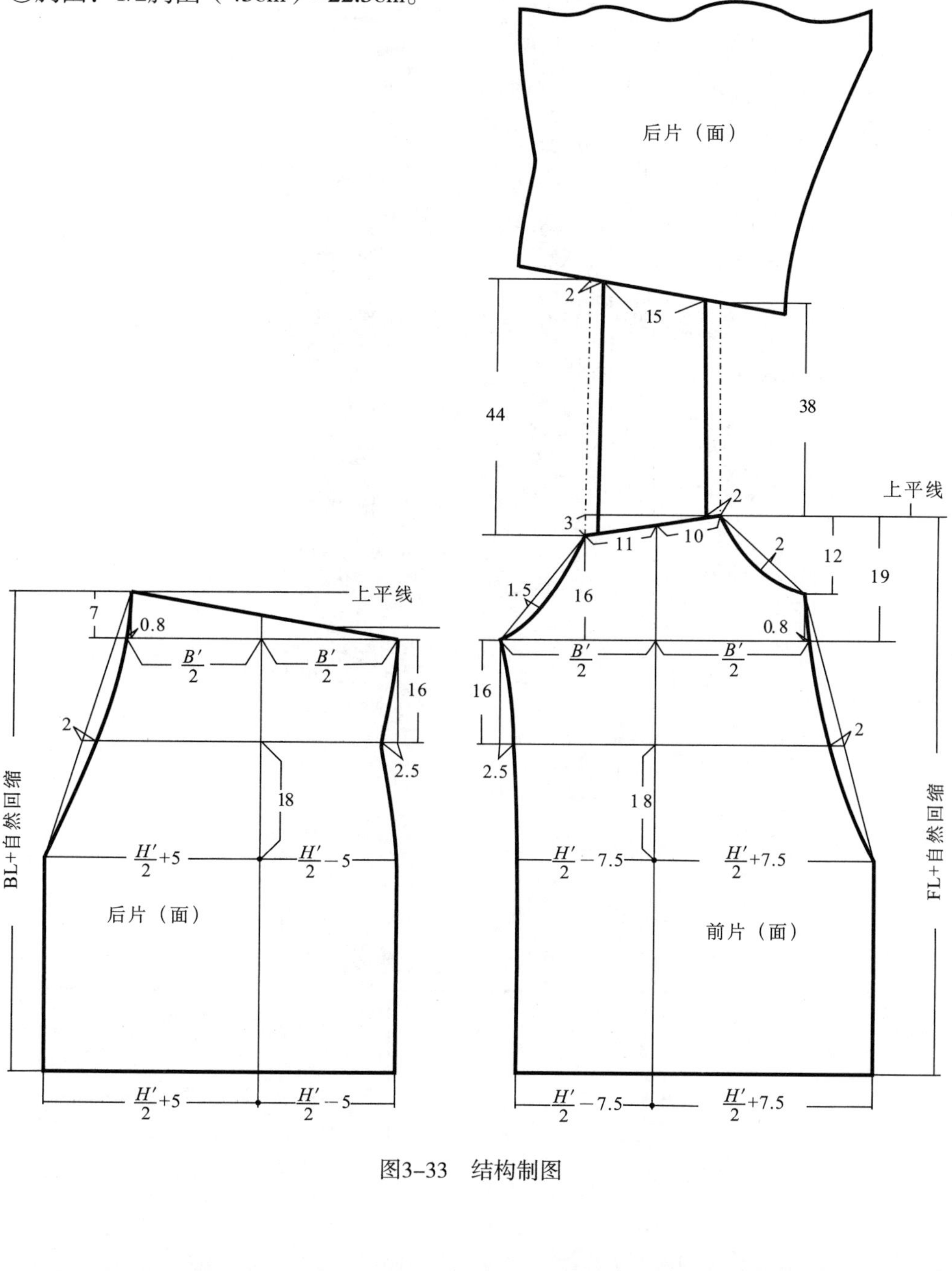

图3-33 结构制图

⑥腰节长：16cm，从胸围线向下量16cm。

⑦臀围线：18cm，从腰节线向下量18cm。

⑧臀围：左边1/2臀围（54cm）－7.5cm=19.5cm，右边1/2臀围（54cm）+7.5cm=34.5cm。

⑨腰围宽：左边在胸围宽辅助线移入2.5cm，右边袖窿底与臀围宽点连一线，再移入2cm。

⑩下摆宽：与臀围宽相同。

（2）后片。

①作基础线为上平线。

②前裙长：73cm（1+自然回缩率）。

③胸围线：在上平线向下量7cm。

④后胸围：1/2胸围（45cm）=22.5cm。

⑤腰节长：16cm，从胸围线向下量16cm。

⑥臀围线：18cm，从腰节线向下量18cm。

⑦臀围：左边1/2臀围（54 cm）+5cm=32cm，右边1/2臀围（54cm）－5cm=22cm。

⑧腰围宽：左边胸围宽与臀围宽点连一线，再移入2cm，右边在胸围宽辅助线移入2.5cm。

⑨下摆宽：与臀围宽相同。

⑩左边吊带长44cm，宽2cm，右边吊带长38cm，宽2cm。

十二、翻领连衣裙

1. 款式图（图3-34）

2. 成品规格（表3-14）

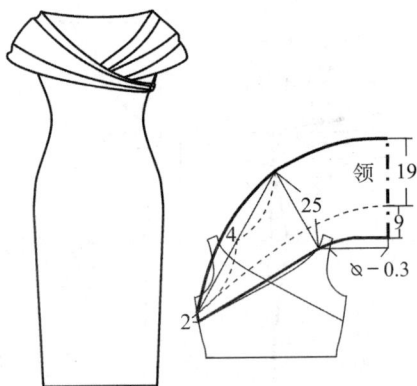

图3-34　款式图

表3-14　成品规格表　　　　　　　　　　　　　　　　　　　　　　单位：cm

部位 尺寸 号型	裙长（后中量） L	半胸围 B′	半腰围 W′	半臀围 H′
160/84	115	43	37	47

注　此款式为针织基本纸样原型应用。

3. 结构制图（图3-35）

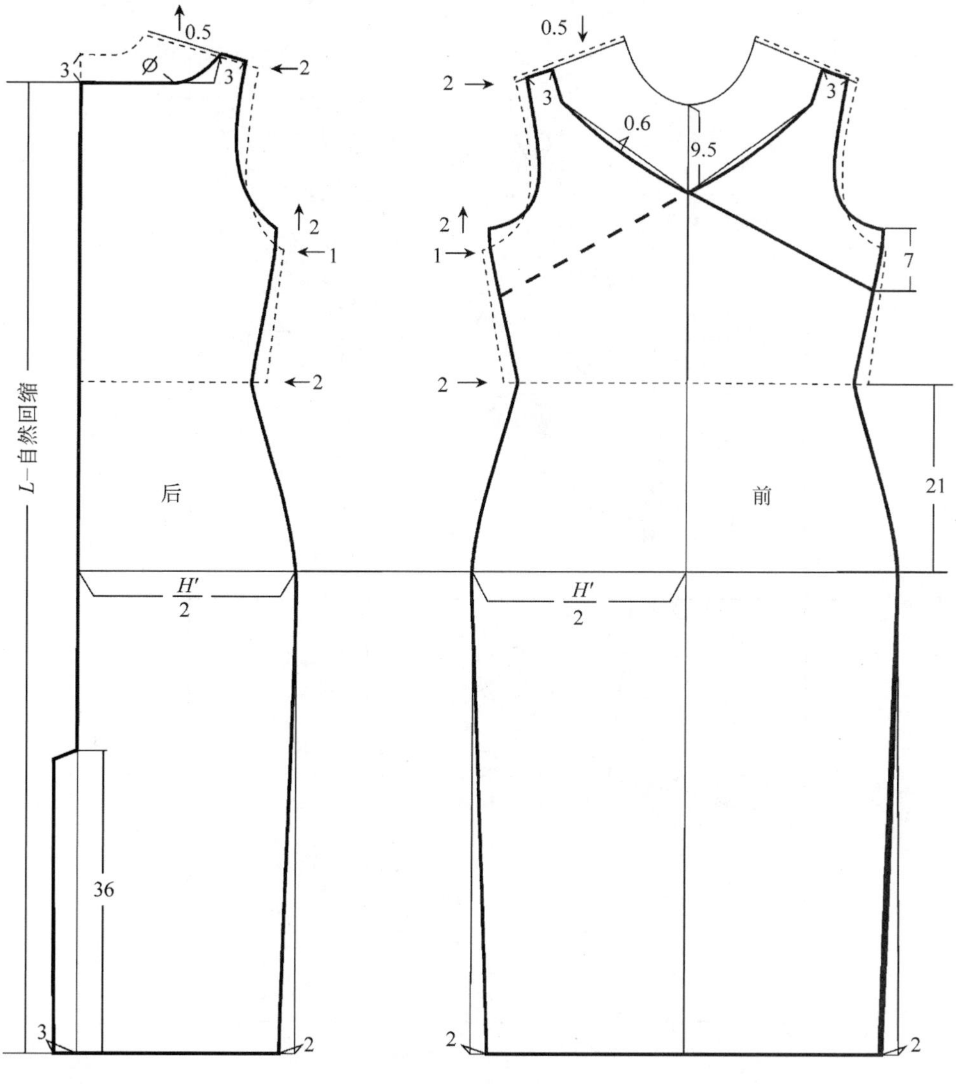

图3-35 结构制图

十三、露背连衣裙

1. 款式图（图3-36）

2. 成品规格（表3-15）

表3-15 成品规格表 单位：cm

尺寸号型 \ 部位	裙长 L	半胸围 B'	肩宽 S	领宽 NW	前领深 FND	半腰围 W'	半臀围 H'	半下摆 OP
160/84	120	41.5	39	13	20	35	49	68

图3-36 款式图

3．结构制图（图3-37）

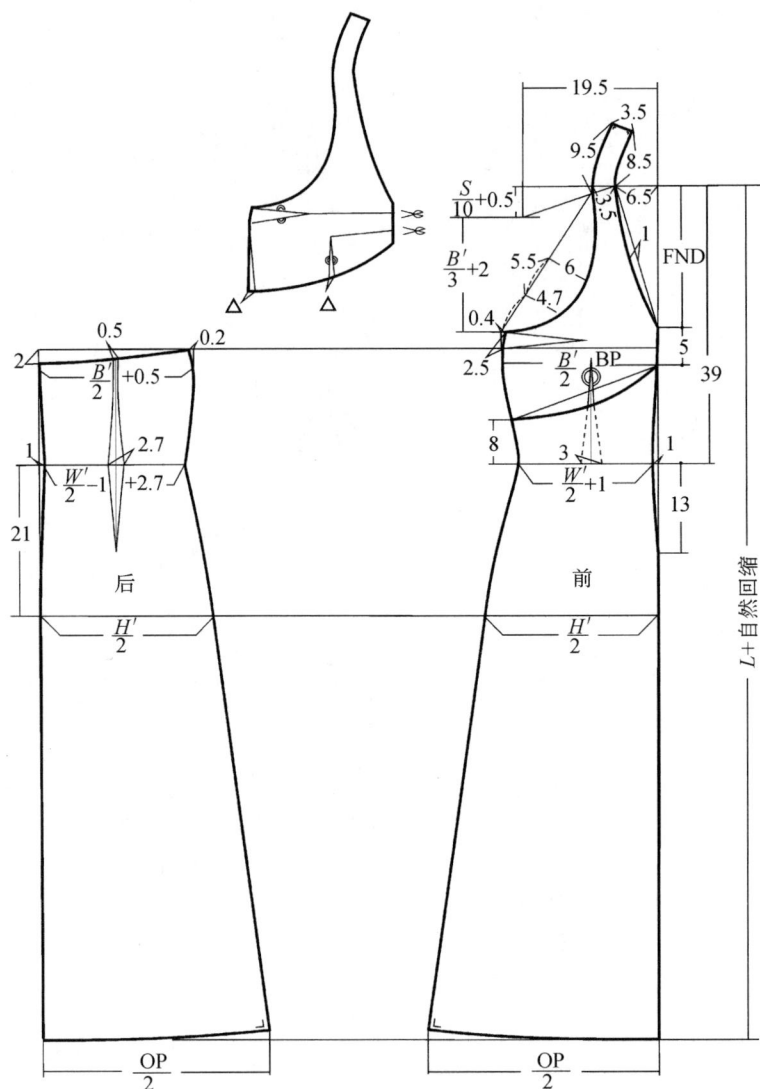

图3-37　结构制图

十四、低胸吊带连衣裙

1．款式图（图3-38）

2．成品规格（表3-16）

表3-16　成品规格表　　　　　　　　　　　单位：cm

尺寸 号型 部位	后长 L_1	外侧长 L_2	半胸围 B'	前袖窿边长	前胸边长	半腰围 W'	半臀围 H'	半下摆 OP	肩带长
160/84	70	76	38	19	19.5	36	44.5	90	62

3. 结构制图（图3-39）

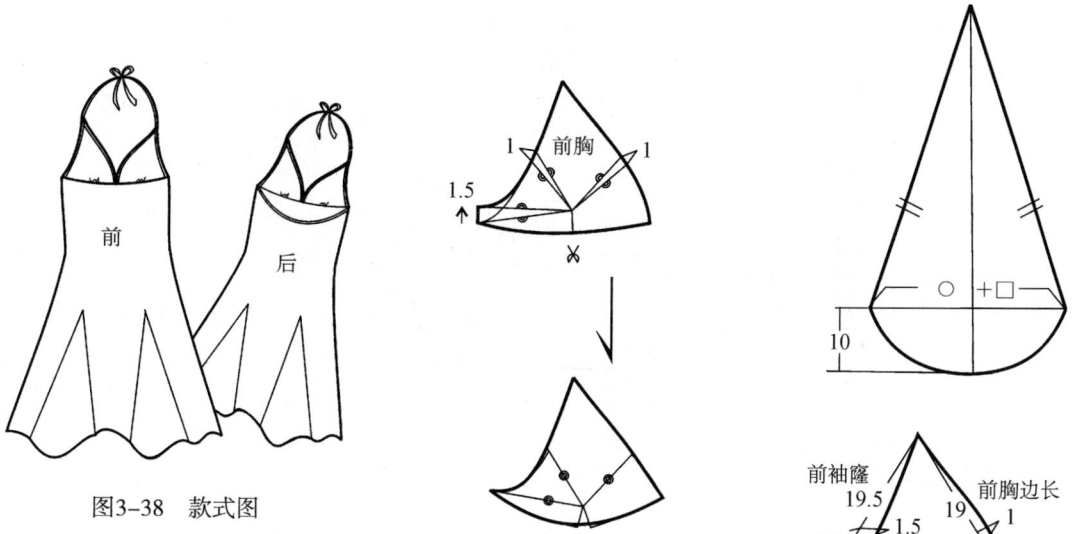

图3-38　款式图

前胸

1.5

前袖窿　　前胸边长
19.5　　　19
6.5　　1.5　　1
1

19
9.5　　19　　　　　　　　10
18　　　　　　　　　　18
22.25　　　　　　　　　21
76+自然回缩
70+自然回缩
22.25
30
45　　　　　　　　　　45

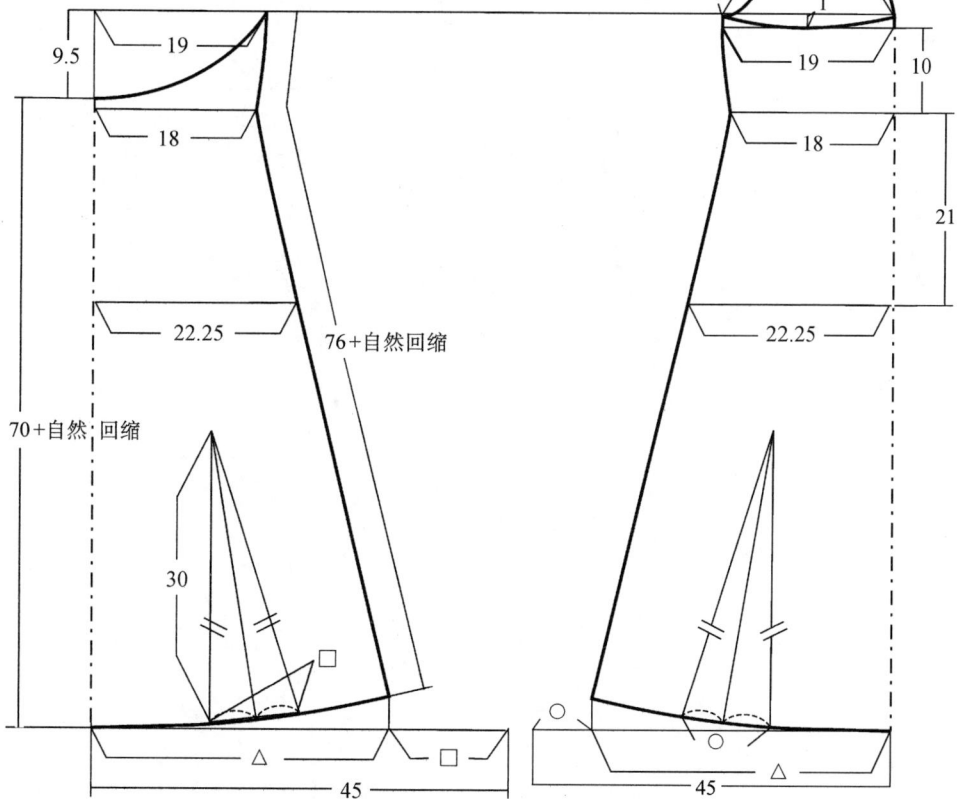

图3-39　结构制图

十五、立领连衣裙

1. 款式图（图3-40）

2. 成品规格（表3-17）

3. 结构制图（图3-41）

图3-40 款式图

表3-17 成品规格表
单位：cm

尺寸\\号型	部位	裙长(肩领点下量)L	半胸围B′	半腰围W′	原肩宽S	半臀围H′	领长CL	半下摆OP
165/88		108	48	44	39	50	40	52

注 此款采用经编面料制作。

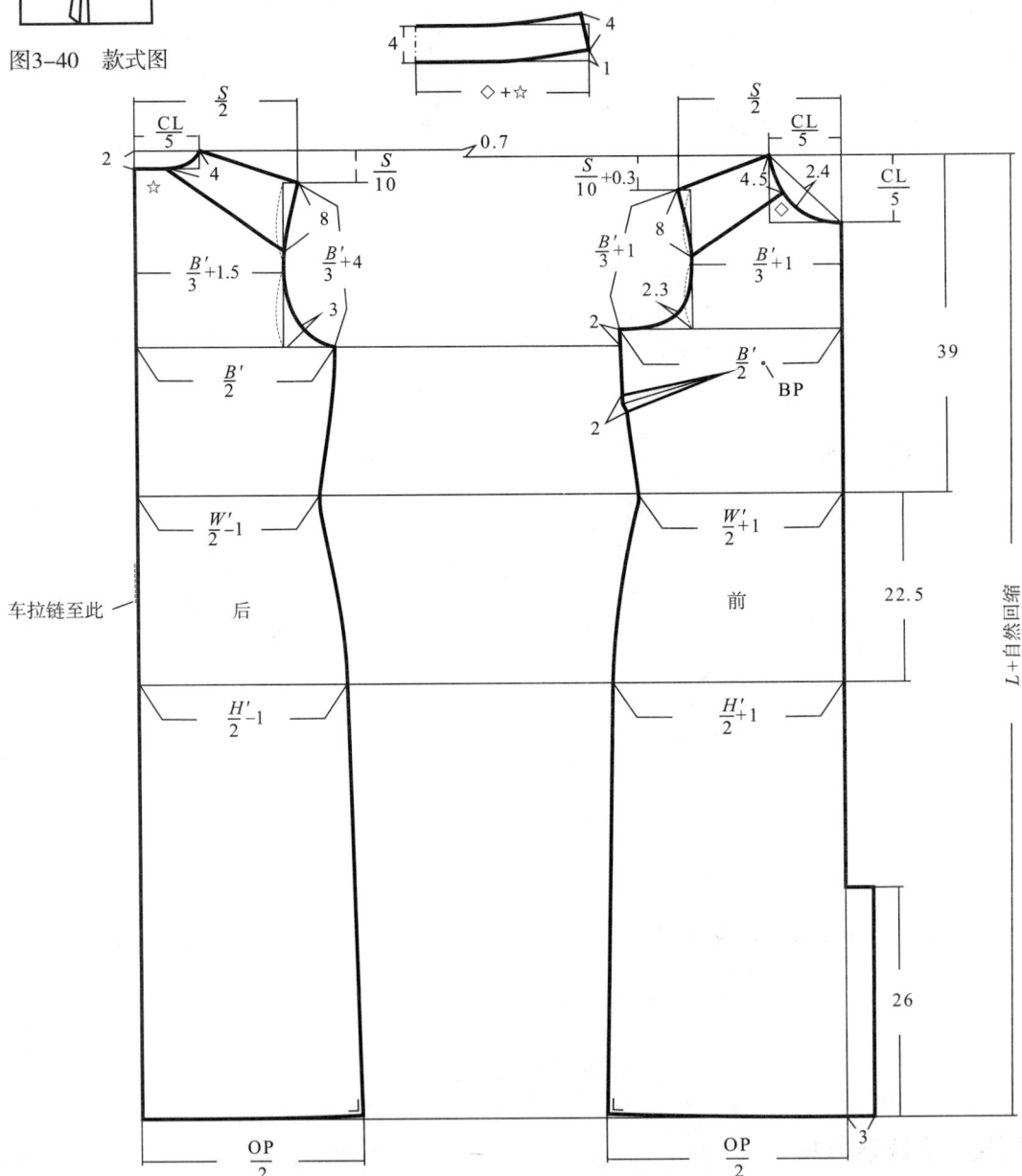

图3-41 结构制图

思考题

1. 裙装结构分别有哪几种分类?
2. 为什么针织连衣裙可以不设腰省?
3. 为什么说裙摆越大，下摆线起翘越大?
4. 不同弹性面料的裙子其胸或臀围放松量有什么不同?

课后准备

实操练习。

实操篇——

针织裤装结构原理与制图

课题名称： 针织裤装结构原理与制图

课题内容： 男、女针织裤装结构制图的方法

课题时间： 14课时

教学目的： 让学生掌握针织男女裤装制图的方法，并能运用制图公式绘画结构制图。

教学方式： 运用PPT、1:1大图教学、实操练习。

教学要求： 1. 要以不同结构的面料来确定裤子制图的方法。

2. 要以不同场合穿着的裤子决定其结构设计。

第四章　针织裤装结构原理与制图

　　裤子与裙子同属下装，但其结构难度要大于裙子结构。裤子的结构设计涉及人体裆部复杂的曲面。以人体臀沟为界，向上至腰线为包覆腹、臀部位，向下至踝骨为容纳下肢部位。为了满足人体臀部臀肌隆起的需要，将裤片分为四片（前后各两片），使人穿着时合身贴体，穿脱方便，功能性强，因而成为人们日常生活中不可缺少的服装种类。

　　根据不同性别体型的需求，裤子的造型也有所不同，传统的女装裤侧缝装拉链，男装裤前中装拉链；而现在女装裤与男装裤没有什么差别，只是规格尺寸稍有不同，制图方法基本一样。这里只介绍女装裤基本型的制图方法，橡筋针织运动裤是在此基础上变化的。

第一节　裤子基本型

一、裤子基本型规格

　　规格的设定是从我国服装号型规格5·4、5·2A系列中提取，号型160/66，腰围66cm，臀围88cm，腰头和臀围都需要加放松量。为了适应针织服装实际生产，裤子基本型规格以"半围"标示，经调整规格为：半腰围34cm（含2cm放松量），半臀围48cm，（含8cm放松量），设裤长为100cm，半裤口围20cm，裤的制图都是采用1/2制计算公式。

二、裤子基本型制图

　　1. 前后片基础线及各部位的宽度（图4-1）

　　①基础线：在纸的边缘作一条垂线为基础线（ab）。

　　②上平线、下平线：作基础线的垂线为上平线，再从上平线向下量裤长96.5cm（不含腰头），再画一条基础的垂线为下平线。

　　③横裆线：取1/2臀围+1cm=半臀围尺寸+1cm=25cm，从上平线往下量25cm为立裆深。

　　④臀围线：取立裆深的三分之二。

　　⑤膝围线：过臀围线与下平线的中点作一水平线，平行于下平线。

　　⑥前臀宽线：取1/2臀围-1cm=半臀围尺寸-1cm=23cm，即cd=23cm，过d点作一垂线。

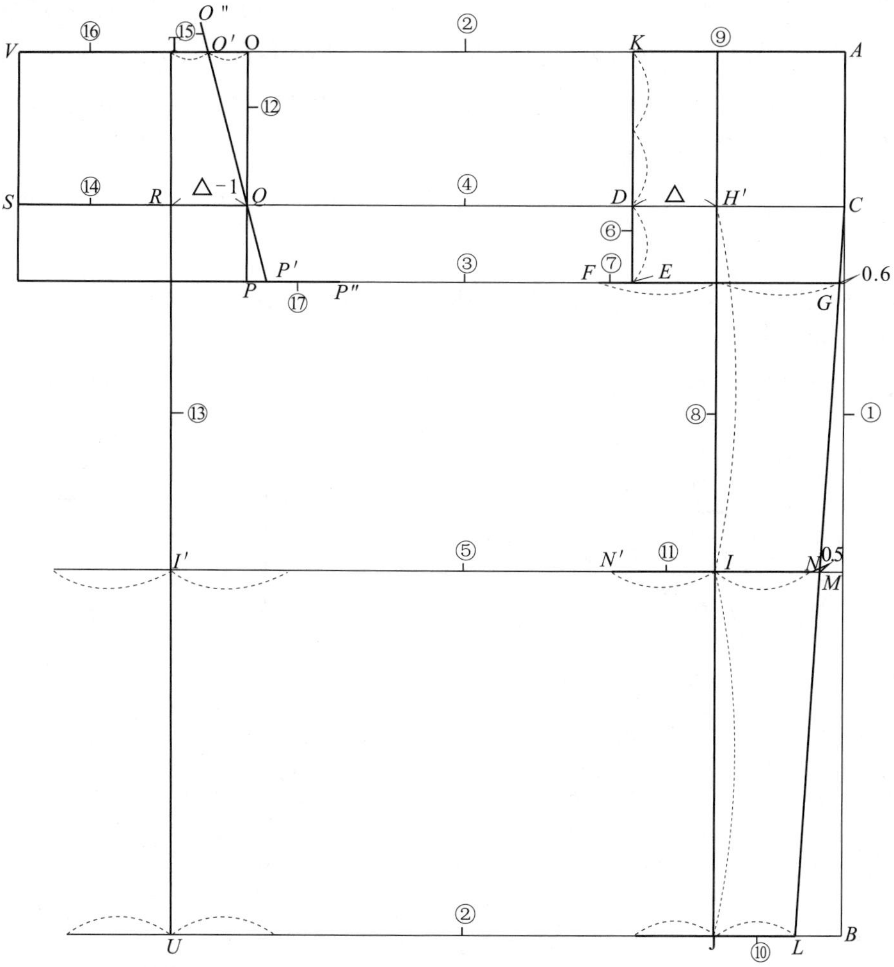

图4-1　裤子基本型制图

⑦前裆宽线：取1/10臀围-1cm=半臀围尺寸-1cm=3.8cm，即ef=3.8cm。

⑧前中线：侧缝撇势0.6cm，确定点g，过gf的中点作下平线的垂线，与臀围线、膝围线、下平线相交，交点分别为h、i、j。

⑨前腰围宽：在上平线上取1/2腰围+省+0.5cm=半腰围尺寸34cm/2+5.5cm+0.5cm=23cm，即ak=23cm。

⑩前裤口宽：取SB-2cm=20cm-2cm=18cm，即在下平线上以j点为中点向两边各取9cm。

⑪前膝围宽：连接g点、l点交膝围线于m点，在膝围线上以m点为起点向左收进0.5cm确定点n，然后以i点为中点作in'=in。

⑫后裆辅助线：先延长前片的上平线、臀围线、横裆线、膝围线、下平线，然后作直线op垂直于横裆线，与臀围线相交，交点为q。

⑬后中线：量取前中线h至d的距离=△以q点为起点，在臀围线上量取qr＝△-1cm，过

点r作臀围线的垂直线分别交上平线、下平线、膝围线于t、u、i′。

⑭后臀围宽：以q点为起点，在臀围线上量取qs=1/2臀围+1cm=48cm/2+1cm=25cm。

⑮后翘：连接o′点（ot的中点）、q点，并延长o′q至横裆线上，交点为p′，再延长qo′使o′o″=2.5cm，o′o″即为后翘。

⑯后腰围宽：以o″点为起点取1/2腰围+省−0.5cm=34cm/2+4cm−0.5cm=20.5cm，交上平线，交点为v。

⑰后裆宽：以p′点为起点，在横裆线上量取p′p″=1/5臀围−1.5cm=48cm/5−1.5cm=8.1cm，p′p″即为后裆宽。

2. 绘画前、后片轮廓线（图4-2）

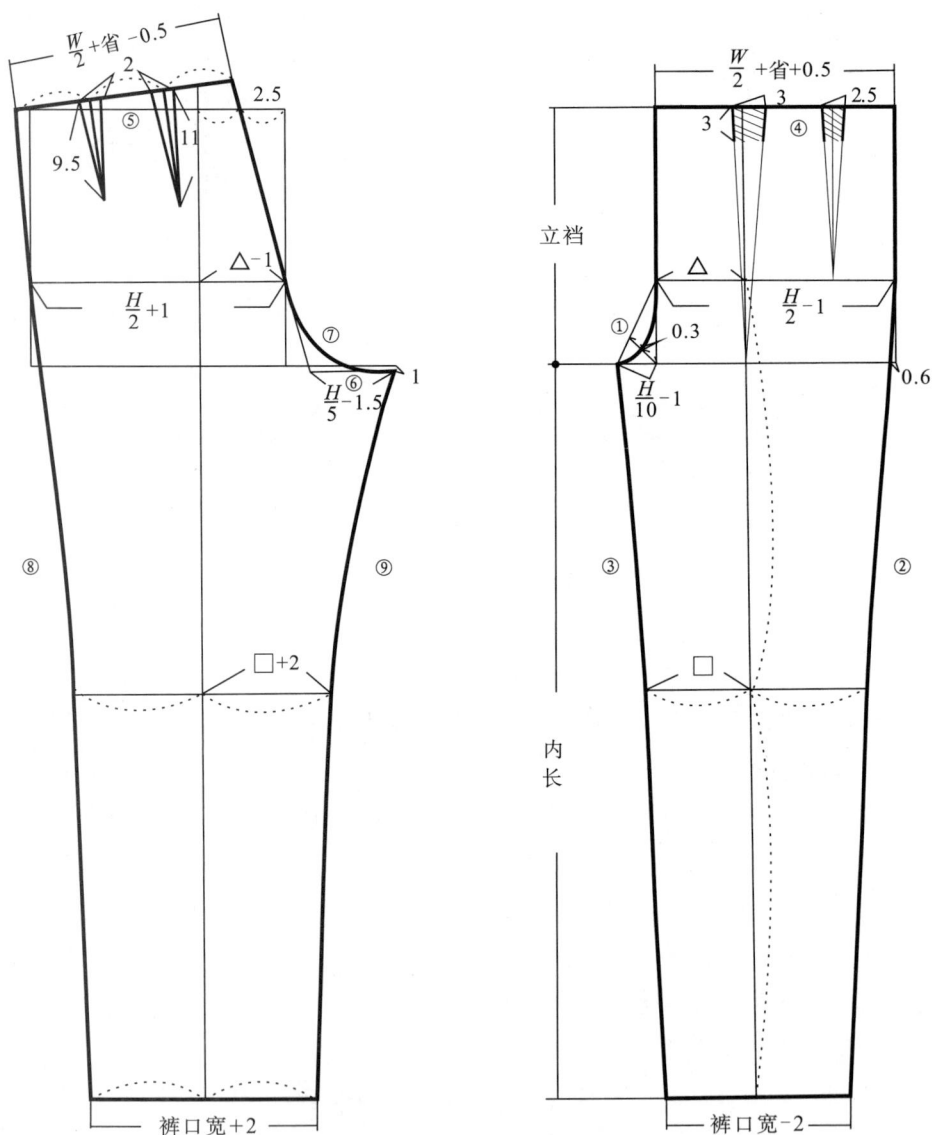

图4-2　裤子基本型完成图

①前裆弯线：从臀围线起向小裆宽点画顺弧线。

②前外侧缝线：从膝围外侧缝点连接裤口外侧缝点画一直线，再从腰侧缝点起经臀围侧缝上至膝围侧缝点连接画顺弧线。

③前内侧缝线：从小裆弧线内侧点向膝围点画顺弧线，再从膝围外侧缝点连接裤口外侧缝点画一直线。

④前褶裥线：在腰口线上取褶2个，前中线处褶量为3cm，侧缝处褶量为2.5cm。

⑤后腰省：后腰设省2个，省宽各2cm。

⑥后落裆线：从前膝围内侧缝点量至小裆弯点的段长（弯量），按此数据取后裤片膝围内侧缝点至大裆弯宽点的尺寸，得出落裆量1cm。然后在后片横裆线下1cm画一条平衡线。

⑦后裆弯线：从后裆斜线交于臀围点处沿斜线往下量2cm左右确定一点，从此点至后裆宽点作一弧线。

⑧后外侧缝线：从腰侧缝点起经臀围侧缝点至膝围侧缝点连接画顺弧线，再从膝围外侧缝点连接裤口外侧缝点画一直线。

⑨后内侧缝线：从裤口内侧缝点连接膝围内侧缝点画一直线，再向着大裆弯宽点画顺内侧缝线。

三、裤子结构原理

1. 臀围的放松量

裤子是有裆弯结构的，当下肢运动时，必然会影响腰、臀部位的伸展。因此，臀部要有一定的放松量和运动量。在实际中应根据臀部的造型需要，不同的裤型以及裤装的流行趋势，采用不同的放松量。

（1）一般针织经编面料，适体型西裤的放松量为6~8cm。

（2）纬编面料休闲裤的放松量为8~10cm。

（3）纬编（含氨纶）面料的贴体裤，需结合弹性加放0~4cm的放松量。

（4）纬编（含氨纶）超强弹性面料的紧身裤，臀围不仅不加放松量，而且需结合面料的弹性减2~6cm的量。

（5）运动裤的放松量是12cm以上。

2. 立裆

立裆又称上裆，是决定裤子造型的关键部位，立裆尺寸较大时，裤子穿着较宽松舒适，反之亦然。近几年来年轻人追求裤子性感造型，低腰裤的前后立裆尺寸相差较大，但立裆的长度一般不低于人体的髋骨，否则会影响穿着功能。针织运动裤的立裆采寸比较大，主要是便于人体的运动。因此，根据不同的裤子造型或运动的需求，可以直接在基本裤样的立裆上适当增减。

3. 后裆落裆差

落裆是后裤片内缝线与前片内缝线所出现的长度差而采用的结构方式。基本纸样的落裆差是1cm，但这不是固定数，如紧身裤造型，后裆宽适当减小，后内缝线与前内缝线的长度差就小，落裆差就小于1cm；运动裤造型，后裆宽适当加大，后内缝线与前内缝线的长度差增大。因此，落裆差应根据不同裤型设计的需要而变化。

第二节　针织裤结构制图方法

一、不同针织面料裤制图时需注意的事项

针织裤同样有经编、纬编面料之分，其制图的方法略有不同。

1. 经编面料

用经编面料缝制的长裤，品种不多，款式多为外衣裤，与机织裤一样是开门襟形式，裤口有窄小型、直筒型及微喇型等，根据时尚的需要还可作低腰处理，结构制图方法与机织面料裤基本型一样。另外，也可制成橡筋裤腰，如体育比赛出场套装的下装及平时穿着的运动休闲套装的下装等。制作的方法是在基本纸样的腰线上（图4-3中虚线）增加裤腰头和折边，取消腰省，并且要将腰围尺寸适当放大，以等于或略大于臀围尺寸为原则，否则无法穿脱。针织橡筋裤腰裤结构图见图4-3（图中虚线为基本样）。

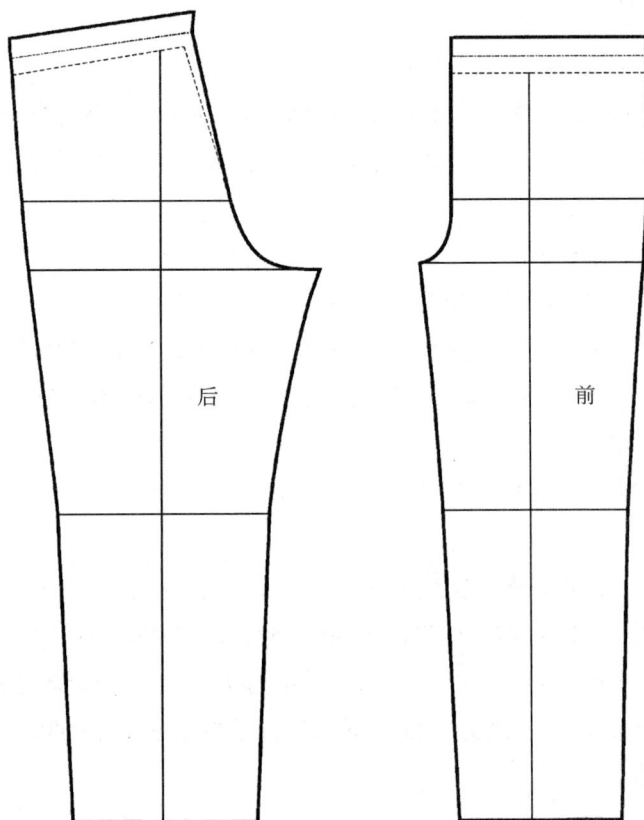

图4-3　针织橡筋裤腰裤结构图

2. 纬编面料

鉴于纬编面料弹性佳及尺寸不稳定等特性，多以其制作内裤、运动裤及休闲类的长、短裤等。裤腰都采用橡筋或罗纹织物，臀围的宽松量和膝围宽度都相应增加，有的也可取消膝围尺寸，其宽松度可视不同时期的服装流行趋势而定。

二、针织裤结构制图方法

1. 裤子原型应用（女装运动休闲裤）

（1）款式图（图4-4）。

（2）成品规格（表4-1）。

图4-4 款式图

表4-1 成品规格表 单位：cm

部位 尺寸 号型	裤长 L	臀围（半围） H'	腰围（半围） W'（橡筋）	罗纹裤口（半围） SW
160/66	98	50	30	9.5

（3）结构制图（图4-5）。

（4）制图步骤。

前片。

①绘出裤基本型的前片。

②腰围宽：将基本型的腰线向上升4cm，其中3.5cm作为裤腰头宽，再在裤片的两侧分别放出0.5cm。

③臀围宽：臀围尺寸50cm，比基本型臀围尺寸大2cm，因此在裤片的两边分别放出0.5cm。

④裤长：裤长-裤口罗纹宽+自然回缩=（98cm-罗纹宽5.5cm）×（1+2%）=94.3cm。

⑤横裆宽：侧缝放0.5cm，小裆放0.6cm。

⑥裤口宽：裤口宽-2cm+放松量6cm=9.5cm-2cm+6cm=13.5cm。

后片。

①绘出裤基本型的后片。

②裤长：与前片裤长相同。

③腰围宽：将基本型的腰线向上升4cm，其中3.5cm作为腰头宽，余下0.5cm是增加裆深，侧缝放出0.5cm，后中缝在辅助线上收进2.5cm。

④臀围宽：裤片两侧各放0.5cm。后中缝腰围宽点与臀围宽点连接。

⑤横裆宽：侧缝放大0.5cm，大裆放大0.7cm。

⑥裤口宽：裤口宽+2cm+松量6cm=9.5cm+2cm+6cm=17.5cm。

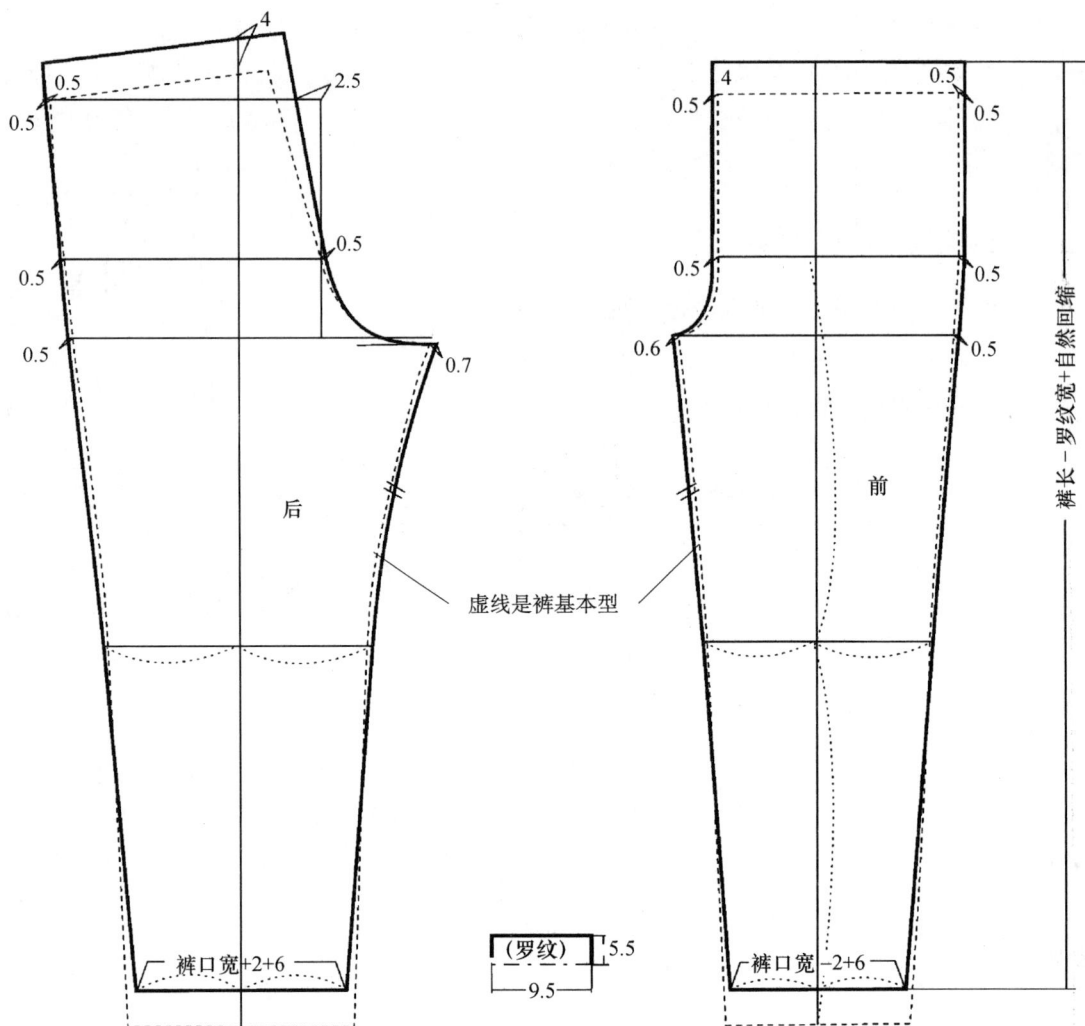

图4-5　结构制图

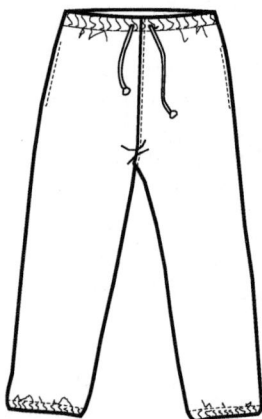

图4-6　款式图

2. 裤子比例法应用（女装八分休闲裤）

（1）款式图（图4-6）。

（2）成品规格（表4-2）。

表4-2　成品规格表　　　　　　单位：cm

尺寸号型	部位	裤长 L	臀围（半围） H′	腰围（半围） W′（橡筋）	裤口（半围） SW（橡筋）
160/66		84	47	30	17

（3）结构制图（图4-7）。

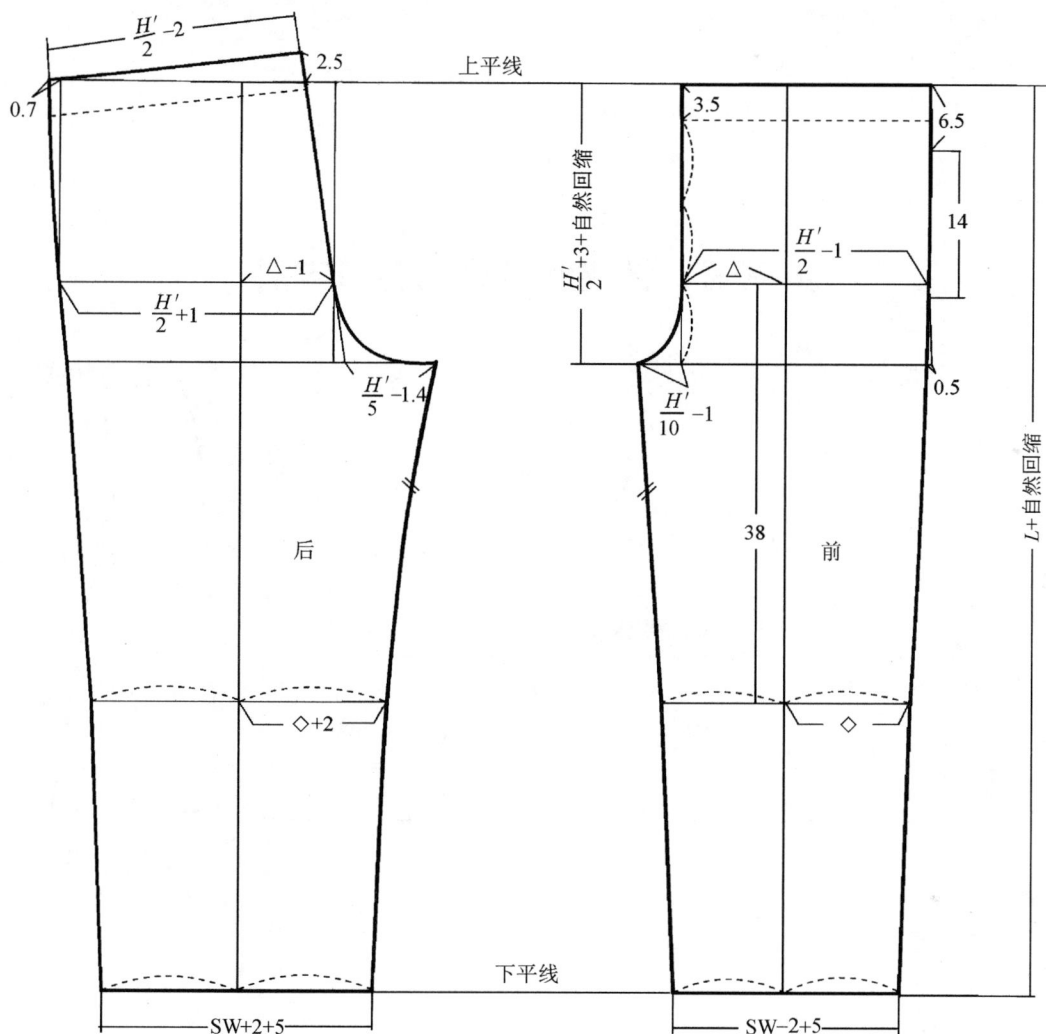

图4-7　结构制图

（4）制图步骤。

前片。

①作基本线：先画上平线，然后垂直于上平线画一条直线。

②裤长：裤长+自然回缩=84cm ×（1+2%）≈85 .7cm。

③前裆深：1/2臀围+3cm+自然回缩=（47cm/2+3cm）（1+2%）≈27cm。

④臀围宽：1/2臀围−1cm=47cm/2−1cm=22 .5cm。

⑤前小档：1/10臀围−1cm=47cm/10−1cm=3.7cm。

⑥裤口：SW−2cm+松量=17cm−2+5cm=20cm。

后片。

①延长上平线、臀围线、横档线、膝围线和下平线。

②与上平线垂直画一直线，取前裤片臀围线中的 △−1cm作一直线为后片裤中线。

③臀围：1/2臀围+1cm=47cm/2+1cm=24.5cm

④腰围：1/2臀围−2cm=47cm/2−2cm=21.5cm

⑤大裆：1/5臀围−1.4cm=47cm/5−1.4cm=8cm

⑥裤口：SW+2cm+松量=17cm+2cm+5cm=24cm

第三节　针织女裤结构制图实例

一、罗纹裤腰裤

1．款式图（图4-8）

2．成品规格（表4-3）

表4-3　成品规格表　　　　　　　　单位：cm

部位 尺寸 号型	裤长 L	半腰围（罗纹） W'	半臀围 H'	裤口宽 SW
160/66	98	30	48	20

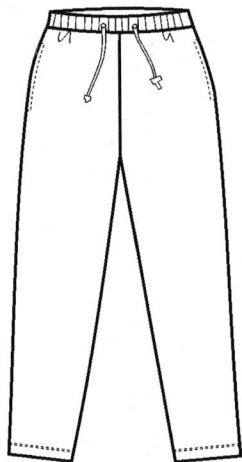

图4-8　款式图

3．结构制图（图4-9）

4．制图步骤

（1）前片。

①作基础线为上平线。

②裤长：［98cm−罗纹宽（4cm）］［1+自然回缩率］。

③上裆深：［1/2臀围（48cm）−1cm］［1+自然回缩率］。

④臀围：1/2臀围（48cm）−1cm＝23cm。

⑤腰围：1/2臀围（48cm）−2cm＝22cm。

⑥前小裆弯：1/10臀围（48cm）−1cm＝3.8cm。

⑦裤口宽：裤口宽（20cm）−2cm＝18cm。

⑧膝围：前横裆宽侧缝0.5cm处，连接裤口作一斜线，在膝围线向左移入0.5cm，左边宽度对称到右边为前膝围宽。

⑨袋口：袋口长14cm。

（2）后片。

①延长前片的上平线、臀围线、横档线、膝围线、下平线。

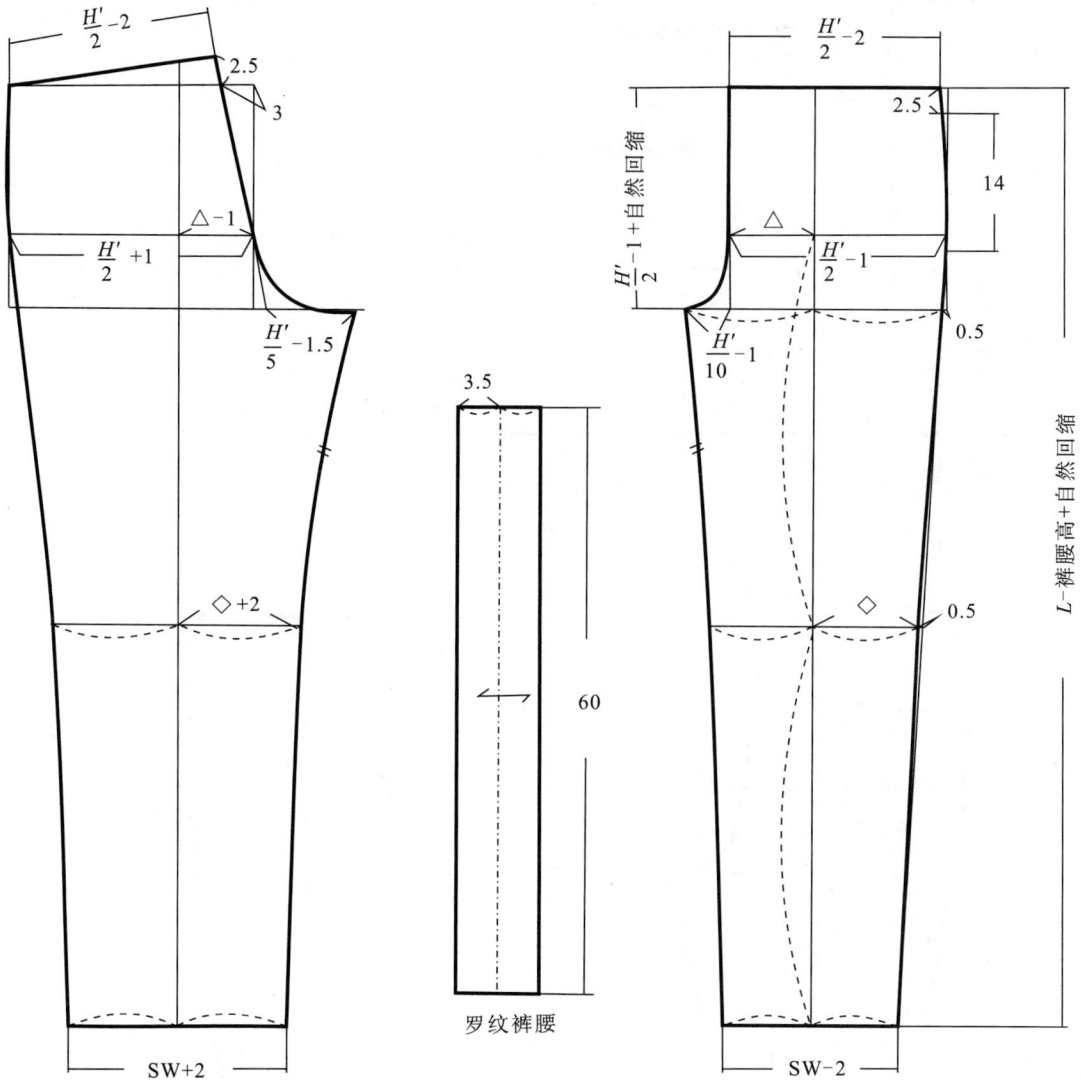

图4-9 结构制图

②臀围：1/2臀围（48cm）+1cm＝25cm。

③后裆线：起翘2.5cm。

④后裆弯：1/5臀围（48cm）-1.5cm＝8.1cm。

⑤腰围：1/2臀围（48cm）-2cm＝22cm。

⑥膝围：前膝围宽◇+2cm，然后对称于左边为后膝围宽。

⑦裤口宽：裤口宽（20cm）+2cm＝22cm。

⑧裤腰：罗纹裤腰长60cm，宽4cm。

二、紧身裤

1. 款式图（图4-10）

2. 成品规格（表4-4）

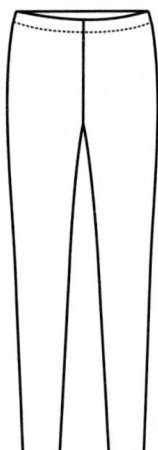

图4-10　款式图

表4-4　成品规格表　　　　　　单位：cm

尺寸 号型 \ 部位	裤长 L	半臀围 H′	半膝围 K′	半腰围 W′	裤口宽 SW
160/68	96	43	17.5	30	13

3. 结构制图（图4-11）

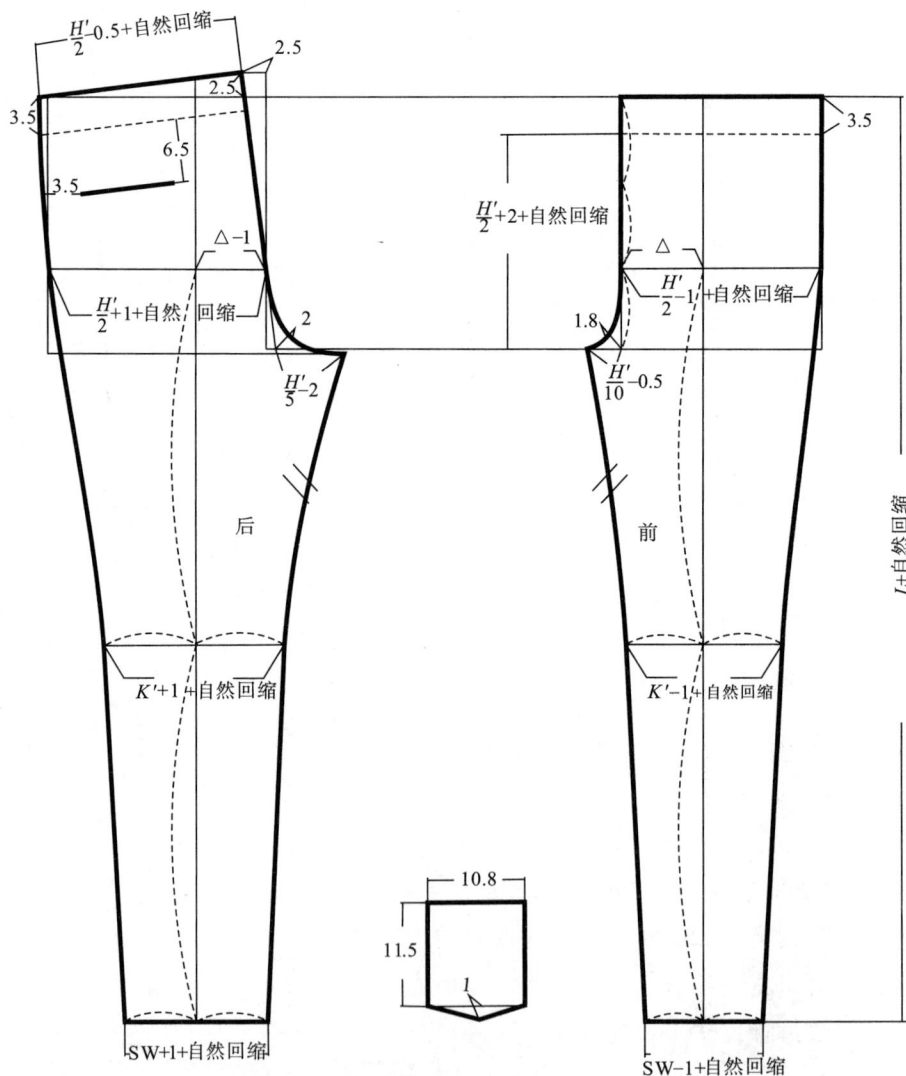

图4-11　结构制图

三、裙裤

1. **款式图**（图4–12）
2. **成品规格**（表4–5）

表4-5 成品规格表 单位：cm

部位 尺寸 号型	裙长 L	半臀围 H'	半腰围 W'	半下摆 OP
160/66	65	48	30	43.5

图4-12 款式图

3. **结构制图**（图4–13）

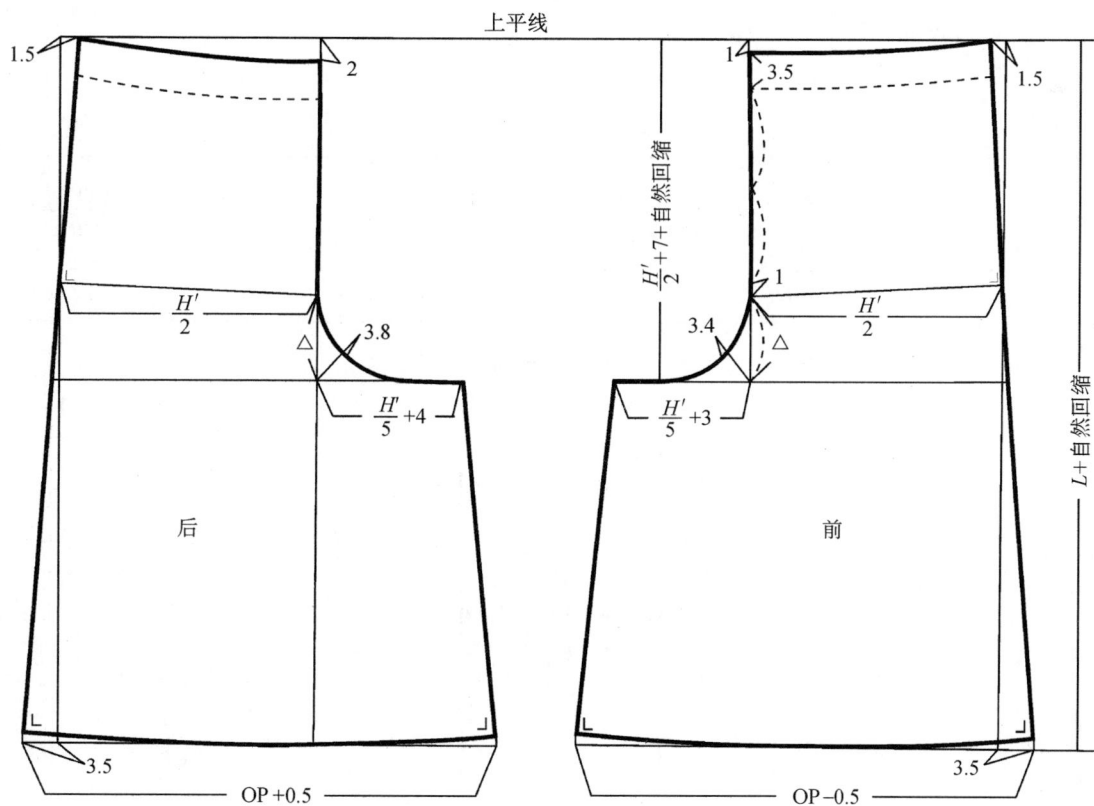

图4-13 结构制图

4. **制图步骤**

（1）前片。

①作基本线为上平线。

②裙长：65（1+自然回缩率）cm。

③上裆深：［1/2臀围（48cm）+7cm］+［1+自然回缩率］。

④臀围：1/2臀围（48cm）=24cm。

⑤前裆弯：1/5臀围（48cm）+3cm=12.6cm。

⑥半下摆：下摆（43.5cm）-0.5cm=43cm。

（2）后片。

①延长前片的上平线、臀围线、横裆线和下摆线。

②臀围：1/2臀围（48cm）=24cm。

③后裆弯：1/5臀围（48cm）+4cm=13.6cm。

④半下摆：半下摆（43.5cm）+0.5cm=44cm。

四、低腰裤

1. 款式图（图4-14）

2. 成品规格（表4-6）

表4-6　成品规格表　　　　　　　　　　　　　　单位：cm

号型　尺寸　部位	裤长 L	半腰围 W'	半臀围 H'	半膝围 K'	裤口宽 SW
160/66	100	35	46	20	17

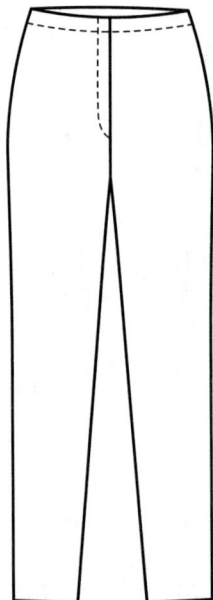

图4-14　款式图

3. 结构制图（图4-15）

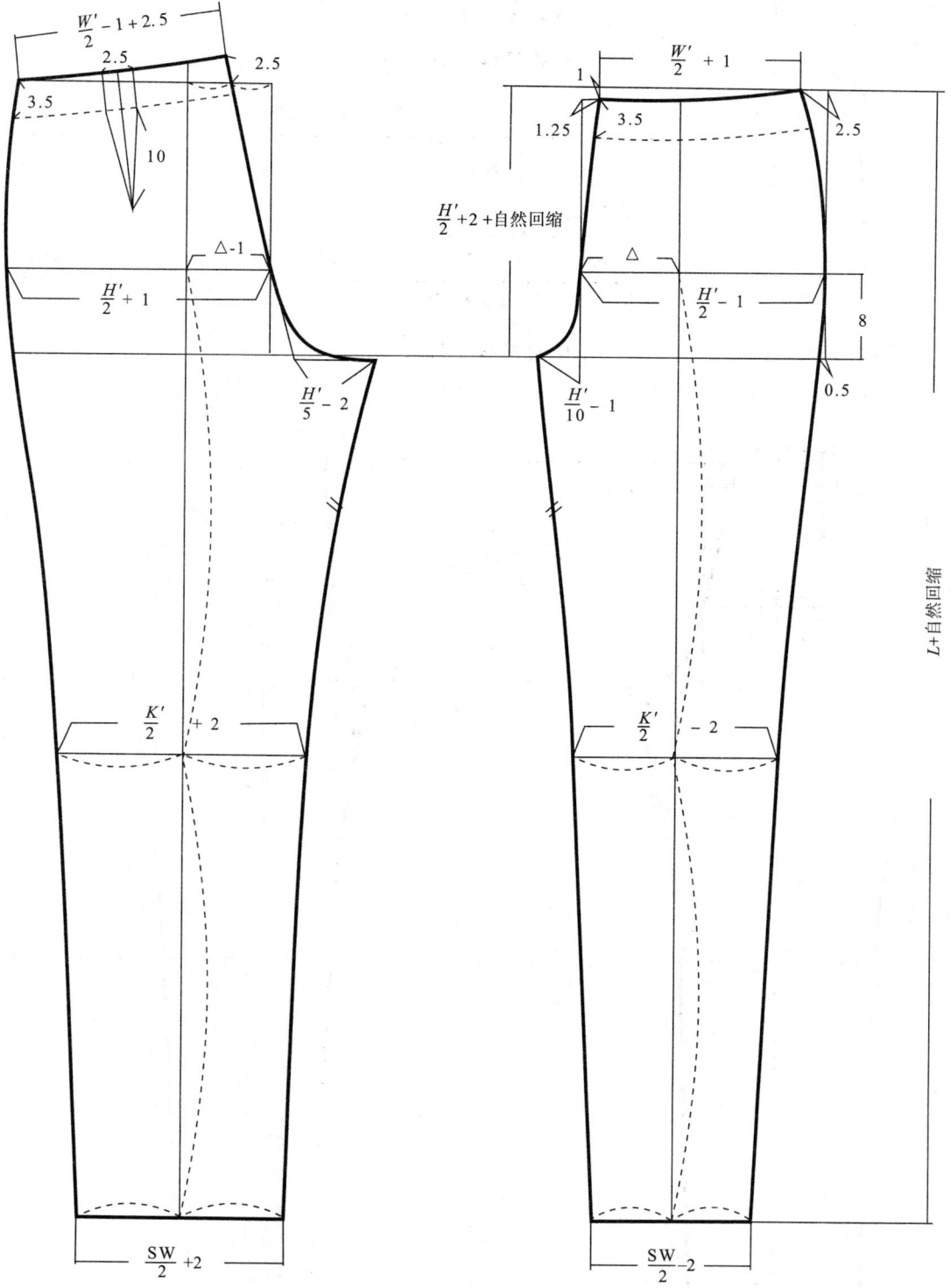

图4-15 结构制图

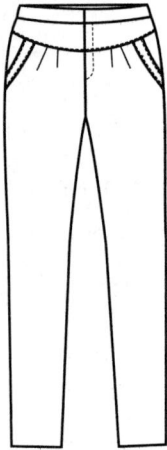

图4-16 款式图

五、商务休闲裤

1. 款式图（图4-16）

2. 成品规格（表4-7）

表4-7 成品规格表　　　　　　　单位：cm

尺寸 号型　　部位	裤长 L	半臀围 H'	半膝围 K'	半腰围 W'	裤口宽 SW
160/66	100	47	20	35	15.5

注　此款采用经编面料制作。

3. 结构制图（图4-17）

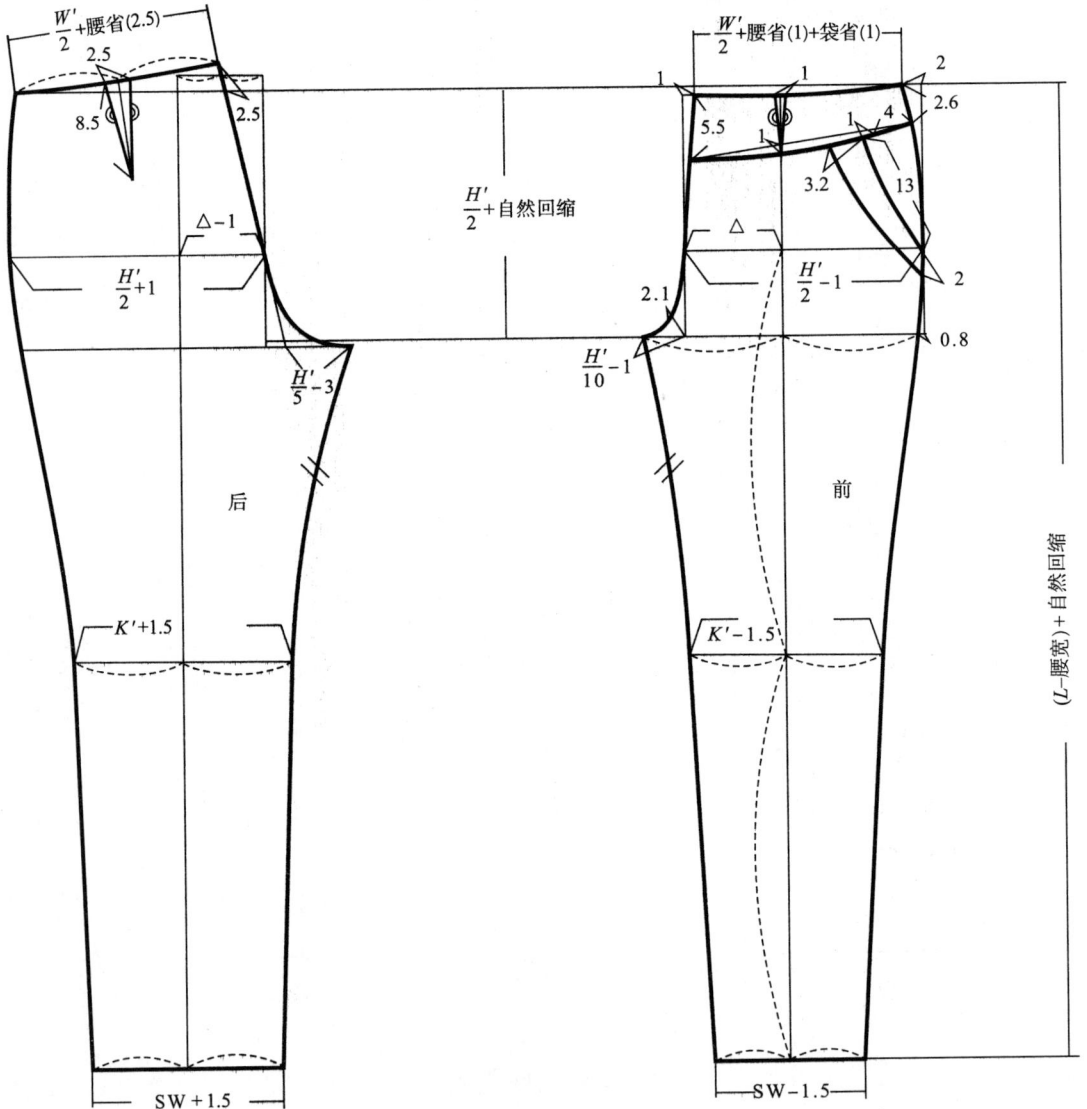

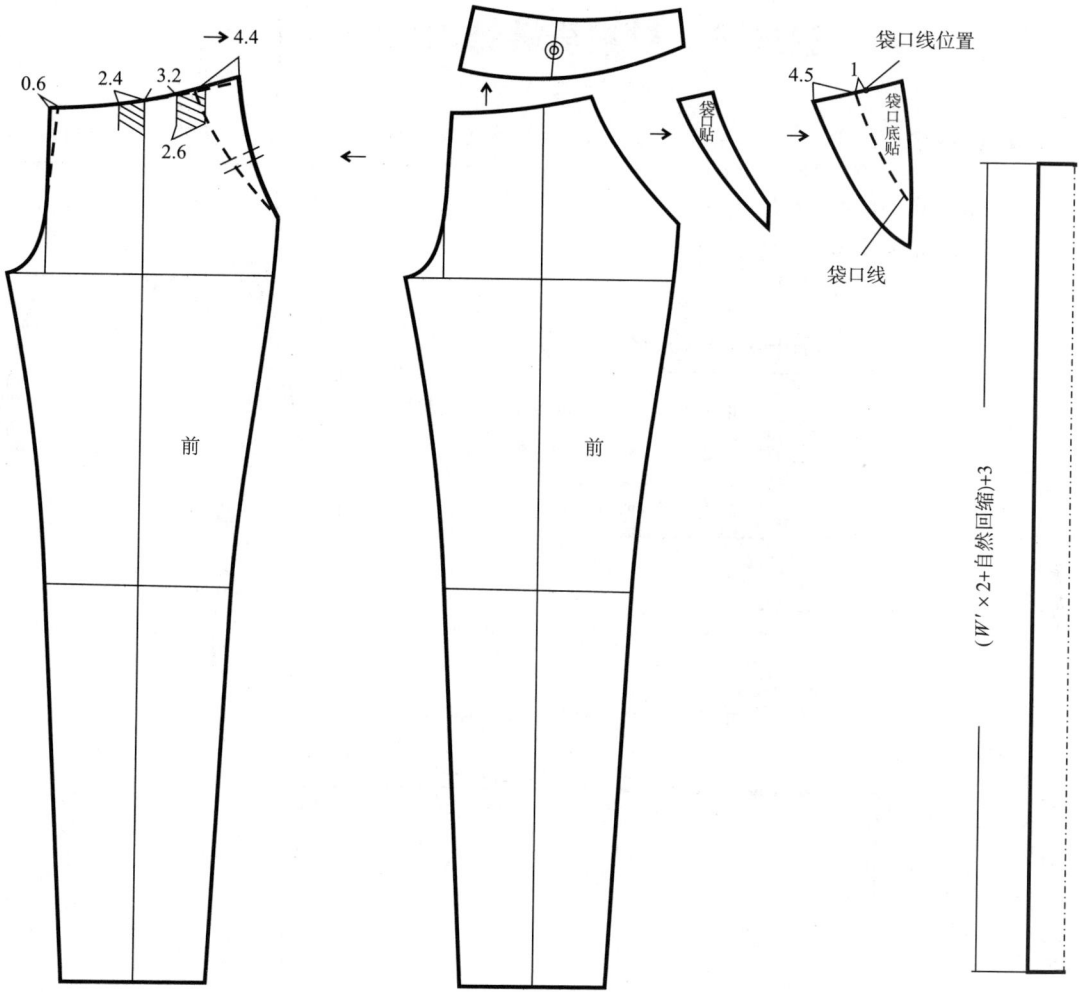

图4-17　结构制图

第四节 针织男裤结构制图实例

一、运动短裤

1. 款式图（图4-18）

2. 成品规格（表4-8）

表4-8 成品规格表　　　　单位：cm

尺寸 号型　部位	裤长 L	半臀围 H′	半腰围 （橡筋）W′	裤口 SW
M	28	47.5	31	24

图4-18 款式图

3. 结构制图（图4-19）

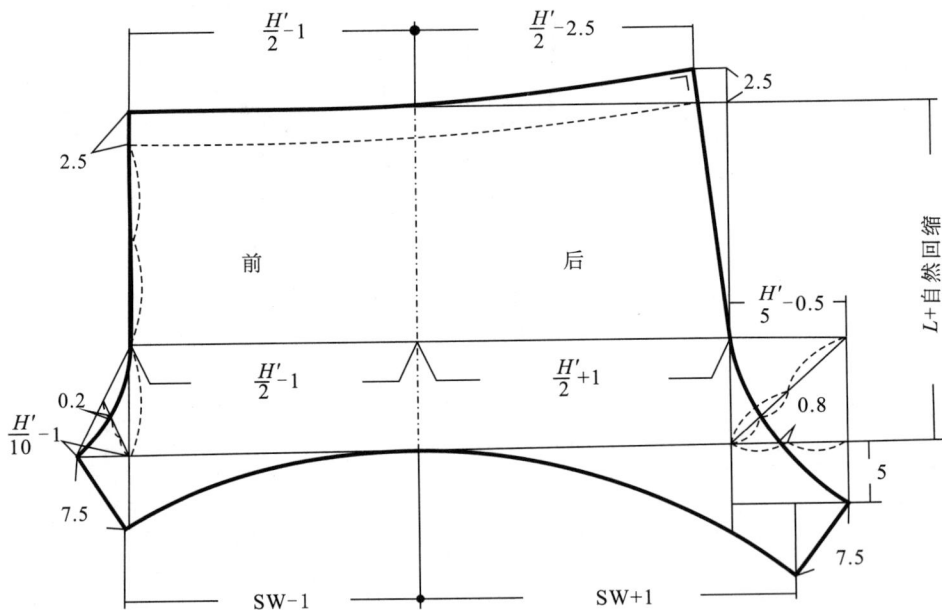

图4-19 结构制图

4. 制图步骤

（1）前片。

①作基础线为上平线

②裤外长：28cm（1+自然回缩率）。

③臀围：1/2臀围（47.5cm）-1cm=22.75cm。

④腰围：1/2臀围（47.5cm）-1cm=22.75cm。

⑤前小裆弯：1/10臀围（47.5cm）-1cm=3.75cm。

⑥裤口宽：裤口宽（24cm）-1cm=23cm。

⑦裤内长：7.5cm。

⑧裤腰高：2.5cm。

（2）后片。

①延长前片的上平线、臀围线、横裆线。

②臀围：1/2臀围（47.5cm）+1cm=24.75cm。

③腰围：1/2臀围（47.5cm）-2.5cm=21.25cm。

④后裆线：起翘2.5cm。

⑤后裆弯：1/5臀围（47.5cm）-0.5cm=9cm，运动裤需要活动跨度大，但裤子短，裤裆下降能方便运动。

⑥裤口宽：裤口宽（24cm）+1cm=25cm。

⑦裤内长：7.5cm。

⑧裤腰高：2.5cm。

二、休闲五分裤

1. 款式图（图4-20）

2. 成品规格（表4-9）

表4-9 成品规格表　　　　单位：cm

部位 尺寸 号型	裤长 L	半腰围 W'（橡筋）	半臀围 H'	裤口宽 SW
M	70	33	53.5	23

图4-20 款式图

3. 结构制图（图4-21）

4. 制图步骤

（1）前片。

①作基础线为上平线

②裤长：70cm（1+自然回缩率）。

③上裆深：［1/2臀围（53.5cm）+4cm］［1+自然回缩率］。

④臀围：1/2臀围（53.5cm）-1cm=25.75cm。

⑤腰围：1/2臀围（53.5cm）-1cm=25.75cm。

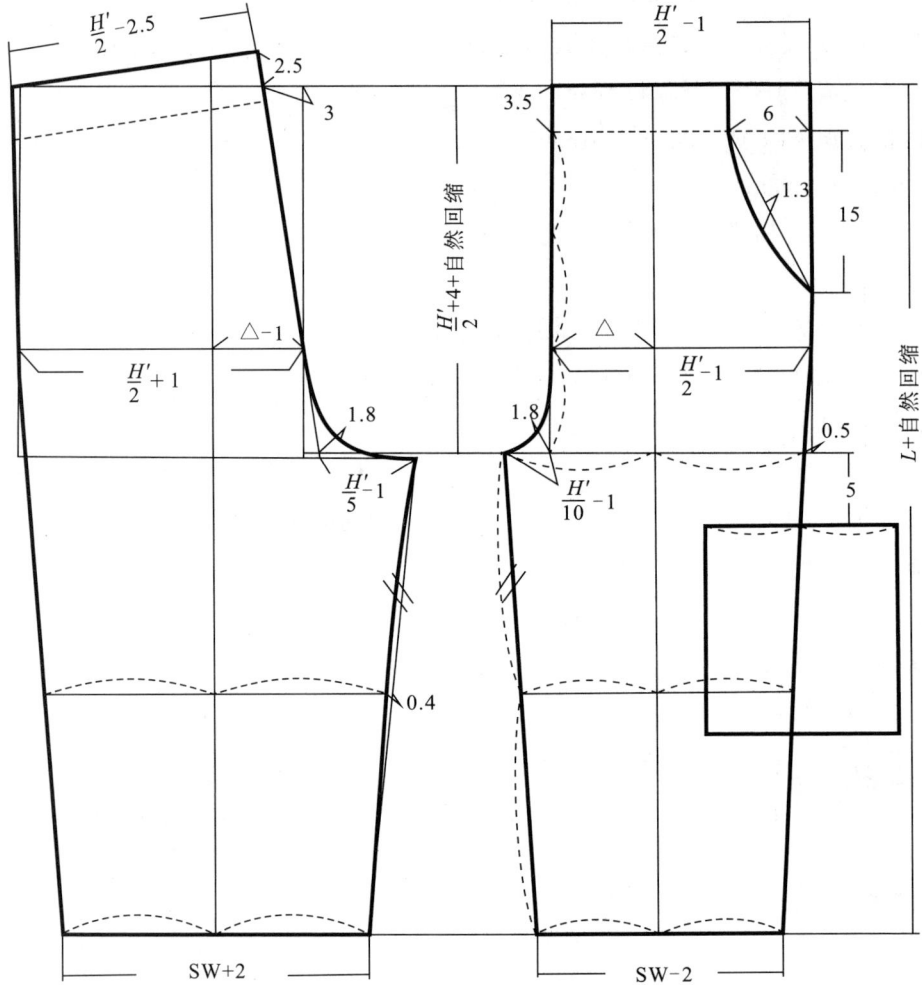

图4-21　结构制图

⑥前小裆弯：1/10臀围（53.5cm）－1cm＝4.3cm。

⑦裤口宽：裤口宽（23cm）－2cm＝21cm。

⑧膝围：将内侧缝线分二等分画一条平行于横档线的线作为膝围线，

⑨袋口：1/5臀围（53.5cm）＋4.3cm＝15cm。

⑩裤腰宽：3.5cm。

（2）后片。

①延长前片的上平线、臀围线、横档线、膝围线、下平线。

②臀围：1/2臀围（53.5cm）＋1cm＝27.75cm。

③后裆线：起翘2.5cm。

④后裆弯：1/5臀围（53.5cm）－1cm＝9.7cm。

⑤腰围：1/2臀围（53.5cm）－2.5cm＝24.25cm。

⑥裤口宽：裤口宽（23cm）+2cm＝25cm。

⑦膝围：连接裤口和后裆弯画一条辅助线，再向左移入0.4cm，然后对称于左边为后膝围宽。

⑧裤腰：裤腰宽：3.5cm。

（3）袋片（图4-22）。

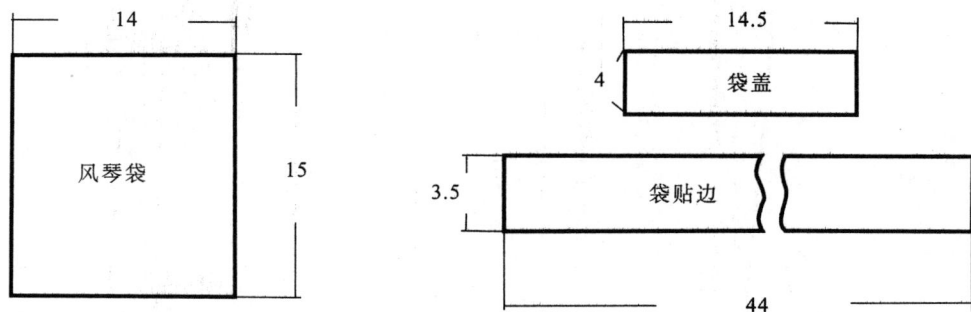

图4-22 结构制图

风琴袋：袋口长15cm，宽14cm，袋盖长14.5cm，宽4cm。

三、拉链袋长裤

1. 款式图（图4-23）

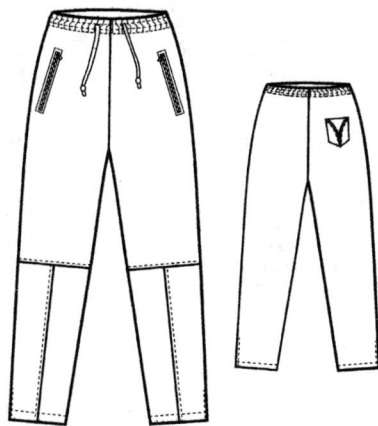

图4-23 款式图

2. 成品规格（表4-10）

表4-10 成品规格表　　　　　　　　　　　　单位：cm

尺寸 号型　　　部位	裤长 L	半臀围 H'	半腰围（橡筋） W'	裤口宽 SW
170/74	104	54	34	17

3. 结构制图（图4-24）

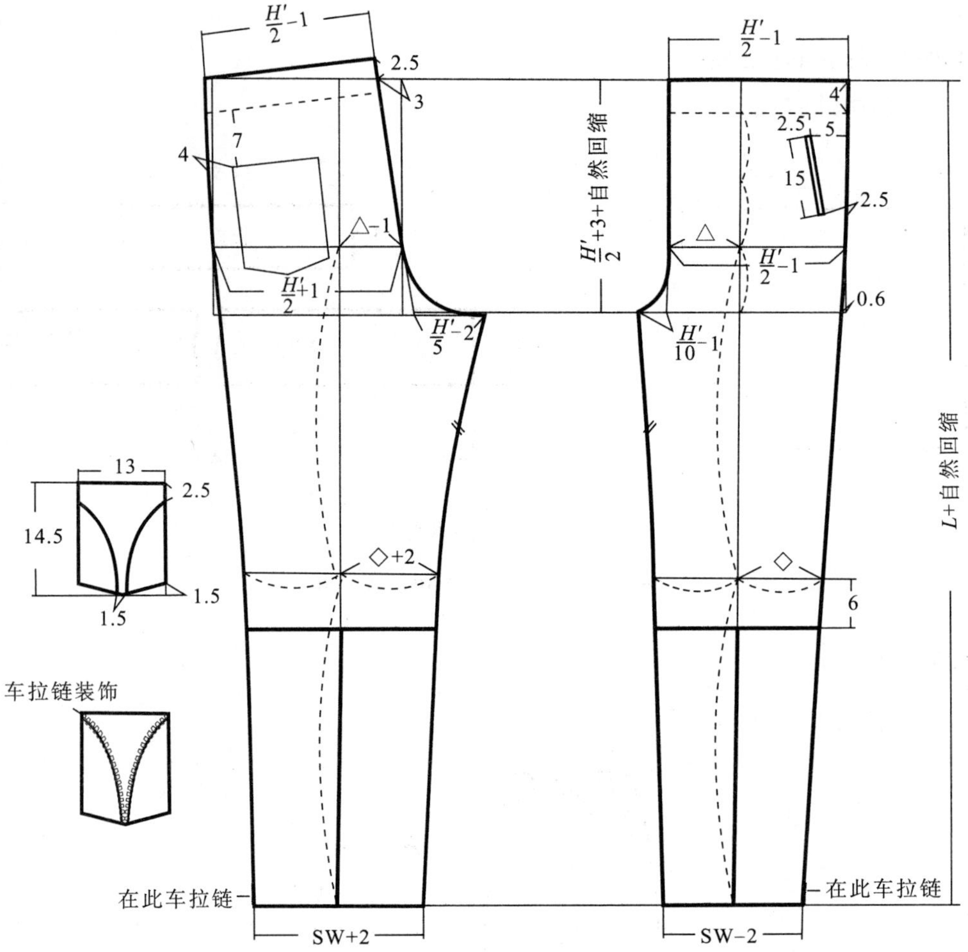

图4-24　结构制图

4. 制图步骤

（1）前片。

①作基础线为上平线。

②裤长：104cm（1+自然回缩率）。

③上裆深：［1/2臀围（54cm）+3cm］［1+自然回缩率］。

④臀围：1/2臀围（54cm）-1cm=26cm。

⑤腰围：1/2臀围（54cm）-1cm=26cm。

⑥前小裆弯：1/10臀围（54cm）-1cm=4.4cm。

⑦裤口宽：裤口宽（17cm）-2cm=15cm。

⑧膝围：在横裆线臀围宽侧缝处移入0.6cm，连接裤口作一斜线，右边宽度对称到左

边为前膝围宽。

⑨分割线：在膝围线处向下量6cm作T字形分割线。

⑩袋口：长 15cm。

⑪裤腰宽：4cm。

（2）后片。

①延长前片的上平线、臀围线、横裆线、膝围线、下平线。

②臀围：1/2臀围（54cm）+1cm＝28cm。

③后裆线：起翘2.5cm。

④后裆弯：1/5臀围（54cm）−2cm＝8.8cm。

⑤腰围：1/2臀围（54cm）−1cm＝26cm。

⑥裤口：裤口（17cm）+2cm＝19cm。

⑦膝围：前膝围宽◇+2cm，然后对称于左边为后膝围宽。

⑧分割线：在膝围线处向下量6cm作T字形分割线。

⑨袋口：长 14.5cm，宽13cm。袋作弧形分割线，夹车拉链作装饰。

⑩裤腰：裤腰宽：4cm，装橡筋腰。

四、运动外裤

1. 款式图（图4-25）

2. 成品规格（表4-11）

表4-11　成品规格表　　　　　　单位：cm

号型 尺寸 部位	裤长 L	半臀围 H′	半腰围（橡筋） W′	膝围 K′	裤口宽 SW
170/74	105	55	34	26	20

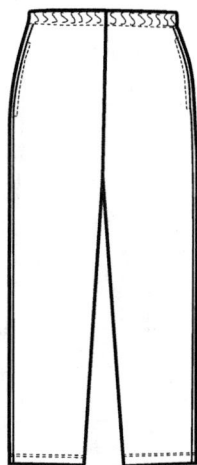

图4-25　款式图

3. 结构制图（图4-26）

4. 制图步骤

（1）前片。

①作基础线为上平线。

②裤长：105cm（1+自然回缩率）。

③上裆深：［1/2臀围（55cm）+4cm］［1+自然回缩率］。

④臀围：1/2臀围（55cm）−1cm＝26.5cm。

⑤腰围：1/2臀围（55cm）−1cm＝26.5cm。

⑥前小裆弯：1/10臀围（55cm）−1cm＝4.5cm。

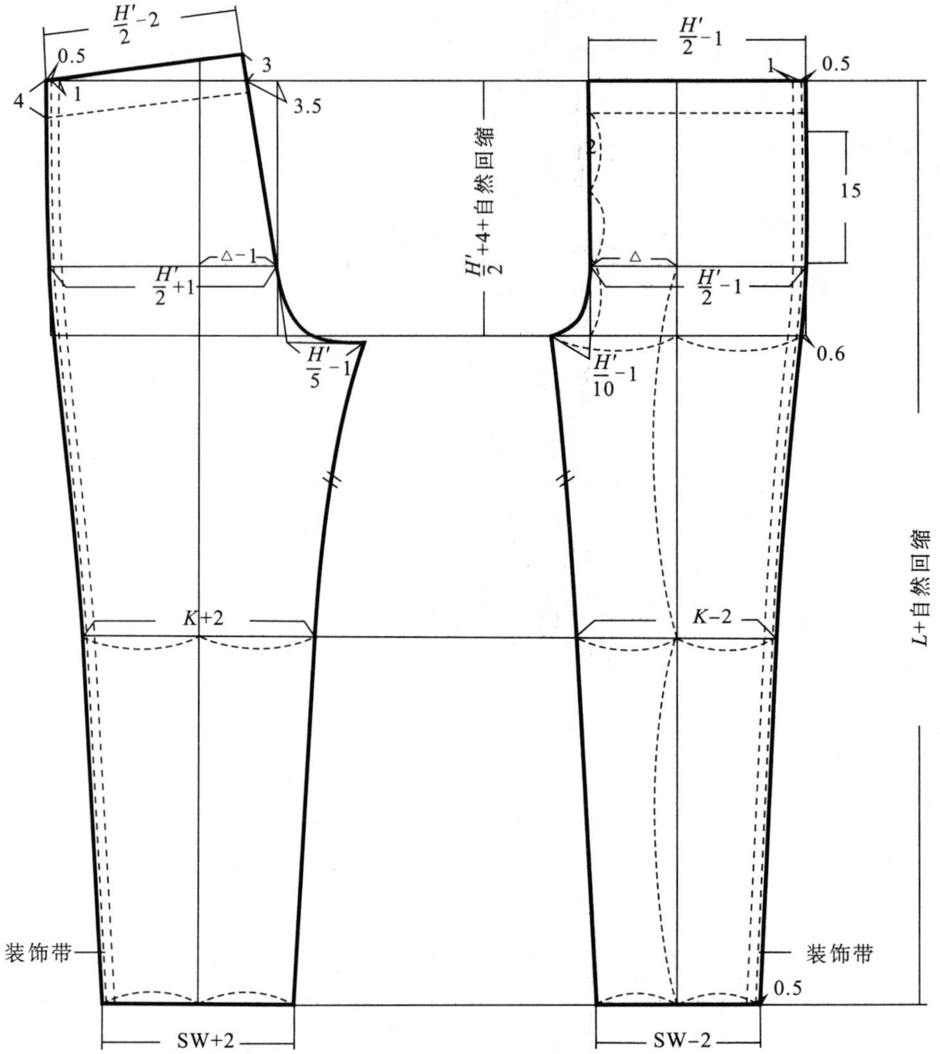

图4-26 结构制图

⑦膝围：膝围（26cm）–2cm＝24cm。

⑧裤口宽：裤口宽（20cm）–2cm＝18cm。

⑨袋口：15cm。

⑩裤腰宽：4cm。

⑪装饰带：宽1cm。

（2）后片。

①延长前片的上平线、臀围线、横裆线、膝围线、下平线。

②臀围：1/2臀围（55cm）+1cm＝28.5cm。

③后裆线：起翘2.5cm。

④后裆弯：1/5臀围（55cm）–1cm＝10cm。

⑤腰围：1/2臀围（55cm）–2cm＝25.5cm。

⑥膝围：膝围（26cm）+2cm＝28cm。

⑦裤口宽：裤口宽将（20cm）+2cm＝22cm。

⑧装饰带：宽1cm。

五、休闲运动长裤

1. 款式图（图4-27）

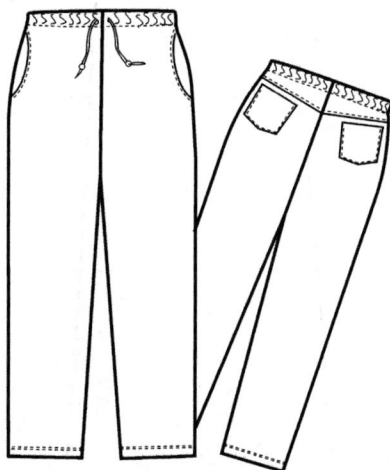

图4-27　款式图

2. 成品规格（表4-12）

表4-12　成品规格表　　　　单位：cm

部位 尺寸 号型	裤长 L	半臀围 H′	半腰围（橡筋） W′	裤口宽 SW
170/74	105	55	34	22

3. 结构制图（图4-28）

4. 制图步骤

（1）前片。

①裤长：105cm（1+自然回缩率）。

②上裆深：［1/2臀围（55cm）+4cm］［1+自然回缩率］。

③臀围：1/2臀围（55cm）–1cm=26.5cm。

④腰围：1/2臀围（55cm）–1cm=26.5cm。

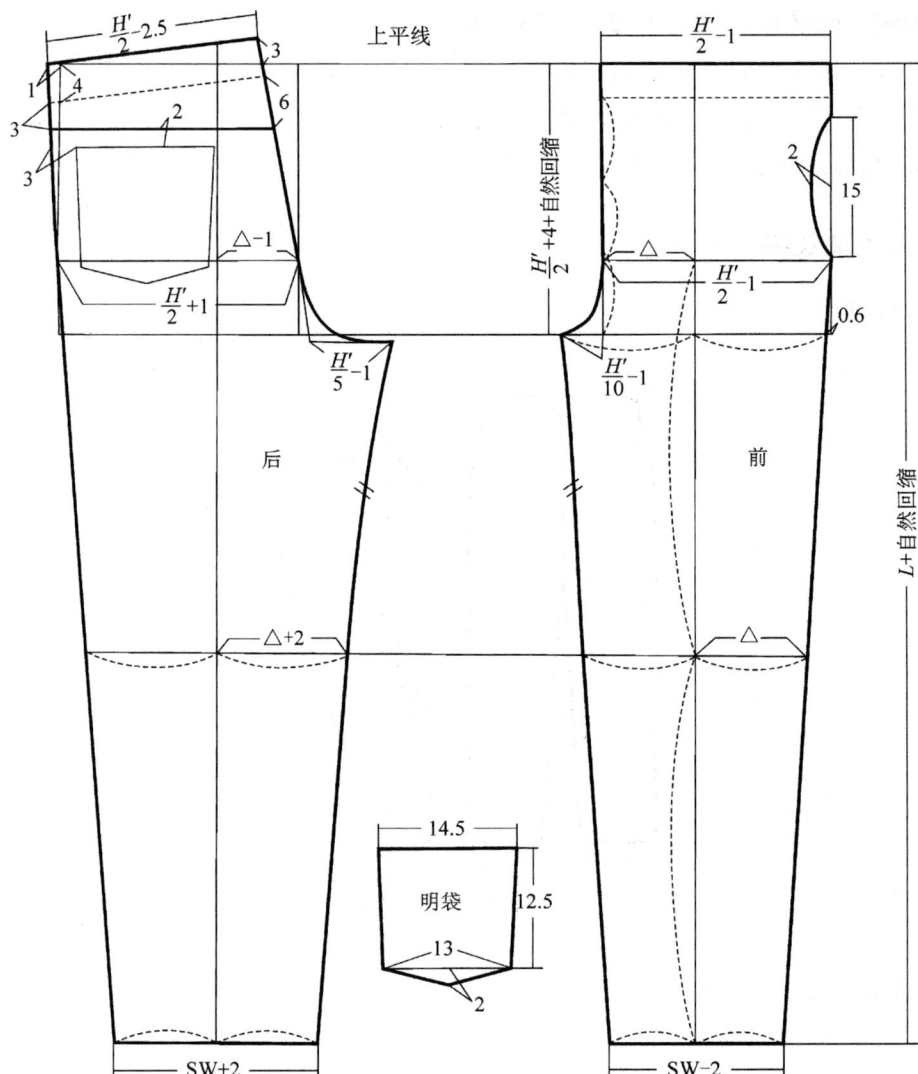

图4-28 结构制图

⑤前裆弯：1/10臀围（55cm）-1cm=4.5cm。

⑥裤口：裤口（22cm）-2cm=20cm。

（2）后片。

①延长前片的上平线、臀围线、横裆线、中裆线和下摆线。

②臀围：1/2臀围（55cm）+1cm=28.5cm。

③裤中线：前中裆线 △-1cm。

④腰围：1/2臀围（55cm）-2.5cm=25cm。

⑤后裆弯：1/5臀围（55cm）-1cm=10cm。

⑥膝围：前膝围△+2cm。

⑦裤口：裤口（22cm）+2cm=24cm。

⑧腰部分割线：侧缝7cm，中缝9cm，分割线高度已包含腰头，腰头边要另加包缝松紧带的宽松量。

⑨袋口：高12.5cm，宽14.5cm。

思考题

1. 经编面料裤装与纬编面料裤装的制图方法有什么不同？

2. 裤装的后裆的落裆差是由前片哪个部位决定的？

3. 含氨纶与不含氨纶的纬编面料制作的裤子其臀围放松量有什么不同？

课后准备

实操练习。

实操篇——

针织上装结构原理与制图

课题名称: 针织上装结构原理与制图

课题内容: 针织女装原型、针织男、女上装结构制图、针织男女
内衣结构制图

课题时间: 30课时

教学目的: 使学生掌握针织男、女装制图的方法,并能运用女装
原型做不同款式的制图变化。

教学方式: 运用PPT、1:1大图教学、实操练习。

教学要求: 1. 要结合人体来讲解上装的结构原理。

2. 要从不同时期服装的流行趋势的角度来讲解针织
服装制图要点。

第五章　针织上装结构原理与制图

针织上装结构是在我国标准女装原型的基础上，根据人体的体型特征，结合针织面料的特性，通过对胸省、肩省的合理转移和腰线的对应变化绘制而成。

第一节　针织女装原型

一、标准原型

标准女装原型是根据我国民众的体型特征和服装行业的要求，在日本文化式女装原型基础上加以修正和完善而获得的，并经过实践证明是适合我国服装行业机织服装使用的。

1. 尺寸设置

规格M，胸围82cm，背长38cm，袖长52cm。由于制图尺寸是取自服装号型规格，是用全围来标示，所以基本型制图公式采用的是围度/4形式。

2. 原型衣身制图步骤（图5-1、图5-2）

（1）基础线与背长：先作上平线，然后垂直于上平线作一直线为后中线，从上平线往下量38cm作为背长，并过此点作上平线的平行线为下平线。

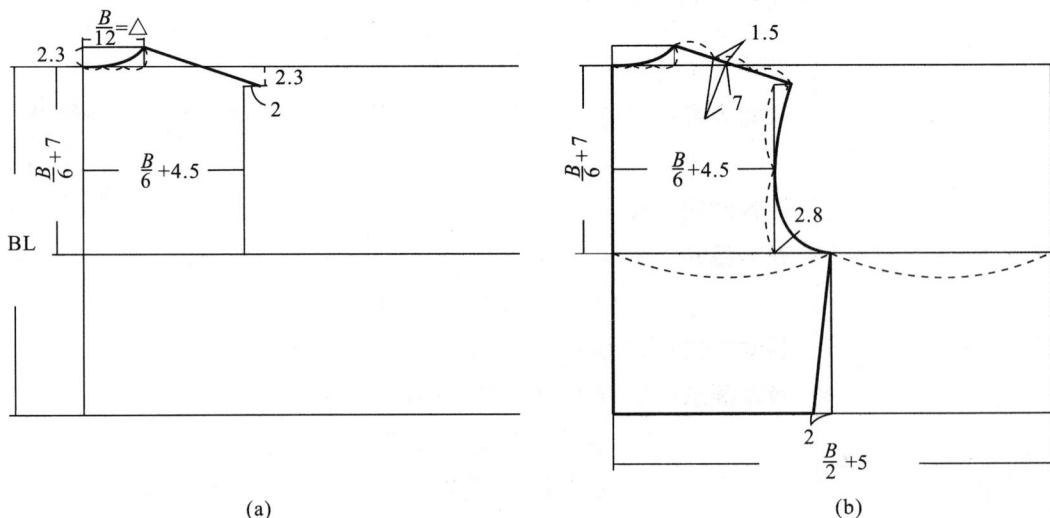

(a)　　　　　　　　　　　(b)

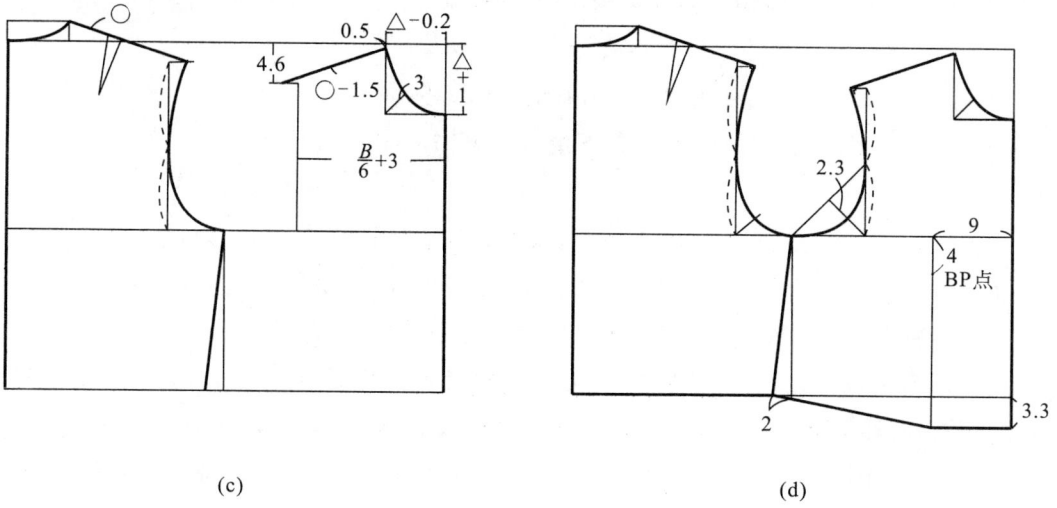

(c)   (d)

图5-1 标准女装原型制图步骤

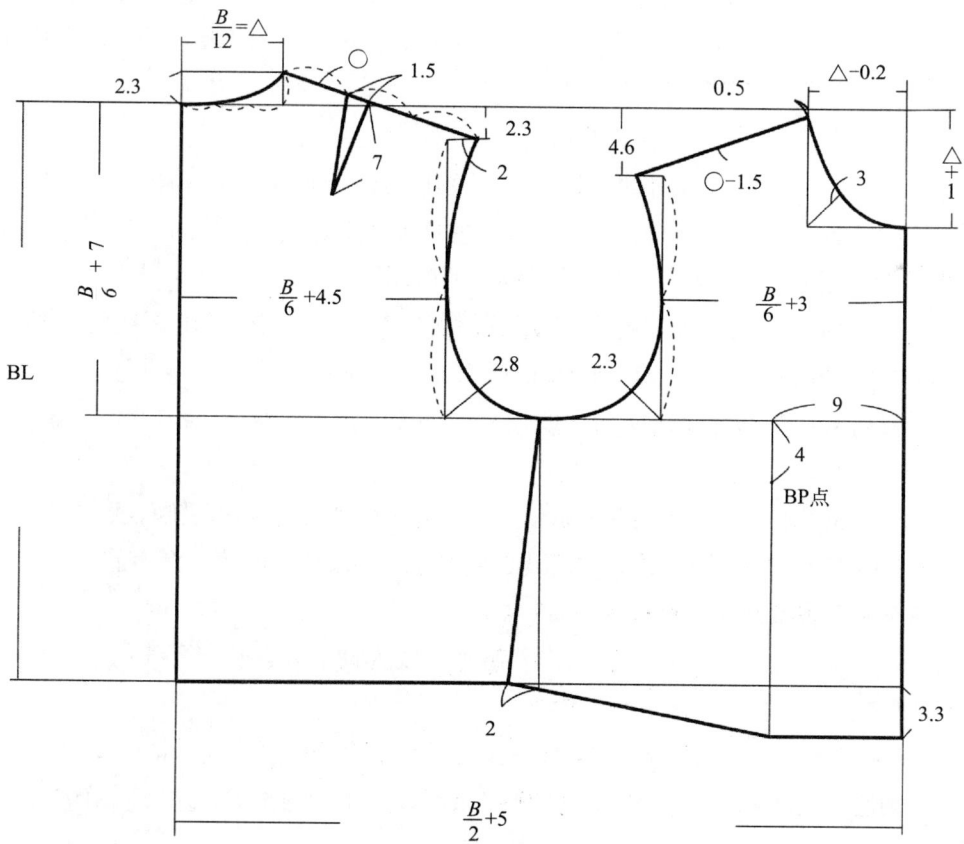

图5-2 标准女装原型完成图

（2）后领弧线：从后领中点取胸围/12为后领宽，在上平线向上量后领口宽的三分之一，约2.3cm作为领深，再绘画后领弧线。

（3）后落肩线：从上平线向下量2.3cm作上平线的平行线。

（4）袖窿深线：从后领口深线向下量胸围/6+7cm，画一上平线的平行线作为袖窿深线。

（5）后背宽：在后中线取胸围1/6+4.5cm，垂直于上平线作一直线为后背宽线。

（6）后肩宽：从后背宽线与落肩线的交点往外取2cm，与领宽点连接为后肩线。

（7）后肩省：在肩线的三分之一处，向右边设省1.5cm，省长7cm。

（8）后胸围宽：在后中线取胸围/2+5（放松量），从后中线向右，垂直于上平线作一直线为前中心线，然后在后中线至前中心线之间取二分之一作为后胸围宽。

（9）绘画袖窿弧线：在后背宽辅助线上作两等分，背宽线与胸围线的夹角向外量2.8cm，从肩点连结后背宽线再向下画顺袖窿弧线。

（10）后腰宽：在下平线与胸围线的交点收进2cm作为后腰宽，连结胸围宽点画一斜线。

3. 原型前片制图步骤（图5-3、图5-4）

（1）前领弧线：在上平线上取后领口宽△-0.2cm为前领口宽，再从上平线向下取后领口宽△+1cm作为前领口深，然后从上平线向下取0.5cm作为前领口宽点，画顺前领口弧线。

（2）落肩线：从上平线向下量4.6cm作一上平线的平行线。

（3）前肩宽：取后肩线的长度-1.5cm，从领口宽点作斜线交于落肩线为前肩线。

（4）前胸宽：在前中线取胸围1/6+3cm，垂直于胸围线作一直线为前胸宽线。

（5）前胸围宽：在后胸围右的另一半为前胸围宽。

（6）绘画袖窿弧线：将前胸宽辅助线作两等分，前胸宽线与胸围线的夹角向外量2.3cm，从肩点连接前胸宽线再向下画顺袖窿弧线。

（7）胸高点：在袖窿深线从前中线向里量9cm，垂直于袖窿深线作直一线，再向下量4cm为胸高点，即是BP点。

（8）前腰长：在下平线向下量3.3cm，与BP点的垂直线连接为前腰长线。

（9）前腰宽：在前胸围宽线向左移出2cm的交点与腰长线连接，作为前腰宽。

4. 原型袖片制图步骤（图5-3、图5-4）

（1）作长度：先作上平线，然后作一条垂直线为袖中线，从上平线往下量52cm作为袖长，并以这点作一条与平行线为下平线。

（2）袖山高线：从上平线往下取AH/3作一条与上平线的平行线为袖山高线。

（3）袖肥：右边取AH/2，从袖中点作一条斜线交于袖山高线，左边取AH/2+1cm，从袖中点作一条斜线交于袖山高线。

（4）前袖山弧线：将前袖肥斜线划分为两等份，上等份在斜线突出1.5cm作一点，下等份的二分之一处凹进1.5cm作一点，然后从袖顶点经过这些点画顺袖山弧线。

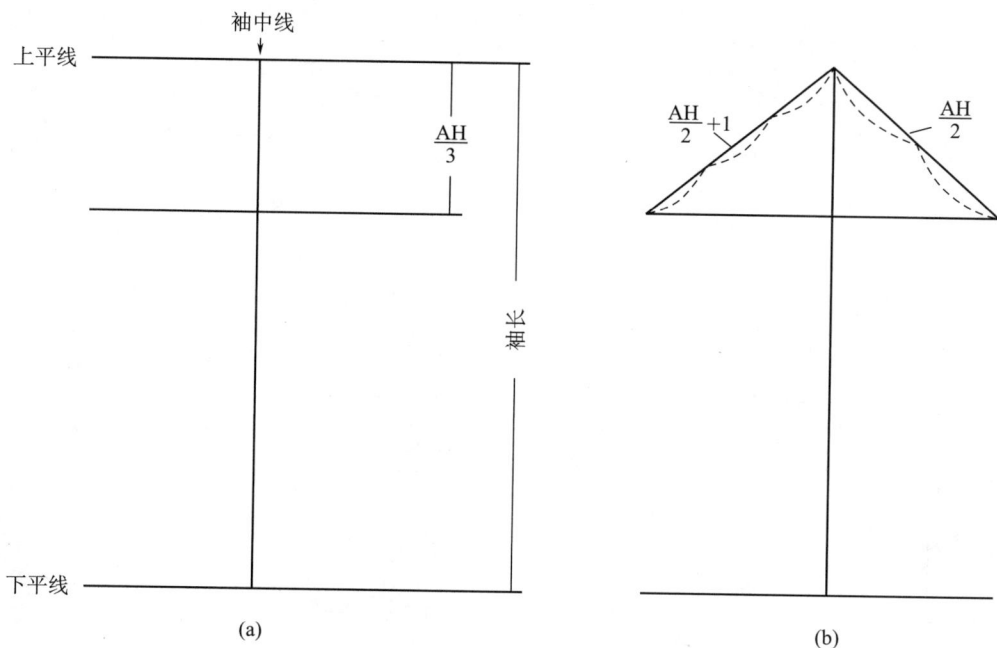

图5-3　标准女装原型袖片制图步骤

（5）后袖山弧线：将后袖肥斜线分为三等份，上等份在斜线突出1.7cm作一点，然后从袖顶点经这一点，再交于斜线，画顺袖山弧线。

（6）袖口线：将袖肥左右两点分别垂直袖深窿线作一直线至下平线，连结两点作直线为袖口线。

二、针织女装原型

基于针织服装结构造型简洁的特点，针织面料的拉伸性基本可以满足女性人体胸部结构的需求而不设省缝，通过对标准原型进行胸省、肩省的转移处理以及围度放松度和腰线长度的调整，从而确立了无省量针织女装纸样的基本原理，既保留了机织服装结构的基本造型，也考虑到针织服装结构简洁、风格休闲的特点，形成了针织服装结构的基本模式，见图5-5～图5-7。

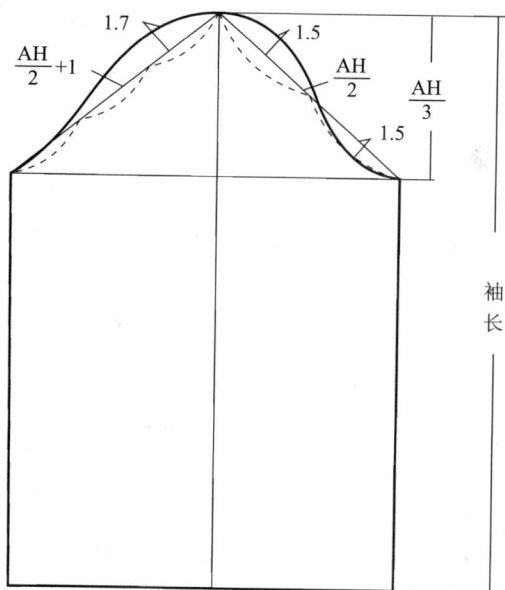

图5-4　标准女装原型袖片完成图

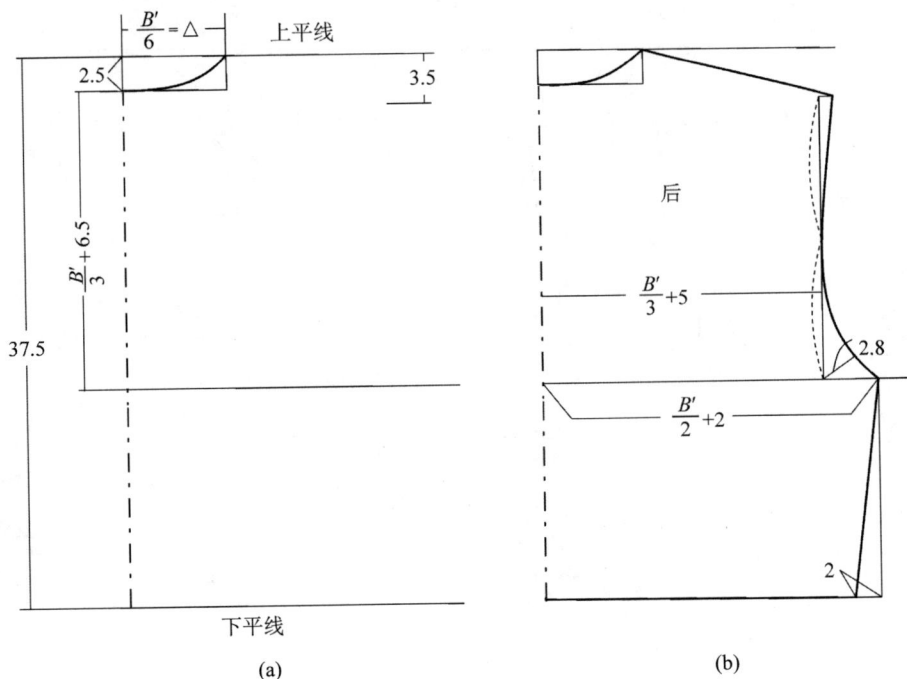

图5-5　针织女装原型后片制图步骤

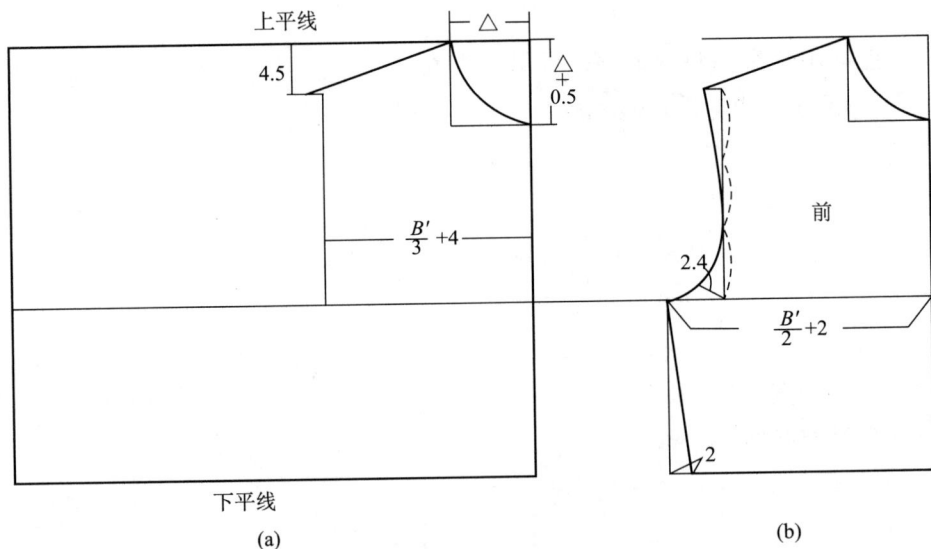

图5-6　针织女装原型前片制图步骤

1. 尺寸设置

规格M，胸围41cm（半围，B'），背长37.5cm，袖长52cm。为了方便针织服装制图，将全围规格尺寸改为以半围标示，以适应生产实际需要。因此，针织女装原型的制图公式以及服装的制图实例均采用1/2围制计算公式。

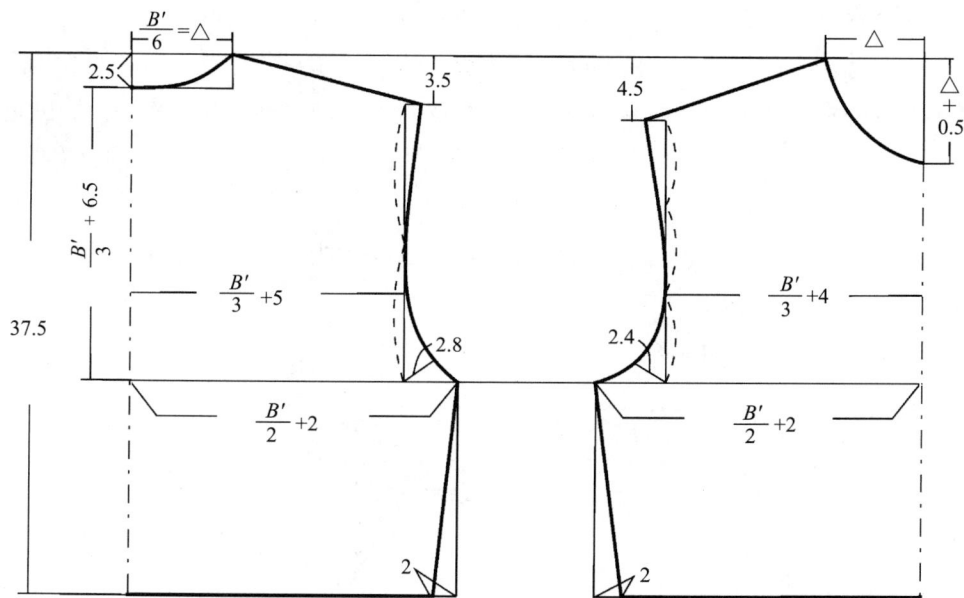

图5-7　针织女装原型完成图

2. 原型后片制图（图5-5）

（1）基础线与背长：先作上平线，然后垂直于上平线作一直线为后中线，从上平线往下量37.5cm作为背长，并过此点作上平线的平行线为下平线。

（2）后领弧线：在上平线上向下量2.5cm作为领深，再从后领中点取胸围/6为后领宽，绘出后领弧线。

（3）落肩线：从上平线向下量3.5cm作上平线的平行线。

（4）后袖窿深线：从后领深线向下量胸围/3+6.5cm，画一条与上平线平行的线作为袖窿深线。

（5）后背宽：在后中线取胸围/3+5cm，垂直于上平线作一条直线为后背宽线。

（6）后肩宽：从后背宽线与肩斜线的交点往外取1cm，与领宽点连接为后肩线。

（7）后胸围宽：在后中线取胸围/2+2cm（放松量），交于袖窿深线作为后胸围宽。

（8）绘袖窿弧线：在背宽线上作两等分，背宽线与胸围线的夹角向外量2.8cm，从肩点连接后背宽线再向下画顺袖窿弧线。

（9）后腰宽：在下平线与胸围线的交点收进2cm作为后腰宽，连接胸围宽点画一斜线。

3. 原型前片制图（图5-6）

（1）基础线：延长上平线、袖窿深线、下平线。

（2）前领弧线：垂直于上平线作一条直线为前中线，在上平线上取后领宽 △ 为前领宽，再从上平线向下取后领宽△+0.5cm作为前领深，画顺前领弧线。

（3）落肩线：从上平线向下量4.5cm作上平线的平行线。

（4）前肩宽：取后肩线的长度，从领宽点作斜线交于落肩线为前肩线。

（5）前胸宽：在前中线取胸围/3+4cm，垂直于胸围线作一条直线为前胸宽线。

（6）前胸围宽：在前中线取胸围/2+2cm（放松量），交于袖窿深线作为前胸围宽。

（7）绘袖窿弧线：将前胸宽辅助线作三等分，前胸宽线与胸围线的夹角向外量2.4cm，从肩点连接前胸宽线再向下画顺袖窿弧线。

（8）前腰宽：在下平线与胸围线的交点收入2cm作为前腰宽，连接胸围宽点画一斜线。

4. 袖片基本型制图（图5-8、图5-9）

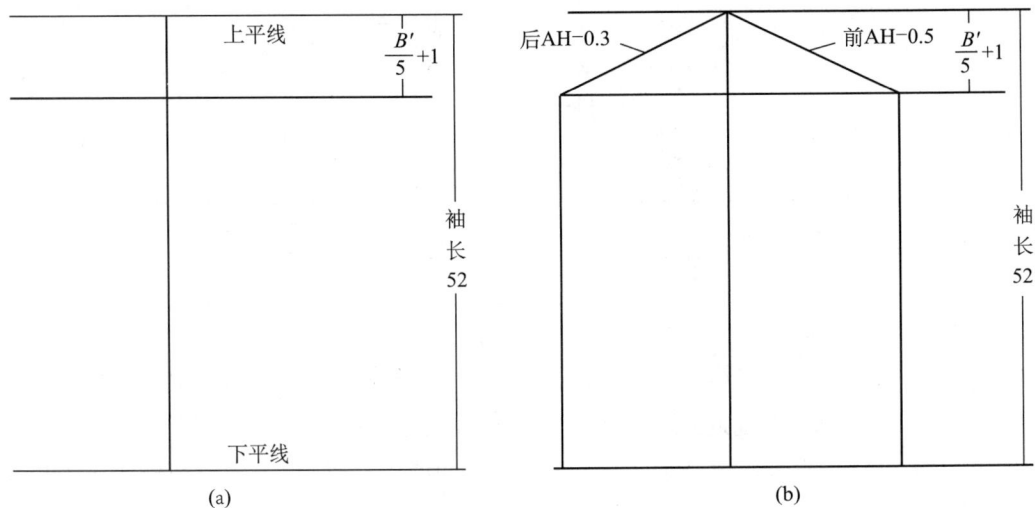

图5-8 针织女装原型袖片制图步骤

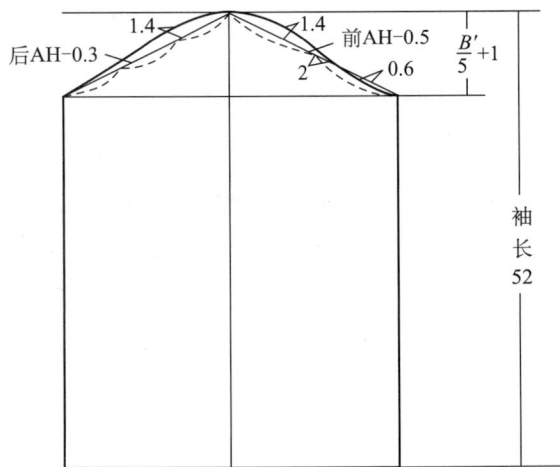

图5-9 针织女装袖型完成纸样

（1）基础线与袖长：先作上平线，然后作一条垂直线为袖中线，从上平线往下量52cm作为袖长，并以此点作一条与上平线平行的线为下平线。

（2）袖山高线：从上平线向下取胸围/5+1cm作条与上平线平行的线为袖山高线。

（3）袖肥：取前袖窿弧长-0.5cm，从袖中点作一条斜线交于袖山高线，前后袖山弧线基本一致，取后袖窿弧长-0.3cm，从袖中点作一条斜线交于袖山高线。

（4）前袖山弧线：将前袖肥斜线分为两等份，上等份的二分之一处凸出1.4cm作一点，下等份的二分之一处凹进0.6cm作一点，在斜线的中点往下移2cm作一点，然后从袖顶点经这些点画顺袖山弧线。

（5）后袖山弧线：将后袖肥斜线分为三等份，上等份在斜线突出1.4cm作一点，然后从袖顶点经这一点，再交于斜线，画顺袖山弧线。

（6）袖口线：将袖肥左右两点分别垂直袖窿深线作一直线至下平线，连接两点作直线为袖口线。

5. **针织女装原型要点解析**

（1）针织服装的胸围、腰围一般采用半围标示，计算公式为1/2围制，如果是全围标示，则用1/4制公式计算。在制图时必须看清楚规格尺寸的标示。

（2）女装标准原型设有肩省和胸省，而针织女装一般不设省缝，前腰线升高，前片的乳凸量采用与后片对位的方式分解掉，女性人体胸部结构的需求主要是依靠针织面料的弹性来满足。

（3）围度放松量比标准女装原型放松量适当减少，适合针织面料特性的应用。

（4）标准女装原型后片高出于前片上平线，而针织女装原型前后片并齐，造型简洁。后片不设省缝，人体背肌的需求依靠针织面料的弹性来解决。

（5）标准女装原型袖窿呈椭圆形，袖山高偏深，袖山弧设有吃势，而针织女装原型袖窿趋向窄长，袖山高偏浅，袖山弧不设吃势，符合针织服装休闲的风格。

（6）保留标准女装原型前后肩斜、前后袖片的造型，腰围收窄，为针织服装向时装化发展提供了依据。

三、上装结构原理

1. **围度放松量**

紧身型：胸围不但不加放松度，而且小于实际围度，可视针织面料的弹性程度而变化。含有不同程度氨纶（莱卡）的针织面料一般可减少3~4cm的放松量。

贴体型：胸围放松量为0~2cm。

适体型：胸围放松量为3~5cm。

略宽松型：胸围放松量为6~8cm。

宽松型：胸围放松量为10cm以上。

2. **针织女装原型的应用**（图5-10、图5-11）

（1）肩点不在同一高度。无论是紧身型或是宽松型服装，在减少或增加围度放松量的同时，应缩小或扩大肩宽。需要缩小或扩大肩宽时，只要在原有肩斜线上截短或延长便可。这样缩小肩宽，肩线的倾斜度有所减弱，其肩点不是原来的高度。但当服装穿着后，肩线是呈倾斜状拉伸的，那么肩点就还原在原来的高度上了，这是符合人体结构的需求（图5-10）。

（2）腰线适当上升。针织服装紧身型有不少是短装式的，也不设腰省，多余的量都在侧缝处去掉，由于服装过短，腰围较窄，采用中腰线使下摆侧缝线的长度显短，曲线弧度就比较大，会影响下摆的折缝。如适当将腰线在原基础上提升，可减缓下摆侧缝曲线的

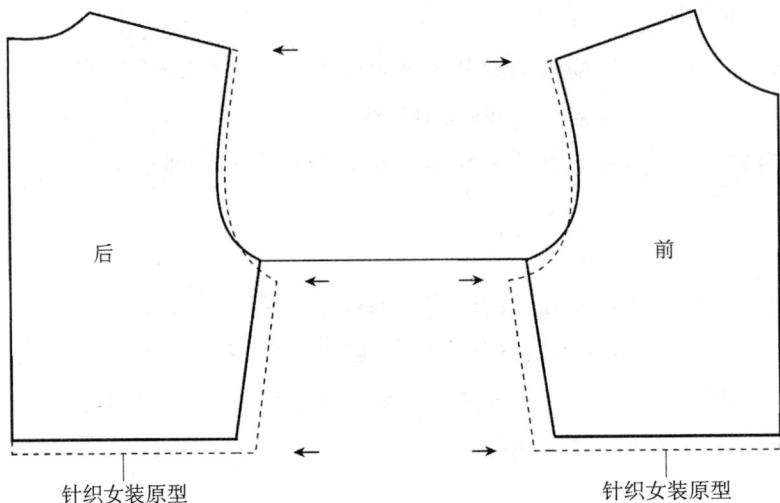

图5-10　紧身型围度减少

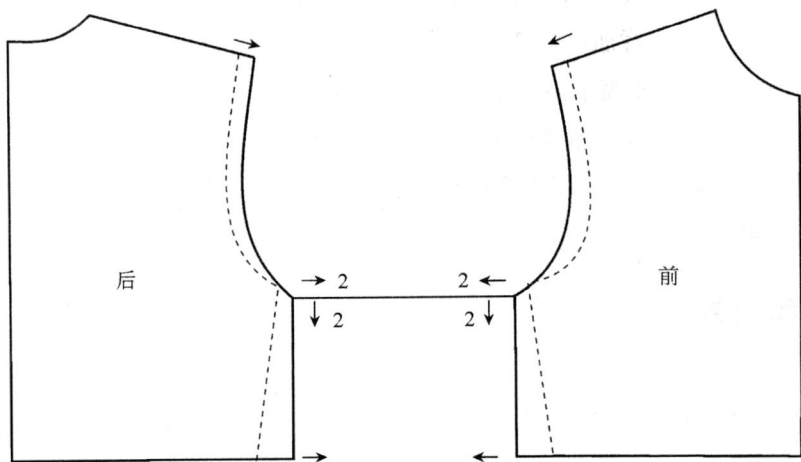

图5-11　宽松型围度增加

弧度，同时也使人体显得修长好看。

（3）袖窿。围度增加和袖窿长度增加应保持一定的正比关系，以便结构的基本特征保持不变。袖窿开深量取侧缝处胸围增加量的一半，如前后侧缝处胸围各增加或减少2cm放松量，袖窿的深度则下降或上升2cm。

（4）袖山高度。袖窿深变化不大，则袖山高度保持不变，若袖窿深减少较多，袖山高度则视服装的造型风格需要而设定，但袖窿深与袖山高之差不宜小于4.5cm，时装类除外。

3. 省的变化

针织服装一般不设省缝，但可以设计褶裥来丰富款式造型。因此，可根据服装造型的需要，增加省的应用变化，便于款式形成新的外观效果。

（1）胸省的转换。当款式造型需要细褶，可以在腋下加省，然后将省转换成为细褶

（图5-12）。图中虚线为原袖窿深线，当需要加省转细褶时，袖窿深线上升。

（2）腰省的转换。在女性服装中，除了胸省，还有腰省、肩省、领省等，根据款式的需要可以在腰部或肩、胸、领等部位加省，然后将省转换成褶裥，增强款式的装饰性（图5-13）。□表示正常的腰省的量，△表示要增加的腰省量，同时要在侧缝补上△量，这样腰围尺寸不变。

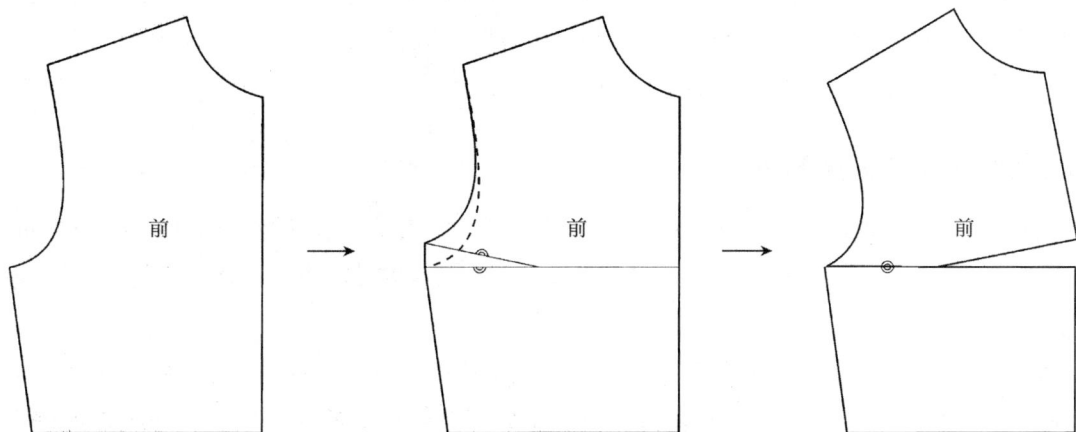

图5-12　胸省的转换

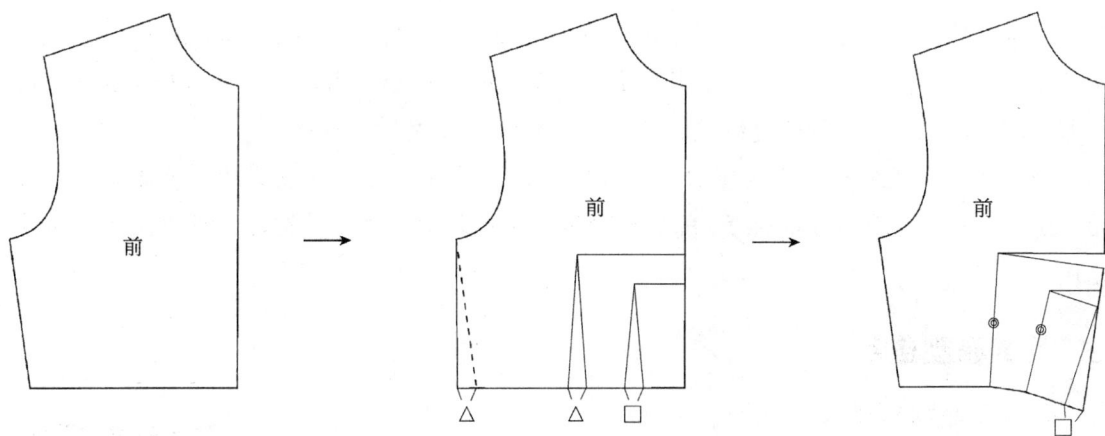

图5-13　腰省的转换

第二节　针织上装结构制图方法

一、经编与纬编针织物制图的不同方法

1. 经编针织物在制图中需注意的问题

经编针织物是由平行排列的经纱于径向喂入针织机的所有工作针上，同时弯曲成圈，

并且每一根纱线在线圈横列内形成一个或一个以上的线圈，因此，经编织物较纬编织物不易变形，尺寸较稳定，在性质上很接近机织物，是理想的外衣用面料。因此，采用针织经编面料裁剪的服装，制图的方法基本与机织服装相同，可制作西装、连衣裙、休闲装、运动服、晚装、整形内衣、大衣等，其袖山头同样需要吃势。

2. 纬编针织物在制图中需注意的问题

纬编针织物的横列线圈是由同一根纱线弯曲而成，因而富有弹性且容易变形，适宜制作休闲服，裁剪时袖山弧与袖窿弧的长度一致，袖山不需要吃势，而时装造型的纬编服装也可适当有一点吃势，吃势量一般在0.5cm左右。

二、针织上装的制图要点

针织内衣结构制图的方法比外衣和裤子的造型结构简单，衣片数量相对较少，制图时直接用既定的尺寸进行绘制，前后衣片的袖窿、袖片及肩斜都一样，袖窿呈窄长，弧线不那么弯曲，结构呈宽松型。

女装结构根据现代女性对时尚的追求，在一定程度上采用了前后肩斜、前后袖窿、前后袖片分别设置的制图方法。男装结构则是由男性人体特征所决定的，由于男性肌肉发达，背肌厚突，机织服装上衣后片比前片高出2cm左右。根据男性人体的这一特征，在针织服装的结构制图中，时装类保持了后衣片上升量，但又考虑到针织面料的伸缩性和针织服装结构的特性，因而，将该上升量进行减半处理。尽管目前有些企业采用后片不设上升量的制图方法，但是，随着针织服装外衣化、时装化的发展，人们对针织服装也会像对机织服装那样讲求板型和舒适合体性，"板型"结构就随之发生变化。

因此针织服装结构要注入新的理念，融入现代服装时尚，针织服装机织化越来越被认可，打破了前后肩斜、前后袖窿、前后袖片都一样的设计，这种结构设计的方法已被逐步采用。

三、上装原型应用

以船领女背心为例。

1. **款式图**（图5-14）

2. **成品规格**（表5-1）

表5-1　成品规格表　　　　　　　　　单位：cm

部位\尺寸号型	衣长（后）L	半胸围 B'	半腰围 W'	领口宽 NW	前领深 FND	肩宽 S
160/84	50	42	38	26	6	34

图5-14　款式图

3. 结构制图（图5-15）

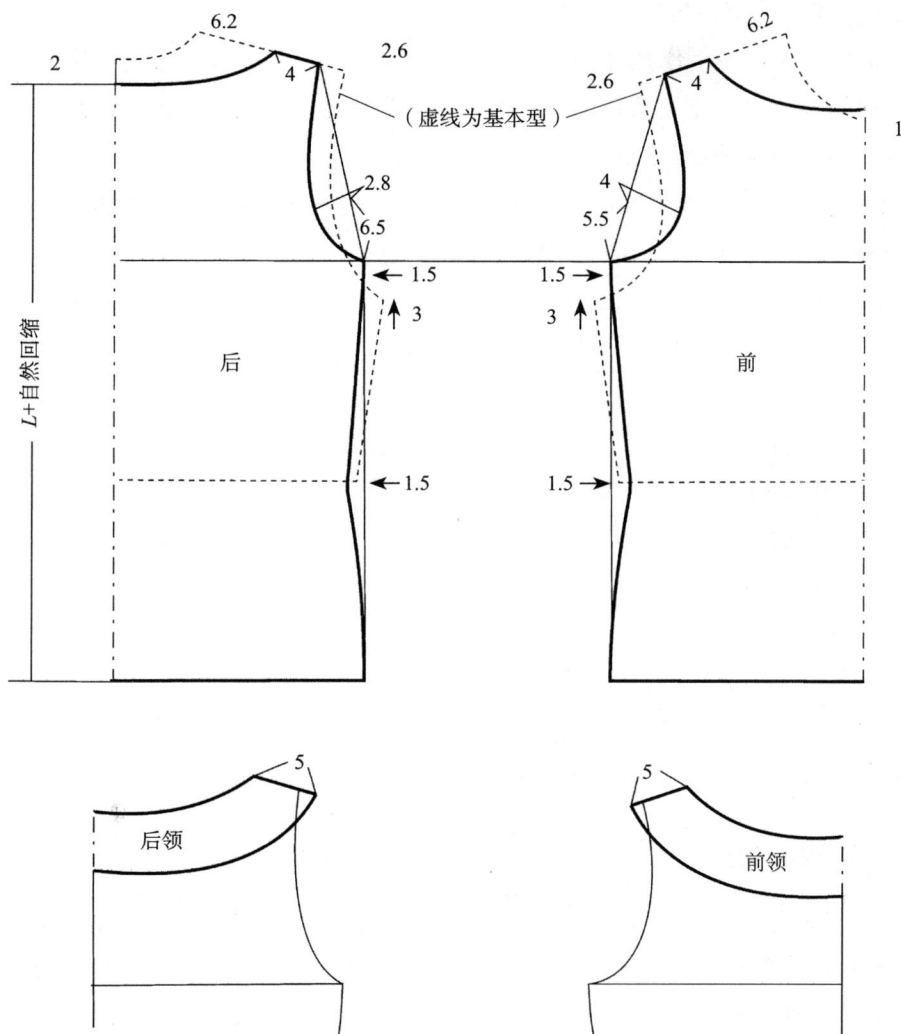

图5-15 结构制图

4. 制图步骤

（1）后片。

①拓画或复制后片基本型。

②领宽：成品规格是26cm，1/2领宽（26cm）=13cm，原型领是6.8cm，因此13cm-68cm=6.2cm，领口宽6.2cm。

③肩宽：成品规格是34cm，1/2肩宽（34cm）=17cm，原型肩宽是19.6cm，19.6cm-17cm=2.6cm，因此，在肩点收进2.6cm。

④后领深：原领深线下降2cm。

⑤衣长：衣长+自然回缩=50cm×（1+自然回缩率）=50cm×（1+2%）=51cm，从后领线向下量51cm，垂直于后中线画一直线作为下摆线。

⑥胸围宽：成品规格是42cm，胸围/2（42cm）=21cm，原型是22.5cm，22.5cm-21cm=1.5cm，因此，在侧缝线处收进1.5cm。

⑦袖窿深：按照围度增加和袖窿长度增加应保持一定的正比关系的原则，围度的减小同样也应该与袖窿成正比关系。但是，由于此款为背心式服装，因此，袖窿深较装袖袖窿深要浅些，所以袖窿深上升3cm。

⑧腰围宽：成品规格是38cm，腰围/2（38cm）=19cm，原型是20.5cm，20.5cm-19cm=1.5cm，因此，在侧缝线收进1.5cm。

（2）前片。

①将前片原型拓画或复制到纸面上。

②领宽：同后衣片。

③肩宽：同后衣片。

④前领深：在原型领口上升1cm。

⑤衣长：与后衣片下摆平齐。

⑥胸围宽：同后衣片。

⑦袖窿深：同后衣片。

⑧腰围宽：同后衣片。

（3）领片。

在前后衣片中按照其领口绘制领型，领高是5cm。

四、上装比例法制图

以横机领明襟男装短袖T恤为例。

1. **款式图**（图5-16）

2. **成品规格**（表5-2）

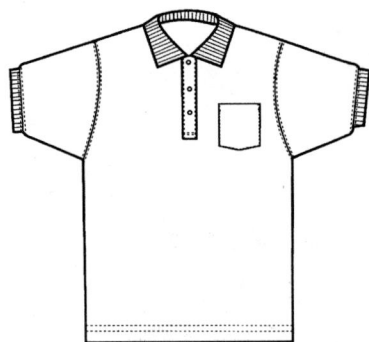

图5-16 款式图

表5-2 成品规格表　　　　单位：cm

部位 尺寸 号型	衣长 L	半胸围 B'	肩宽 S	领长 CL	袖长 SL	袖口宽 CO
170/88	70	50	44	40	23	18

3. **结构制图**（图5-17、图5-18）

4. **制图步骤**

（1）前片。

①作基础线：先画上平线，然后垂直于上平线画一条直线作为前中线。

②衣长：衣长+自然回缩=70cm×（1+自然回缩率）=70cm×（1+2%）=71.4cm。

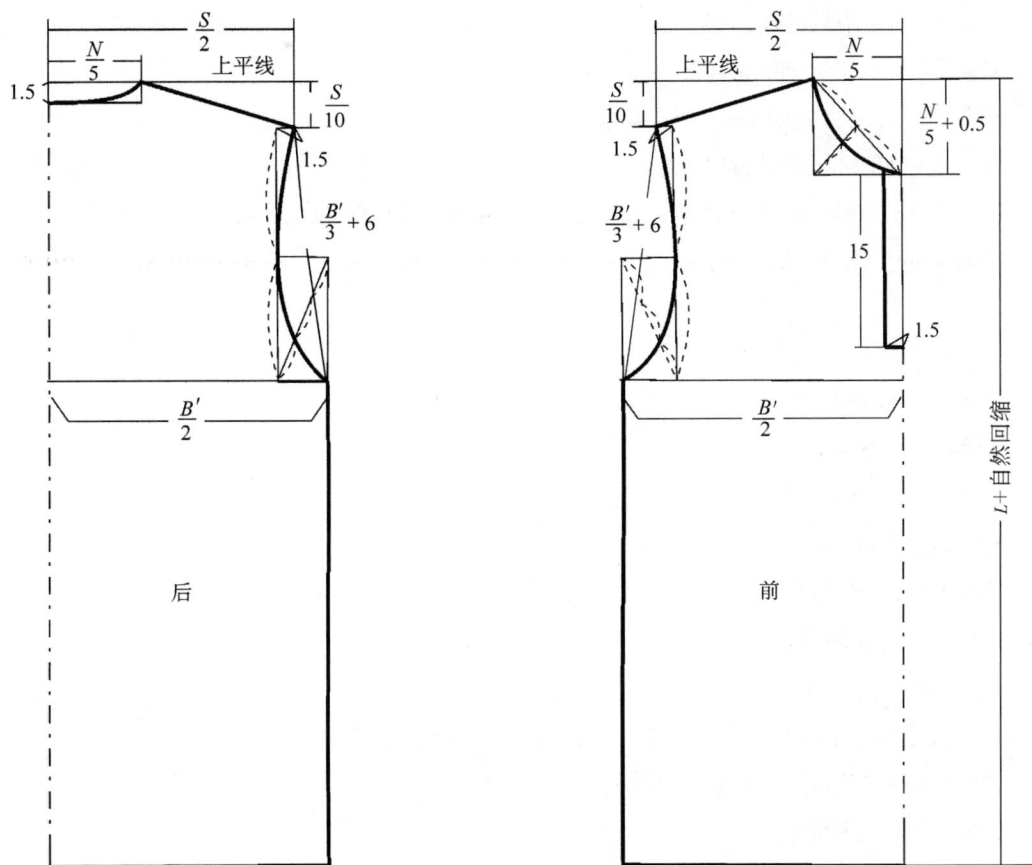

图5-17 前后片结构制图

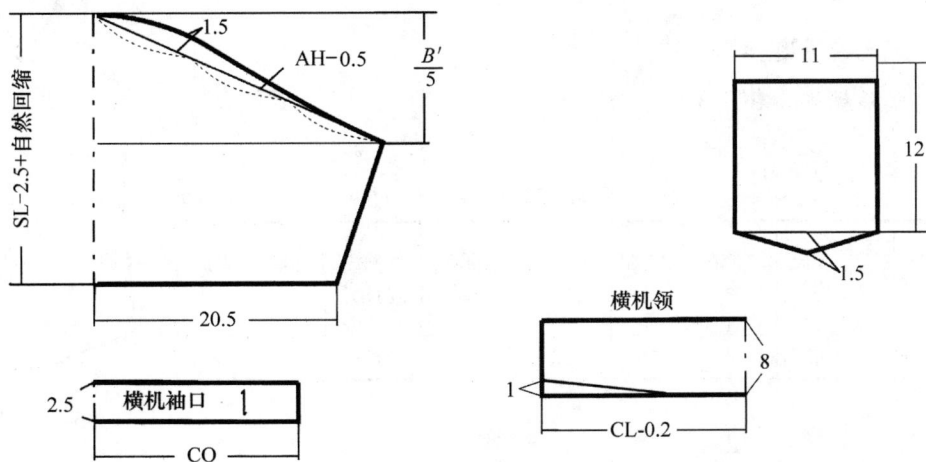

图5-18 袖子及口袋结构制图

③领宽：1/5领长=40cm/5=8cm。

④领深：1/5领长=40cm+0.5cm=8.5cm。

⑤落肩：1/10肩宽=44cm/10=4.4cm。

⑥肩宽：1/2肩宽=44cm/2=22cm。

⑦袖窿深：1/3胸围+6cm=50cm/3+6cm=22.5cm（小数只保留0.5cm，小于0.5cm舍去）。

⑧胸围宽：1/2胸围=50cm/2=25cm。

（2）后片。

①延长上平线、下摆线。

②领宽：同前片。

③领深：1 .5cm。

④落肩：同前片。

⑤肩宽：同前片。

⑥袖窿深：同前片。

⑦胸围宽：同前片。

（3）袖片。

①袖长：袖长+自然回缩=（23cm−2.5cm）×（1+1%）=20.7cm。

②袖山高：1/5胸围=50cm/5=10cm。

③袖口宽：20 .5cm。

④横机袖口宽：18cm。

第三节　针织女上衣结构制图实例

一、圆领背心

1. 款式图（图5-19）

2. 成品规格（表5-3）

表5-3　成品规格表　　　　　　　　单位：cm

部位 尺寸 号型	衣长 L	半胸围 B′	肩宽 S	领口宽 NW	前领深 FND	后领深 BND	袖窿 AH	下摆 OP
155/80	62	38	26	17.5	17.5	15	17	47

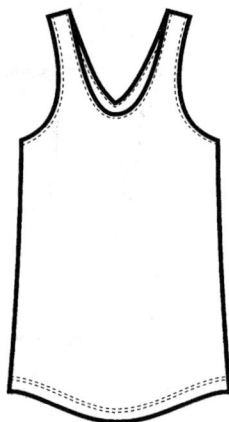

图5-19　款式图

3．**结构制图**（图5-20）

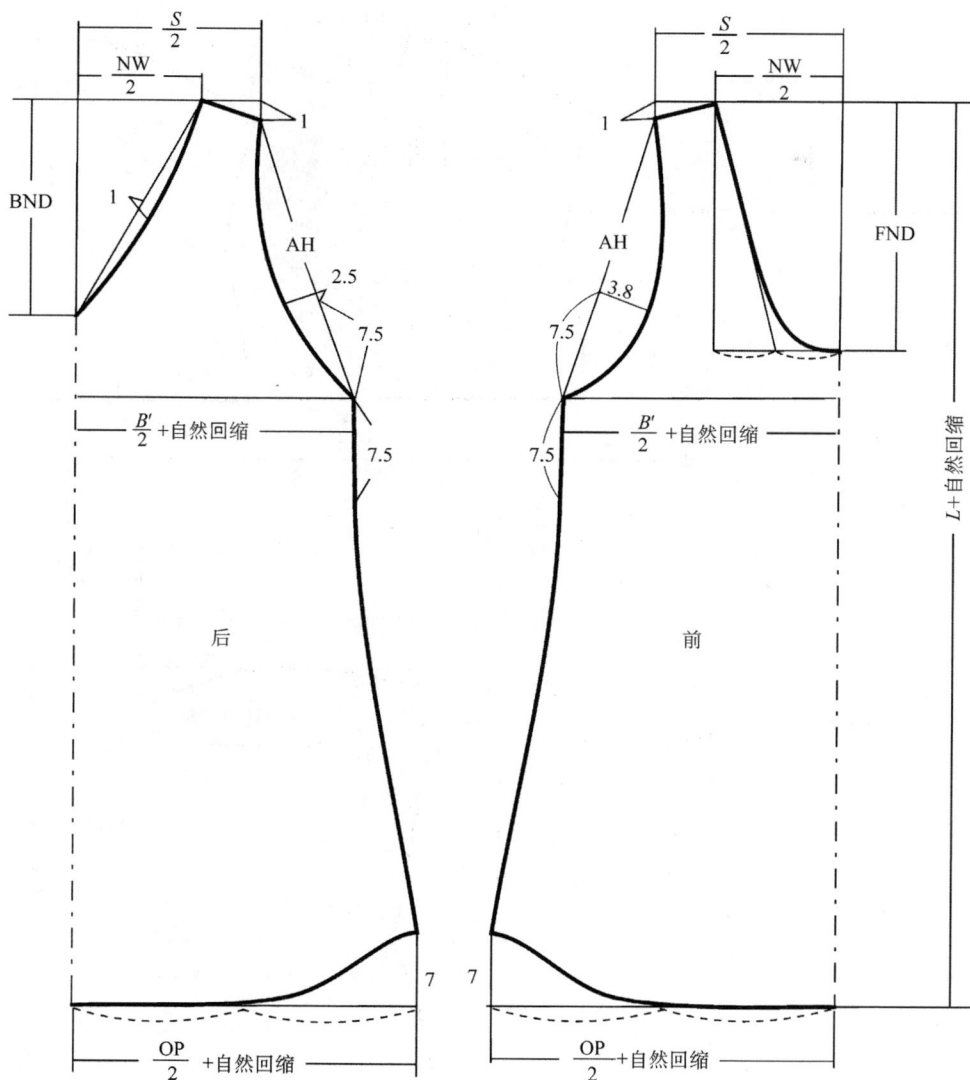

图5-20　结构制图

二、抽褶吊带背心

1．**款式图**（图5-21）

2．**成品规格**（表5-4）

表5-4　成品规格表　　　　　单位：cm

部位 尺寸 号型	衣长 L	半胸围 B'	半腰围 W'	下摆 OP
160/84	38	41	38	43

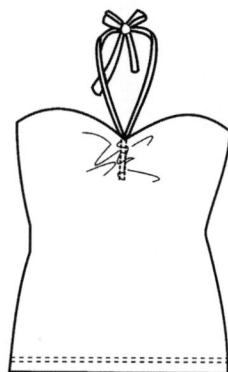

图5-21　款式图

3. 结构制图（图5-22）

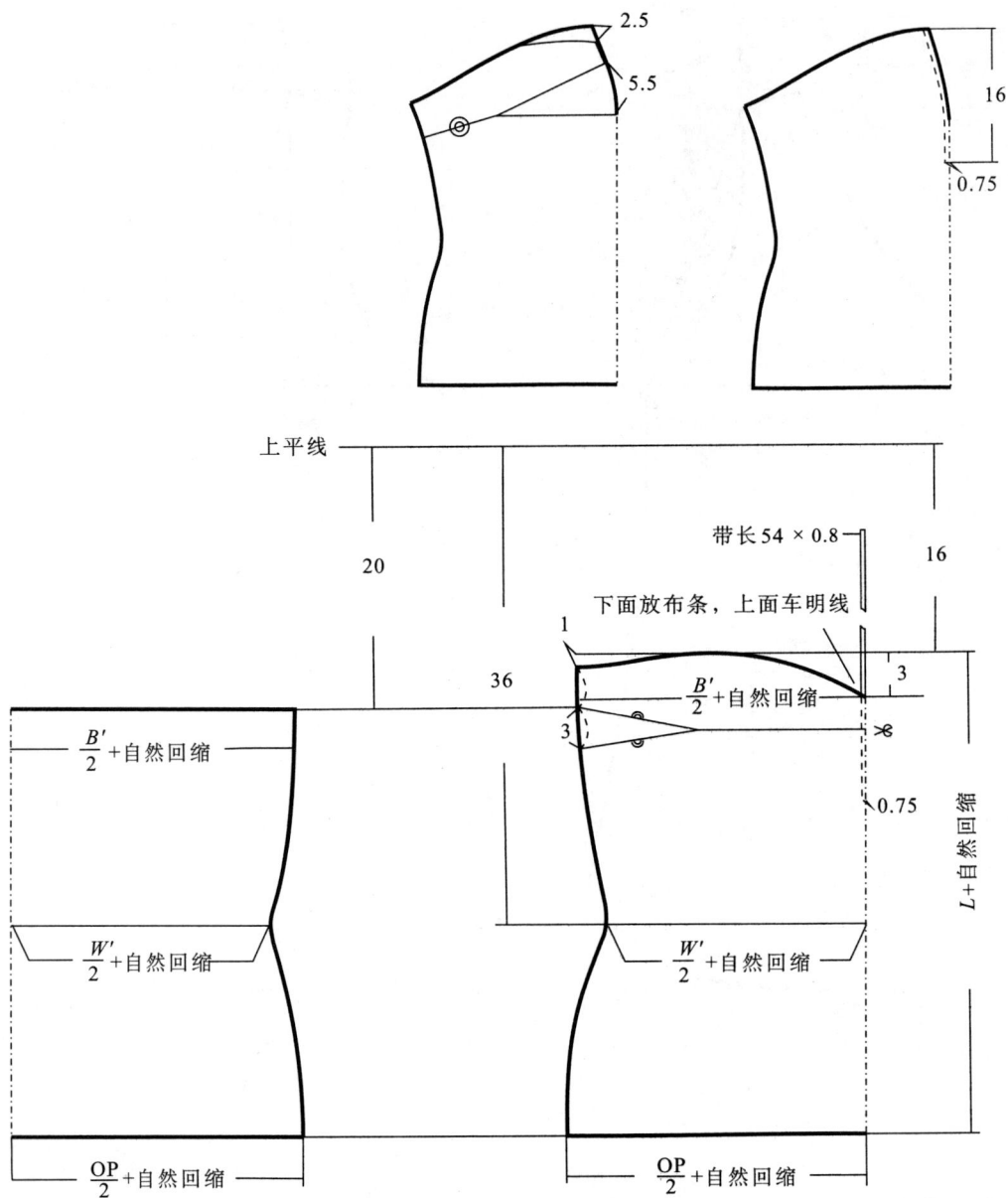

图5-22　结构制图

4. 制图步骤

（1）前片。

①作基础线为上平线。

②抹胸高：上衣抹胸高度最好以胸高点来定，从上平线取胸高点（24cm）−8cm＝

16cm来定点。

③袖窿深：从抹胸高线往下量1cm。

④衣长：38cm（1+自然回缩率），从抹胸高线往下量。

⑤胸围：［1/2胸围（41cm）］［1+自然回缩率］，使用有氨纶成分的面料，横向都要增加自然回缩。

⑥腰围：［1/2腰围（38cm）］［1+自然回缩率］。

⑦下摆：［1/2下摆（43cm）］［1+自然回缩率］。

⑧省转移：在侧缝取省道3cm，将省转换成褶，如果需要更多的褶量，可在前中向上增加褶2.5cm，抽褶后可复原。

（2）后片。

①袖窿深：在前片的上平线往下量20cm，同时延长腰围线和下摆线。

②胸围：［1/2胸围（41cm）］［1+自然回缩率］。

③腰围：［1/2腰围（38cm）］［1+自然回缩率］。

④下摆：［1/2下摆（43cm）］［1+自然回缩率］。

（3）吊带。

①吊带：长54cm，宽0.8cm。

②吊带工艺：在前胸上方的分割线先缝合，然后下面放上布条，上面车明线，形成长16cm、宽1.5cm的筒状，筒底车缝吊带，抽紧吊带碎褶便形成。

三、露背背心

1. 款式图（图5-23）

图5-23 款式图

2. 成品规格（表5-5）

表5-5　成品规格表　　　　　　　　　　　　　　　　单位：cm

部位 尺寸 号型	前衣长 FL	后衣长 BL	半胸围 B'	半腰围 W'	领宽 NW	半下摆 OP
160/84	36	25	38	35	20	40

3. 结构制图（图5-24）

4. 制图步骤

（1）前片。

①作基础线为上平线。

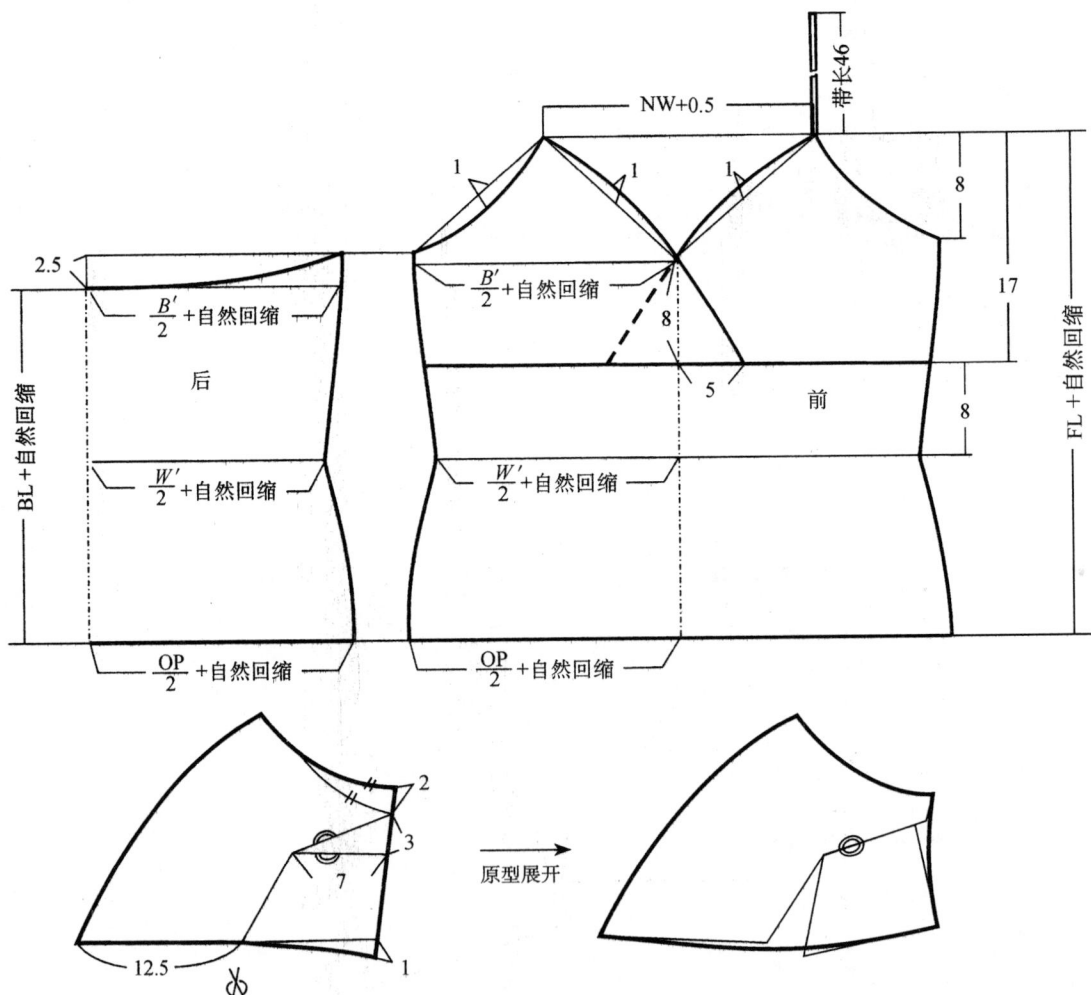

图5-24　结构制图

②衣长：36cm（1+自然回缩率）。

③领口宽：1/2领口宽（20cm）+0.5cm＝10.5cm。

④袖窿深：8cm。

⑤领口深：9cm。

⑥胸围：［1/2胸围（38cm）］［1+自然回缩率］，款式是用弹力面料，因此，横向要加自然回缩。

⑦分割线：从上平线向下量17cm，前胸是两片互叠组合，重叠是10cm。

⑧腰节长：从分割线往下量8cm。

⑨腰围：［1/2腰围（35cm）］［1+自然回缩率］。

⑩下摆：［1/2下摆（40cm）］［1+自然回缩率］。

⑪吊带：吊带是单针织绲条，长46cm×2条，宽1cm。

⑫省转换褶：在分割片的侧缝增加省道3cm，转换成褶，如果量不够可以在前胸弧边再增加所需要的量。

（2）后片。

①延长胸围线、腰围线、下平线。

②后衣长：25cm（1+自然回缩率）。

③胸围：［1/2胸围（38cm）］［1+自然回缩率］。

④腰围：［1/2腰围（35cm）］［1+自然回缩率］。

⑤下摆：［1/2下摆（40cm）］［1+自然回缩率］。

四、分割时尚背心

1. **款式图**（图5-25）

2. **成品规格**（表5-6）

表5-6 成品规格表　　　　　　　　　单位：cm

尺寸 号型	衣长 （肩领点下量） L	半胸围 B'	肩宽 S	半摆宽 OP	领宽 NW	前领深 FND	后领深 BND
160/84	70	44	34	49	22	16	5

3. **结构制图**（图5-26）

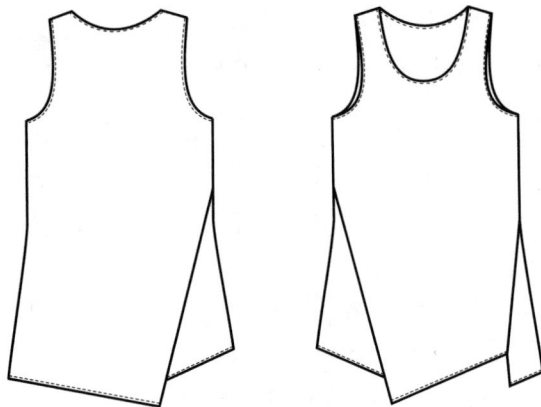

图5-25　款式图

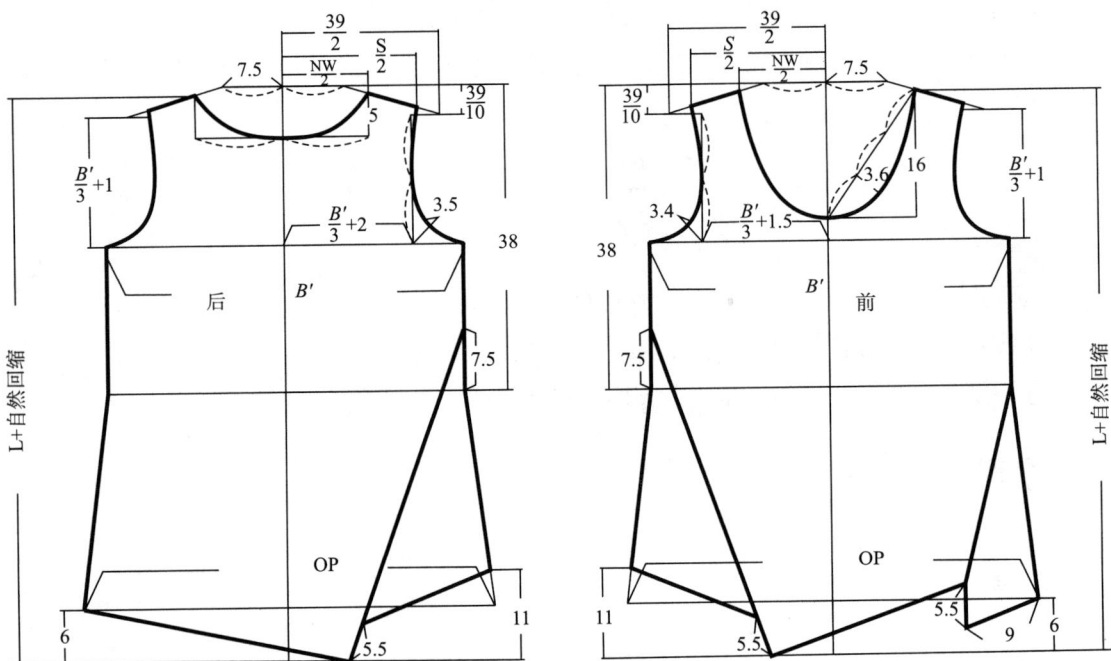

图5-26　结构制图

五、半胸短装衫

1. 款式图（图5-27）

2. 成品规格（表5-7）

表5-7　成品规格表　　　　　　　　　　　　　　　单位：cm

部位 尺寸 号型	前衣长 FL	后衣长 BL	半上胸围(松量) UB′	半中胸围(松量) MB′	半摆宽 OP
165/88	53	49.5	38	37	60

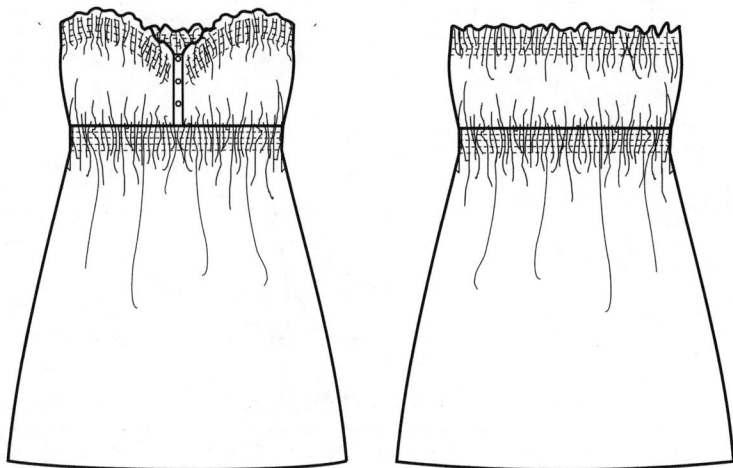

图5-27　款式图

3. 结构制图（图5-28）

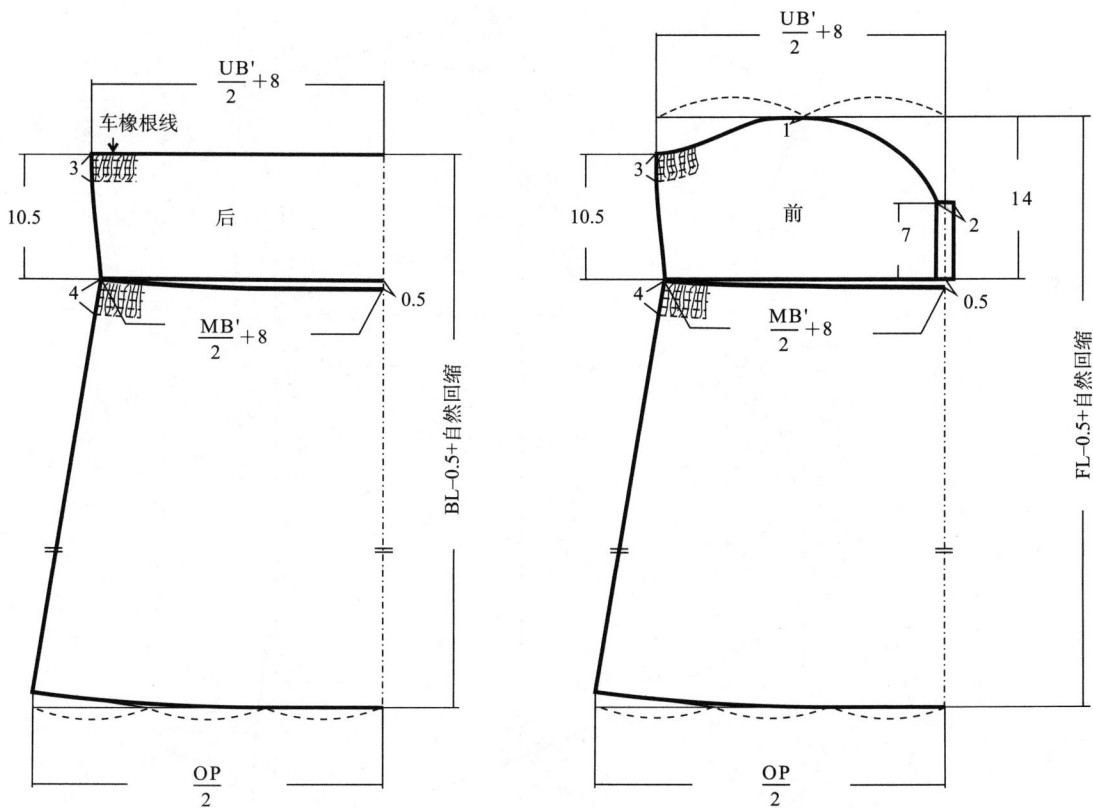

图5-28　结构制图

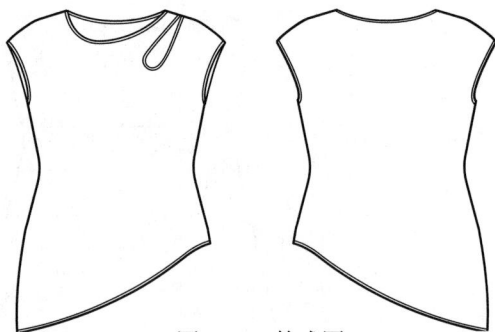

图5-29 款式图

六、翼袖拉领衫

1. 款式图（图5-29）
2. 成品规格（表5-8）

表5-8 成品规格表   单位：cm

尺寸 部位 号型	衣长 L	半胸围 B'	连肩袖长 S	领宽 NW	前领深 FND	半腰围 W'	半摆宽 OP	袖口宽 CO
160/84	72	45	52	23	8	41	50	18

3. 结构制图（图5-30）

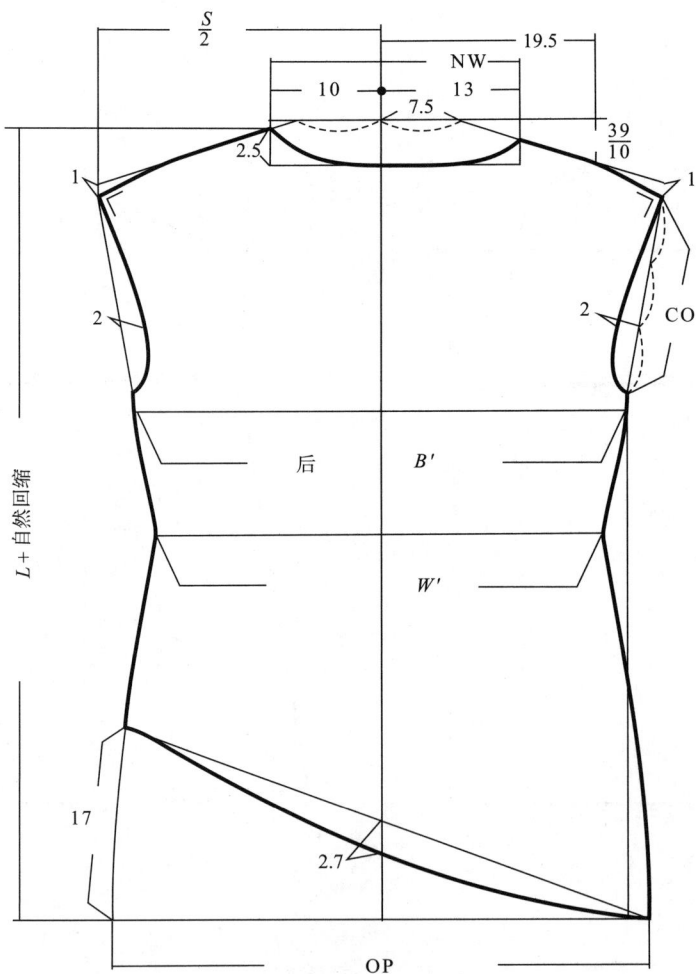

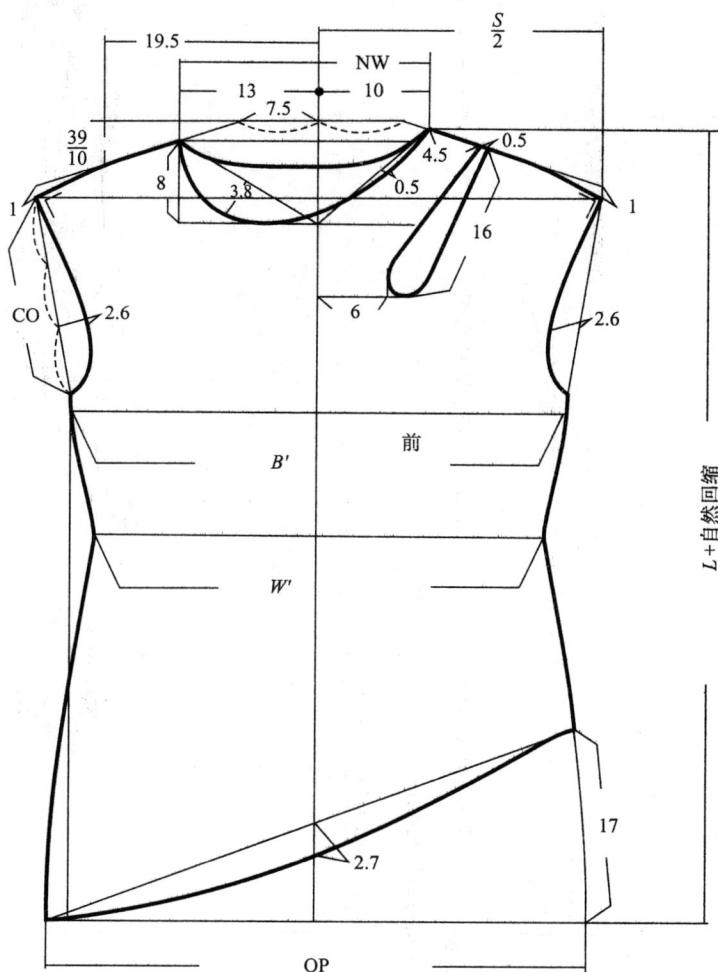

图5-30 结构制图

图5-31 款式图

七、V领半襟翼袖衫

1. 款式图（图5-31）
2. 成品规格（表5-9）

表5-9 成品规格表 单位：cm

部位 尺寸 号型	衣长 L	半胸围 B′	领口宽 NW	前领深 FND	连肩袖长 SL	袖口宽 CO
155/80	54	43	19	17	19	19

注 此款为针织基本原型纸样应用。

3. 结构制图（图5-32）

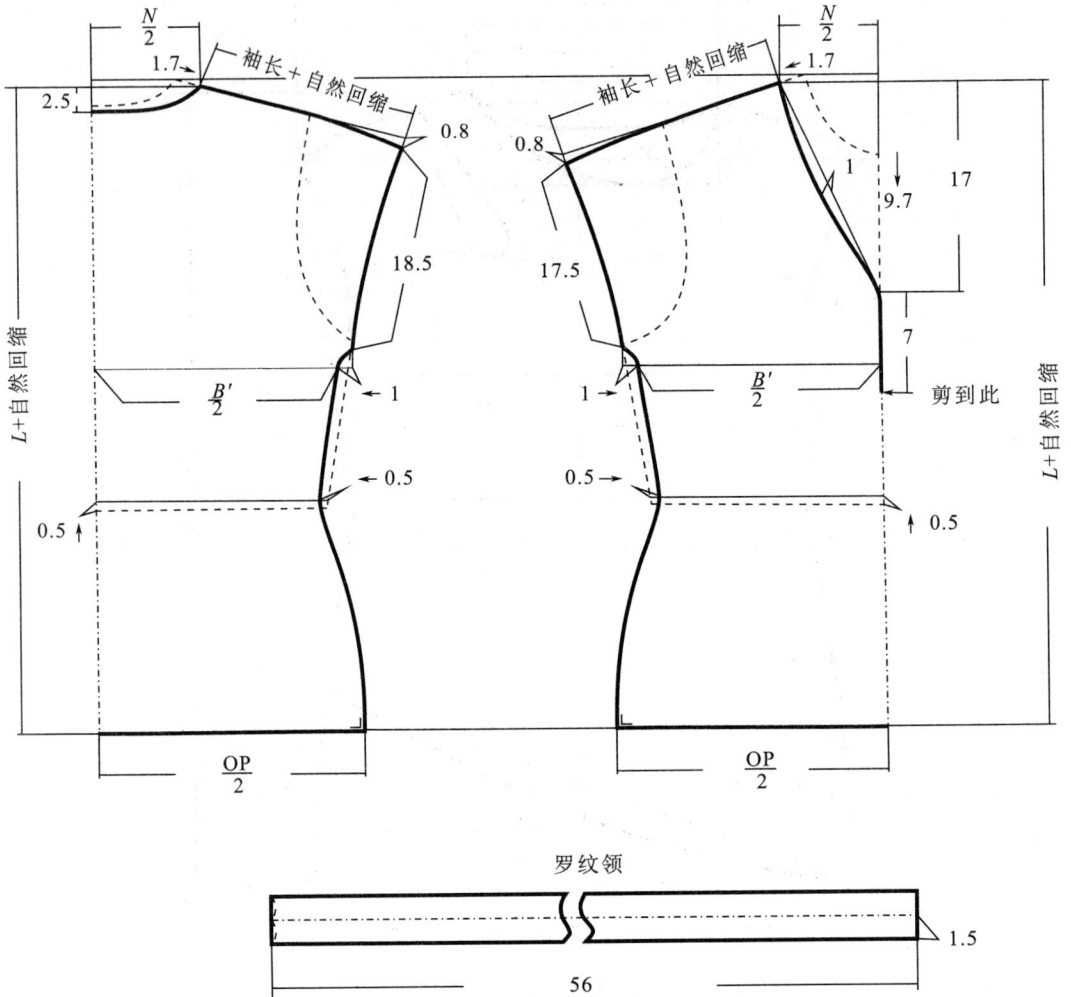

图5-32 结构制图

4. 制图步骤

（1）前片。

①以针织女装原型前片为基础。

②领口宽：成品规格是19cm，1/2领口宽（19cm）=9.5cm，原型领是6.8cm，9.5cm-6.8cm=1.7cm，因此，领口开宽1.7cm。

③领口深：成品规格是17cm，原型领口深是7.3cm，17cm-7.3cm=9.7cm，因此，领口下降9.7cm。

④衣长：54cm（1+自然回缩率）。

⑤胸围：成品规格是43cm，1/2胸围（43cm）=21.5cm，原型胸围是22.5cm，21.5cm-22.5cm=-1cm，因此，胸围向里移入1cm。

⑥连肩袖长：19cm+自然回缩率，将原型肩线延长，从领口点向左丈量。

⑦袖口：袖口宽（18cm）-0.5cm=17.5cm，在袖长辅助线向下量0.8cm，然后再丈量袖口宽。注意袖口要比胸围突出1cm，以便在缝制时容易区别袖口的宽度。

⑧腰节线：由于此衫较短而且胸围贴体，因此将腰节线上升0.5cm。

⑨腰围：成品规格是40cm，1/2腰围（40cm）=20cm，原型腰围是20.5cm，20cm-20.5cm=-0.5cm，因此，腰围向里移入0.5cm。

⑩下摆：1/2下摆（46cm）=23cm。

⑪襟筒：长10cm，虽然襟筒长10cm，但是剪口不宜过长。

（2）后片。

①以针织女装原型后片为基础。

②领口宽：成品规格是19cm，1/2领宽（19cm）=9.5cm，原型领是6.8cm，9.5cm-6.8cm=1.7cm，因此，领口开宽1.7cm。

③后领口深：2.5cm。

④衣长：54cm（1+自然回缩率）。

⑤胸围：成品规格是43cm，1/2胸围（43cm）=21.5cm，原型胸围是22.5cm，21.5cm-22.5cm=-1cm，因此，胸围向里移入1cm。

⑥连肩袖长：19cm+自然回缩率，将原型肩线延长，从领口点向左丈量。

⑦袖口：袖口宽（18cm）+0.5cm=18.5cm，在袖长辅助线向下量0.8cm，然后再丈量袖口宽。注意袖口要比胸围突出1cm，以便在缝制时容易区别袖口的宽度。

⑧腰节线：由于此衫较短而且胸围贴体，因此将腰节线上升0.5cm。

⑨腰围：成品规格是40cm，1/2腰围（40cm）=20cm，原型腰围是20.5cm，20cm-20.5cm=-0.5cm，因此，腰围向里移入0.5cm。

⑩下摆：1/2下摆（46cm）=23cm。

⑪罗纹领：长57cm，襟筒不设纽门，直接钉纽。

八、绲领袖女衫

1. 款式图（图5-33）

2. 成品规格（表5-10）

表5-10　成品规格表　　　　单位：cm

尺寸号型＼部位	衣长(肩领点下量)L	半胸围B'	肩宽S	下摆围OP	领宽NW	前领深FND	袖长SL
160/84	60	42	37	46	20	8	6

图5-33　款式图

3. 结构制图（图5-34）

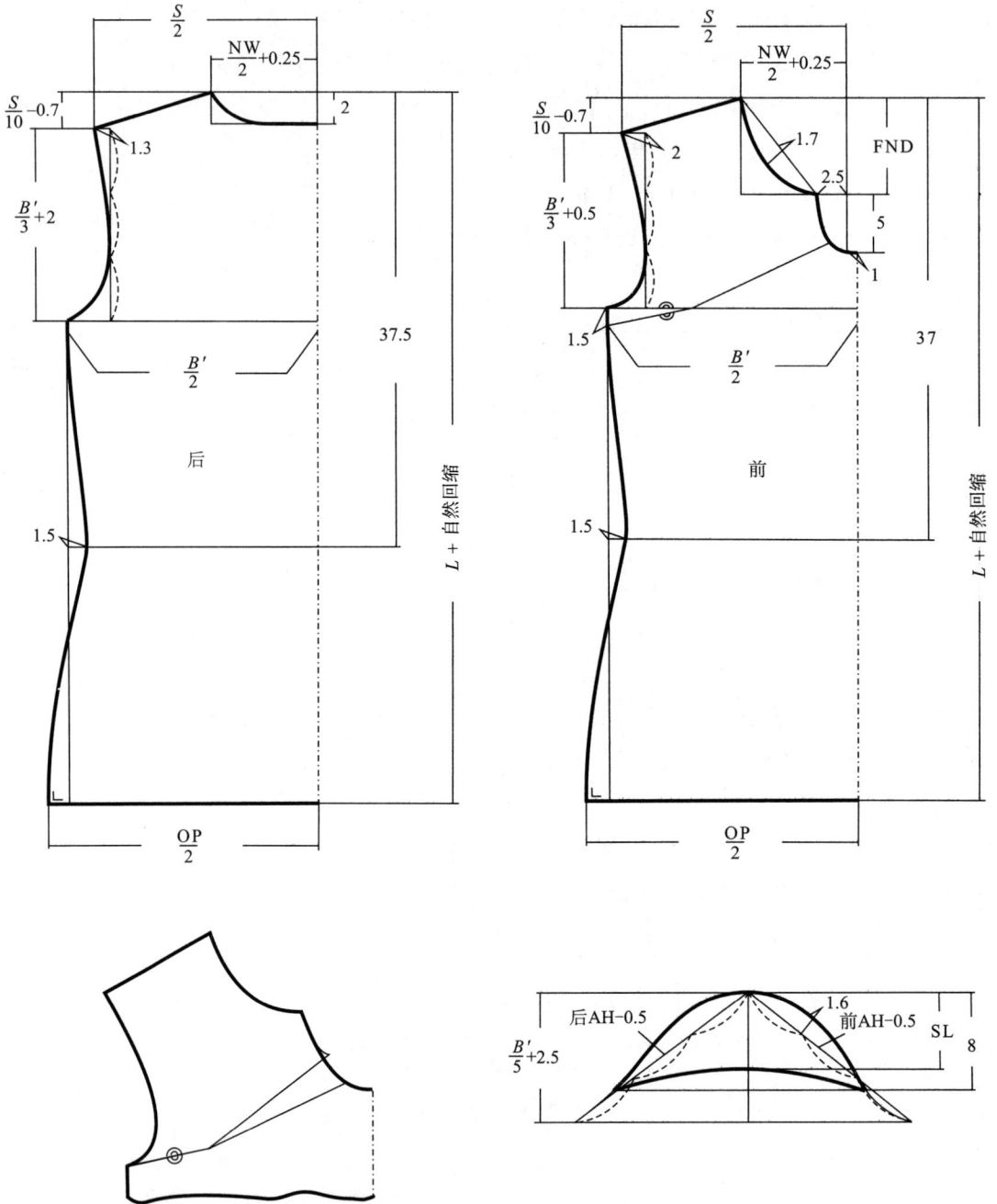

图5-34　结构制图

九、圆领翼袖衫

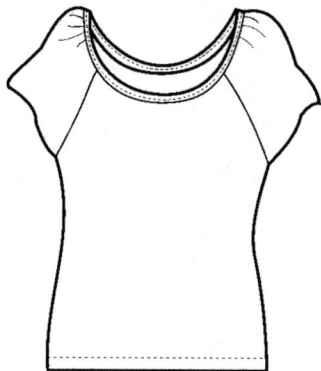

图5-35　款式图

1. 款式图（图5-35）
2. 成品规格（表5-11）
3. 结构制图（图5-36）

表5-11　成品规格表　　　　单位：cm

尺寸 号型 ╲ 部位	衣长 L	半胸围 B'	半腰围 W'	领口宽 NW	前领深 FND	袖长 SL	袖口宽 CO	后领深 BND	袖窿 AH	下摆 OP
160/84	54	42	38	23	12	17.5	16	8	20.5	44

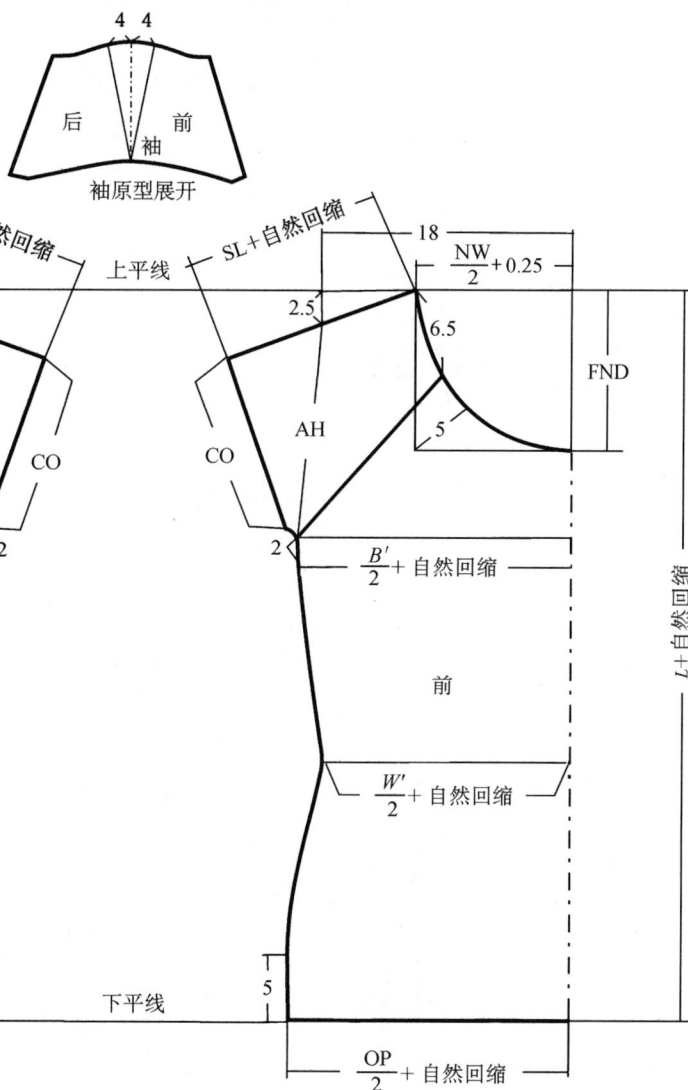

图5-36　结构制图

十、V领半袖衫

1. 款式图（图5-37）

2. 成品规格（表5-12）

3. 结构制图（图5-38）

图5-37 款式图

表5-12 成品规格表　　单位：cm

部位 尺寸 号型	衣长 L	半胸围 B'	肩宽 S	领口宽 NW	前领深 FNW	半腰围 W'	半下摆 OP	袖长 SL	袖口宽 CO
160/84	53	41	36	22	6	38	44	8	9.5

注　本款采用弹力面料。

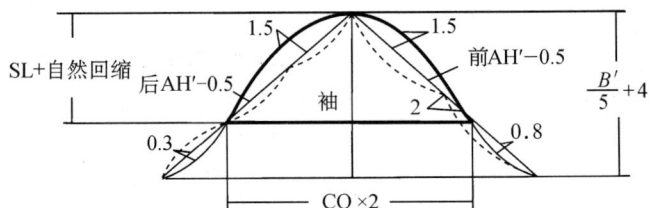

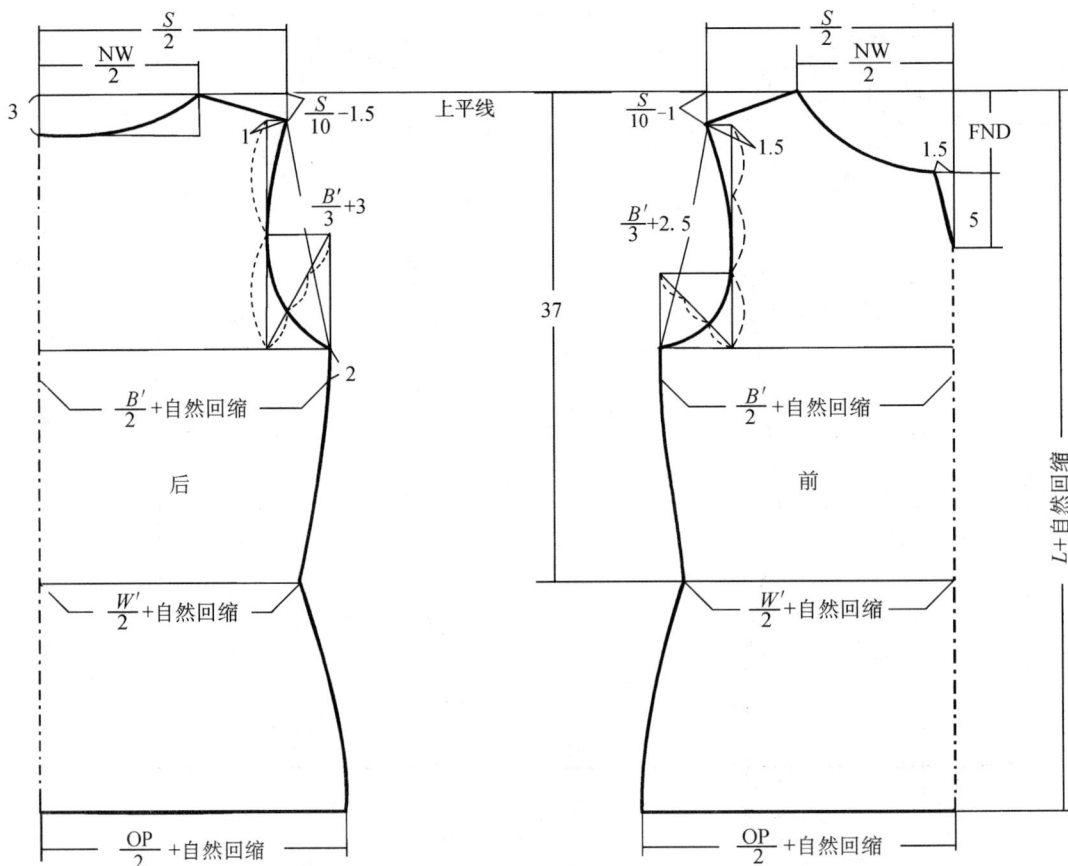

图5-38 结构制图

图5-39　款式图

十一、宽松短装衫

1. 款式图（图5-39）
2. 成品规格（表5-13）
3. 结构制图（图5-40）

表5-13　成品规格表　　　　　　　　　　　　　　　　单位：cm

部位 尺寸 号型	前衣长 （肩领点下量） FL	后衣长 （领中下量） BL	半胸围 B'	肩宽 S	半下摆 OP	领宽 NW	前领深 FND	后领深 BND	袖窿宽 AH	袖长 SL	袖口宽 CO
155/80	48	48	60	53	63	28	13.5	10.5	24	11	21

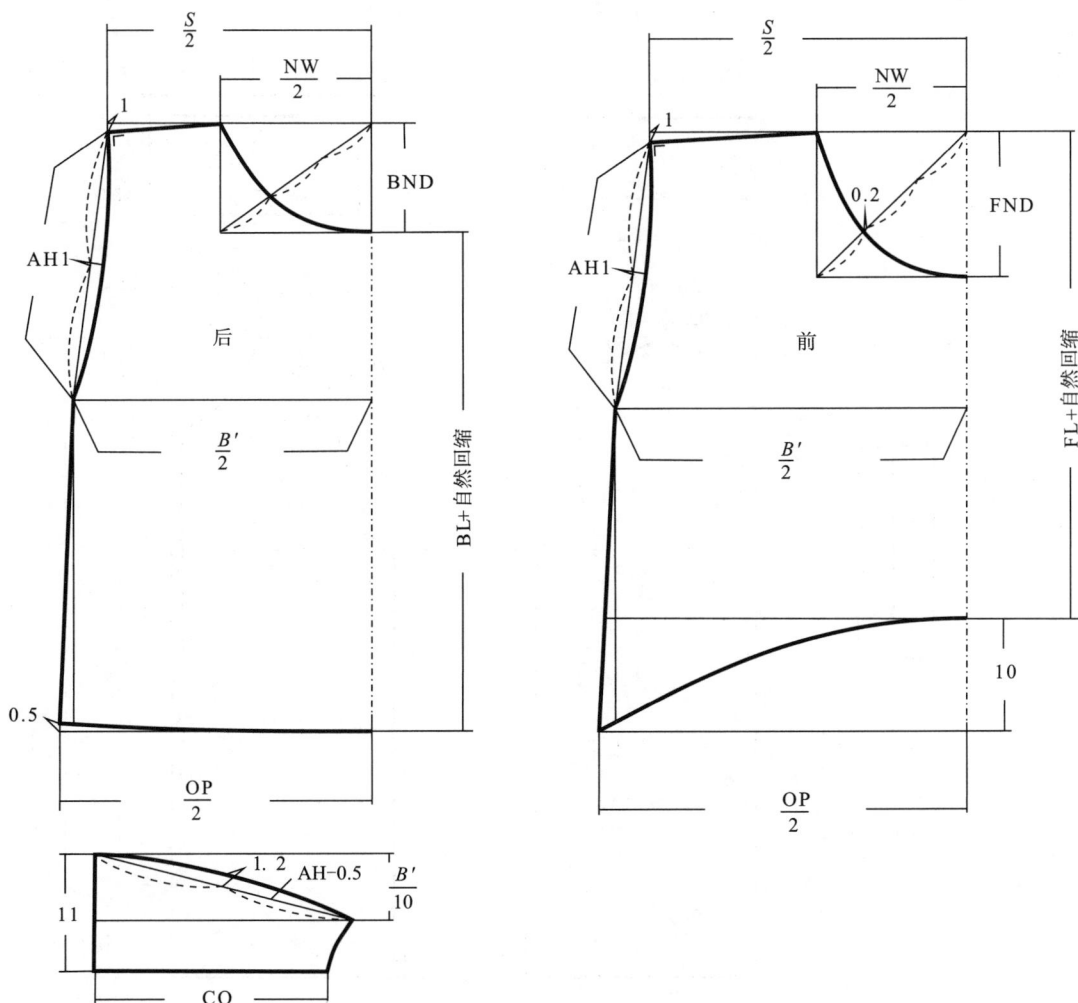

图5-40　结构制图

十二、横机领半襟中袖衫

1. **款式图**（图5-41）

2. **成品规格**（表5-14）

图5-41 款式图

表5-14 成品规格表　　　　　　单位：cm

部位 尺寸 号型	衣长 L	半胸围 B′	肩宽 S	领长 CL	袖长 SL	袖口宽 CO
160/84	62	43.5	36	42	38	10.5

3. **结构制图**（图5-42）

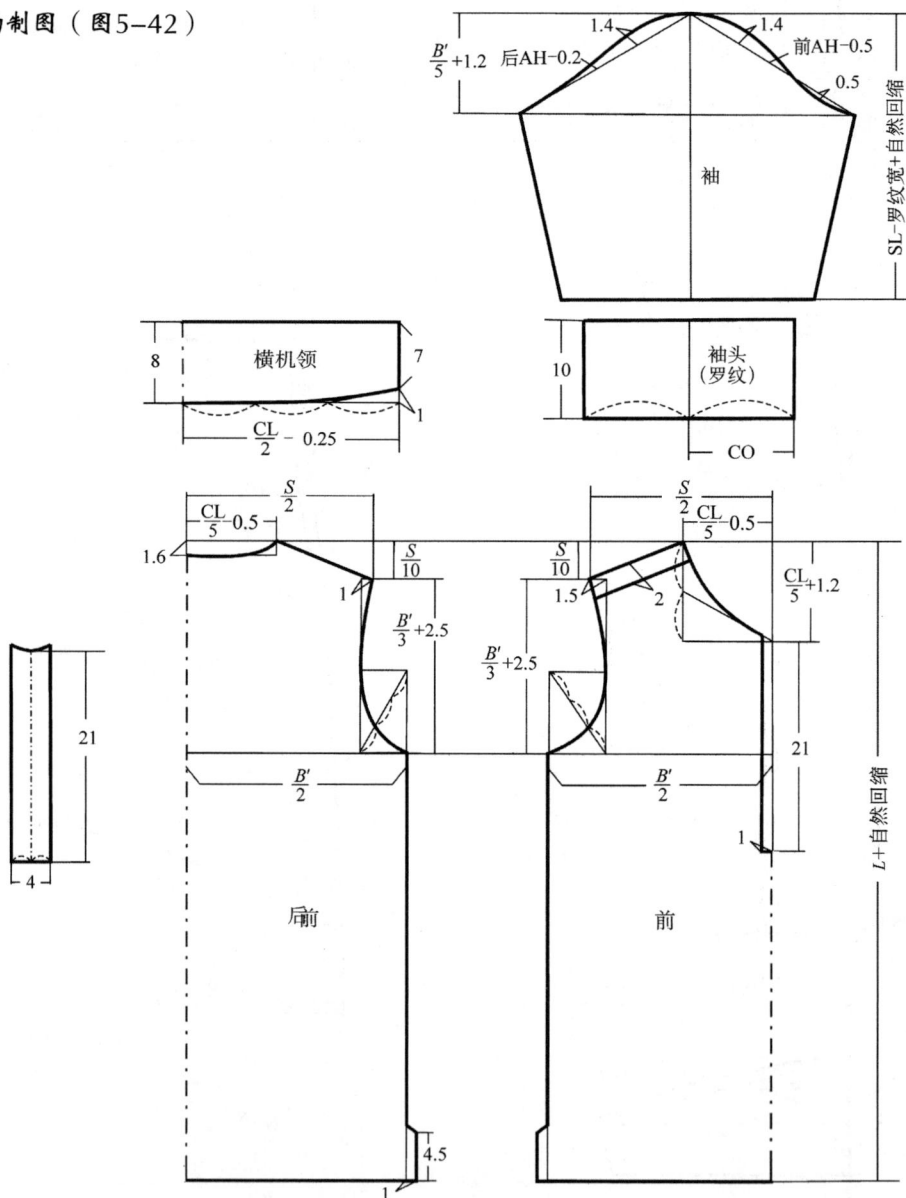

图5-42 结构制图

十三、开衩船领衫

1. 款式图（图5-43）
2. 成品规格（表5-15）
3. 结构制图（图5-44）

表5-15 成品规格表 　　　　　单位：cm

尺寸 号型　　部位	衣长 L	半胸围 B'	肩宽 S	领口宽 NW	前领深 FND	袖长 SL	袖口宽 CO
160 / 84	54	42	37	18	4.5	56	9.5

图5-43 款式图

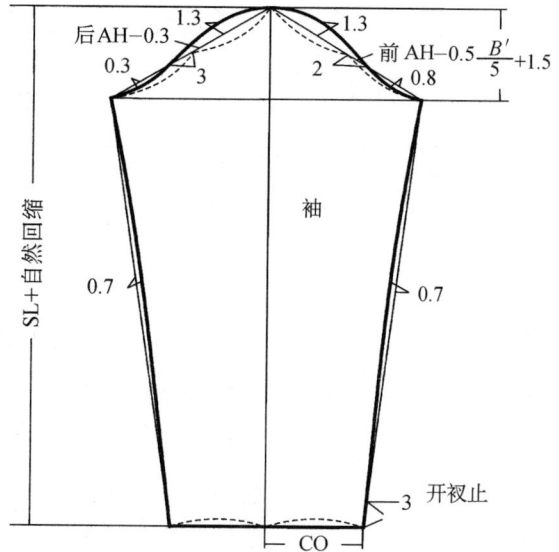

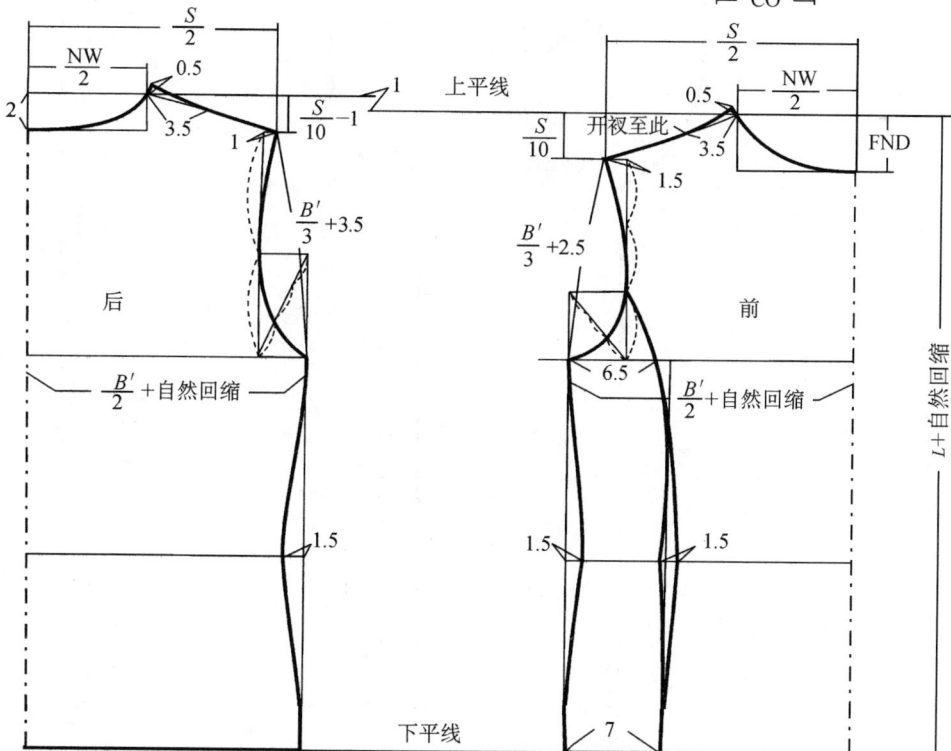

图5-44 结构制图

十四、翻领抽褶衫

1. 款式图（图5-45）
2. 成品规格（表5-16）
3. 结构制图（图5-46）

表5-16　成品规格表　　　　单位：cm

尺寸 号型	部位	衣长 L	半胸围 B'	肩宽 S	领长 CL	袖长 SL	袖口宽 CO
160 / 84		58	45	37	37.5	40	12.5

图5-45　款式图

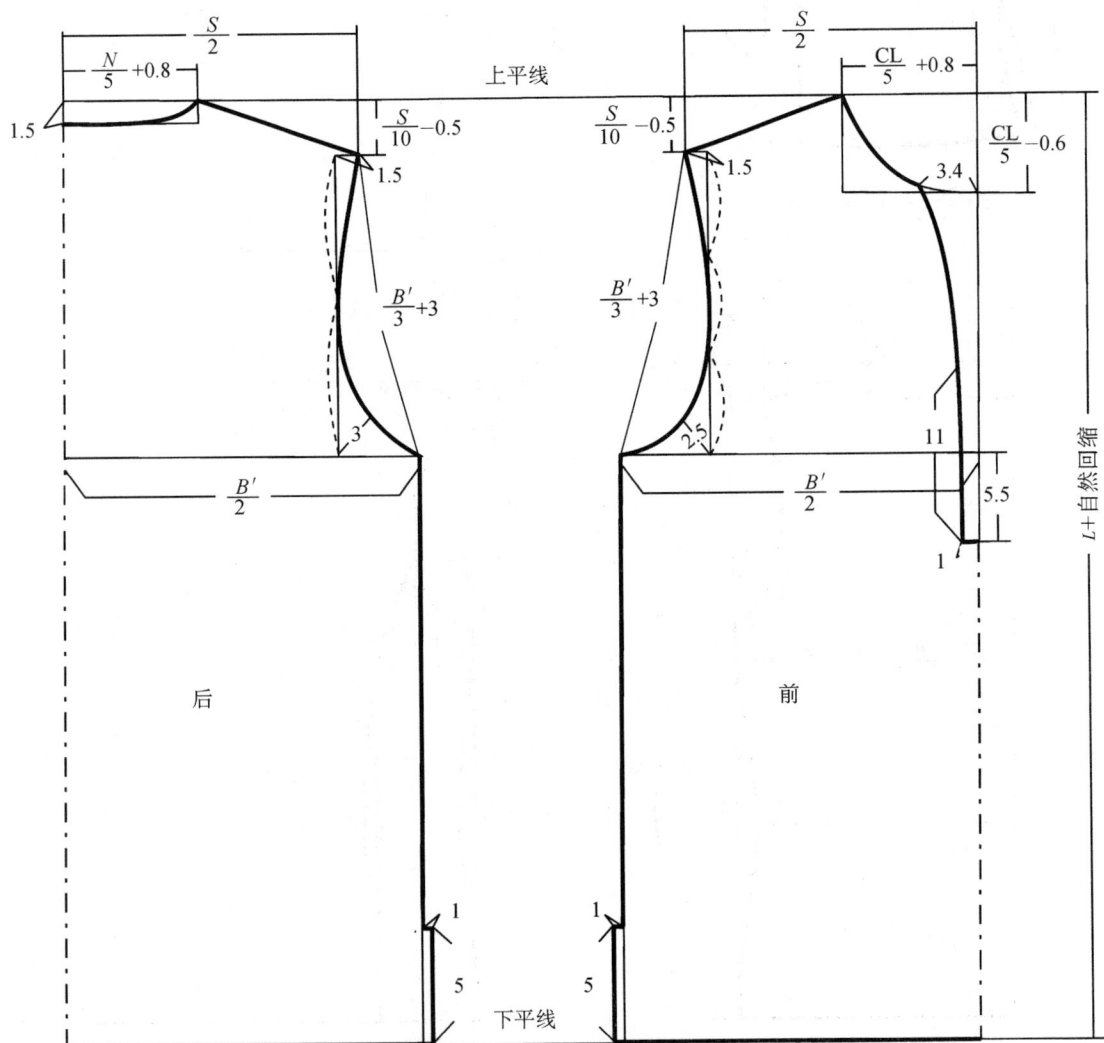

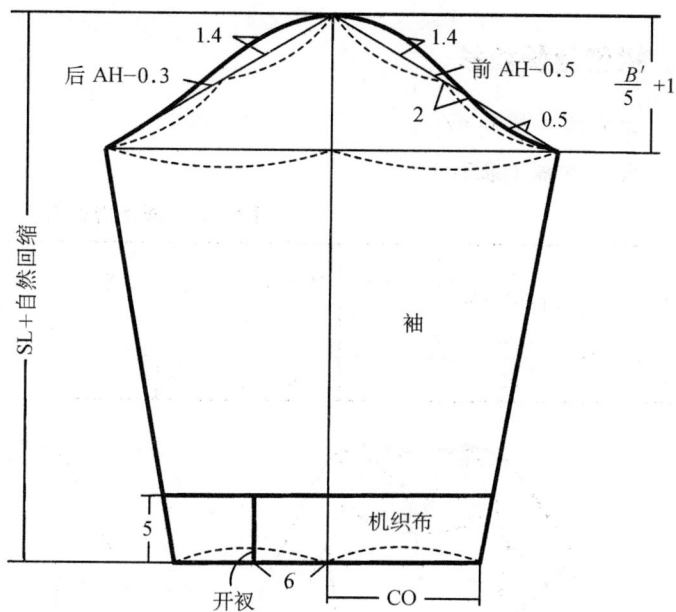

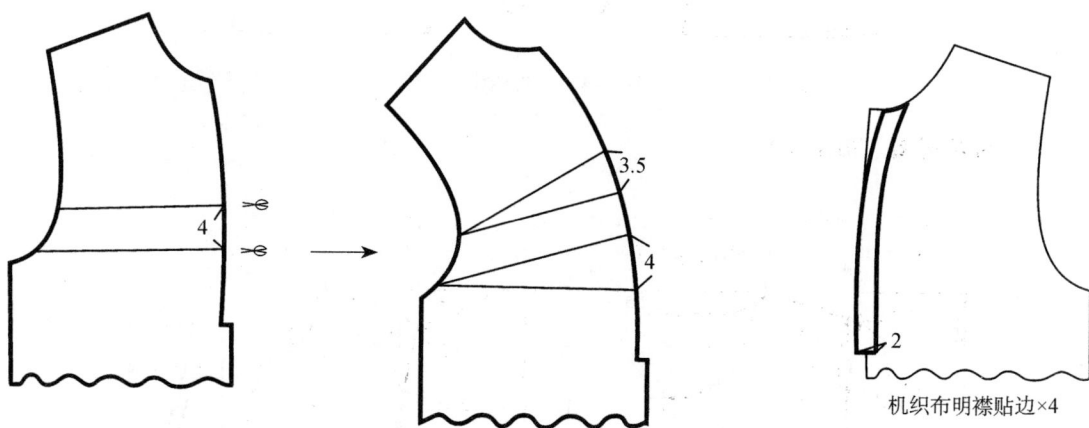

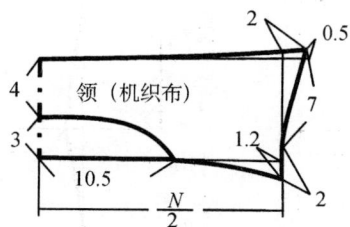

图5-46　结构制图

十五、拼蕾丝长袖衫

1. **款式图**（图5-47）

2. **成品规格**（表5-17）

表5-17　成品规格表　　　　　　　　单位：cm

尺寸 号型	部位	衣长 （肩领点下量） L	半胸围 B'	半腰围 W'	肩宽 S	半摆宽 OP	领口宽 NW	前领深 FND	袖长 SL	袖口宽 CO
160/84		62	45	42	38	48	20	8	55	11

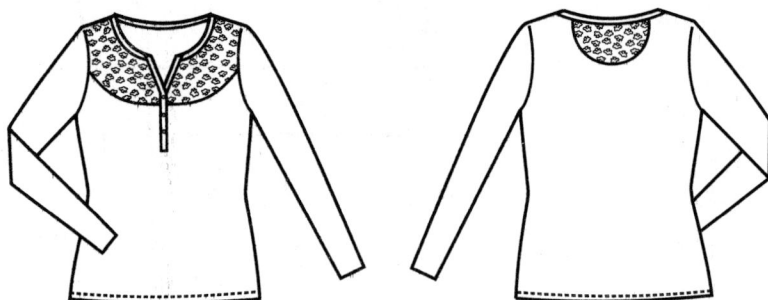

图5-47　款式图

3. **结构制图**（图5-48）

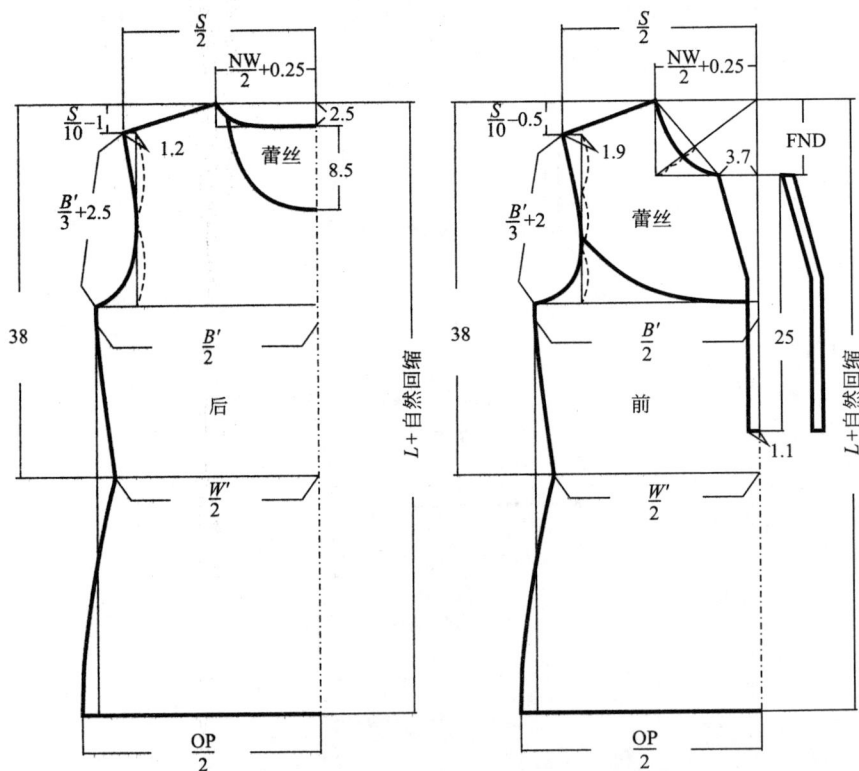

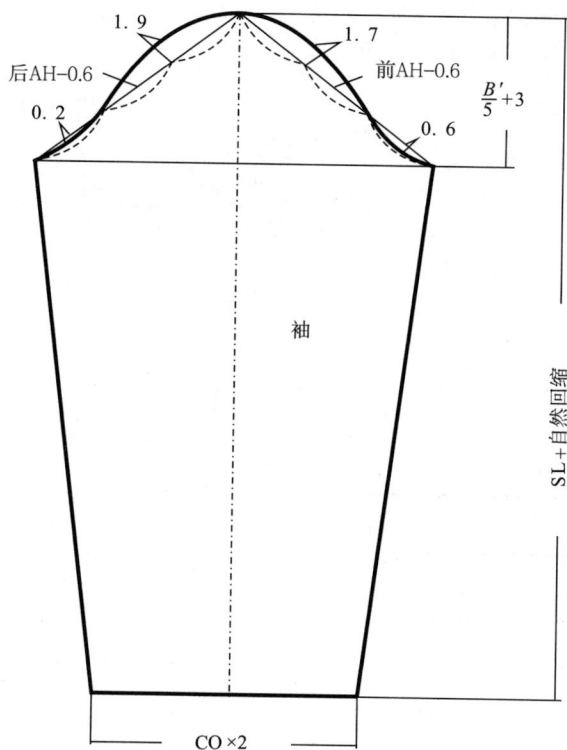

图5-48 结构制图

十六、翻领结绳长袖衫

1. 款式图（图5-49）

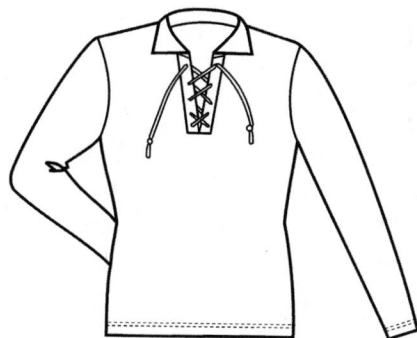

图5-49 款式图

2. 成品规格（表5-18）

表5-18 成品规格表

单位：cm

尺寸 号型	衣长 L	半胸围 B'	肩宽 S	领长 CL	袖长 SL	袖口宽 CO	半腰围 W'	下摆 OP
160/84	55	46	38	36	55	11	41	44

3. 结构制图（图5-50）

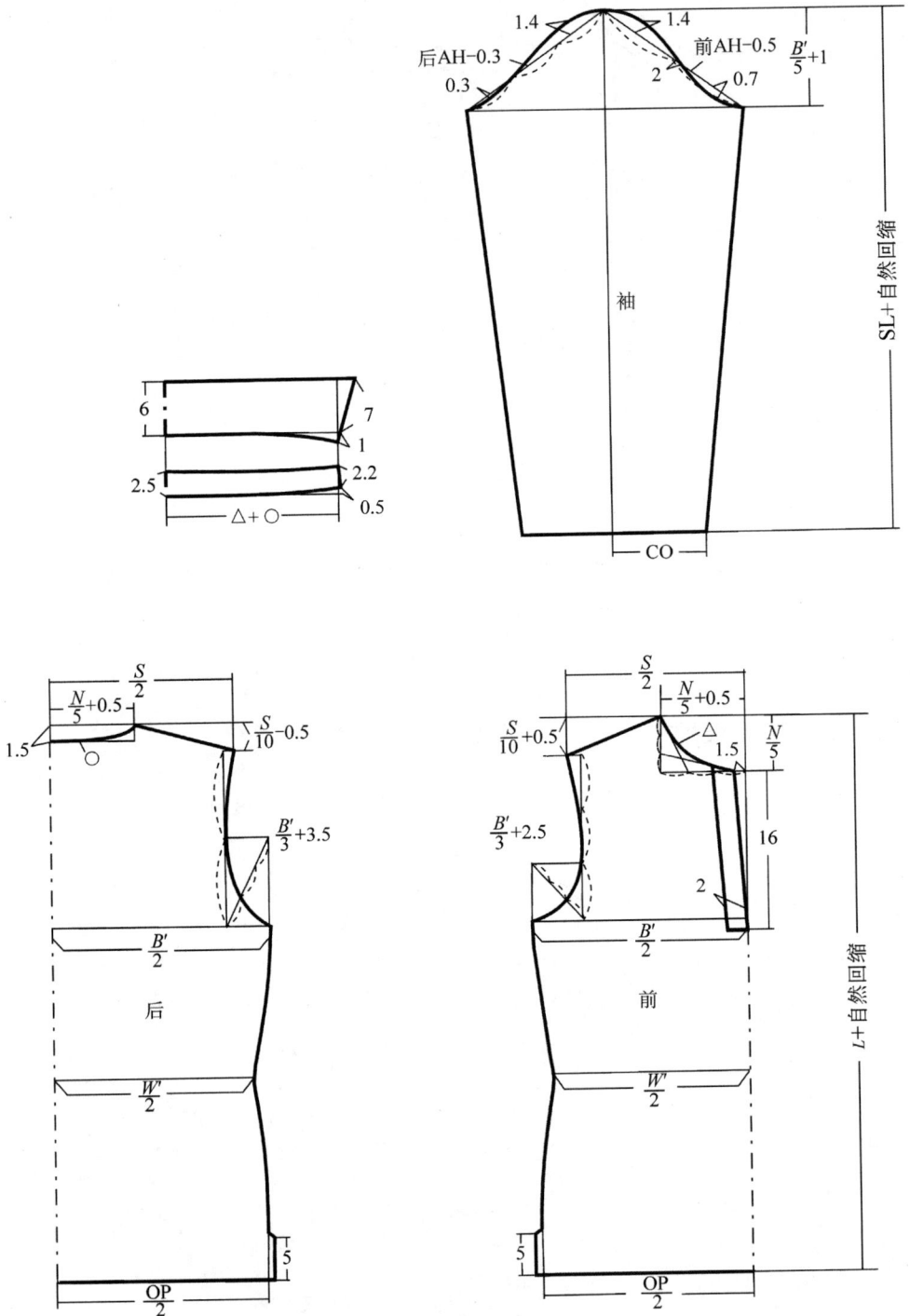

图5-50 结构制图

十七、风帽拉链休闲衫

1. **款式图**（图5-51）

2. **成品规格**（表5-19）

图5-51 款式图

表5-19 成品规格表　　　　　　　　　　　　　　　　　　　　单位：cm

尺寸 号型 ＼ 部位	衣长 L	半胸围 B'	肩宽 S	领口宽 NW	前领深 FND	袖长 SL	罗纹袖口 CO	帽长 HL	帽宽 HW
160/84	58	49	42	20	8.5	55	8	36	25

3. **结构制图**（图5-52）

4. **制图步骤**

（1）前片。

①作基础线为上平线。

②衣长：［58cm-下摆罗纹宽（5cm）］［1+自然回缩率］。

③领口宽：1/2领口宽（20cm）＝10cm。

④领口深：8.5cm。

⑤肩斜线：1/10肩（42cm）＝4.2cm。

⑥前肩宽：1/2肩（42cm）＝21cm。

⑦袖窿深：1/3胸围（49cm）+4cm＝20.3cm。

⑧前胸宽：在肩点进入2cm。

HW

4.5

HL + 自然回缩

0.6

4.5

○   △

后AH-0.3   1.4   1.4   前AH-0.5

2   0.7

$\frac{B'}{5}$

(SL－罗纹宽) + 自然回缩

1   CO + 2.5   1

$\frac{S}{2}$

$\frac{NW}{2}$

1.5   △

$\frac{S}{10}$ - 1

1.5

$\frac{B'}{3}$+5

$\frac{B'}{2}$

$\frac{S}{2}$

$\frac{NW}{2}$

$\frac{S}{10}$

2

○

FND

$\frac{B'}{3}$+4

$\frac{B'}{2}$

[L－罗纹宽] + 自然回缩

14   袋

8.5   口

8.5

在此装拉链

罗纹下摆

10

43

袖口罗纹

10

CO×2

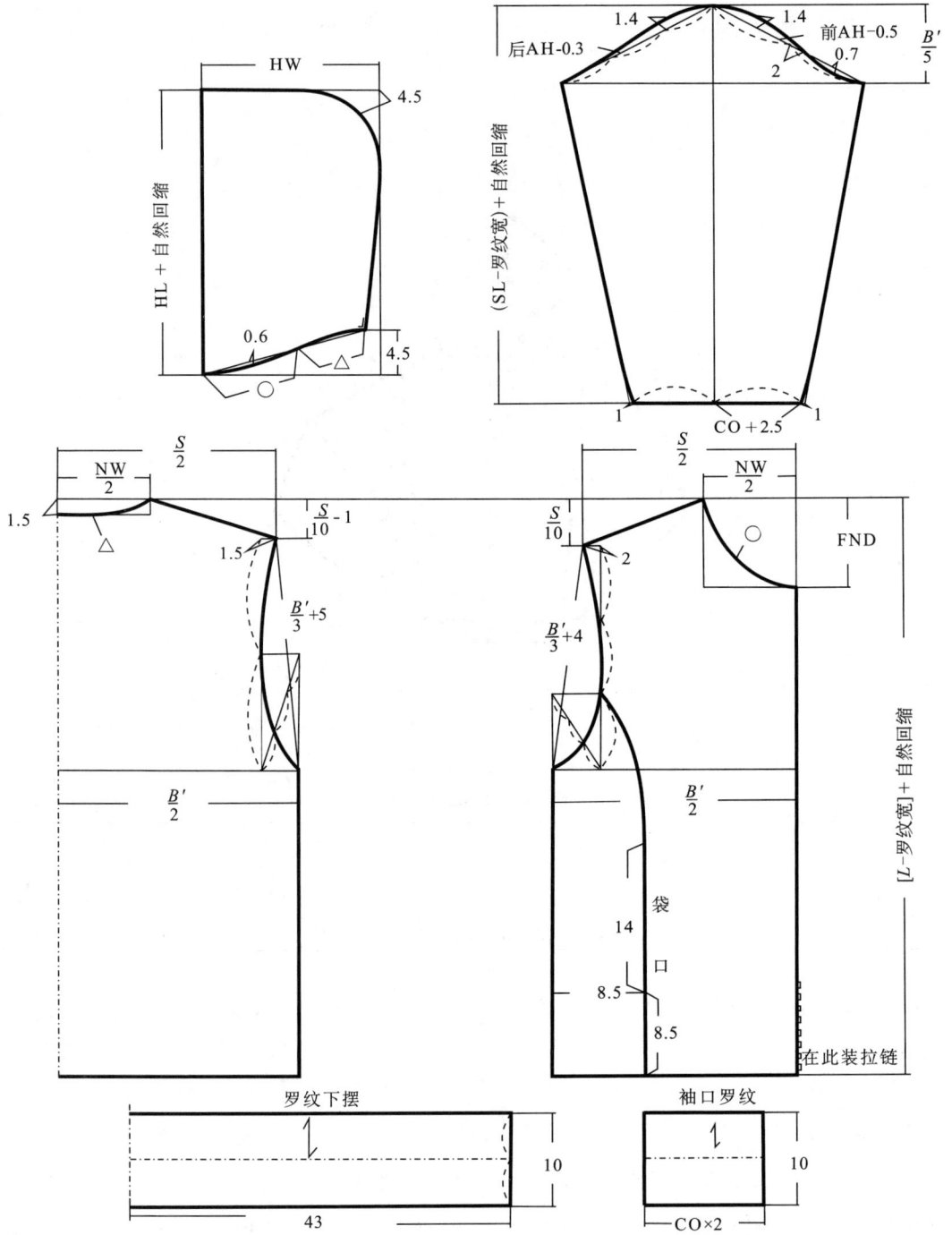

图5-52　结构制图

⑨胸围：1/2胸围（49cm）＝24.5cm。

⑩分割线：从侧缝线向右移8.5cm画腋下分割线。

（2）后片。

①延长前片的上平线、胸围线和下摆线。

②领口宽：1/2领口宽（20cm）＝10cm。

③领口深线：1.5cm。

④肩斜线：1/10肩（42cm）-1cm＝3.2cm。

⑤后肩宽：1/2肩（42cm）＝21cm。

⑥袖窿深：1/3胸围（49cm）+5cm＝21.3cm。

⑦后背宽：在肩点进入1.5cm。

⑧胸围：1/2胸围（49cm）＝24.5cm。

（3）袖片。

①袖长：［55cm-罗纹宽（5cm）］［1+自然回缩率］。

②袖山高：1/5胸围（44cm）＝8.8cm。

③前袖弧线：前AH弧线长-0.5cm。

④后袖弧线：后AH弧线长-0.3cm

（4）罗纹。

①袖口罗纹：长5cm×2层＝10cm，宽（8cm）×2层＝16cm。

②下摆罗纹：长5cm×2层＝10cm，1/2宽43cm。

（5）帽。

①帽长：［帽长（36cm）］［1+自然回缩率］。

②帽宽：25cm。

十八、泡泡袖拉链衫

1. 款式图（图5-53）

2. 成品规格（表5-20）

表5-20 成品规格表 单位：cm

部位 尺寸 号型	衣长 L	半胸围 B'	肩宽 S	领口宽 NW	前领深 FND	半腰围 W'	半下摆 （罗纹） OP	袖长 SL	袖口宽 （罗纹） CO	帽长 HL	帽宽 HW
160/84	62	48	37	20	8	45	42	57	9	37	23.5

3. **结构制图**（图5-54）

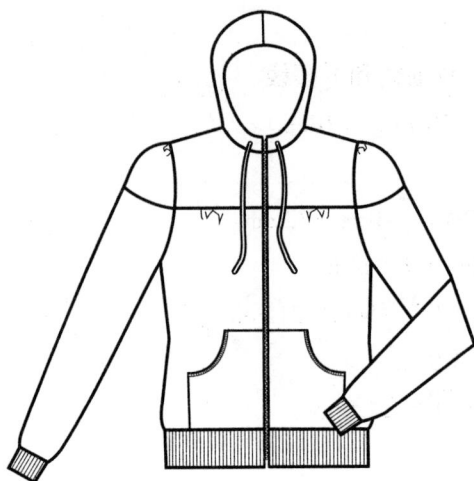

图5-53 款式图

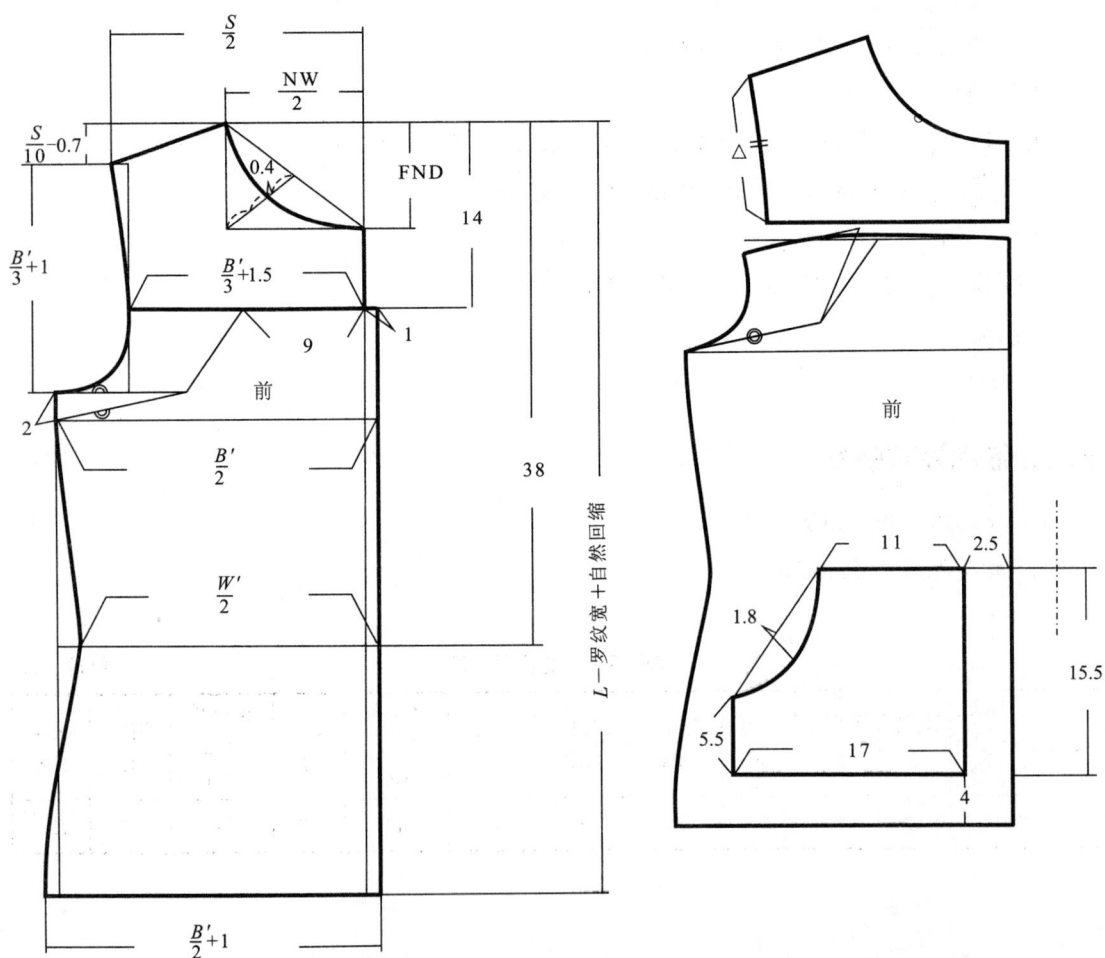

$\dfrac{S}{2}$

$\dfrac{NW}{2}$

$\dfrac{S}{10}-0.7$

2

☆

12

$\dfrac{B'}{3}+3$

◇=

$\dfrac{B'}{3}$

后

2

L−罗纹宽+自然回缩

$\dfrac{B'}{2}$

$\dfrac{W'}{2}$

1

$\dfrac{B'}{2}+0.5$

12.5

1.9

1.7

◇

△

后AH−0.7 前AH−0.6 ★

$\dfrac{B'}{5}+1.5$

袖

SL−罗纹宽+自然回缩

CO×2+4

4.5

★

HW

12

12

帽

HL

HL+自然回缩

1.8

4.5

1.5

0.5

☆

0.3

○

5

袖口罗纹

10

CO×2

下摆罗纹

10

OP

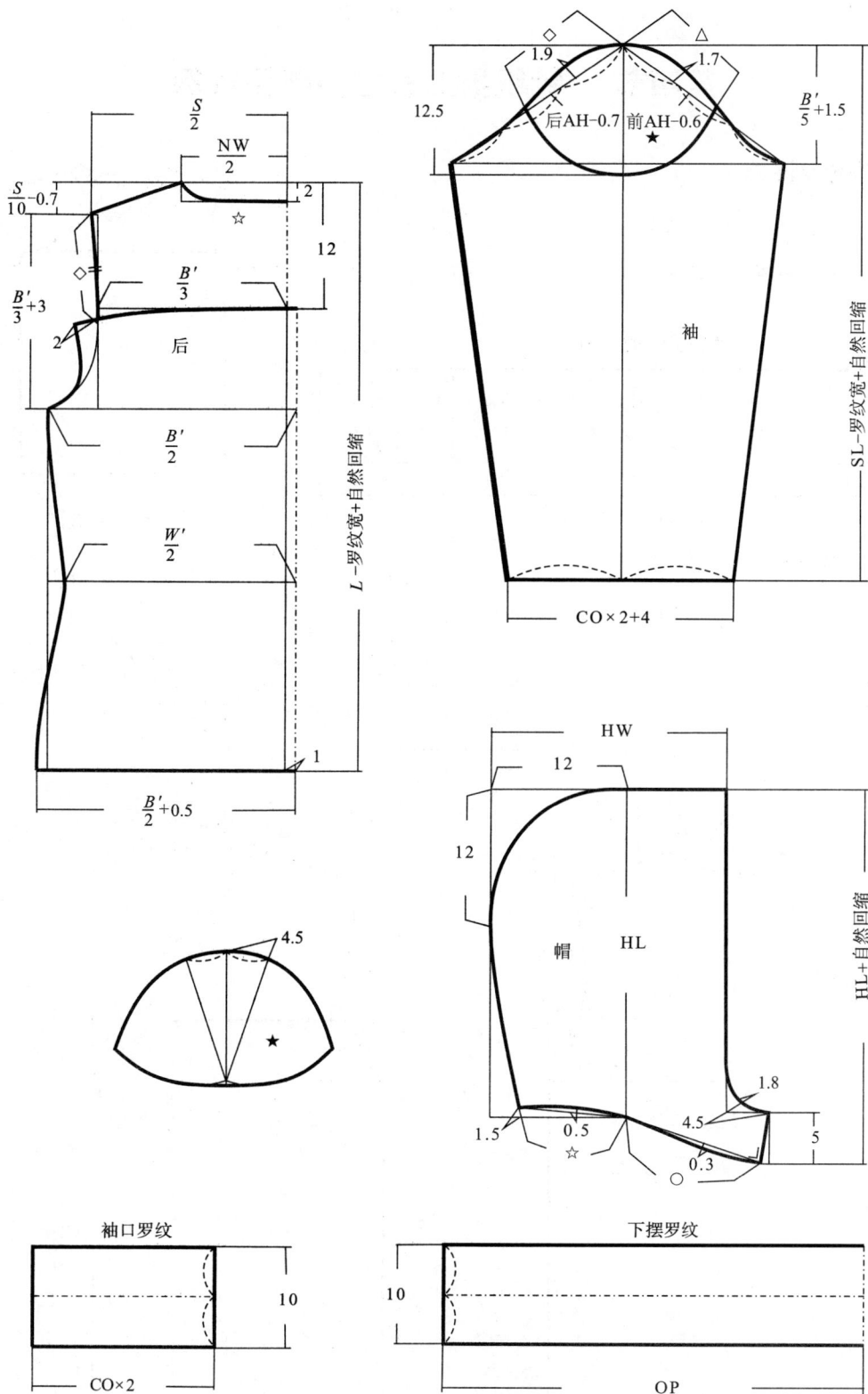

图5-54 结构制图

第四节　针织男上衣结构制图实例

一、拼色V领衫

1. 款式图（图5-55）

2. 成品规格（表5-21）

表5-21　成品规格表　　　单位：cm

尺寸 号型 　　部位	衣长 L	半胸围 B'	肩宽 S	领口宽 NW	前领深 FND	袖长 SL	袖口宽 CO
170/88	68	50	44	19	9	20	18

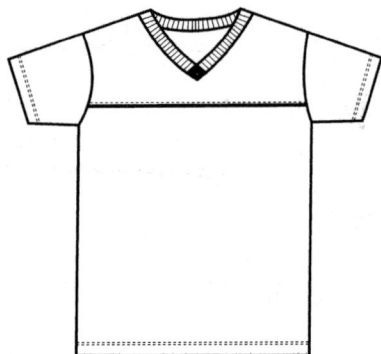

图5-55　款式图

3. 结构制图（图5-56）

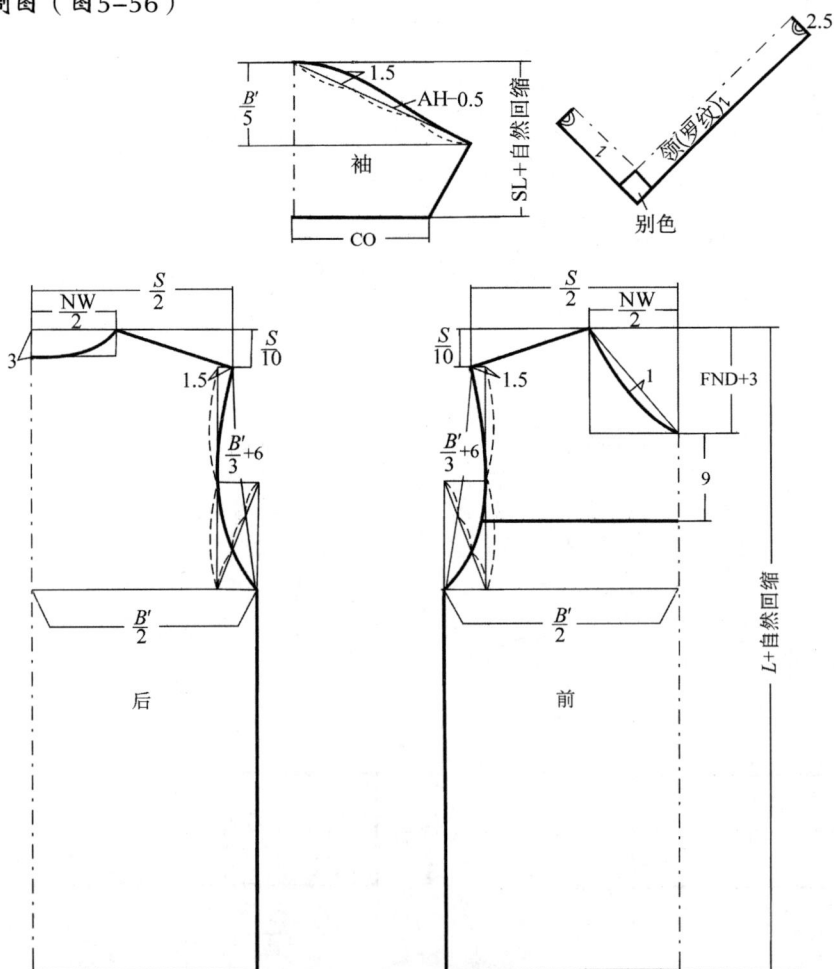

图5-56　结构制图

二、罗纹绲边领插肩短袖衫

1. 款式图（图5-57）

2. 成品规格（表5-22）

图5-57　款式图

表5-22　成品规格表　　　　　　　单位：cm

部位 尺寸 号型	衣长 L	半胸围 B'	领口宽 NW	前领深 FND	袖长 SL	袖口宽 CO
170/88	66	49	19	8	43	16

3. 结构制图（图5-58）

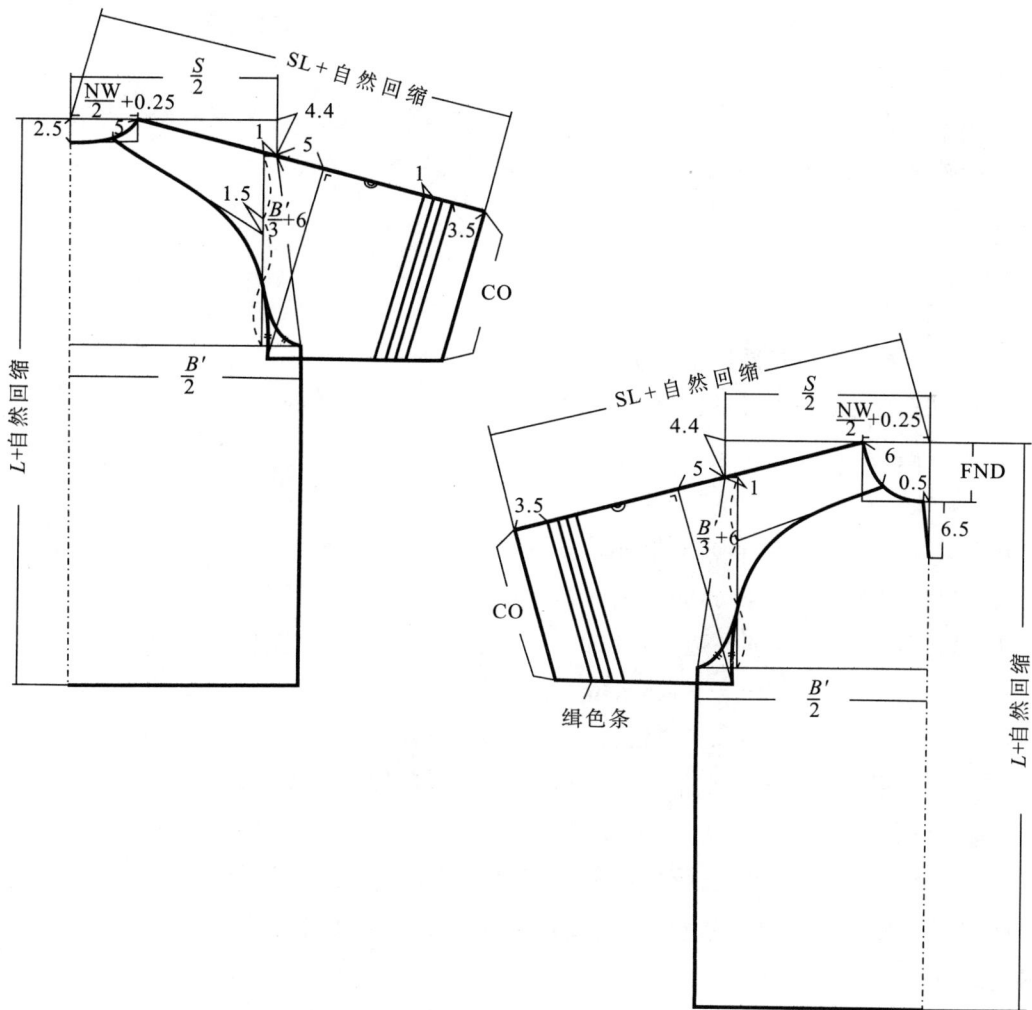

图5-58　结构制图

4. 制图步骤

（1）前片。

①作基础线为上平线。

②衣长：66cm（1+自然回缩率）。

③领口宽：1/2领口宽（19cm）+绲边缝隙（0.25cm）=9.75cm。

④领口深：8cm。

⑤肩斜线：1/10肩（44cm）=4.4cm。

⑥前肩宽：1/2肩（44cm）=22cm。

⑦袖窿深：1/3胸围（49cm）+6cm=22.3cm。

⑧前胸宽：在肩宽点向右边收入1cm。

⑨胸围：1/2胸围（49cm）=24.5cm。

⑩下摆：1/2胸围（49cm）=24.5cm，与胸围宽相同。

⑪袖长：43cm（1+自然回缩率），延长肩线，从前领口中线处丈量。

⑫袖山深：5cm。

⑬袖窿弧线：在领口取6cm作一点，然后将前胸宽辅助线划分为三等份，经其三分之一，连接领口点，绘画袖窿弧线和袖山弧线，两条弧线要一致长。

⑭袖口宽：16cm。

（2）后片。

①作基础线为上平线。

②衣长：66cm（1+自然回缩率）。

③领口宽：1/2领口宽（19cm）+绲边缝隙（0.25cm）=9.75cm。

④领口深：2.5cm。

⑤肩斜线：1/10肩（44cm）=4.4cm。

⑥后肩宽：1/2肩（44cm）=22cm。

⑦袖窿深：1/3胸围（49cm）+6cm=22.3cm。

⑧后背宽：在肩宽点向左边收入1cm。

⑨胸围：1/2胸围（49cm）=24.5cm。

⑩下摆：1/2胸围（49cm）=24.5cm，与胸围宽相同。

⑪袖长：43cm（1+自然回缩率），延长肩线，从后领口中线处丈量。

⑫袖山深：5cm。

⑬袖窿弧线：在领口取5cm作一点，然后将后背宽辅助线划分为三等分，经其三分之一，连接领口点，绘画袖窿弧线和袖山弧线，两条弧线要一致长。

⑭袖口宽：16cm。

⑮绲色条：前后袖片中缝合并，距离袖口3.5cm绲色条，色条宽1cm。

三、横机领暗襟短袖T恤

1. 款式图（图5-59）
2. 成品规格（表5-23）

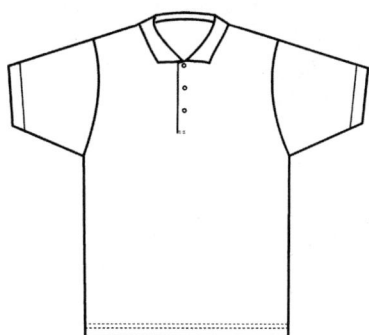

表5-23 成品规格表 单位：cm

尺寸 号型	衣长 L	半胸围 B'	肩宽 S	领长 CL	袖长 SL	袖口宽 CO
170/88	70	50	44	40	23	18

图5-59 款式图

3. 结构制图（图5-60）

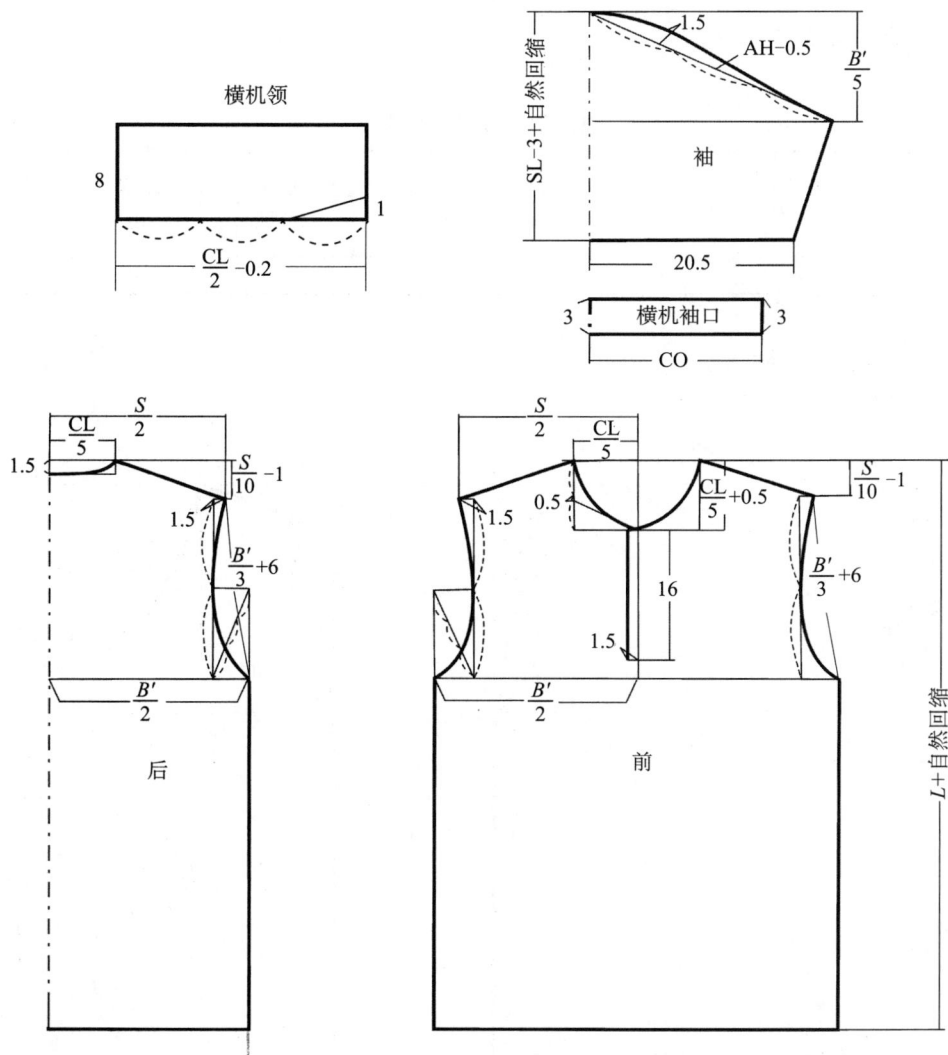

横机领

8

$\dfrac{CL}{2}-0.2$

1

1.5 AH−0.5 $\dfrac{B'}{5}$

SL−3+自然回缩

袖

20.5

3 横机袖口 3

CO

$\dfrac{S}{2}$ $\dfrac{CL}{5}$ 1.5 $\dfrac{S}{10}-1$ 1.5 $\dfrac{B'}{3}+6$ $\dfrac{B'}{2}$ 后

$\dfrac{S}{2}$ $\dfrac{CL}{5}$ 0.5 $\dfrac{CL}{5}+0.5$ $\dfrac{S}{10}-1$ 1.5 16 1.5 $\dfrac{B'}{3}+6$ $\dfrac{B'}{2}$ 前

L+自然回缩

图5-60 结构制图

四、双层领长袖衫

1. 款式图（图5-61）

图5-61　款式图

2. 成品规格（表5-24）

表5-24　成品规格表

单位：cm

号型\尺寸\部位	衣长 L	半胸围 B'	肩宽 S	领宽 NW	前领深 FND	袖长 SL	袖口宽 CO
170/88	68	50	42	18	18	62	10.5

3. 结构制图（图5-62）

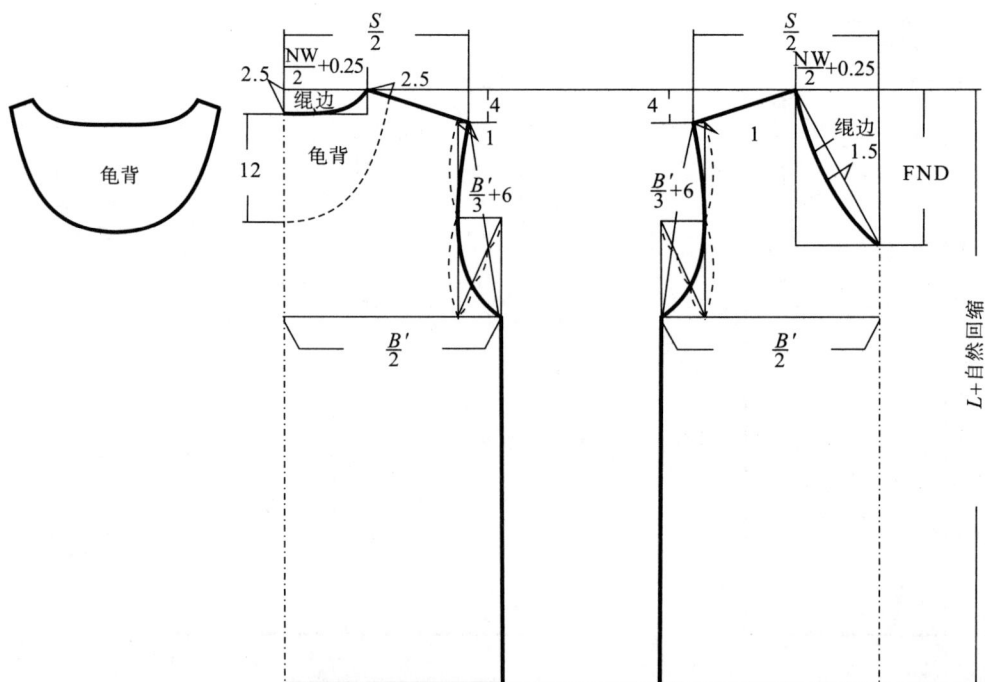

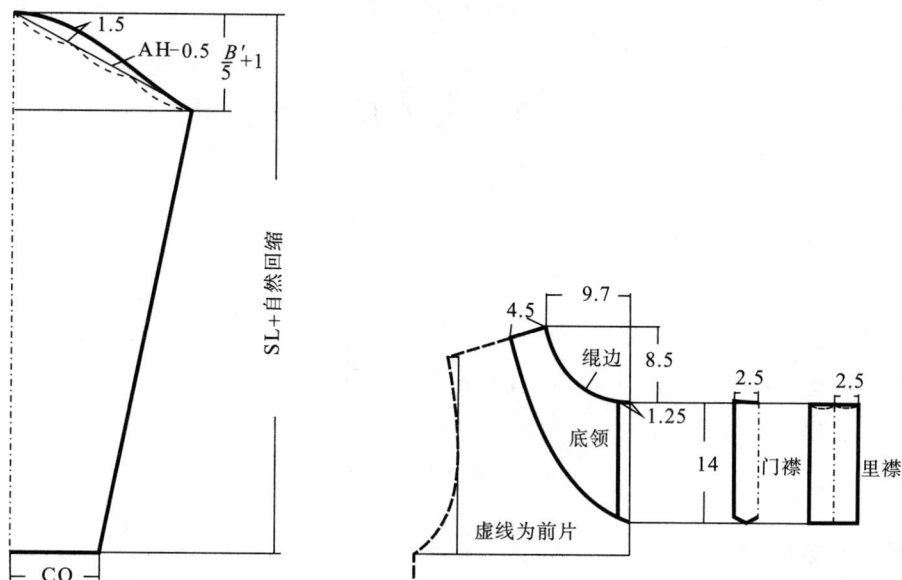

图5-62　结构制图

4. 制图步骤

（1）前片。

①作基础线为上平线。

②衣长：68cm(1+自然回缩率)。

③领口宽：1/2领口宽（18cm）+0.25cm=9.25cm。

④领口深线：18cm。

⑤肩斜线：1/10肩（44cm）-0.4cm=4cm。

⑥前肩宽：1/2肩（44cm）=22cm。

⑦袖窿深：1/3胸围（50cm）+6cm=22.7cm。

⑧前胸宽：在肩点向右移1cm。

⑨胸围：1/2胸围（50cm）=25cm。

（2）后片。

①延长前片的上平线、胸围线和下摆线。

②领口宽：1/2领口宽（18cm）+0.25cm=9.25cm。

③领口深：2.5cm。

④肩斜线：1/10肩（44cm）-0.4cm=4cm。

⑤后肩宽：1/2肩（44cm）=22cm。

⑥后背宽：在肩点向左移1cm。

⑦胸围：1/2胸围（50cm）=25cm。

⑧龟背：长12cm，这是装饰片，周边要加上缝分，放在后背底处，然后用双针绷缝机车缝，形成线迹作为装饰效果。

（3）袖片。

①袖长：62cm（1+自然回缩率）。

②袖山高：1/5胸围（50cm）+1cm=11cm。

③袖山弧：1/2前后袖窿总弧长−0.5cm。

④袖口宽：10.5cm。

（4）底层领。

①底层领口宽：1/2领口宽（18cm）+0.7cm=9.7cm。

②襟筒：长14cm，宽2.5cm。

五、半襟拉链长袖衫

1. **款式图**（图5-63）

2. **成品规格**（表5-25）

表5-25 成品规格表 单位：cm

尺寸 号型	衣长 L	半胸围 B′	肩宽 S	袖窿 AH	领长 CL	袖长 SL	袖口宽 CO
170/88	72	50	46	25	40	58	12.5

3. **结构制图**（图5-64）

图5-63 款式图

图中标注文字：

领

1.5　领　7.5
0.5
$\dfrac{CL}{2}$

$\dfrac{B'}{5}-1$　1.4　AH +0.5

袖

SL＋自然回缩

1

CO

$\dfrac{S}{2}$

$\dfrac{CL}{5}-0.5$
1.5　4.5

AH
2

$\dfrac{B'}{2}$

后

$\dfrac{S}{2}$

$\dfrac{CL}{5}-0.5$
4.5　1.7
$\dfrac{CL}{5}+0.5$

AH
2.5

17

0.5　装拉链

$\dfrac{B'}{2}$

前

L＋自然回缩

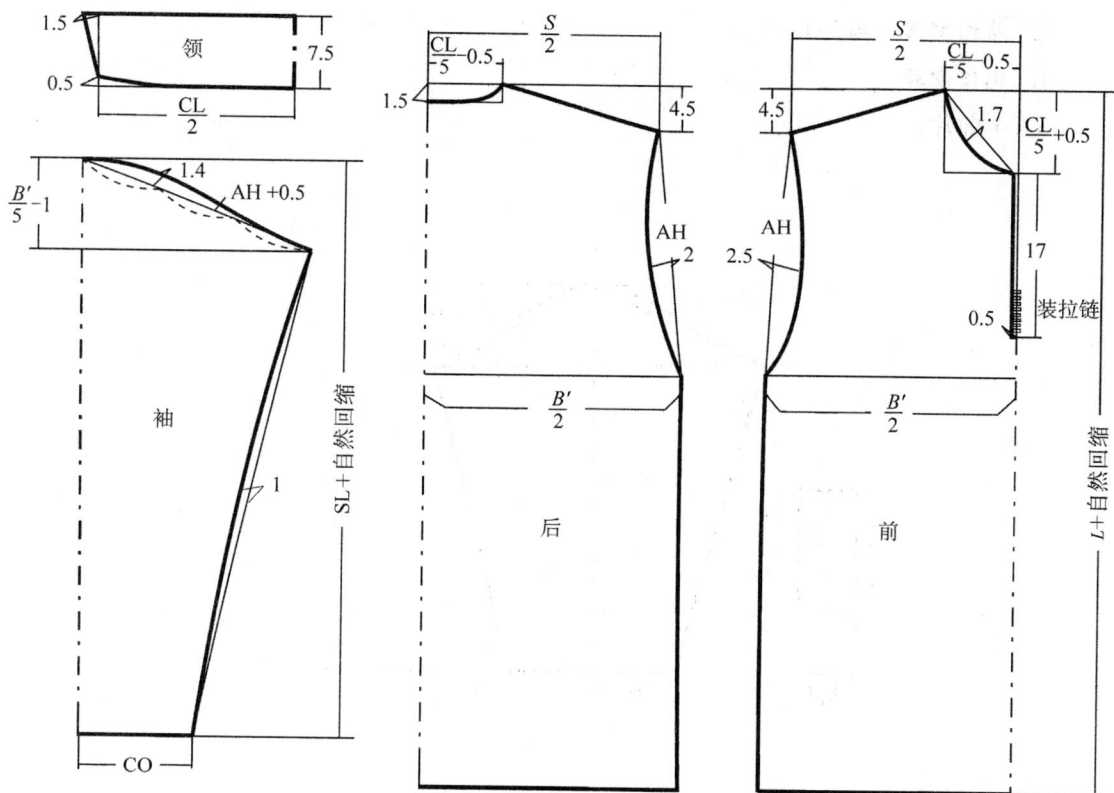

图5-64　结构制图

六、衬衣领长袖衫

1. 款式图（图5-65）
2. 成品规格（表5-26）

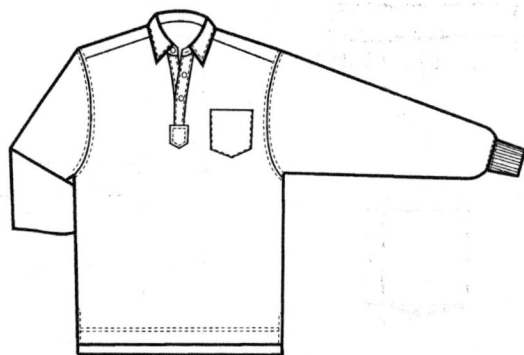

图5-65　款式图

表5-26　成品规格表　　　　　　　　　　单位：cm

尺寸 号型 ＼ 部位	前衣长 FL	后衣长 DL	半胸围 B′	肩宽 S	领长 CL	袖长 SL	袖口宽 CO
170/88	70	72	50	44	40	59	8.5

3. 结构制图（图5-66）

4. 制图步骤

（1）前片。

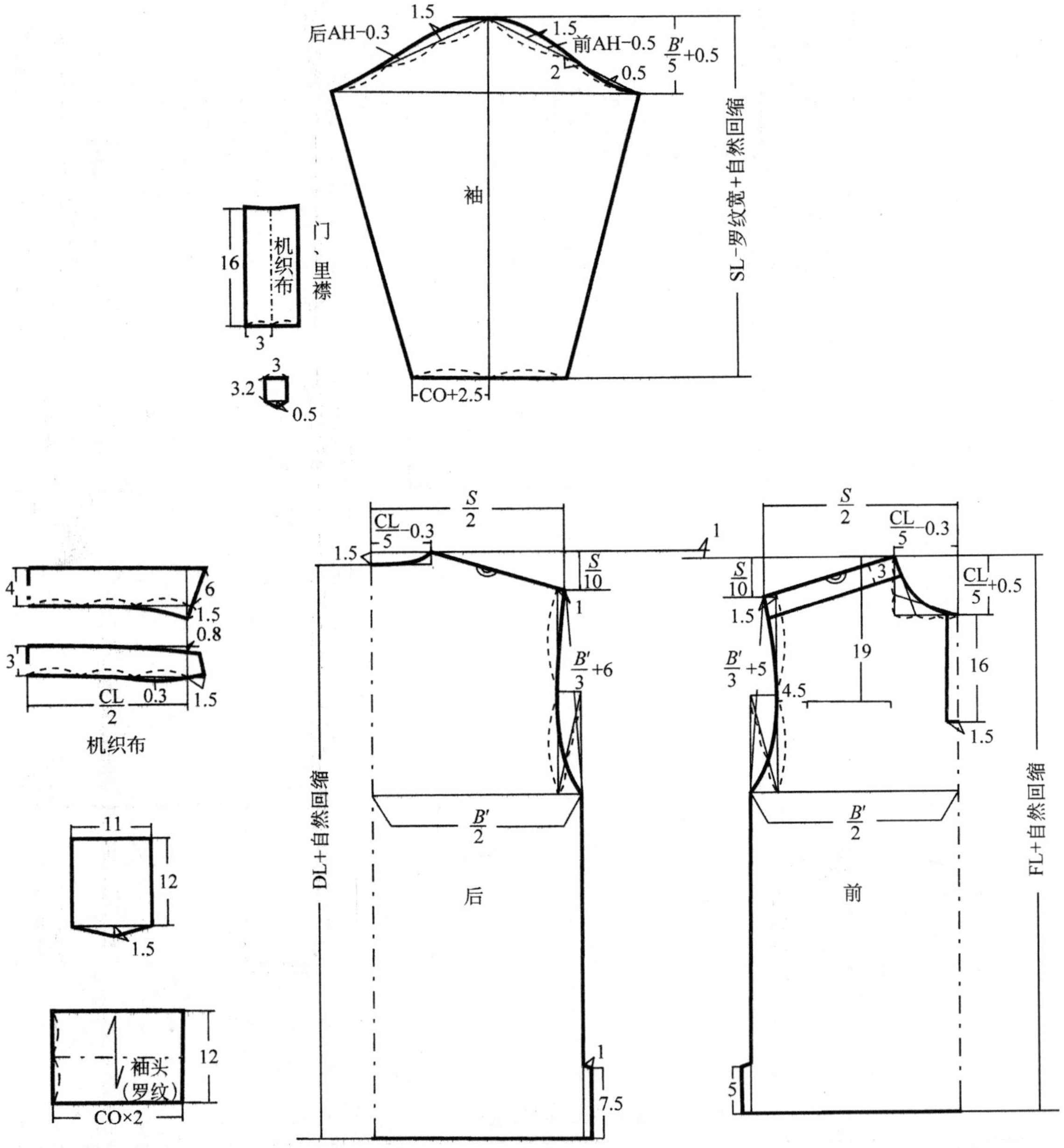

图5-66 结构制图

①衣长：70cm（1+自然回缩率）。

②领口宽：1/5领（40cm）−0.3cm=7.7cm。

③领口深线：1/5领（40cm）+0.5cm=8.5cm。

④肩斜线：1/10肩（44cm）=4.4cm。

⑤前肩宽：1/2肩（44cm）=22cm。

⑥袖窿深：1/3胸围（50cm）+5cm=21.7cm。

⑦前胸宽：在肩点向右进入1.5cm。

⑧胸围：1/2胸围（50cm）=25cm。

⑨侧衩高：5cm。

⑩肩部分割片：宽3cm，与后肩线拼合。

⑪袋位：距上平线19cm。

⑫袋高×宽：12cm×11cm。

⑬门襟：襟长16cm，宽3cm。

（2）后片。

①衣长：72cm（1+自然回缩率）。

②领口宽：1/5领（40cm）−0.3cm=7.7cm。

③领口深：1.5cm。

④肩斜线：1/10肩（44cm）=4.4cm。

⑤后肩宽：1/2肩（44cm）=22cm。

⑥袖窿深：1/3胸围（50cm）+6cm=22.7cm。

⑦后背宽：在肩点向左进入1cm。

⑧胸围：1/2胸围（50cm）=25cm。

⑨侧衩高：7.5cm。

（3）袖片。

①袖长：（59cm−罗纹袖宽）（1+自然回缩率）cm。

②袖山高：1/5胸围（50cm）+0.5cm=10.5cm。

③前袖山弧长：前袖窿弧长−0.5cm。

④后袖山弧长：后袖窿弧长−0.3cm。

⑤袖口宽：CO（8.5cm）+2.5cm=11cm。

⑥罗纹袖：袖口宽（8.5cm）×2=17cm，罗纹宽6cm。

（4）领。

①翻领：1/2领长（40cm）=20cm，领高4cm。

②领座：1/2领长（40cm）=20cm，领高3cm。

七、机织领长袖休闲衫

1. 款式图（图5-67）
2. 成品规格（表5-27）
3. 结构制图（图5-68）

表5-27　成品规格表　　　单位：cm

尺寸 号型	部位	衣长 L	半胸围 B'	肩宽 S	领长 CL	袖长 SL	袖口宽 CO
170/88		68	50	43	39	59	8

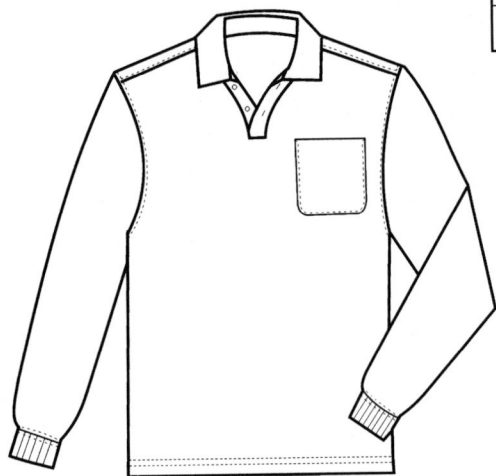

图5-67　款式图

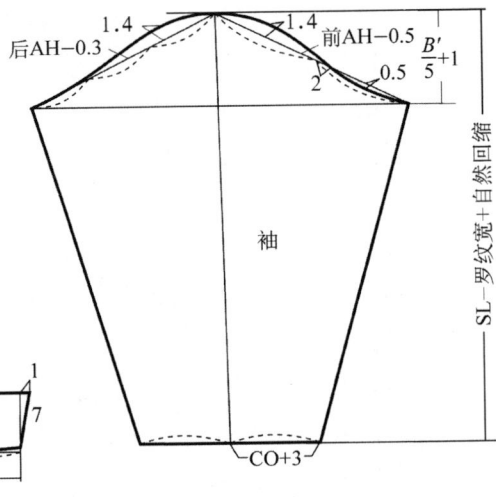

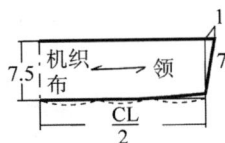

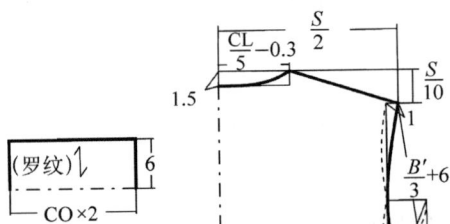

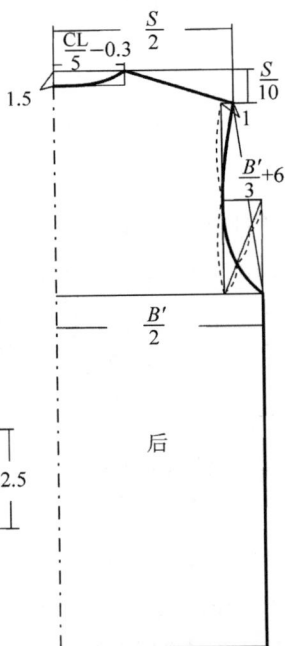

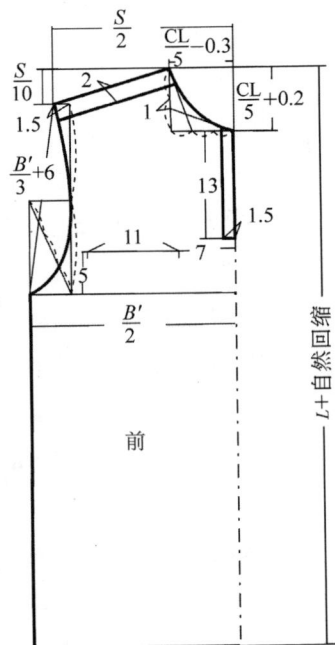

图5-68　结构制图

八、风衣帽拉链背心

1. 款式图（图5-69）

2. 成品规格（表5-28）

3. 结构制图（图5-70）

表5-28 成品规格表　　　　单位：cm

号型　尺寸　部位	衣长 L	半胸围 B'	肩宽 S	领口宽 NW	前领深 FND	帽长 HL	帽宽 HW
170/88	66	53	45	19	9.5	37	25

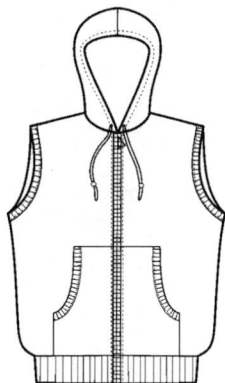

图5-69 款式图

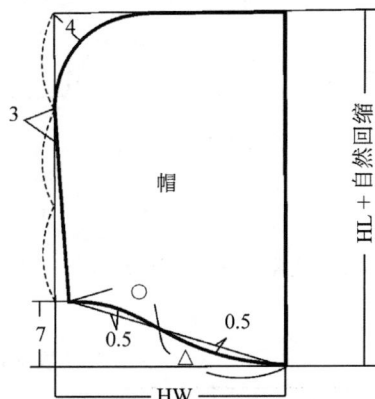

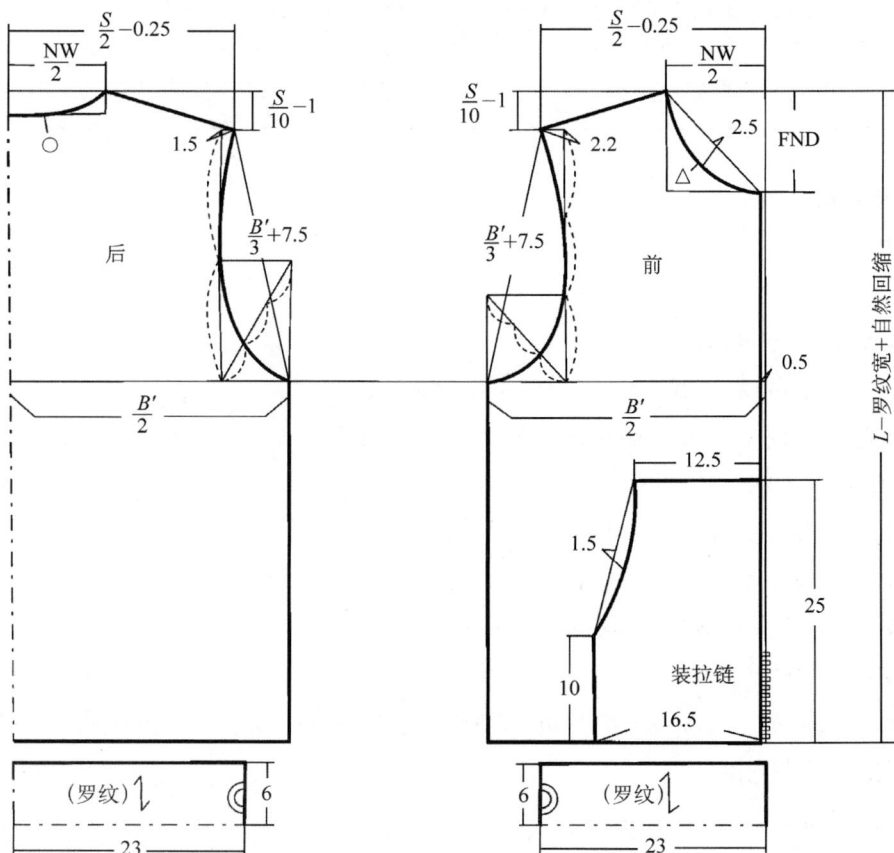

图5-70 结构制图

九、罗纹立领开襟拉链衫

1. 款式图（图5-71）

图5-71　款式图

2. 成品规格（表5-29）

表5-29　成品规格表　　　　　　　　　　　　　　　　单位：cm

部位 尺寸 号型	衣长 L	半胸围 B'	肩宽 S	领口宽 NW	前领深 FND	袖长 SL	袖口宽 （罗纹） CO
175/92	71	57	49	19	9.5	62	9

3. 结构制图（图5-72）

4. 制图步骤

（1）前片。

①作基础线为上平线。

②衣长：［71cm-罗纹宽（6cm）］（1+自然回缩率）。

③领口宽：1/2领（19cm）=9.5cm。

④领口深线：9.5cm。

⑤肩斜线：1/10肩（49cm）=4.9cm。

⑥前肩宽：1/2肩（49cm）=24.5cm。

⑦袖窿深：1/3胸围（57cm）+6cm=25cm。

⑧前胸宽：在肩点进入2cm。

⑨胸围：1/2胸围（57cm）=27.5cm，前中线进入0.6cm，是为车拉链留下的空位，但胸围宽是包括拉链在内的。

⑩袋口：15cm×2。

⑪肩部分割：2.5cm，这是拼色条，是与袖分割片合拼。

后AH-0.3　　　　1.3　　5　　1.3　　前AH-0.5

$\frac{B'}{5}$

2　0.7

（SL-罗纹宽）+自然回缩

罗纹领

14

44

罗纹袖口

12

CO×2

下摆罗纹

12

49

1　CO+3　1

前后衣片分割面与袖分割面合拼

$\frac{NW}{2}$　$\frac{S}{2}$　　　　$\frac{S}{2}$　$\frac{NW}{2}$

2　　　　　$\frac{S}{10}$　1

2.5　1.5　$\frac{S}{10}$　2　2.5　2.2

FND

$\frac{B'}{3}+7$　　$\frac{B'}{3}+6$

（L-罗纹宽）+自然回缩　　　　（L-罗纹宽）+自然回缩

$\frac{B'}{2}$　　$\frac{B'}{2}$　0.6

3.5　2

15

9

1　　在此装拉链

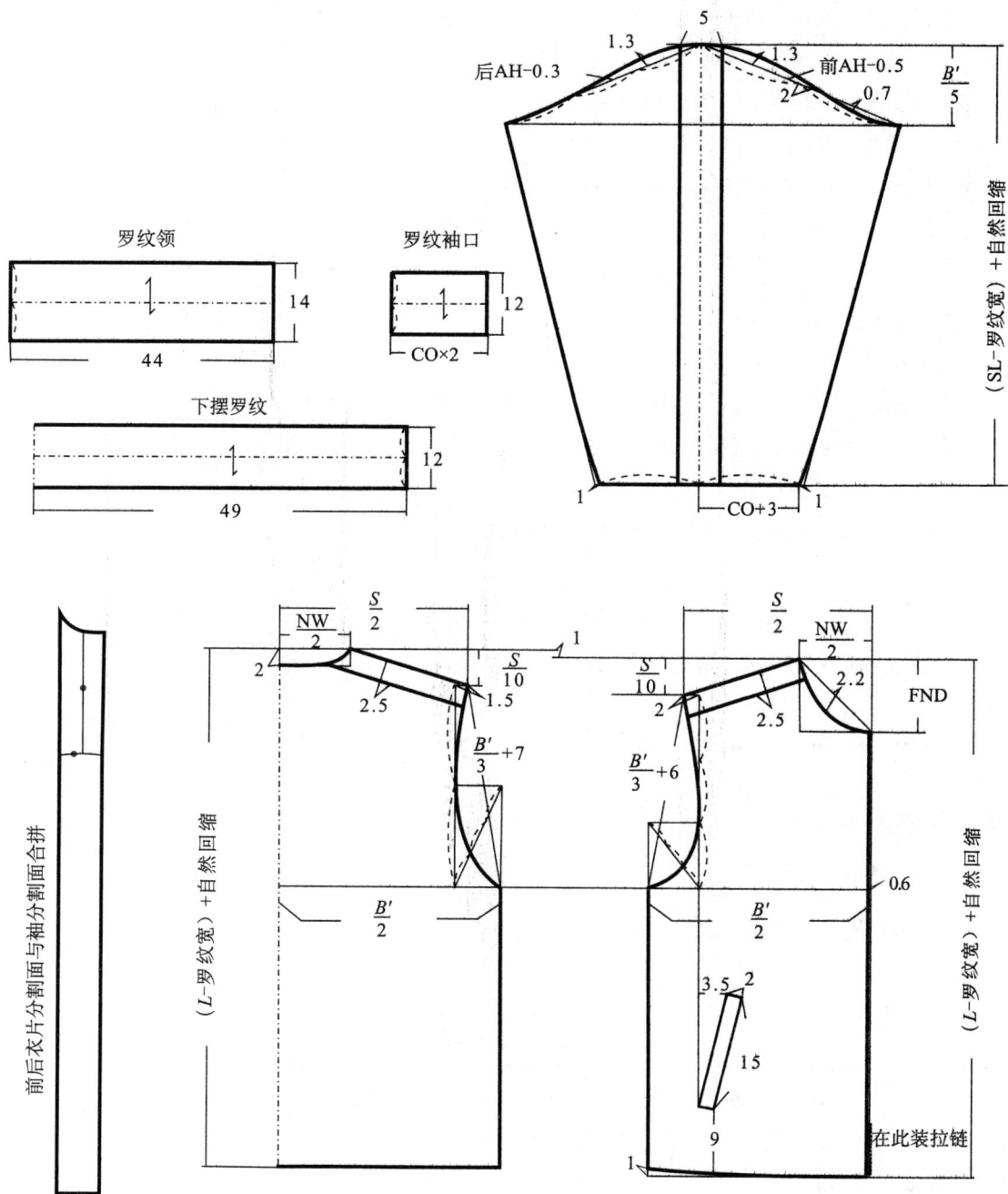

图5-72　结构制图

（2）后片。

①衣长：［71cm-罗纹宽（6cm）］（1+自然回缩率）。

②领口宽：1/2领（19cm）=9.5cm。

③领口深线：2cm。

④肩斜线：1/10肩（49cm）=4.9cm。

⑤后肩宽：1/2肩（49cm）=24.5cm。

⑥袖窿深：1/3胸围（57cm）+7cm=26cm。

⑦后背宽：在肩点进入1.5cm。

⑧胸围：1/2胸围（57cm）=27.5cm。

⑨肩部分割：2.5cm，这是拼色条，是与袖分割片合拼。

（3）袖片。

①袖长：［62cm-6cm］（1+自然回缩率）。

②袖山高：1/5胸围（57cm）=11.4cm。

③前袖山坡：前袖窿弧长-0.5cm。

④后袖山坡：后袖窿弧长-0.3cm。

⑤袖口宽：12cm。

⑥袖片分割：5cm，是与前后肩分割片合拼。

（4）罗纹。

①罗纹领：长44cm，宽7cm（单层）×2=14cm。

②罗纹袖口：长9cm（单层）×2=18cm，宽6cm（单层）×2=12cm。

③1/2罗纹下摆：长49cm，宽6cm（单层）×2=12cm。

十、风衣帽长袖衫

1. 款式图（图5-73）

2. 成品规格（表5-30）

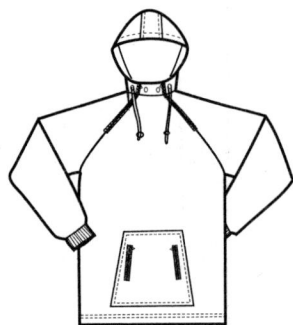

图5-73 款式图

表5-30 成品规格表 单位：cm

尺寸 号型	衣长 L	半胸围 B'	肩宽 S	领口宽 NW	前领深 FND	袖长 SL	袖口宽 CO	帽长 HL	帽宽 HW
170/88	67	53	45	22	8	83	8.5	35	25

3. 结构制图（图5-74）

4. 制图步骤

（1）前片。

①作基础线为上平线。

②衣长：67cm（1+自然回缩率）。

（SL-罗纹宽）+自然回缩

22.5

1.5

NW
2

4

FND

2.3

9.1

7

$\frac{B'}{3}$+6

0.8

CO+3

$\frac{B'}{2}$

L+自然回缩

NW
2

22.5

2

1.5

5

4

☆+◇

1

9.1

（SL-罗纹宽）+自然回缩

$\frac{B'}{3}$+6

1

7

1

CO+3

L+自然回缩

$\frac{B'}{2}$

袖口罗纹

12

1

17

6

A~B长

☆

27

袋

25

33

帽

HW-3

1

3

B

7

1.5

帽长+自然回缩

2.5

0.4

A

◇

0.4

1.5

△

5

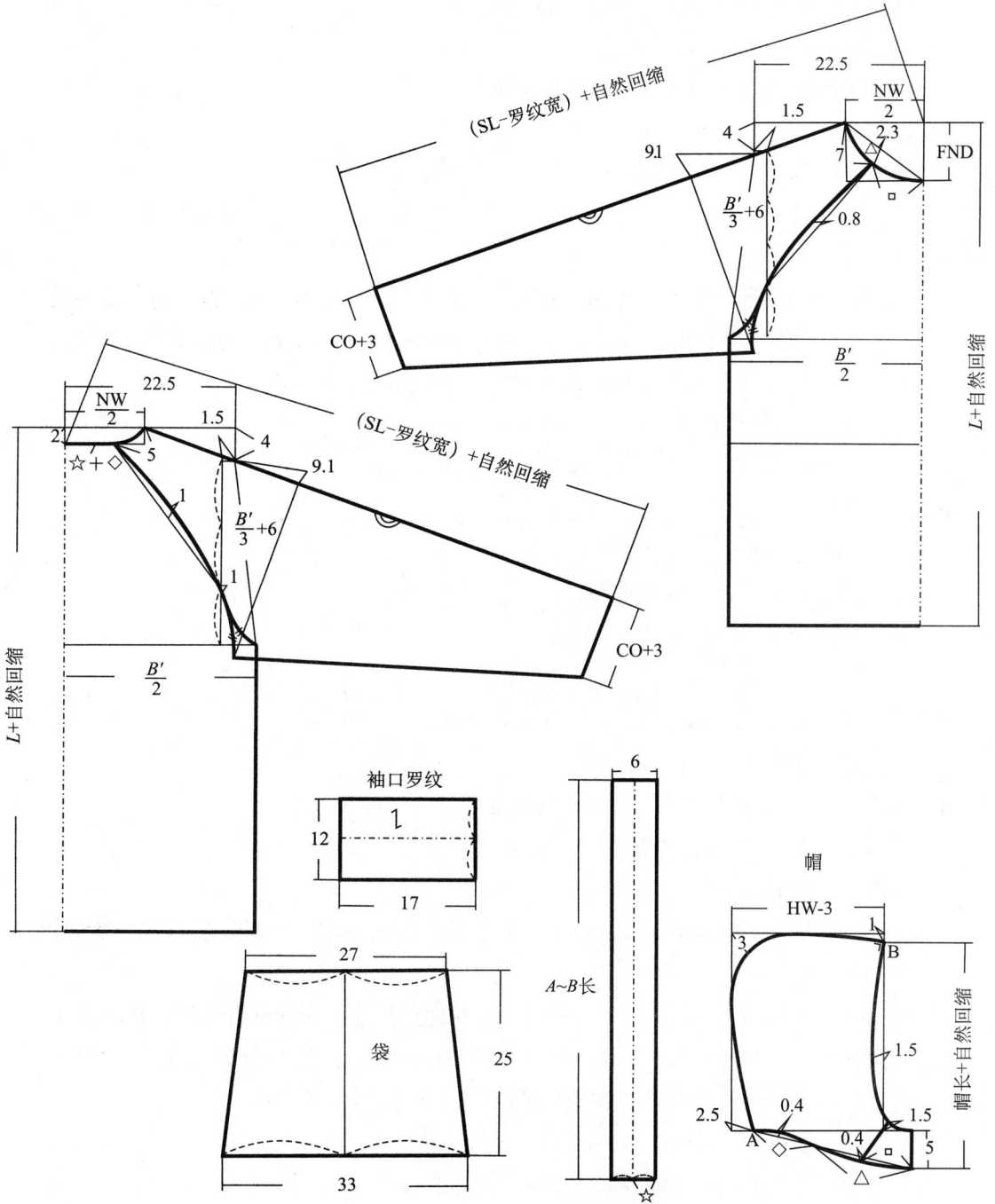

图5-74　结构制图

③领口宽：1/2领口宽（22cm）=11cm。

④领口深线：8cm。

⑤肩斜线：4cm，1/10肩（45cm）–0.5cm=4cm。

⑥前肩宽：1/2肩（45cm）=22.5cm。

⑦袖窿深：1/3胸围（53cm）+6cm=23.7cm。

⑧前胸宽：在肩点进入1.5cm。

⑨胸围：1/2胸围（53cm）=26.5cm。

⑩袖长：［83cm–罗纹袖口宽（6cm）］［1+自然回缩率］，延长肩宽线，从前领口中往下量。

⑪袖山高：1/5胸围（53cm）–1.5cm=9.1cm，在此点作袖长线的垂直线作为袖山高线。

⑫袖窿分割线：在领口取7cm作一点，然后将前胸宽辅助线划分为四等分，经其三分之一，连接领口点，绘画袖窿弧线和袖山弧线，两条弧线要一致长。

⑬袖口宽：袖口宽（8.5cm）+3cm=11.5cm。

⑭袋口：上宽27cm、底宽33cm，高25cm。

（2）后片。

①作基础线为上平线。

②衣长：67cm（1+自然回缩率）。

③领口宽：1/2领口宽（22cm）=11cm。

④后领口深线：2cm。

⑤肩斜线：4cm，1/10肩（45cm）–0.5cm=4cm。

⑥后肩宽：1/2肩（45cm）=22.5。

⑦袖窿深：1/3胸围（53cm）+6cm=23.7cm。

⑧后背宽：在肩点进入1.5cm。

⑨胸围：1/2胸围（53cm）=26.5cm。

⑩袖长：［83cm–罗纹袖口宽（6cm）］［1+自然回缩率］，延长肩宽线，从后领口中往下量。

⑪袖山高：1/5胸围（53cm）–1.5cm=9.1cm，在此点作袖长线的垂直线作为袖山高线。

⑫袖窿分割线：在领口取5cm作一点，然后将前胸宽辅助线划分为三等分，经其三分之一，连接领口点，绘画袖窿弧线和袖山弧线，两条弧线要一致长。

⑬袖口宽：袖口宽（8.5cm）+3cm=11.5cm。

⑭罗纹袖口：长8.5cm×2=17cm。宽6cm×2=12cm。

（3）帽。

①帽长：35cm+（1+自然回缩率）。

②帽宽：帽宽（25cm）–帽宽分割片（3cm）=22cm。

③帽宽分割片：宽3cm×2=6cm，长度要与帽的中缝A至B相同。

图5-75　款式图

十一、明袋连帽拉链衫

1. 款式图（图5-75）

2. 成品规格（表5-31）

表5-31　成品规格表

单位：cm

部位 尺寸 号型	衣长 L	半胸围 B'	肩宽 S	半下摆 （罗纹） OP	袖长 SL	袖口宽 （罗纹） CO	领口宽 NW	前领深 FND	帽长 HL	帽宽 HW
170/88	67	55	46	49	61	10	20	7	36	25

3. 结构制图（图5-76）

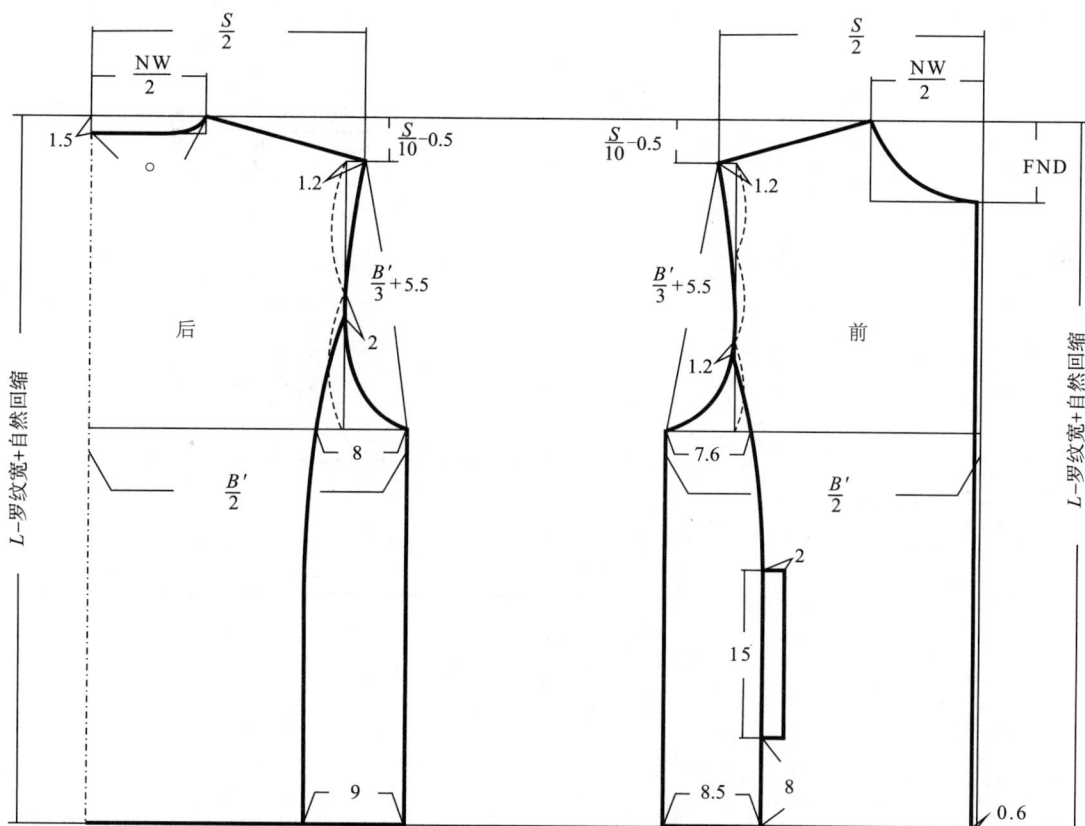

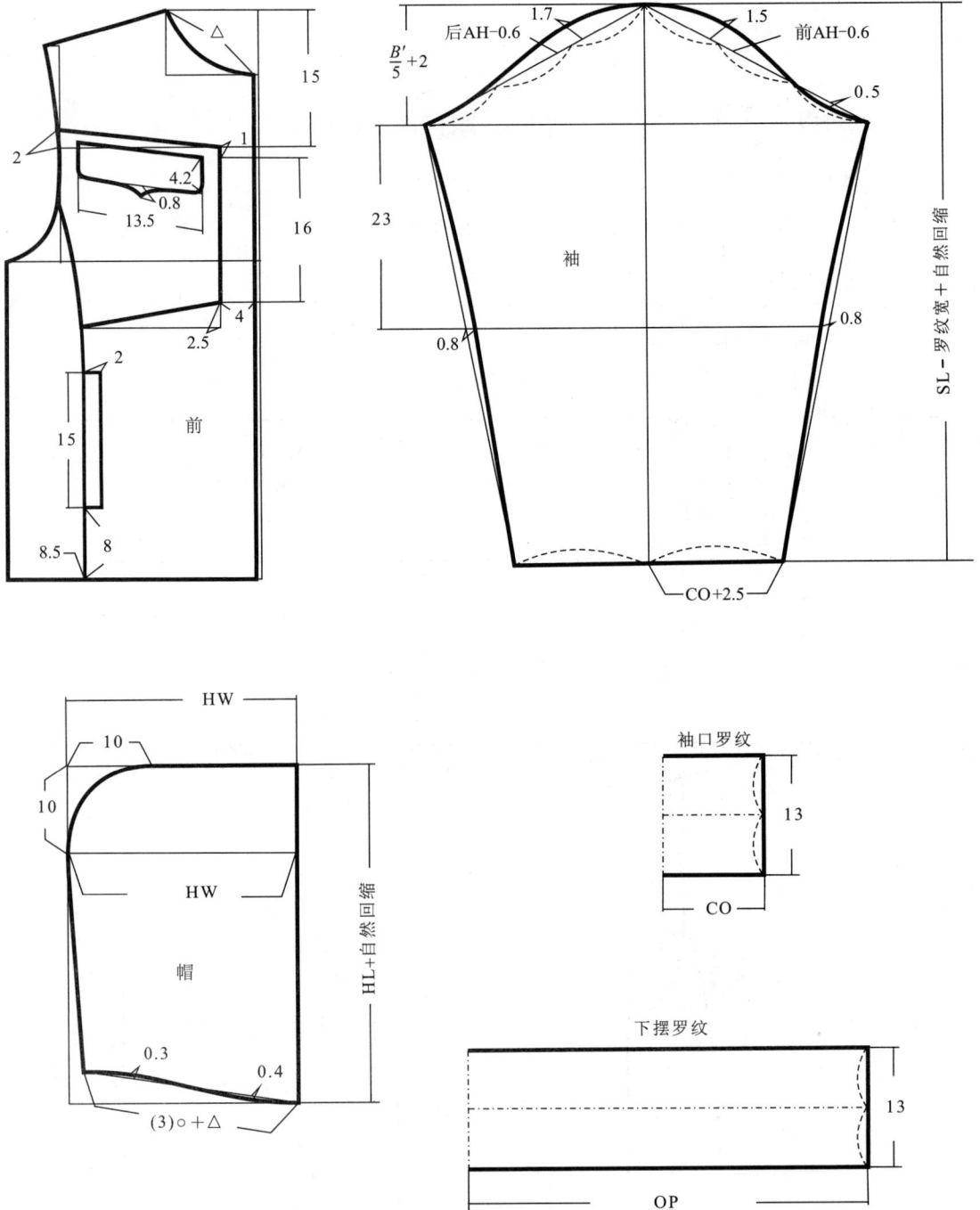

图5-76　结构制图

十二、立领拼幅拉链衫

1. **款式图**（图5-77）
2. **成品规格**（表5-32）

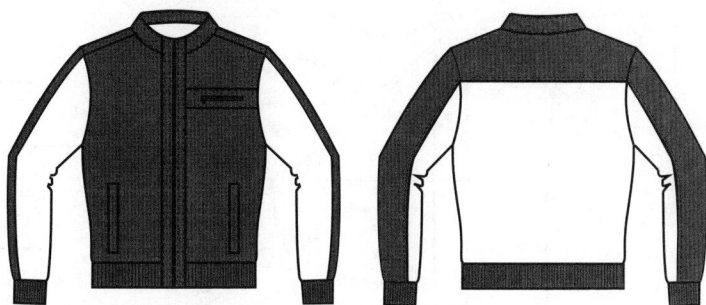

图5-77 款式图

表5-32 成品规格表

单位：cm

部位 尺寸 号型	衣长 L	半胸围 B′	肩宽 S	半腰围 W′	半下摆（罗纹） OP	领长 CL	袖长 SL	袖口宽 CO
170/88	68	55	46	52	46	48	61.5	10

3. **结构制图**（图5-78）

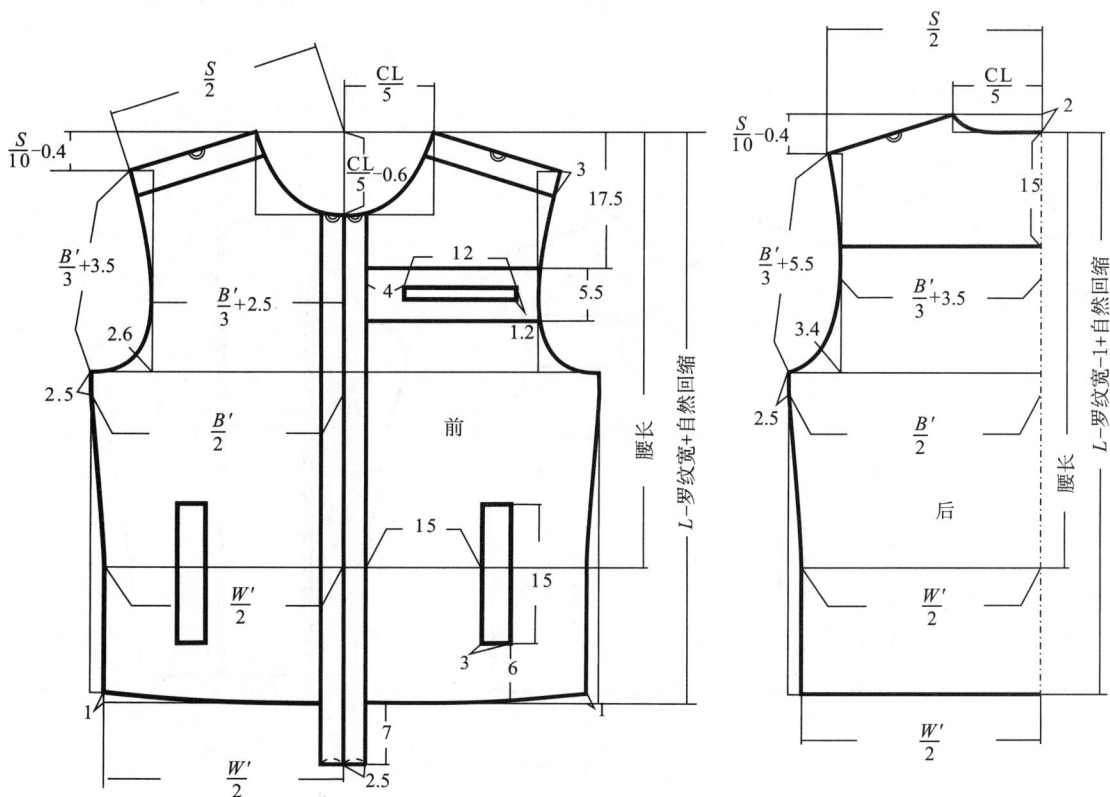

图5-78

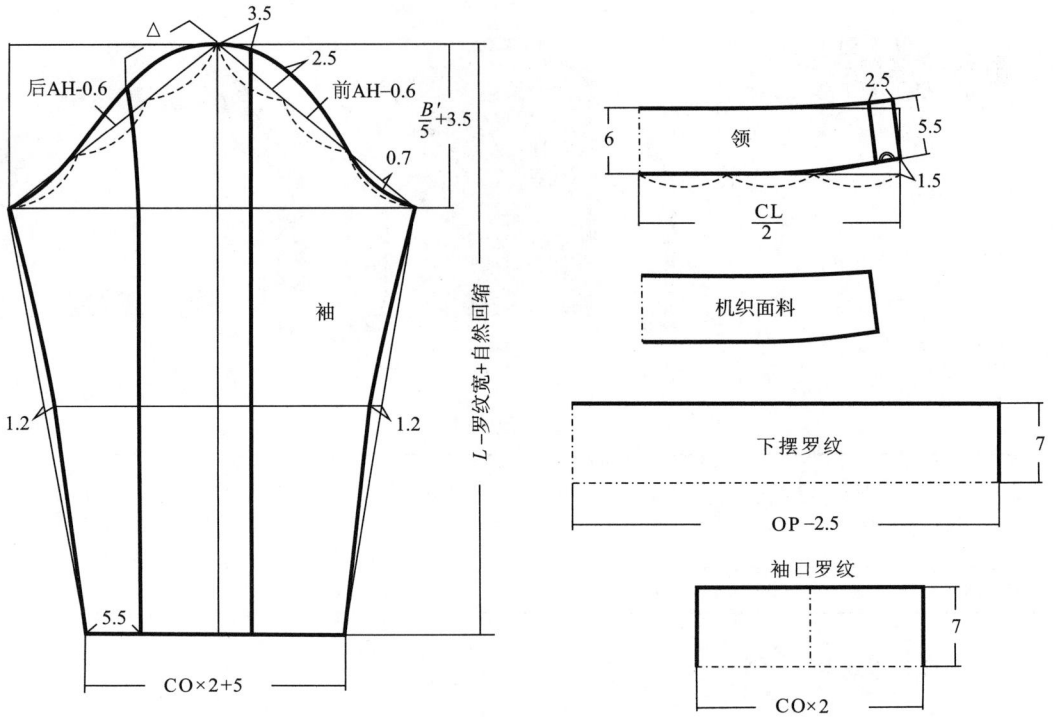

附：面料拼接图。

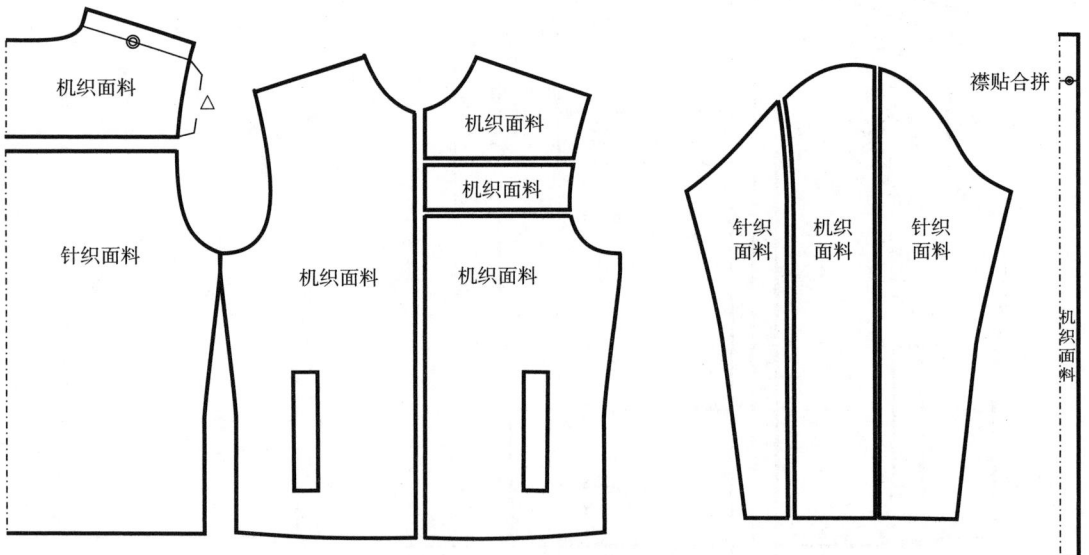

图5-78 结构制图

第五节　针织女式内衣结构制图实例

一、蕾丝比基尼内裤

1. 款式图（图5-79）

2. 成品规格（表5-33）

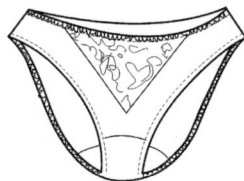

图5-79　款式图

表5-33　成品规格表　　　　　　　　　单位：cm

部位 尺寸 号型	前裤长 FL	后裤长 DL	横裆 T	半腰围 W'
155/85	20	22	42.5	28

3. 结构制图（图5-80）

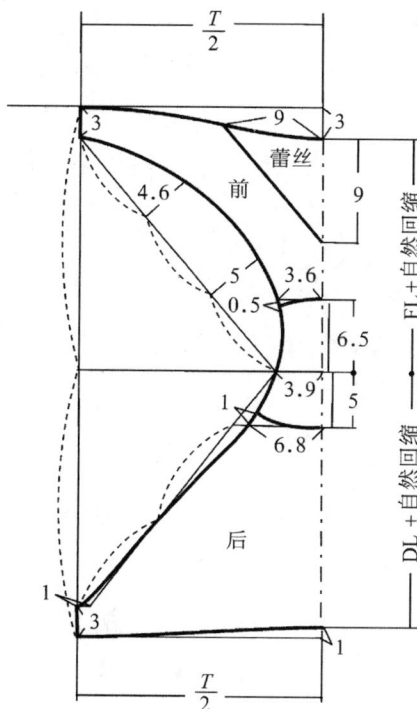

图5-80　结构制图

二、吊带睡裙

1. 款式图（图5-81）

2. 成品规格（表5-34）

表5-34　成品规格表　　　　　　　　　单位：cm

部位 尺寸 号型	裙长 L	半胸围 B'	半腰围 W'	领口宽 NW	前领深 FND	半臀围 H'	下摆 OP
160/90	95	45	41	20	7	47	63

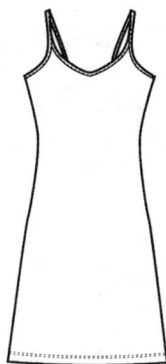

图5-81　款式图

3．结构制图（图5-82）

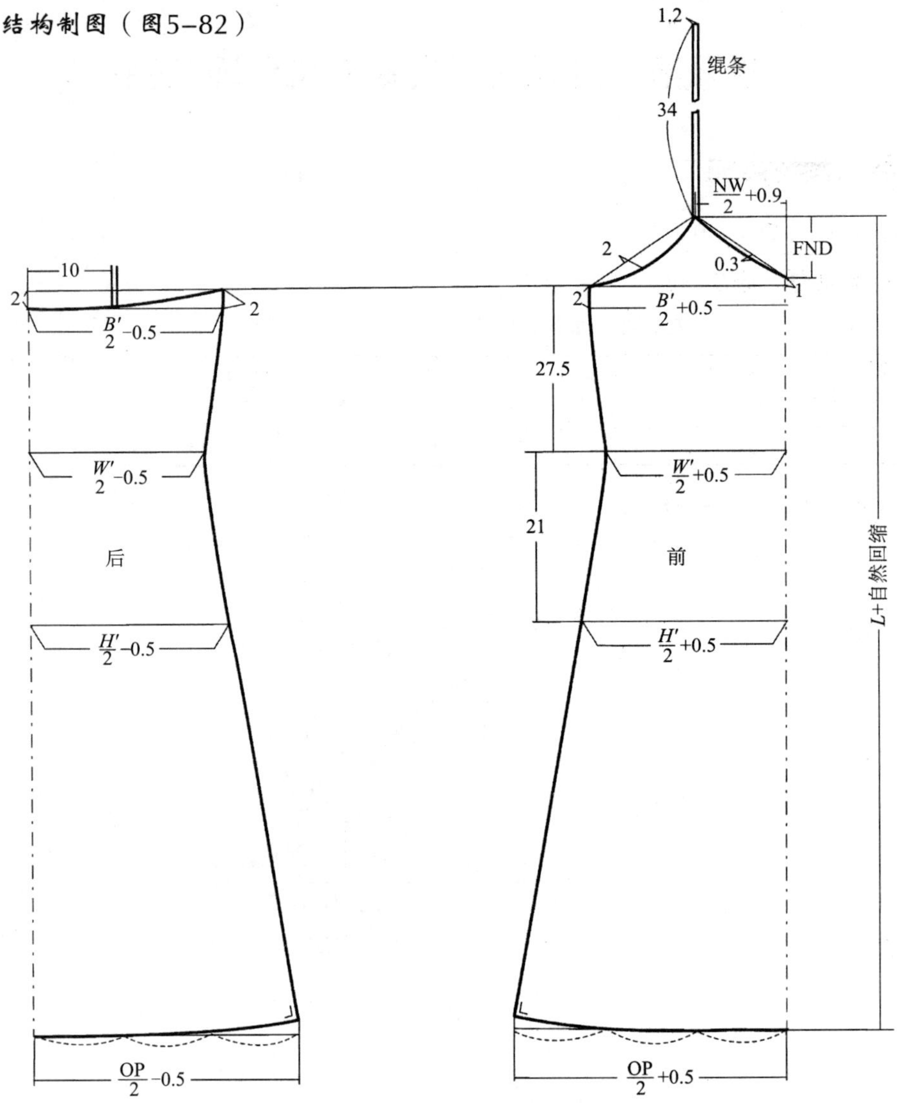

图5-82　结构制图

三、吊带背心睡衣套装

1．款式图（图5-83）

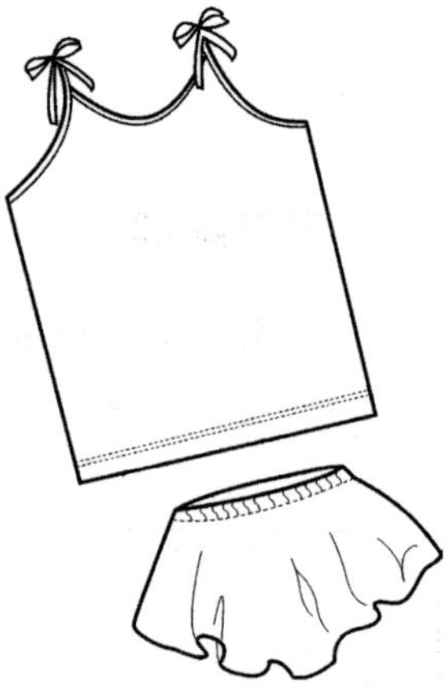

2．成品规格（表5-35）

表5-35　成品规格表　　　　　单位：cm

部位 尺寸 号型	衣长 L	半胸围 B'	领口宽 NW	前领深 FND	后领深 BNW	裤长 L	半臀围 H'
160/90	49	45	22	7	8	29	53

图5-83　款式图

3. **结构制图（图5-84）**

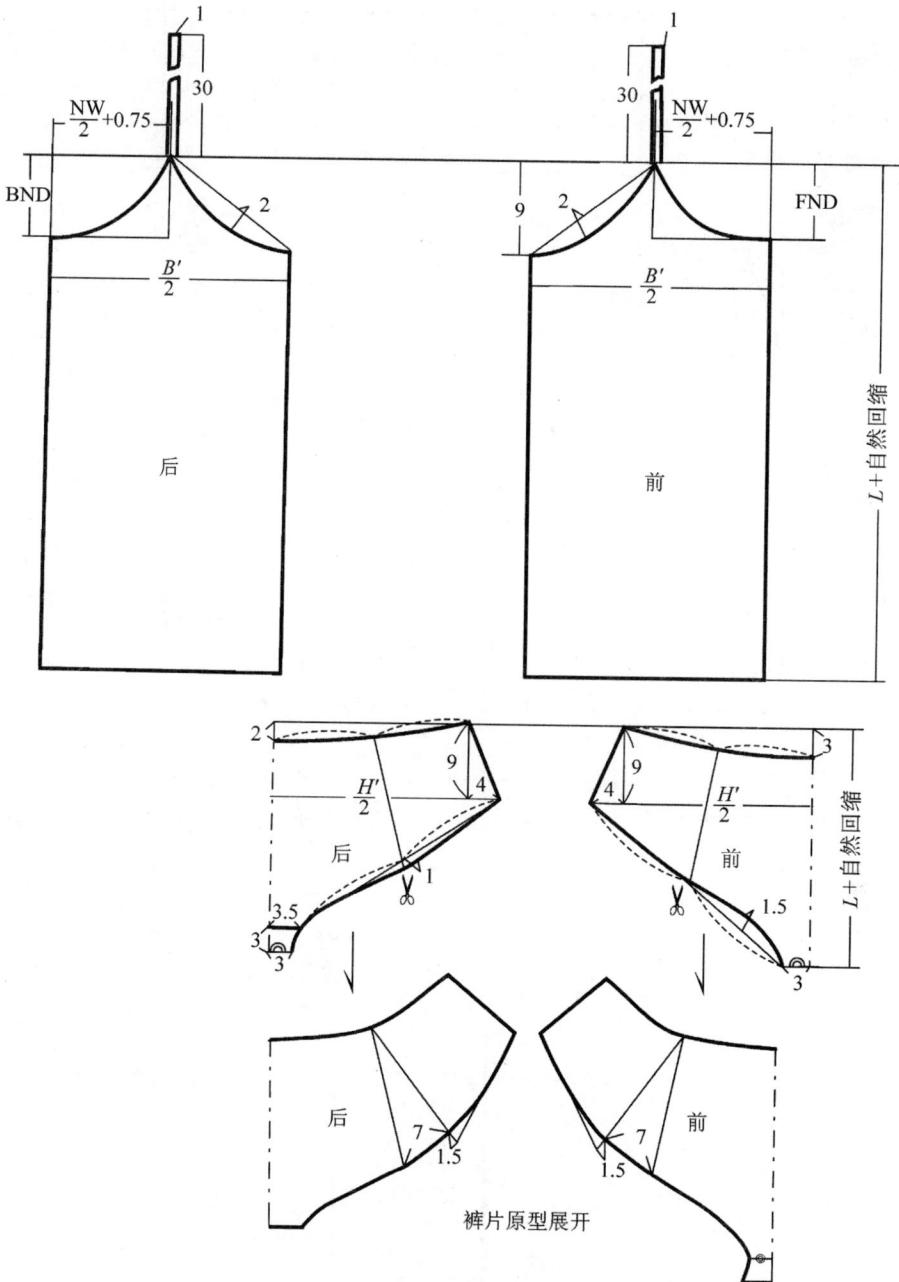

图5-84　结构制图

四、圆领长袖睡衣套装

（一）上装

1. 款式图（图5-85）

2. 成品规格（表5-36）

3. 结构制图（图5-86）

表5-36　成品规格表（上装）　　　单位：cm

号型 尺寸 部位	衣长 L	半胸围 B'	肩宽 S	领口宽 NW	前领深 FND	后领深 BND	袖窿 AH	袖长 SL	袖口宽 CO
160/84	60	48	42	25	10	3	21	50	13.5

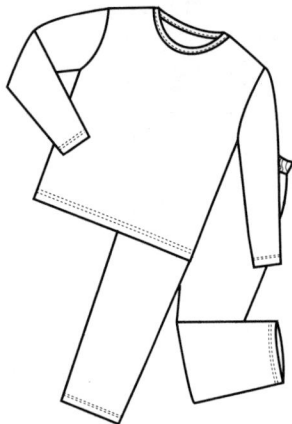

图5-85　款式图

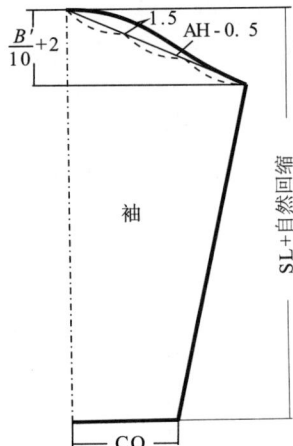

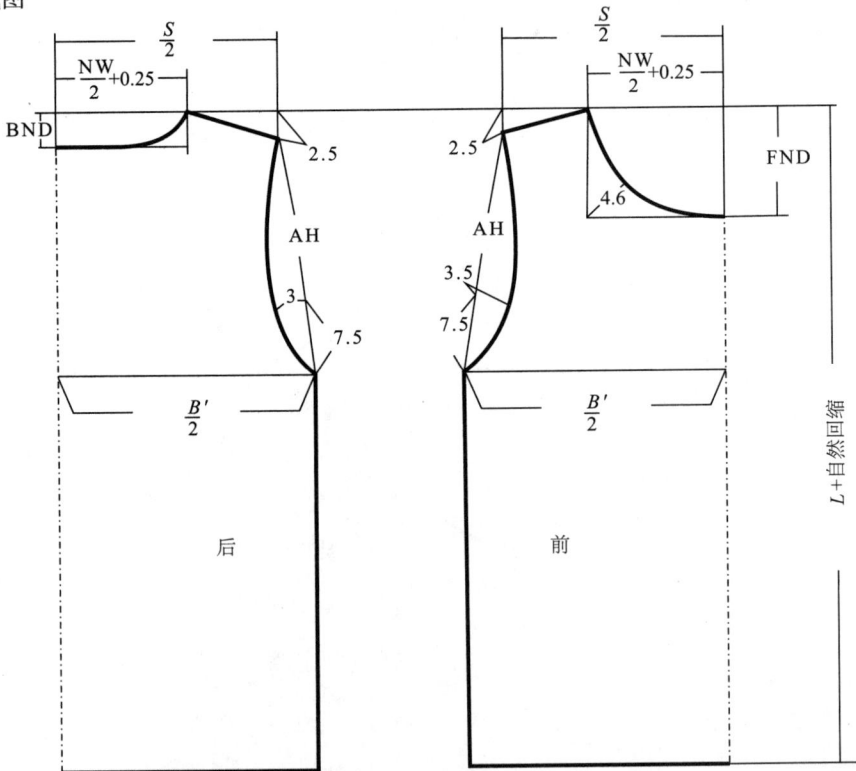

图5-86　结构制图

（二）下装

1. 成品规格（表5-37）

表5-37　成品规格表（下装）　　　　　　　　　单位：cm

号型\尺寸\部位	裤长 L	半臀围 H'	半腰围 W'	裤口宽 SW
160/65	86	50	30	23

2. 结构制图（图5-87）

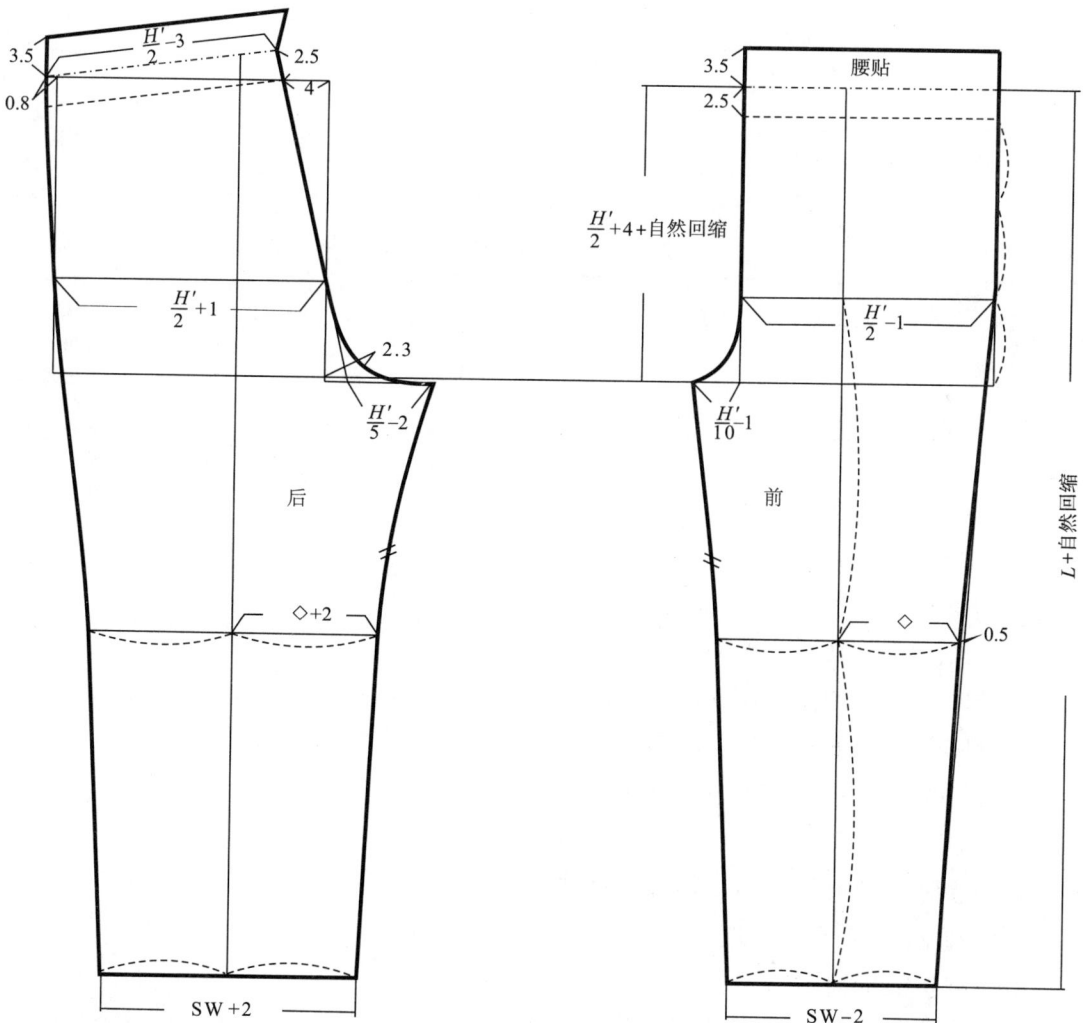

图5-87　结构制图

五、浴袍

1. 款式图（图5-88）

图5-88　款式图

2. 成品规格（表5-38）

表5-38　成品规格表　　　　　　　　　　　单位：cm

号型 尺寸 部位	衣长 L	半胸围 B'	肩宽 S	袖长 SL	袖口宽 CO	下摆 OP
160/84	108	56	51	57	18	67

3. 结构制图（图5-89）

4. 制图步骤

（1）前片。

①衣长：108cm（1+自然回缩率）。

②领口宽：1/6胸围（56cm）+1.7cm=11cm。

③领口深线：1/6胸围（56cm）-0.2cm=9.1cm。

④肩斜线：1/10肩（51cm）-0.5cm=4.6cm。

⑤前肩宽：1/2肩（51cm）=25.5cm。

⑥袖窿深：1/3胸围（56cm）+6cm=24.7cm。

⑦前胸宽：在肩点向右进入1.5cm。

⑧胸围：1/2胸围（56cm）=28cm，搭门宽2.5cm。

⑨腰节线：11.5cm，从胸围线往下量，腰围宽与胸围相同。

⑩下摆宽：1/2下摆宽（67cm）=33.5cm。

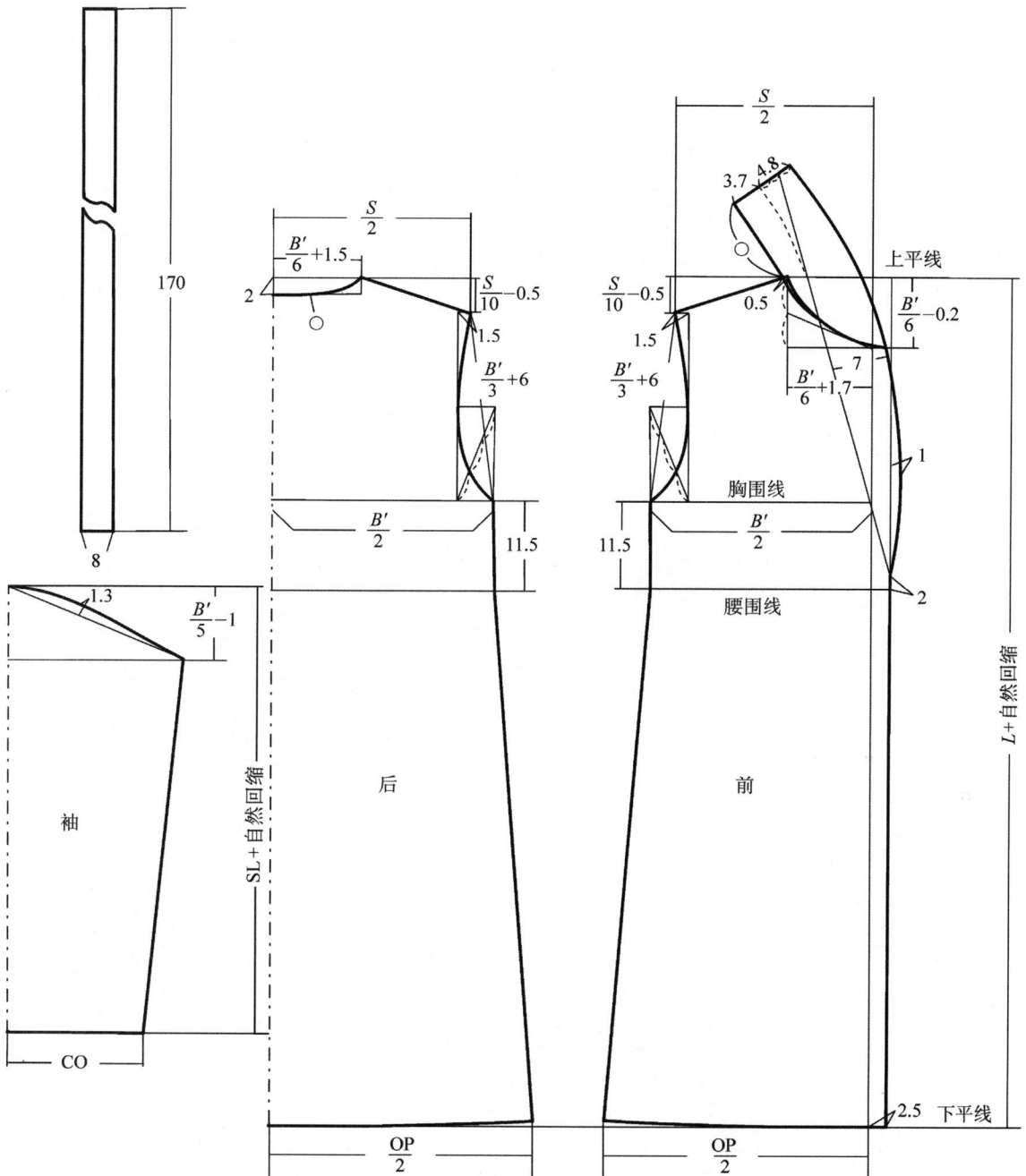

图5-89 结构制图

⑪翻领线：在腰节线上2cm。

⑫领高：8.5cm。

（2）后片。

①延长上平线、胸围线、腰围线、下平线。

②领口宽：1/6胸围（56cm）+1.5cm=10.8cm。

③领口深线：2cm。

④肩斜线：1/10肩（51cm）−0.5cm=4.6cm。

⑤后肩宽：1/2肩（51cm）=25.5cm。

⑥袖窿深：1/3胸围（56cm）+6cm=24.7cm。

⑦后背宽：在肩点向左进入1.5cm。

⑧胸围：1/2胸围（56cm）=28cm。

⑨下摆宽：1/2下摆宽（67cm）=33.5cm。

⑩腰带：长170cm，宽4cm×2=8cm。

（3）袖片。

①袖长：57cm（1+自然回缩率）。

②袖山高：1/5胸围（56cm）−1cm=10.2cm。

③袖山弧长：1/2前后总袖窿弧长−0.5cm。

④袖口宽：18cm。

第六节　针织男式内衣结构制图实例

一、弹力背心

1. 款式图（图5-90）
2. 成品规格（表5-39）

表5-39　成品规格表　　　　　　　　　　单位：cm

尺寸 号型　　　部位	衣长 L	半胸围 B′	领口宽 NW	前领深 FND	后领深 BND	挂肩 AH
170/90	72	40	13	18	3.5	28

图5-90　款式图

3. 结构制图（图5-91）

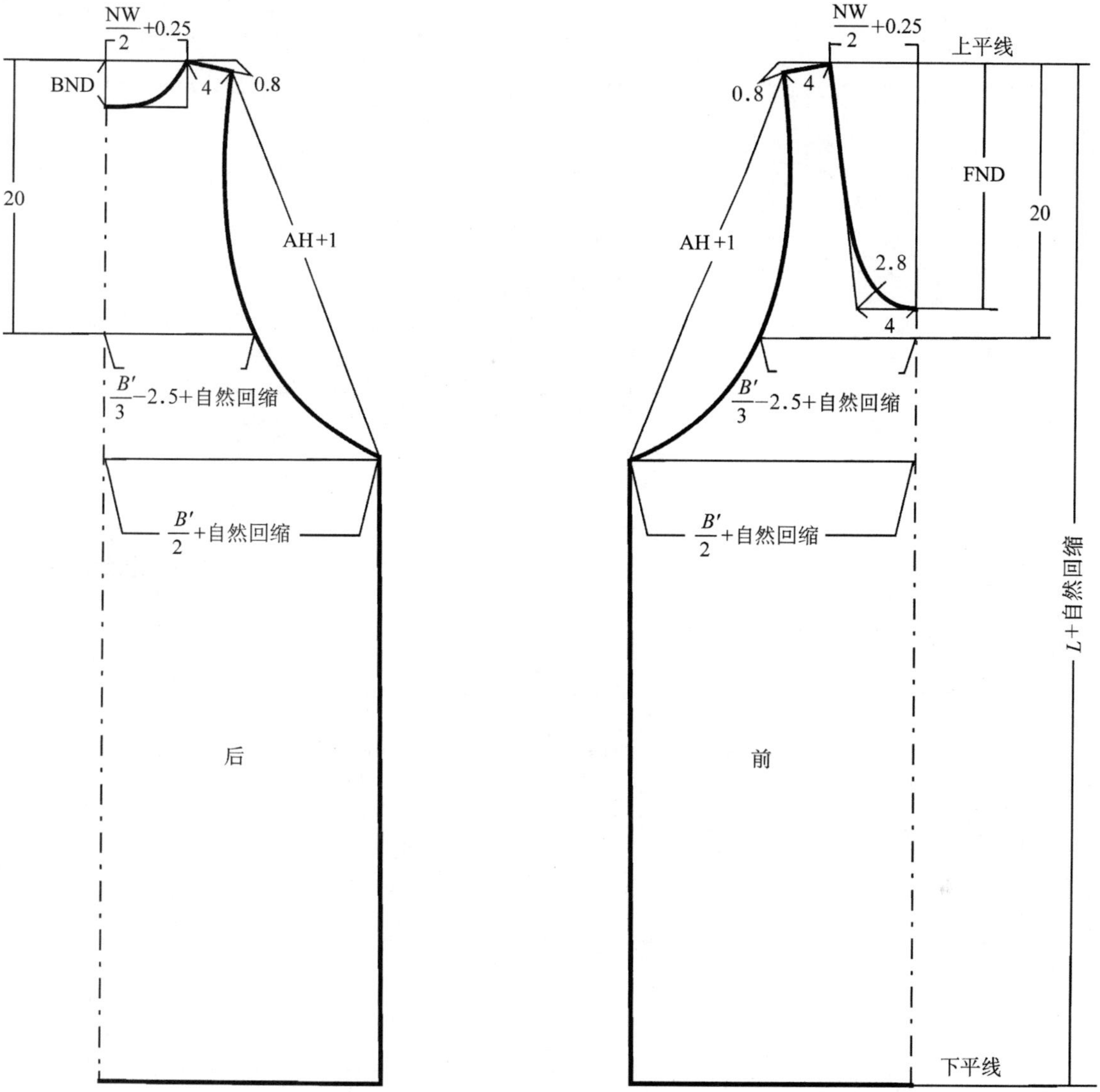

$$\frac{NW}{2}+0.25$$

BND

20

AH+1

$\dfrac{B'}{3}$—2.5+自然回缩

$\dfrac{B'}{2}$+自然回缩

后

$$\frac{NW}{2}+0.25$$

上平线

0.8　4

FND

AH+1

2.8

4

20

$\dfrac{B'}{3}$—2.5+自然回缩

$\dfrac{B'}{2}$+自然回缩

前

L+自然回缩

下平线

图5-91　结构制图

二、裤脚口有橡筋边内裤

1. 款式图（图5-92）

2. 成品规格（表5-40）

表5-40　成品规格表　　　　　　　单位：cm

图5-92　款式图

尺寸 号型 ＼ 部位	裤长 L	横裆 T	半腰围（橡筋） W'
170/74	27	45	30

3. 结构制图（图5-93）

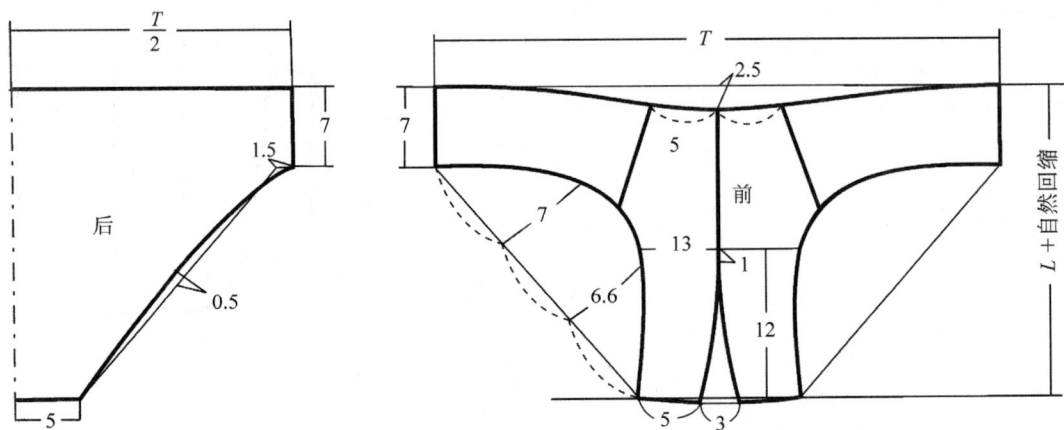

图5-93 结构制图

三、弹力腰内裤

1. 款式图（图5-94）

2. 成品规格（表5-41）

表5-41 成品规格表 单位：cm

图5-94 款式图

尺寸 尺码 部位	裤长 L	横裆 T	半腰围（橡筋）W'
170/74	26	45	30

3. 结构制图（图5-95）

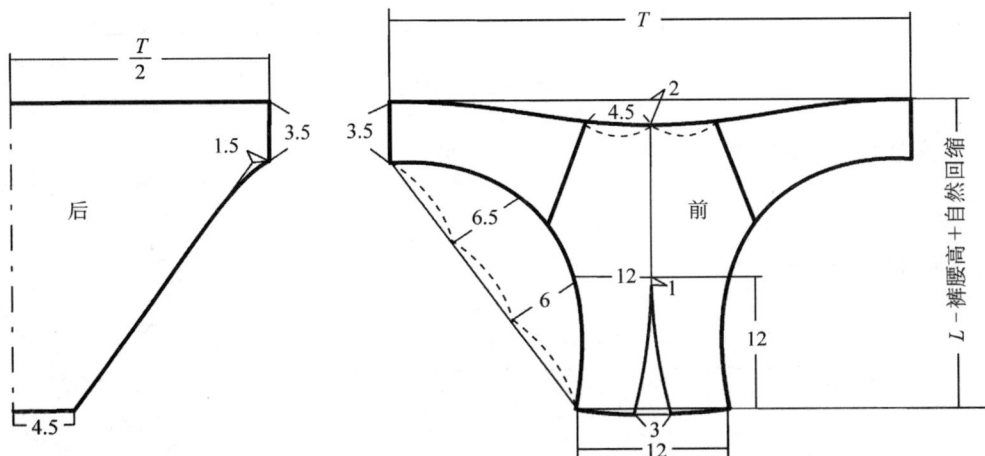

图5-95 结构制图

四、前开口内裤

1. 款式图（图5-96）

2. 成品规格（表5-42）

表5-42　成品规格表　　　　单位：cm

部位 尺寸 号型	裤长 L	横裆 T	半腰围（橡筋） W'
170/74	30	45	29.5

图5-96　款式图

3. 结构制图（图5-97）

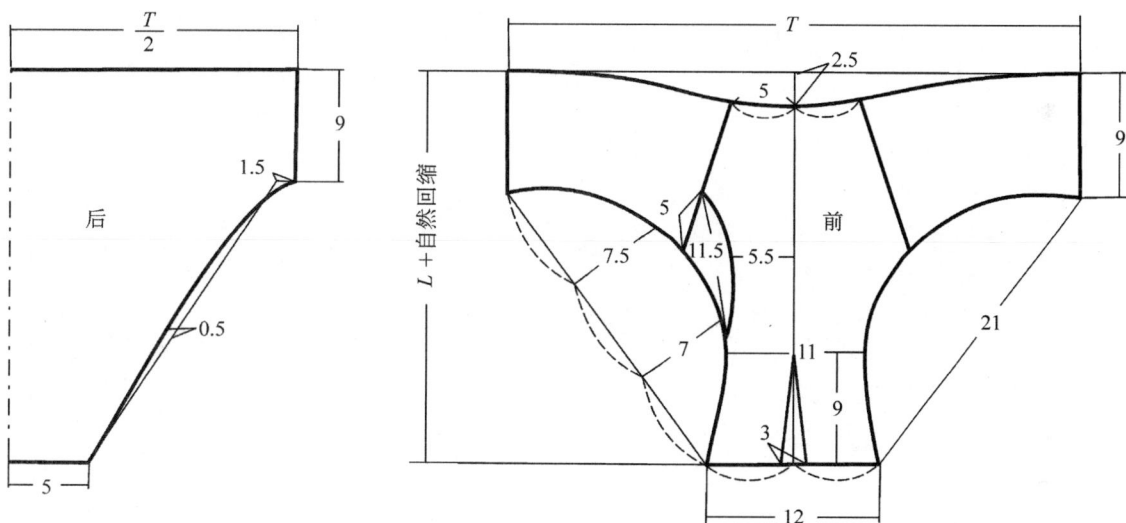

图5-97　结构制图

五、棉毛长裤

1. 款式图（图5-98）

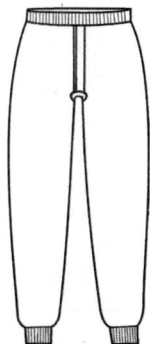

图5-98　款式图

2. 成品规格（表5-43）

表5-43　成品规格表

单位：cm

号型　尺寸　部位	裤长 L	臀围 H'	腰围 W'	横裆 T	前立裆 D	裤口宽 SW
170/74	106	42.5	30	28.25	33	10

3. 结构制图（图5-99）

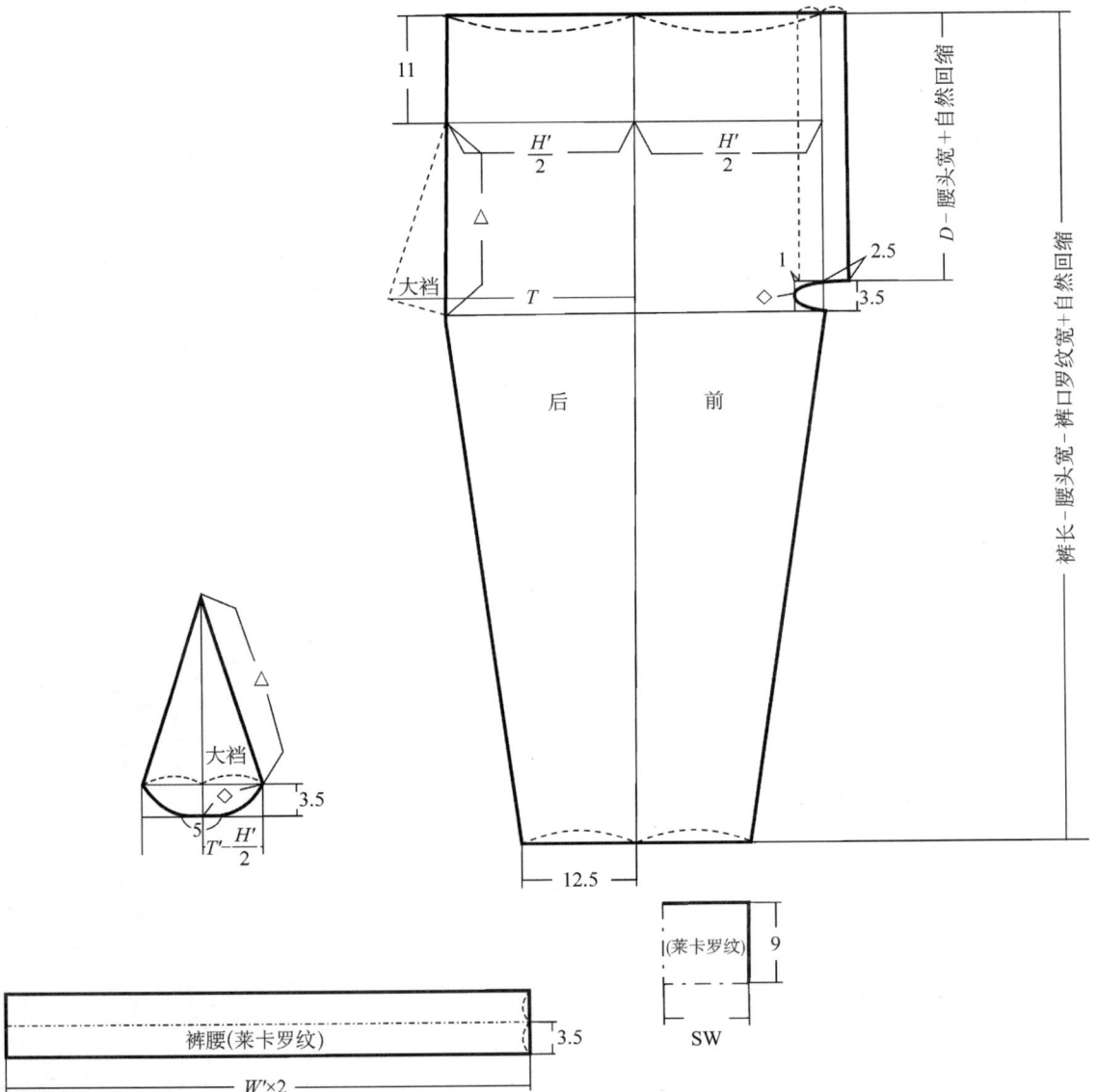

图5-99　结构制图

思考题

1. 针织女装原型与机织服装原型有哪些差别？
2. 针织女装原型应用有哪些原理？
3. 为什么针织服装结构制图的计算公式采用1/2围制？
4. 用经编针织物与纬编针织物制作服装其结构图有什么不同方法？
5. 为什么针织服装紧身型的围度可以小于实际的围度？
6. 罗纹领、绲边领、折边领的制图方法有什么不同？
7. 针织服装一般不设省道，用什么方法可以取得褶裥？
8. 为什么拉链的针织服装制图前中缝要减少0.5cm？

课后准备

实操练习。

实操篇——

针织童装结构原理与制图

课题名称： 针织童装结构原理与制图

课题内容： 婴儿装、男女童上装、裤装及女童裙装结构制图

课题时间： 20课时

教学目的： 让学生掌握针织童装制图的方法，能运用制图公式绘画结构制图。

教学方式： 运用PPT、1∶1大图教学、实操练习。

教学要求： 要结合儿童的心理和生理特征来讲解童装的结构制图。

第六章 针织童装结构原理与制图

第一节 童装结构制图特点

一、童装的分类

儿童根据心理、生理发育的特征可分为四个阶段，即婴儿、幼儿、儿童、少年。每一个时期的服装特征都不一样，因此可将童装分为以下四类：

1. 婴儿服

婴儿服有贴身内衣、裤（连衣裤）、连衣裙、围嘴、睡袋、斗篷等。内衣以斜襟式为主，多采用带子系结。连衣裤穿脱方便，睡袋和斗篷都具有保暖作用。

2. 幼儿服

幼儿服分为男女幼儿服，有内外衣裤、背心、吊带裤等，女幼儿服还有连衣裙。上衣多为套头式，有的带有肩开扣，便于穿脱，也有全开襟形式。面料多使用纯棉针织平纹布。

3. 儿童服

儿童服有男女内衣裤和针织外衣裤，女童还有连衣裙、短裙等。服装品种不多，但款式变化较大，服饰十分丰富。面料多使用纯棉、涤棉交织平纹布等。

4. 少年服

少年服有针织内衣裤、针织休闲装、针织运动外衣裤等。针织T恤类的服装常作为校服，也用于日常生活的着装，款式逐渐趋向成人化。使用面料有纯棉、涤棉交织、涤纶等。

二、儿童的生理与心理特征

儿童阶段是一个从生理、心理上不断趋向成熟的阶段，每一个阶段都有不同的生理和心理特征。

1. 婴儿期（0~1岁）

婴儿缺乏体温调节能力，容易出汗、排泄多、皮肤嫩滑、骨质软。因此，内衣要求纯棉面料，宽松柔软，结构简洁，外衣宽而不松，保温性好，方便婴儿自由活动。

2. 幼儿期（1~6岁）

幼儿的身体特点是腰圆肚挺，头大颈短，肩部较窄。因此，幼儿服要注重服饰造型，外轮廓宜使用H型。女裙可采用A型，尽量适应腰圆肚挺的缺点。此外，领围要大于头围，方便穿脱。

3. 儿童期（7~12岁）

儿童处于人生第二个平稳成长期，尤其是长高，腰圆肚挺的现象好转，或胖或瘦开始分化。同时，他们正处于接受文化知识教育的初始阶段，对新事物有浓厚的兴趣。女孩活泼爱打扮，喜爱穿裙子。男孩好动，穿着的服装多为针织无领上装和裤，利于日常活动。

4. 少年期（13~15岁）

少年的身体日渐发育完善，男女的身材线条特征明显。他们有一定的审美能力，对服装的需求不再由父母做主，追"潮"意识较强，服装多为男女针织休闲服，与成人服装区别在于图案纹样的选择，色彩搭配鲜艳，校服款式多为针织T恤和针织外衣裤。

三、童装的结构制图特点

1. 胸围

由于儿童活泼好动，而且腹部突出，不能像成人的服装那样借助针织面料的弹性来突出人体的线条。因此，胸围的加放量比成人服装要大些。

2. 头围

儿童的头比其他部位发育早一些，因此"头大"是婴幼儿最突出的体型特征。根据这个特点，领围尺寸设置时不宜过小。但是，由于领围尺寸与服装存在着比例美，领围过大，会影响服装整体的外观效果，所以，套头服装无论是绳领还是罗纹领都要加开肩扣，以弥补领围尺寸的不足。

3. 袖窿

童装的结构整体造型不需要像成人服装贴身合体。因此，童装的前、后片袖窿弧长、落肩线的高、低、落线的结构是相同的。同时，袖山深的尺寸不适宜过大，要保持服装的整体宽松。大童服装可因款式造型的需要而设置前后袖窿、前后袖山弧。

4. 腰线

儿童服一般不设腰线和收腰，即使童装连衣裙收腰也较小，甚至不收。儿童体型特征较明显，但由于儿童日常活动范围广，活动量大。因此，针织服装造型采用H型较为合适，而在休闲假日中穿着的针织休闲时尚型的服装，可有收腰的造型。

第二节　婴儿装结构制图实例

一、斜襟衫

1. 款式图（图6-1）
2. 成品规格（表6-1）
3. 结构制图（图6-2）

表6-1　成品规格表　　　　单位：cm

尺寸号型＼部位	衣长 L	半胸围 B'	肩宽 S	领口宽 NW	前领深 FND	袖长 SL	袖口宽 CO	袖窿 AH
1～3个月	30	24	23	13	4.5	24	7	11

图6-1　款式图

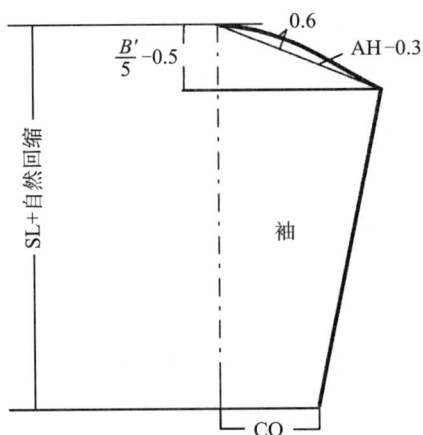

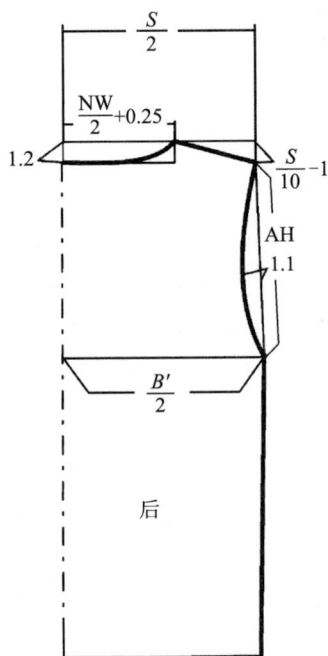

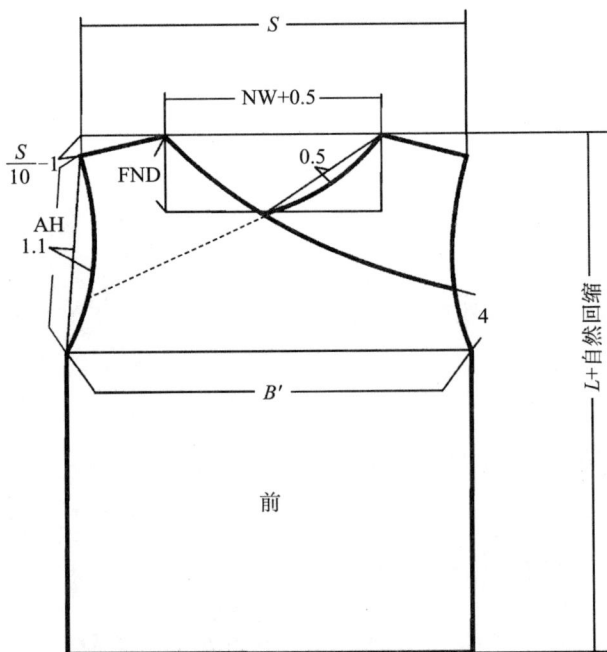

图6-2　结构制图

二、斜襟婴儿套装

1. 款式图（图6-3）
2. 成品规格（表6-2）
3. 结构制图（图6-4）

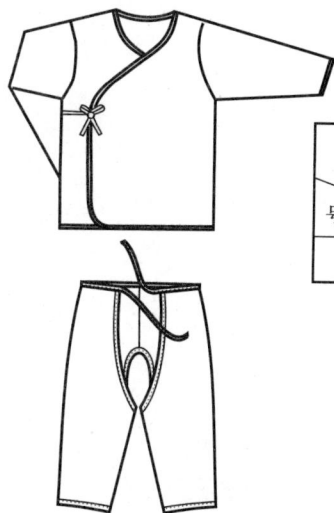

图6-3　款式图

表6-2　成品规格表　　　　　　单位：cm

部位 尺寸 号型	衣长 L	半胸围 B'	肩宽 S	领口宽 NW	前领深 FND	袖长 SL	袖口宽 CO	裤长 L	半臀围 H'	裤口宽 SW
1～3个月	30	24	23	10	6.5	24	6.5	39	30	8.5

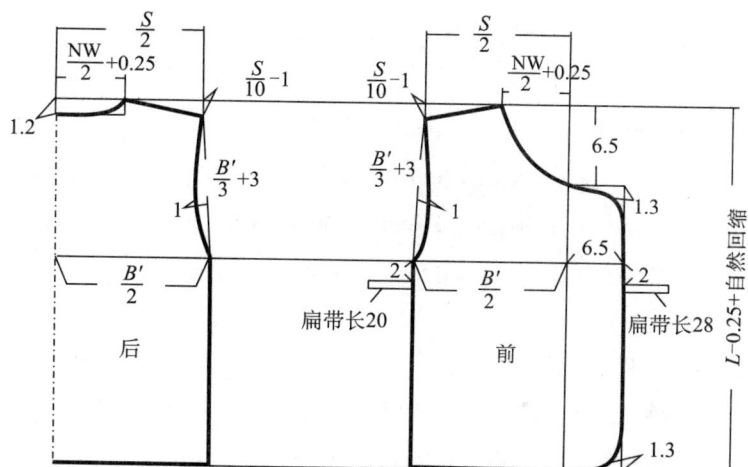

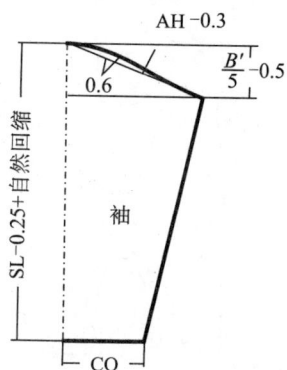

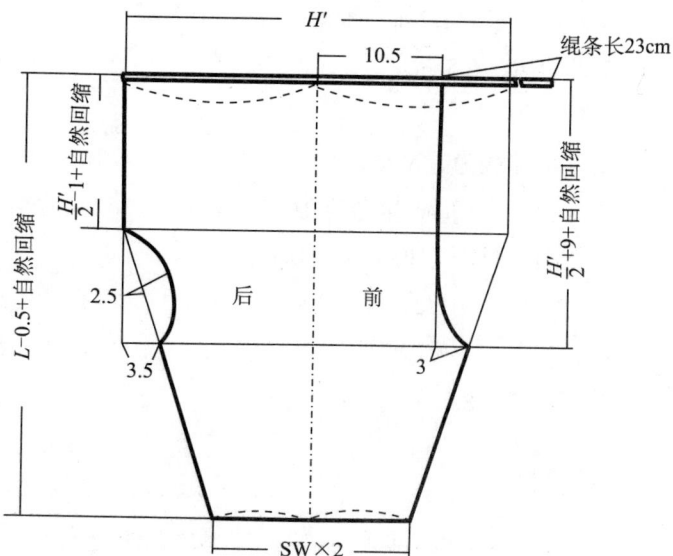

图6-4　结构制图

4. 制图步骤

（1）上衣前片。

①作基础线为上平线。

②衣长：［30cm-绳条空隙（0.25cm）］［1+自然回缩率］。

③领口宽：1/2领宽（10cm）+绳条空隙（0.25cm）=5.25cm。

④领口深：6.5cm。

⑤肩斜线：1/10肩（23cm）-1cm=1.3cm。

⑥前肩宽：1/2肩（23cm）=11.5cm。

⑦袖窿深：1/3胸围（24cm）+3cm=11cm。

⑧胸围：1/2胸围（24cm）=12cm，搭门6.5cm。

（2）上衣后片。

①延长上平线、胸围线、下平线。

②领口宽：1/2领宽（10cm）+绳条空隙（0.25cm）=5.25cm。

③领口深：1.2cm。

④肩斜线：1/10肩（23cm）-1cm=1.3cm。

⑤后肩宽：1/2肩（23cm）=11.5cm。

⑥袖窿深：1/3胸围（24cm）+3cm=11cm。

⑦胸围：1/2胸围（24cm）=12cm。

（3）袖片。

①作基础线为上平线。

②袖长：［22cm-绳条空隙（0.25cm）］［1+自然回缩率］。

③袖山高：1/5胸围（24cm）-0.5cm=4.3cm。

④袖山弧长：1/2前后袖窿总弧长-0.3cm。

⑤袖口宽：6.5cm。

（4）下装。

①作基础线为上平线。

②裤长：［39cm-绳条空隙（0.5cm）］［1+自然回缩率］。

③臀围：臀围（30cm）=30cm。

④前裆深：［1/2臀围（30cm）+9cm］［1+自然回缩率］。

⑤后裆深：［1/2臀围（30cm）-1cm］［1+自然回缩率］。

⑥裤口宽：8.5cm×2cm=17cm。

三、吊带裤

1. 款式图（图6-5）

绳边条

图6-5 款式图

2. 成品规格（表6-3）

表6-3 成品规格表

单位：cm

尺寸 号型 ＼ 部位	衣长 L	半胸围 B'	半臀围 H'	领口宽 NW	前领深 FND	裤口宽 SW
3~6个月	54.5	28.5	31	13	6	11.5

3. 结构制图（图6-6）

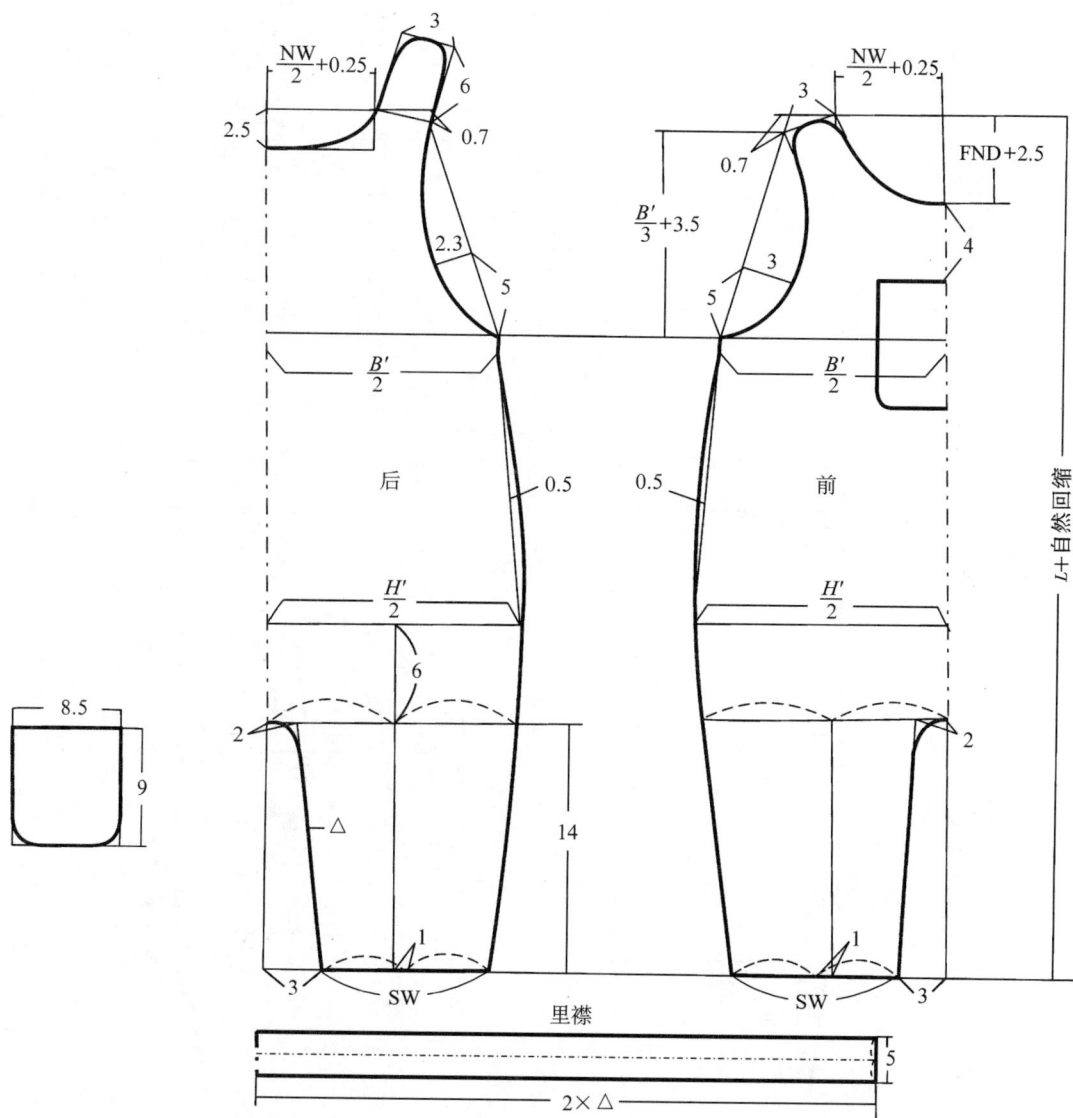

图6-6 结构制图

四、夹棉连裤衫

1. 款式图（图6-7）
2. 成品规格（表6-4）

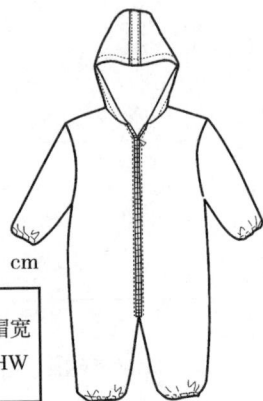

表6-4　成品规格表

单位：cm

尺寸 号型	部位	衣长 L	半胸围 B′	肩宽 S	领口宽 NW	前领深 FND	袖长 SL	袖口宽 CO	半臀围 H′	裤口宽 SW	帽长 HL	帽宽 HW
90/53		62	37	31	16	6	24	6.5	41	9	29	21

图6-7　款式图

3. 结构制图（图6-8）

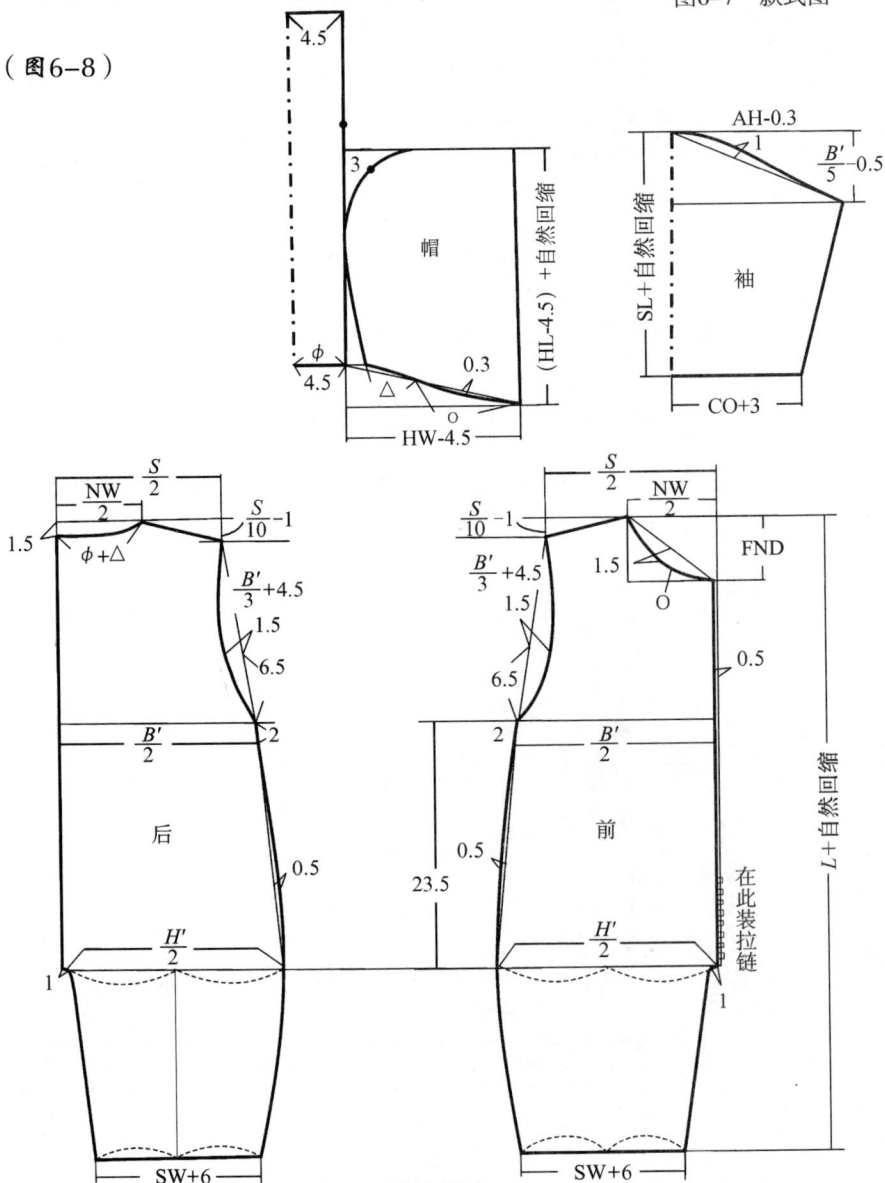

图6-8　结构制图

五、全开襟婴儿衫

1. 款式图（图6-9）

2. 成品规格（表6-5）

3. 结构制图（图6-10）

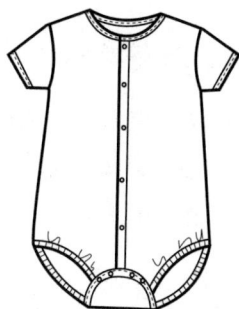

图6-9　款式图

表6-5　成品规格表　　　　　　　单位：cm

尺寸 号型 \ 部位	衣长 L	半胸围 B′	半臀围 H′	肩宽 S	领口宽 NW	前领深 FND	袖长 SL	袖口宽 CO	裤口宽 （罗纹） SW
90/52	44.5	28	41	19.5	10	4.5	8.5	10	13

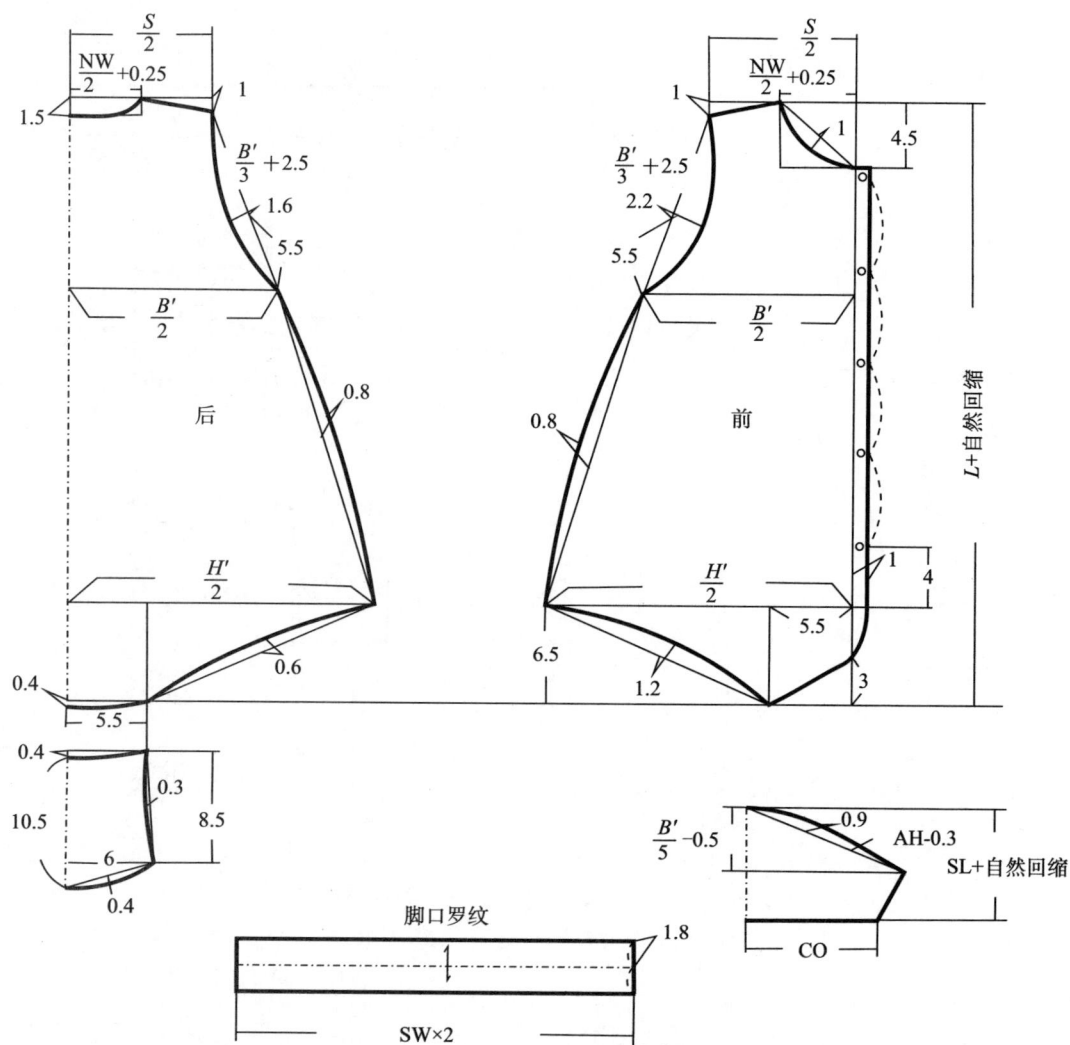

图6-10　结构制图

六、连身裤装

1. 款式图（图6-11）
2. 成品规格（表6-6）
3. 结构制图（图6-12）

表6-6　成品规格表　　　　　　　单位：cm

尺寸 号型 \ 部位	衣长 L	半胸围 B'	肩宽 S	领口宽 NW	前领深 FND	袖窿 AH	袖长 SL	横裆 T	裤口宽 SW
9～12个月	64	28	24	14	6	13	24	15.5	8.5

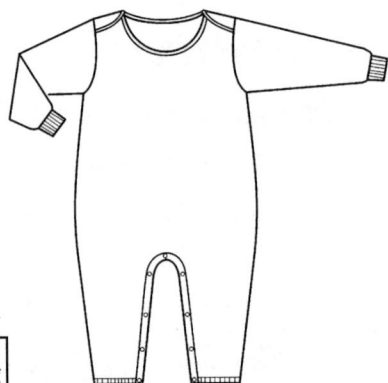

图6-11　款式图

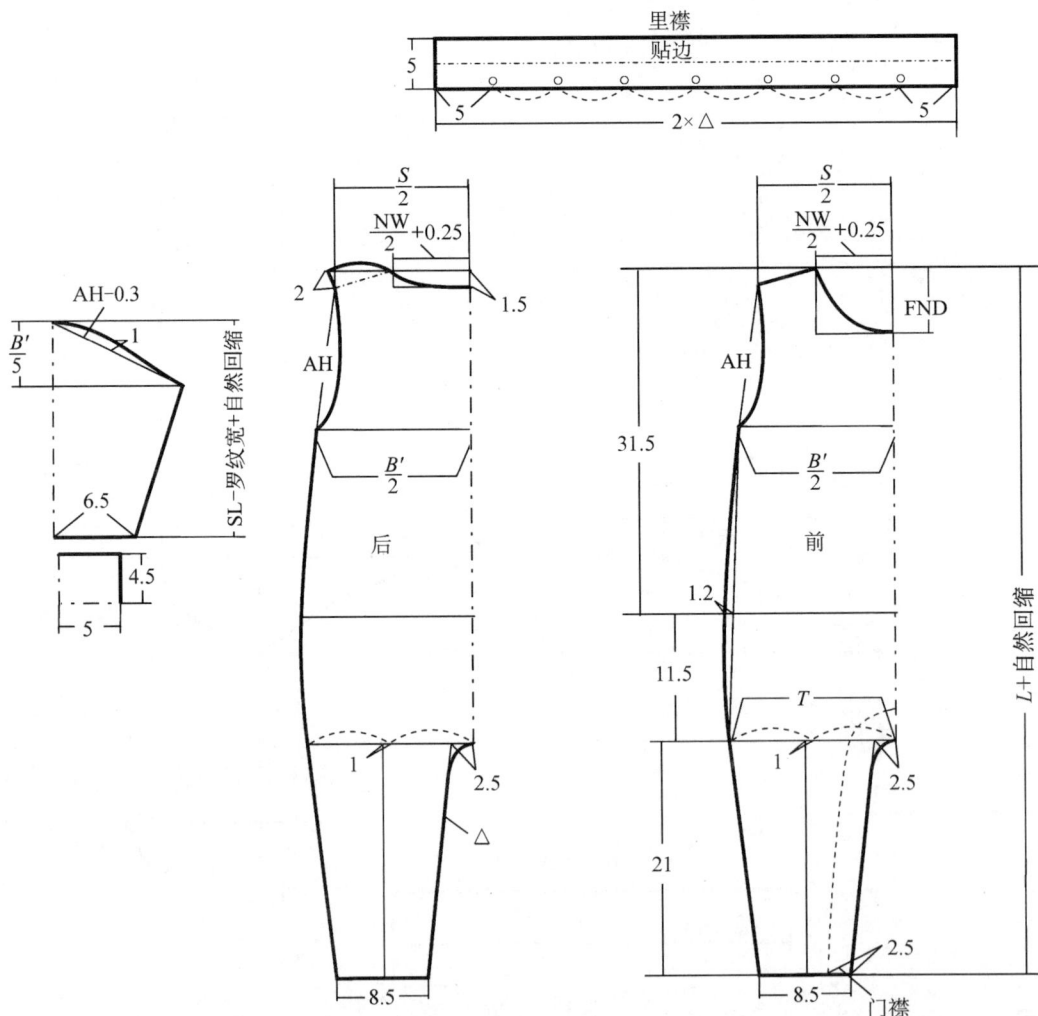

图6-12　结构制图

七、婴儿连袜裤装

1. 款式图（图6-13）

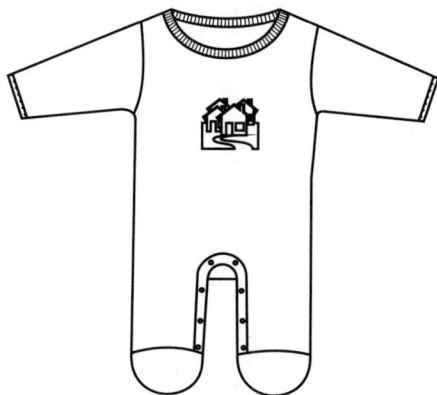

图6-13　款式图

2. 成品规格（表6-7）

表6-7　成品规格表　　　　　　　　　　　　　　　　　　　　　　单位：cm

部位 尺寸 号型	衣长 L	半胸围 B'	小肩宽 S	领口宽 NW	领深 FND	袖窿 AH	袖长 SL	袖口宽 CO	半臀围 H'	裤口宽 SW
6～9个月	58	26	5.25	11.5	5	11.5	27	8	30	10.5

3. 结构制图（图6-14）

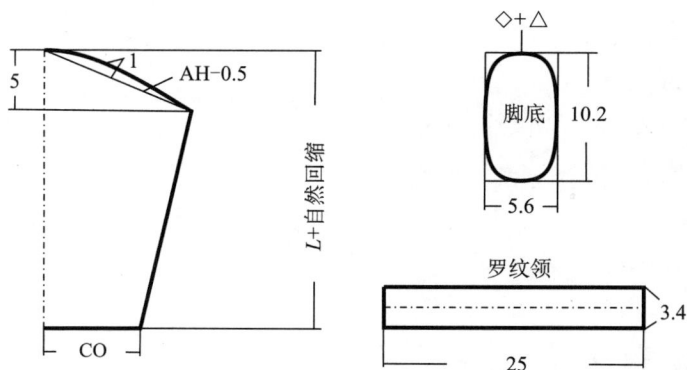

图6-14

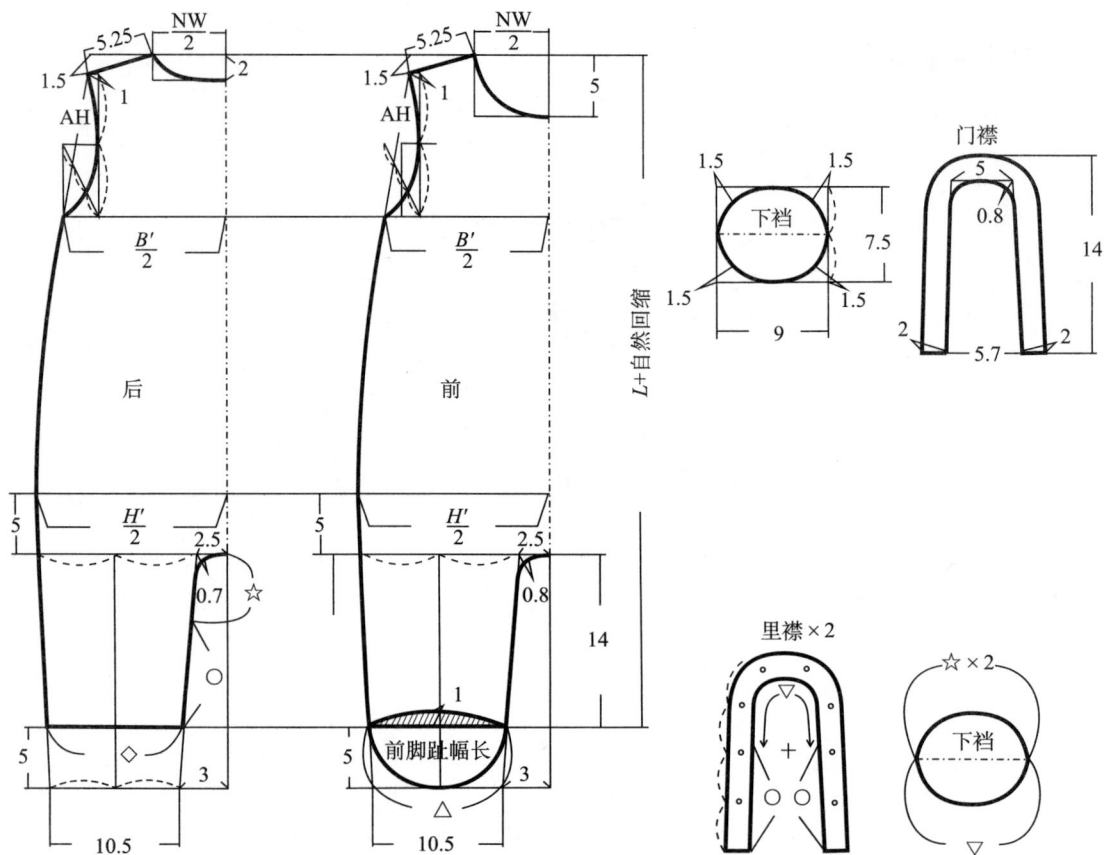

图6-14　结构制图

4．制图步骤

（1）前片。

①作基础线为上平线。

②衣裤长：58cm（1+自然回缩率）。

③领口宽：1/2领宽（11.5cm）=5.75cm。

④领口深：5cm。

⑤肩斜线：1.5cm。

⑥前小肩宽：5.25cm。

⑦胸围：1/2胸围（26cm）=13cm。

⑧袖窿：11.5cm。

⑨前胸宽：在肩宽点向右进入1cm。

⑩前裆深：14cm。

⑪臀围：1/2臀围（30cm）=15cm。

⑫裤口：10.5cm

（2）后片。

①延长上平线，胸围线、臀围线、下平线。

②领口宽：1/2领宽（11.5cm）=5.75cm。

③领口深：2cm。

④肩斜线：1.5cm。

⑤后小肩宽：5.25cm。

⑥胸围：1/2胸围（26cm）=13cm。

⑦袖窿：11.5cm。

⑧后背宽：在肩宽点向左进入1cm。

⑨臀围：1/2臀围（30cm）=15cm。

⑩裤口宽：10.5cm。

⑪下裆：长9cm，宽.7.5cm。

⑫门、里襟：以裤裆弯为原型，取门、里襟长14cm，宽2cm。

⑬罗纹领：长25cm，宽3.4cm。

（3）袜片。

①前脚趾；长5cm，宽10cm。

②脚底：长10.2cm，宽5.6cm。

（4）袖片。

①袖长：27cm（1+自然回缩率）。

②袖山高：5cm。

③袖山弧长：袖窿弧长-0.5cm。

④袖口宽：8cm。

第三节　儿童下装结构制图实例

一、小童吊带裤

1. 款式图（图6-15）

2. 成品规格（表6-8）

图6-15　款式图

表6-8　成品规格表　　　　　　单位：cm

部位 尺寸 号型	裤长 L	半腰围（橡筋） W'	半臀围 H'	橡筋裤口 SW
110/56	35	22	37	17

3. 结构制图（图6-16）

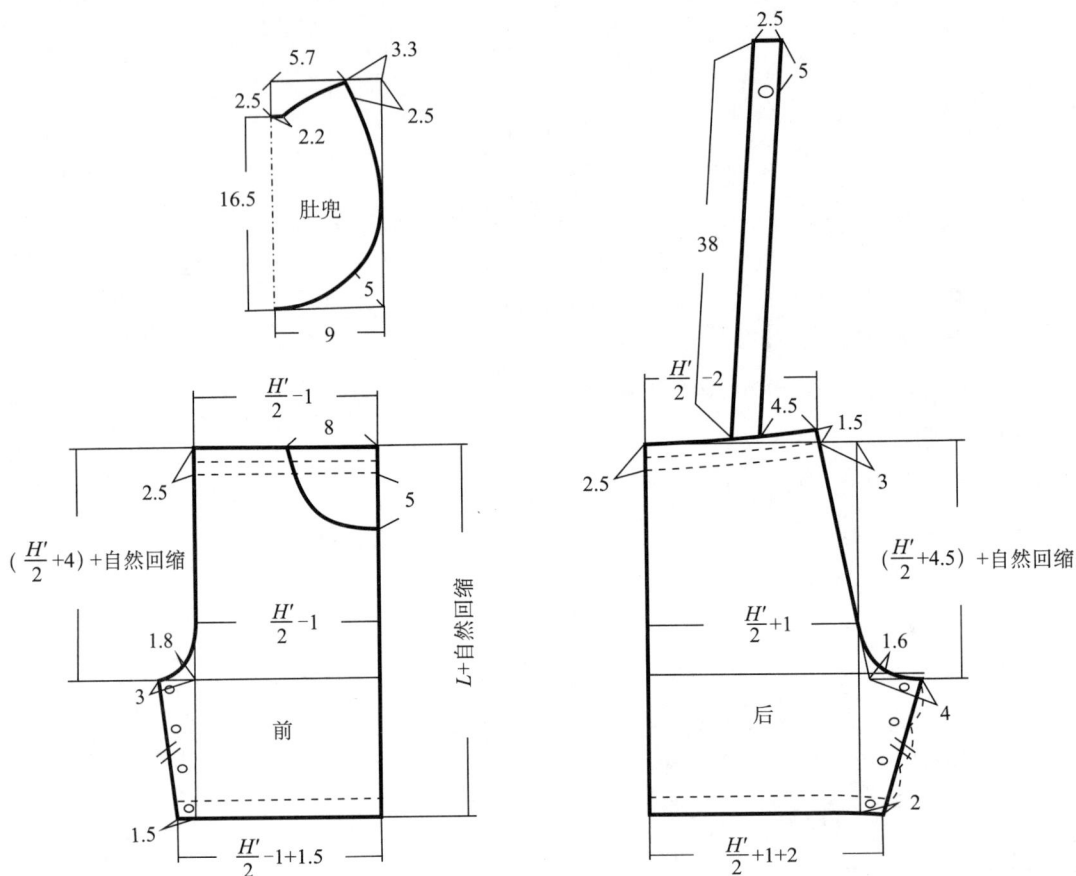

图6-16 结构制图

4. 制图步骤

（1）前片。

①裤长：35cm（1+自然回缩率）。

②前裆深：[1/2臀围（37cm）+4cm][1+自然回缩率]。

③臀围：1/2臀围（37cm）-1cm=17.5cm。

④前小裆：3cm。

⑤腰围：1/2臀围（37cm）-1cm=17.5cm。

⑥裤口宽：1/2臀围（37cm）-1cm+1.5cm=19cm。

（2）后片。

①延长前片上平线、下平线。

②后裆深：[1/2臀围（37cm）+4.5cm][1+自然回缩率]。

③臀围：1/2臀围（37cm）+1cm=19.5cm。

④腰围：1/2臀围（37cm）-2cm=16.5cm。

⑤后小裆：4cm。

⑥裤口宽：1/2臀围（37cm）+1cm+2cm=21cm。

⑦吊带长：38cm。

⑧肚兜：高16.5cm，宽9cm。

二、罗纹脚吊带裤

1. 款式图（图6-17）

2. 成品规格（表6-9）

表6-9 成品规格表   单位：cm

尺寸 号型	部位 裤长 L	半臀围 H'	半腰围 W'	裤口宽（罗纹） SW
110/55	62	37	32	11

图6-17 款式图

3. 结构制图（图6-18）

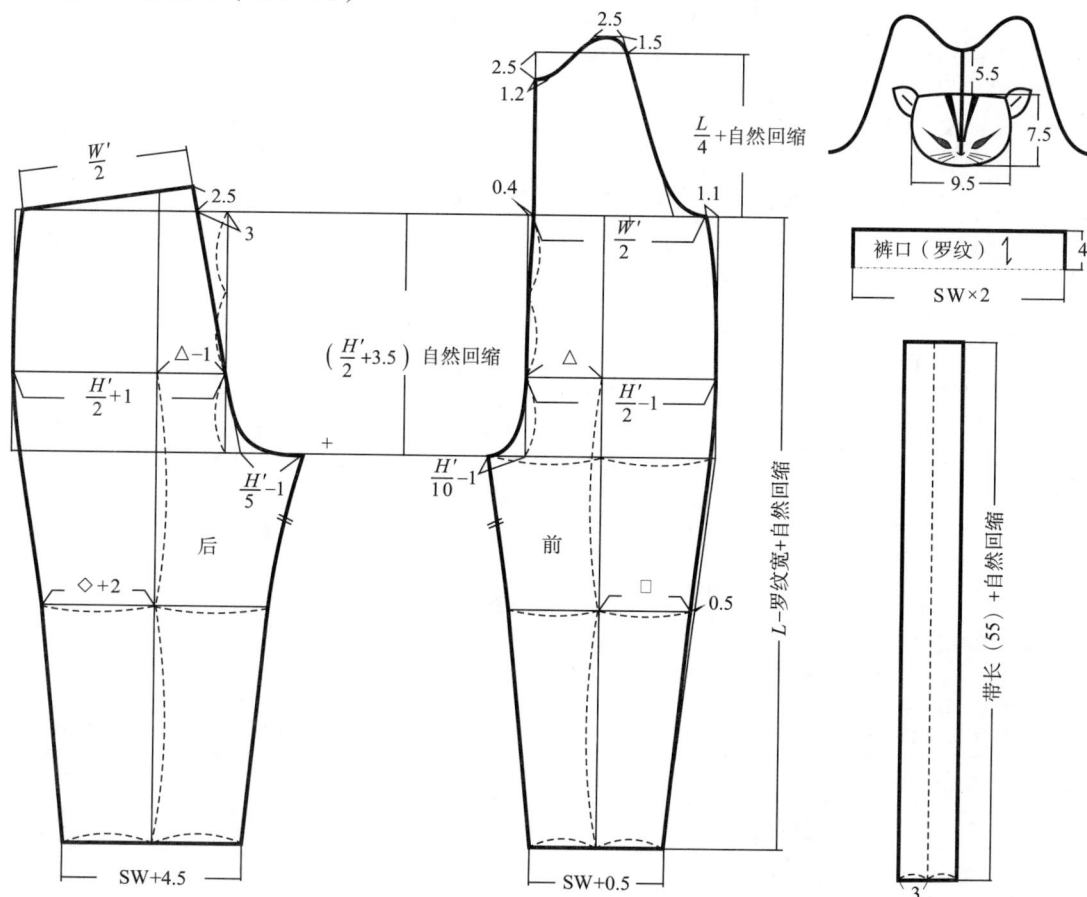

图6-18 结构制图

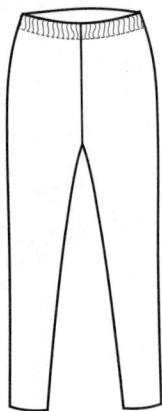

图6-19　款式图

三、女童弹力裤

1. 款式图（图6-19）

2. 成品规格（表6-10）

表6-10　成品规格表　　　　　单位：cm

尺寸 号型	部位	裤长 L	半臀围 H'	半腰围（橡筋） W'	裤口宽 SW
120/56		68	30	25	9

3. 结构制图（图6-20）

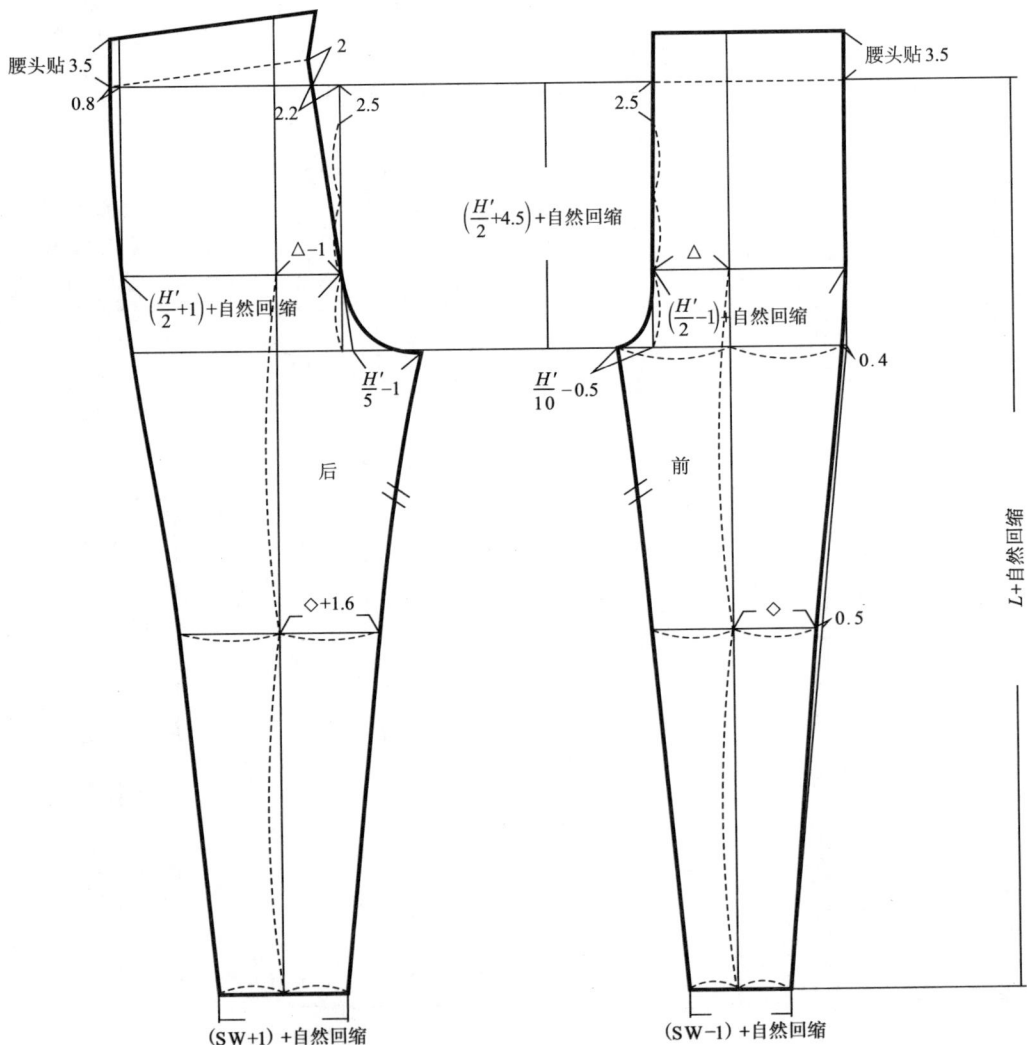

图6-20　结构制图

四、蕾丝拼幅女童裤

1. 款式图（图6-21）

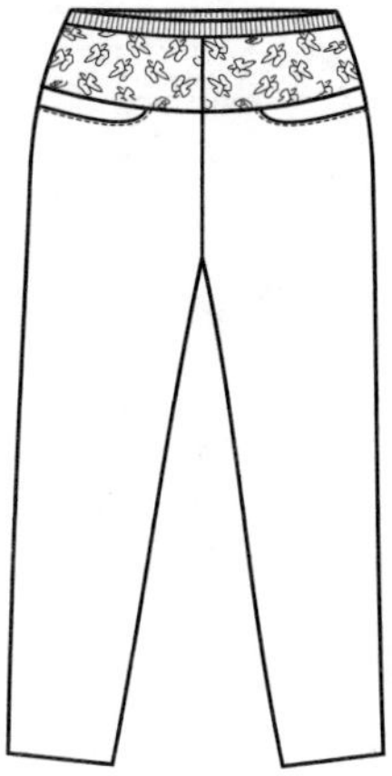

2. 成品规格（表6-11）

表6-11　成品规格表　　　　单位：cm

尺寸号型 \ 部位	裤长 L	半臀围 H'	半腰围 W'	裤口宽（罗纹）SW
130/58	76	37	27	14

图6-21　款式图

3. 结构制图（图6-22）

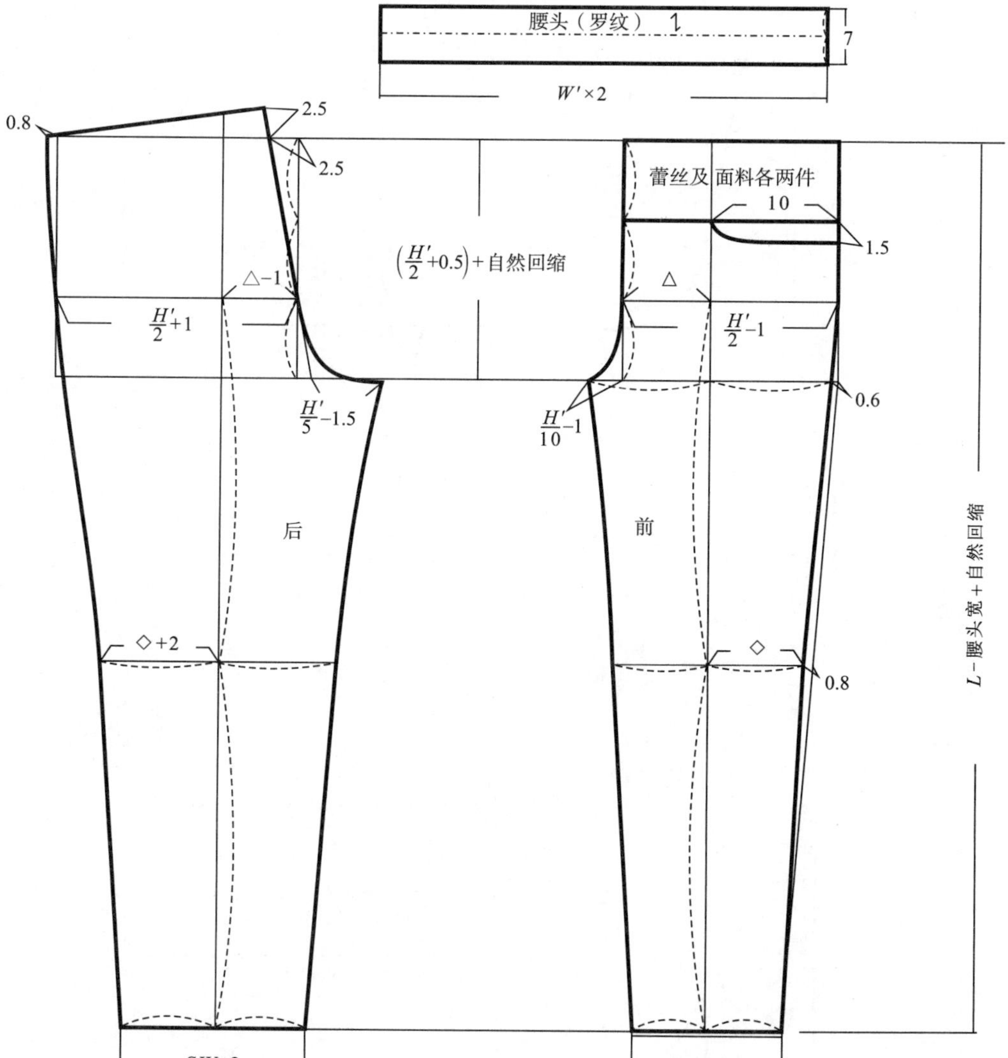

图6-22　结构制图

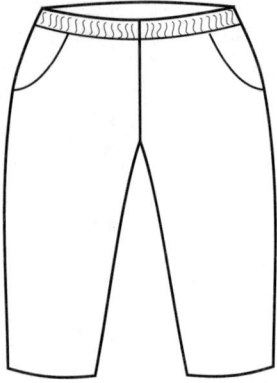

五、罗纹腰头五分裤

1. 款式图（图6-23）

2. 成品规格（表6-12）

图6-23 款式图

表6-12 成品规格表 单位：cm

号型 \ 尺寸 \ 部位	裤长 L	半臀围 H'	半腰围 W'	裤口宽（罗纹）SW
140/59	52	36	26	16

3. 结构制图（图6-24）

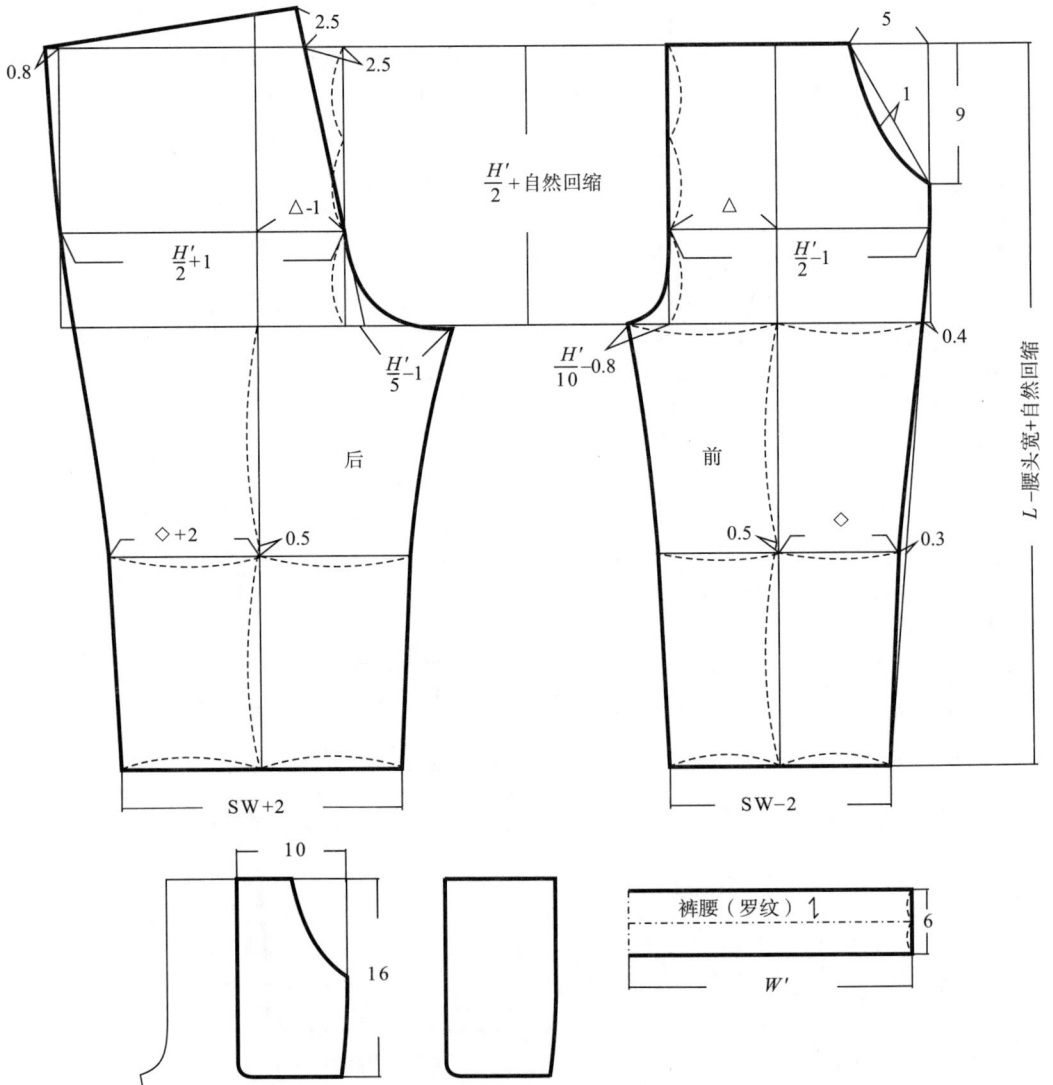

图6-24 结构制图

六、男童罗纹腰头休闲裤

1. 款式图（图6-25）
2. 成品规格（表6-13）
3. 结构制图（图6-26）

表6-13　成品规格表　　　　单位：cm

部位 尺寸 号型	裤长 L	半臀围 H'	半腰围（罗纹） W'	裤口宽（罗纹） SW
90/52	55	30	22	7.5

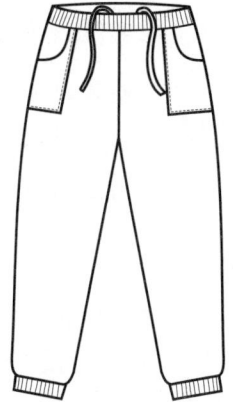

图6-25　款式图

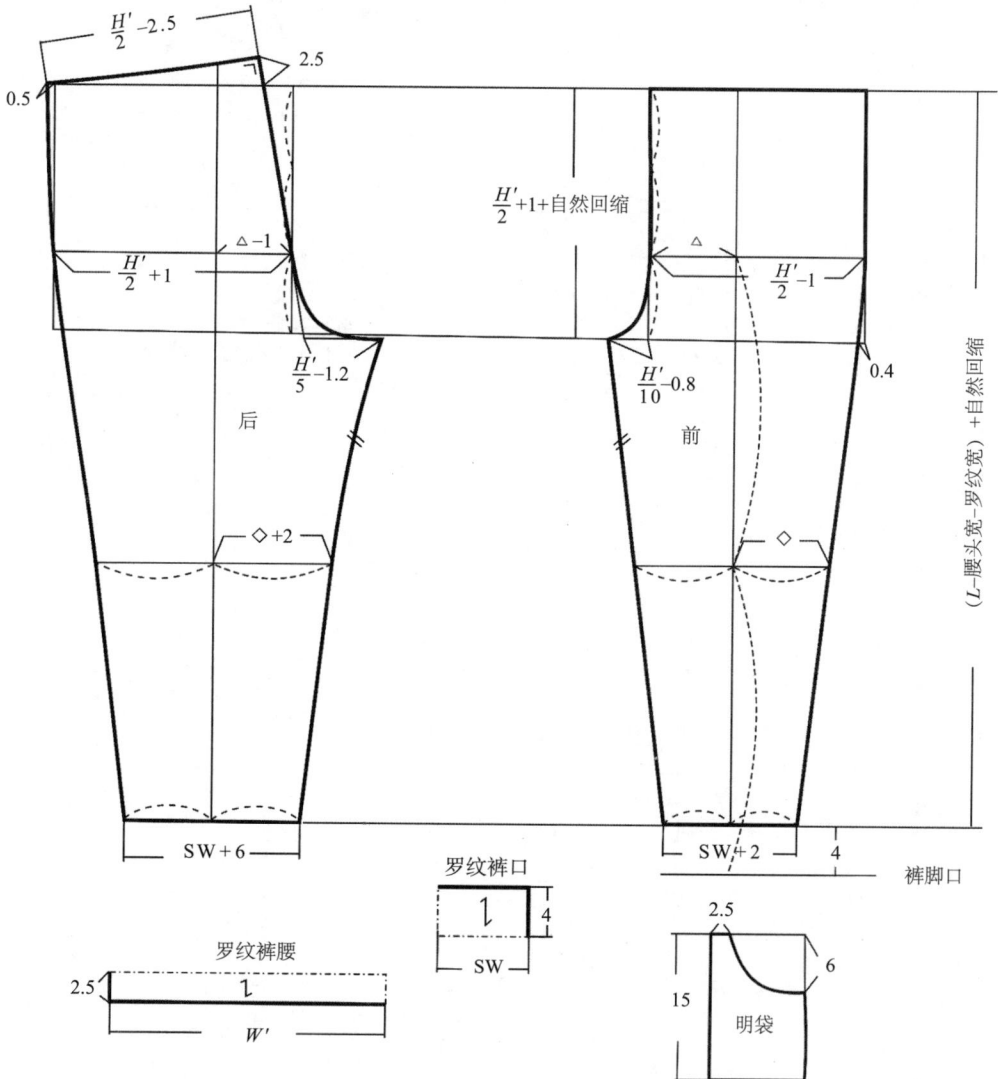

图6-26　结构制图

七、男童橡筋腰头休闲裤

1. 款式图（图6-27）

2. 成品规格（表6-14）

3. 结构制图（图6-28）

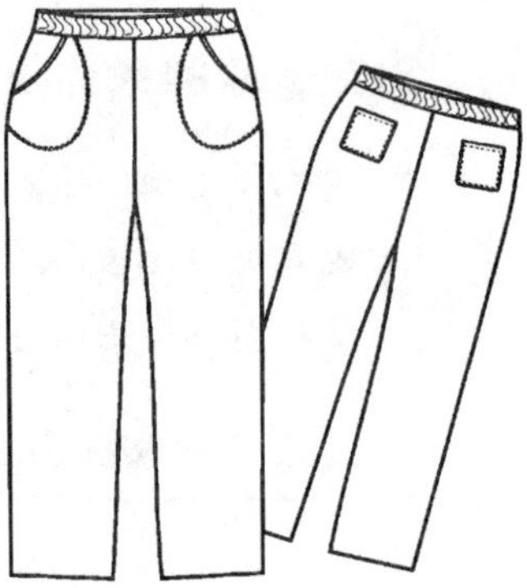

表6-14 成品规格表　　　　　单位：cm

号型\尺寸\部位	裤长 L	半臀围 H'	半腰围（橡筋）W'	裤口宽 SW	腰头宽
130/58	75	40	25	17	3

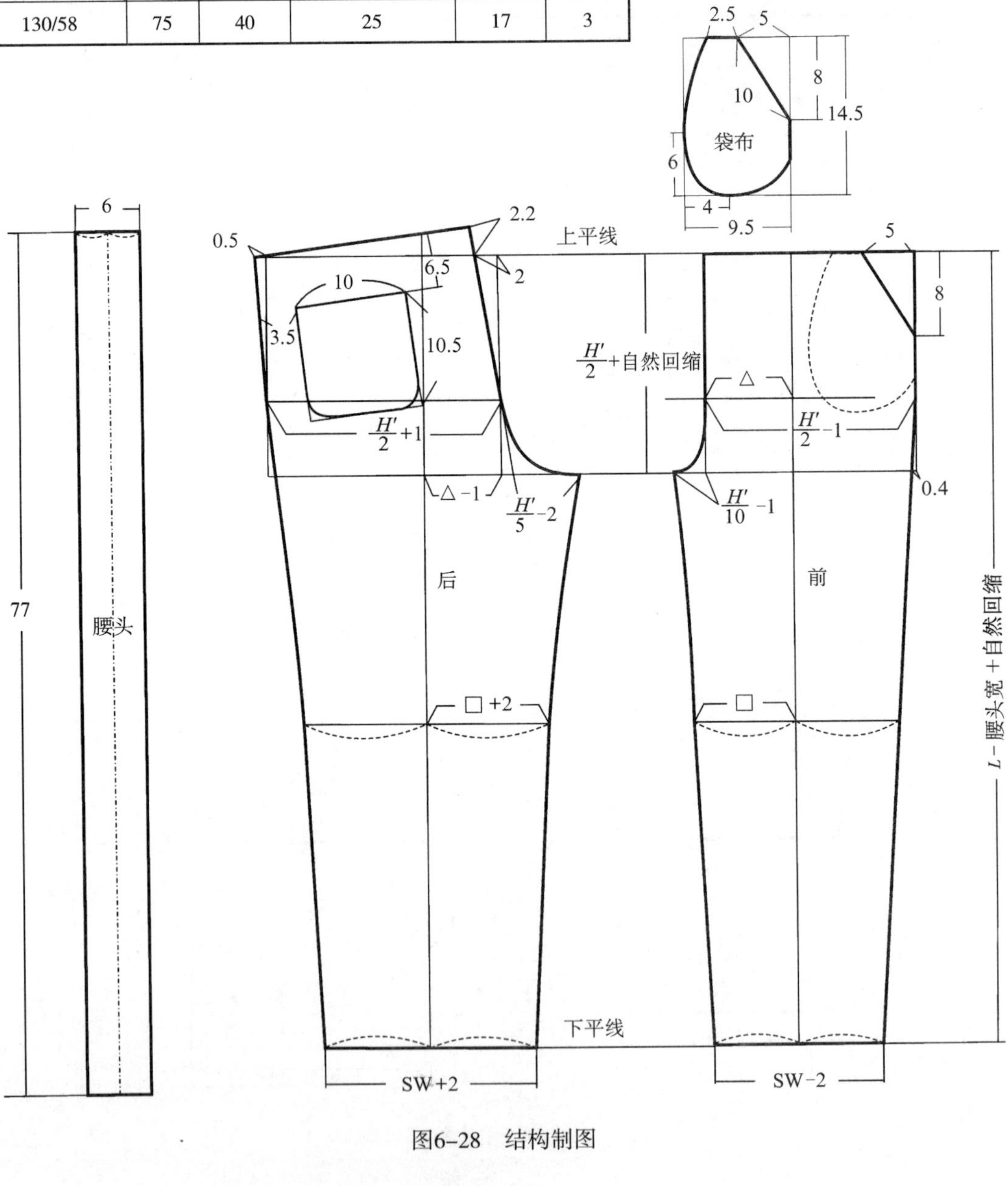

图6-27 款式图

图6-28 结构制图

八、拼幅休闲裤

1. 款式图（图6-29）

2. 成品规格（表6-15）

表6-15 成品规格表

单位：cm

尺寸 号型 \ 部位	裤长 L	半臀围 H'	半腰围（罗纹） W'	裤口宽（罗纹） SW
120/56	71	37	24.5	8.5

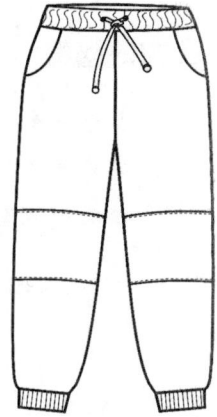

图6-29 款式图

3. 结构制图（图6-30）

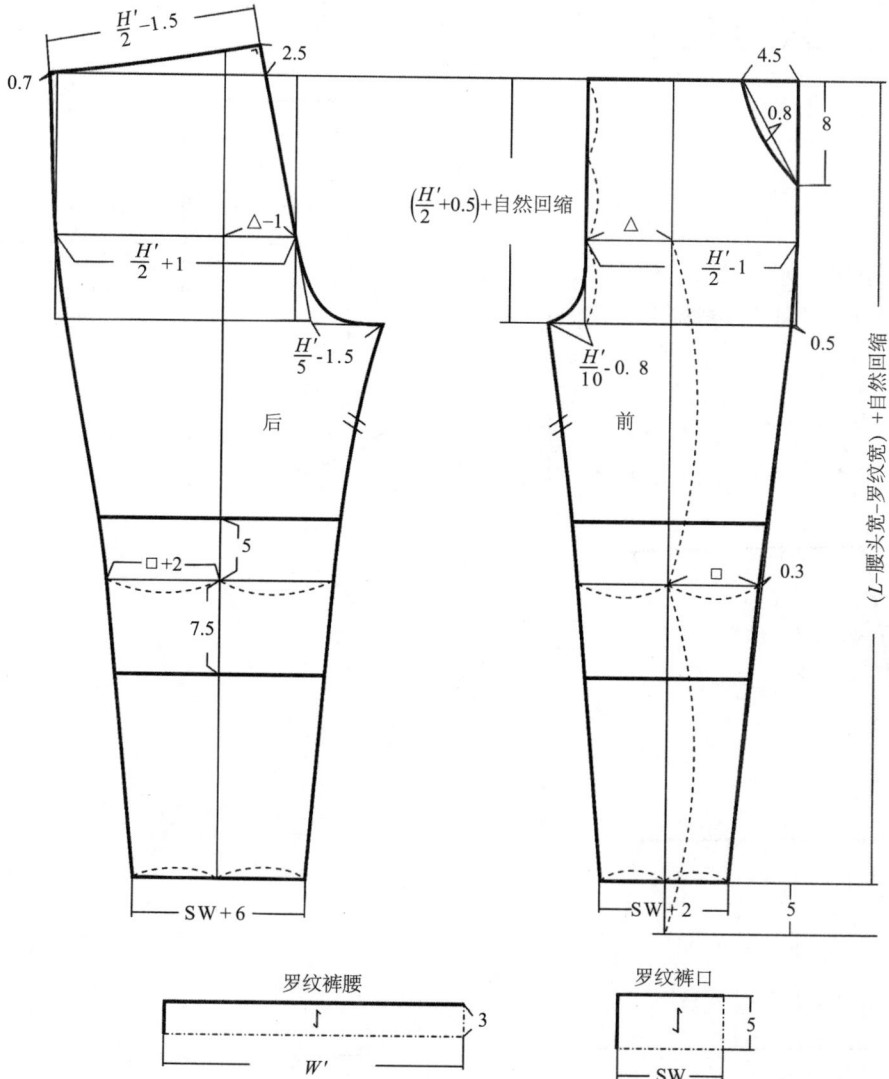

图6-30 结构制图

九、荷叶褶裙

1. **款式图**（图6-31）

2. **成品规格**（表6-16）

3. **结构制图**（图6-32）

表6-16 成品规格表　　　单位：cm

尺寸 号型 ＼ 部位	裙长 L	半腰围 （橡筋） W'	半下摆 OP
130/58	31	26.5	70

图6-31 款式图

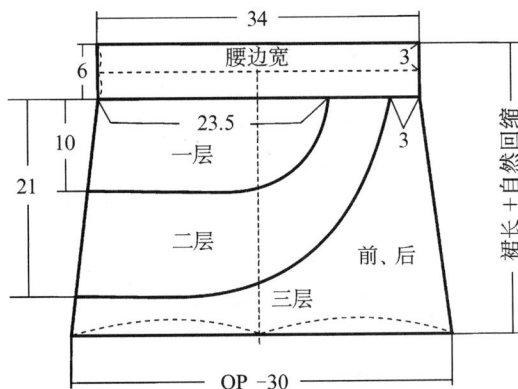

附：裙摆展开图。

（70是成品尺寸，图中裙摆40+展开的30，合计是70）

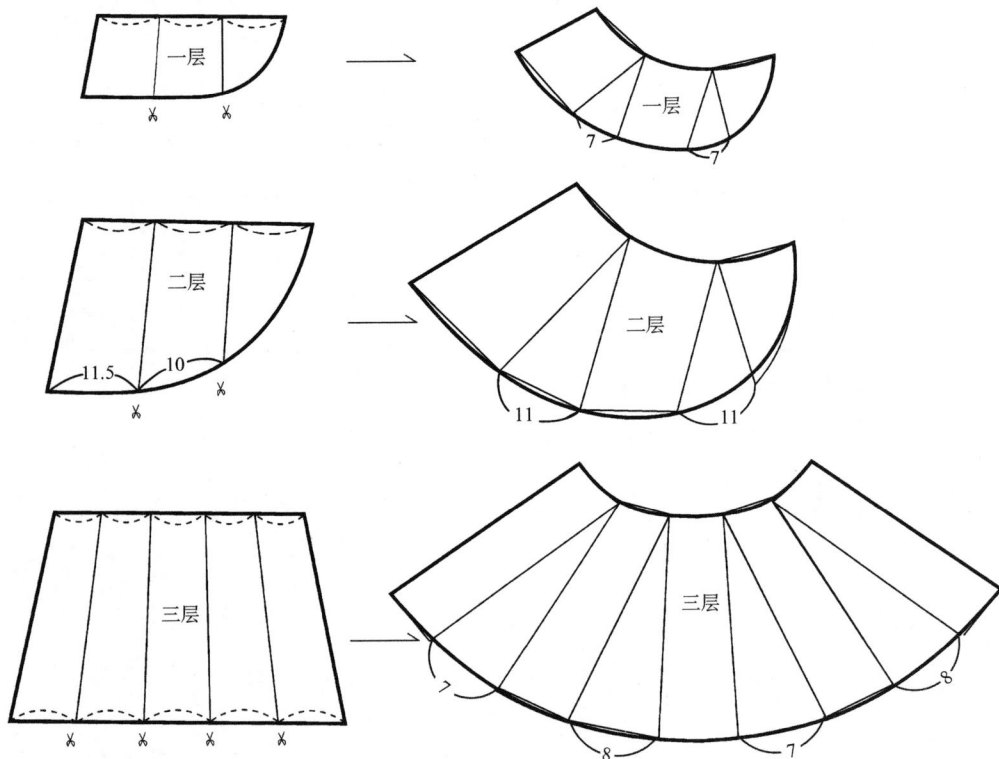

图6-32 结构制图

十、蕾丝拼幅吊带裙

1. 款式图（图6-33）

2. 成品规格（表6-17）

表6-17 成品规格表　　　　　　单位：cm

尺寸号型　　　部位	衣长 L	半胸围 B'	领口宽 NW	前领深 FND	半下摆 OP
110/57	48	31	16	6	53

图6-33 款式图

3. 结构制图（图6-34）

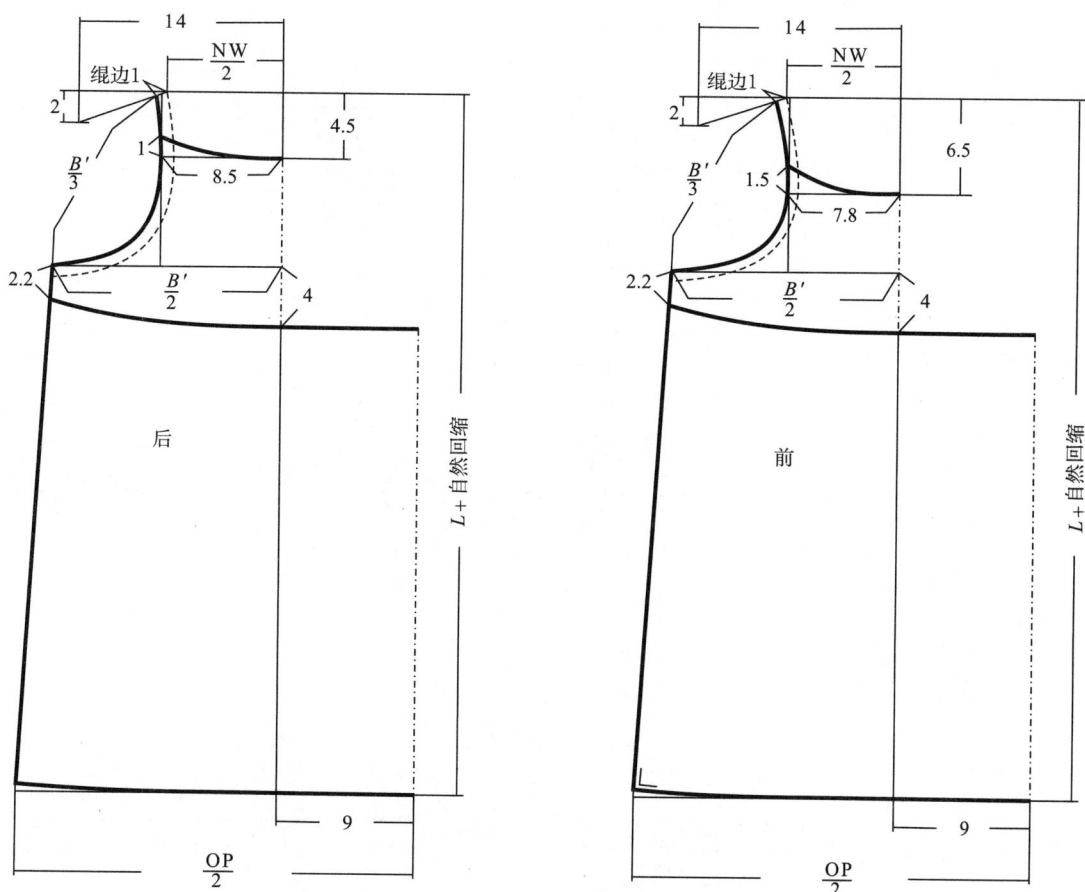

图6-34 结构制图

十一、蕾丝连衣裙

1. 款式图（图6-35）
2. 成品规格（表6-18）
3. 结构制图（图6-36）

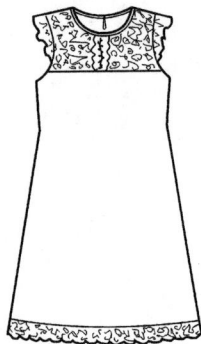
图6-35 款式图

表6-18 成品规格表　　　　单位：cm

尺寸号型＼部位	衣长 L	半胸围 B'	肩宽 S	领口宽 NW	前领深 FND	袖窿 AH	半腰围 W'	半下摆 OP
150/74	89	42	34	18	8.5	17	39	58

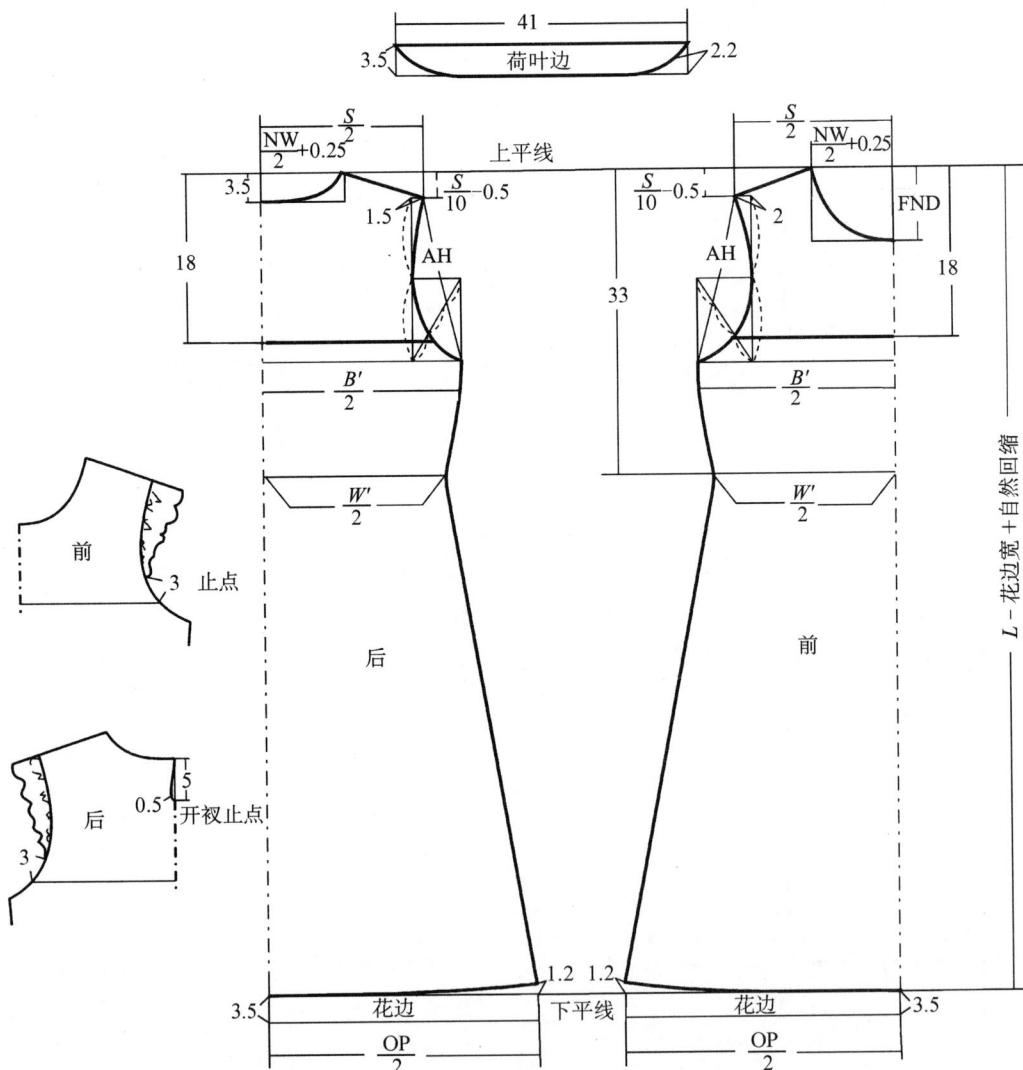

图6-36 结构制图

十二、公主裙

1. 款式图（图6-37）
2. 成品规格（表6-19）
3. 结构制图（图6-38）

图6-37 款式图

表6-19 成品规格表　　　　　　　　　　单位：cm

部位 尺寸 号型	裙长 L	半胸围 B'	肩宽 S	领口宽 NW	前领深 FND	半腰围 W'	半下摆 OP
130/63	72	34	28	15	7	31	101

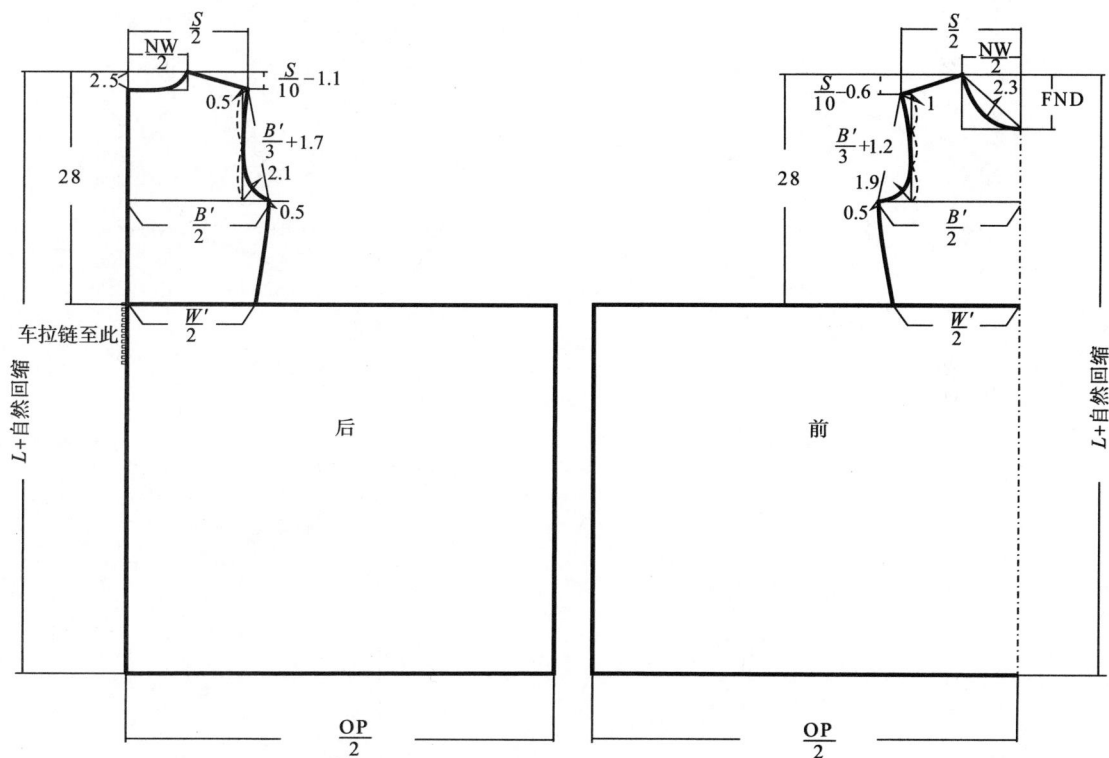

图6-38 结构制图

十三、拼幅抽褶连衣裙

1. 款式图（图6-39）

2. 成品规格（表6-20）

3. 裙摆原型展开图（图6-40），结构制图（图6-41）

表6-20　成品规格表　　　　　单位：cm

部位 尺寸 号型	衣长 L	半胸围 B'	肩宽 S	领口宽 NW	前领深 FND	半腰围 W'	半下摆 OP
150/74	89	40	32.5	18	13	38	54

图6-39　款式图

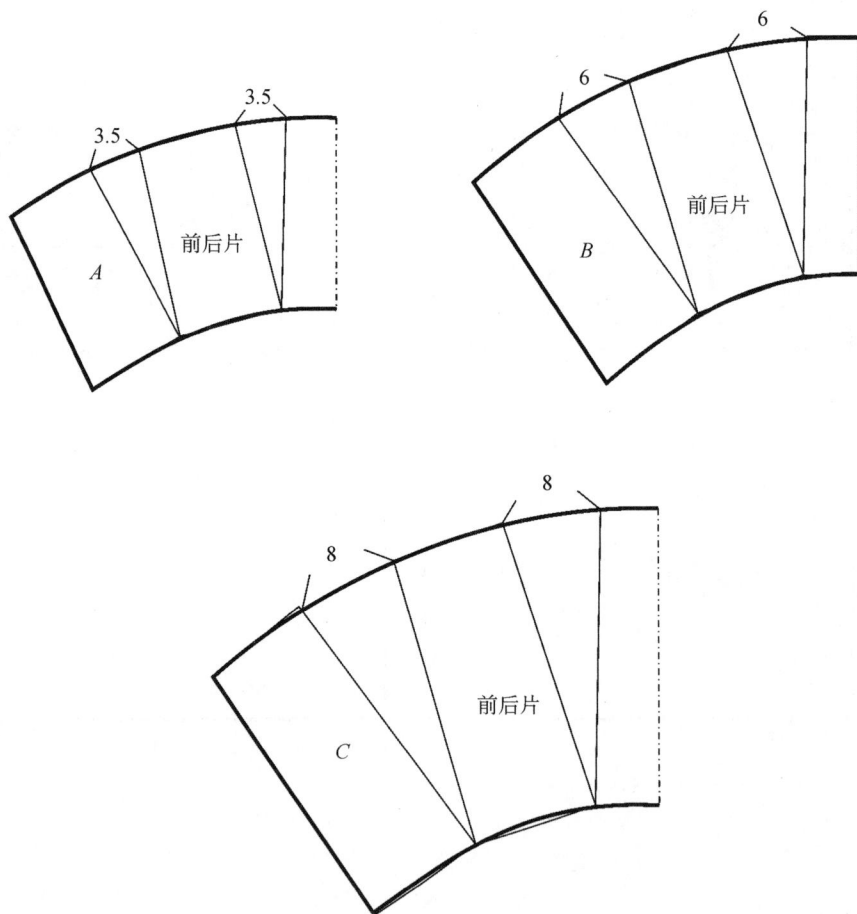

图6-40　裙摆原型展开图

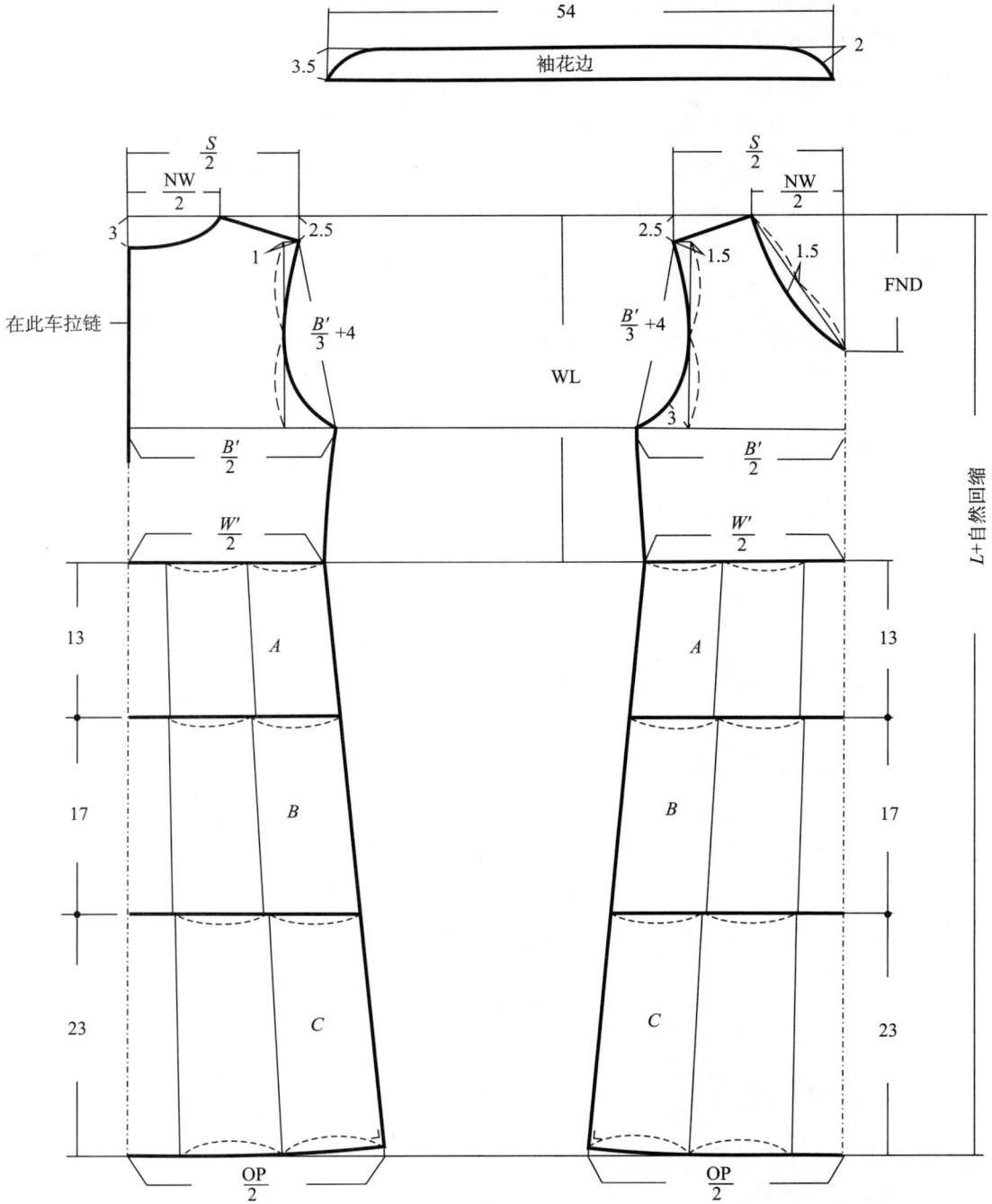

图6-41　结构制图

4. 制图步骤

（1）前片。

①衣长：89cm（1+自然回缩率）。

②领口宽：1/2领口宽（18cm）=9cm。

③领口深：13cm。

④肩斜线：2.5cm。

⑤前肩宽：1/2肩（32.5cm）=16.25cm。

⑥袖窿深：1/3胸围（40cm）+4cm=17.3cm。

⑦前胸宽：在肩点向右进入1.5cm。

⑧胸围：1/2胸围（40cm）=20cm。

⑨腰围：1/2腰围（38cm）=19cm。

⑩下摆宽：1/2下摆（54cm）=27cm。

⑪裙分割为三层：分别是第一层13cm，第二层17cm，第三层23cm。

（2）后片。

①延长前片上平线、胸围线、腰围线、下平线。

②领口宽：1/2领口宽（18cm）=9cm。

③领口深3cm。

④肩斜线：2.5cm。

⑤后肩宽：1/2肩（32.5cm）=16.25cm。

⑥袖窿深：1/3胸围（40cm）+4cm=17.3cm。

⑦后背宽：在肩点向左进入1cm。

⑧胸围：1/2胸围（40cm）=20cm。

⑨腰围：1/2腰围（38cm）=19cm。

⑩下摆宽：1/2下摆（54cm）=27cm。

⑪后背拉链开口：以隐形拉链的长度-3.5cm。

⑫裙分割为三层，分别是第一层13cm，第二层17cm，第三层23cm。

⑬裙分割片展开：分割片每层分为4等分展开取褶，根据不同层展开的数据不同，一般是层越低展开量越大。

⑭袖荷叶边：长54cm，宽3.5cm。

十四、荷叶袖圆领裙

1. 款式图（图6-42）

2. 成品规格（表6-21）

3. 结构制图（图6-43）

表6-21　成品规格表　　　　　　　　　　　　　　　　　　单位：cm

尺寸 号型 \ 部位	衣长 （肩领点下量） L	半胸围 B'	领口宽 NW	前领深 FND	肩宽 S	袖长 SL	半下摆 OP
110/57	46	31	14	7.5	24	6	42

图6-42　款式图

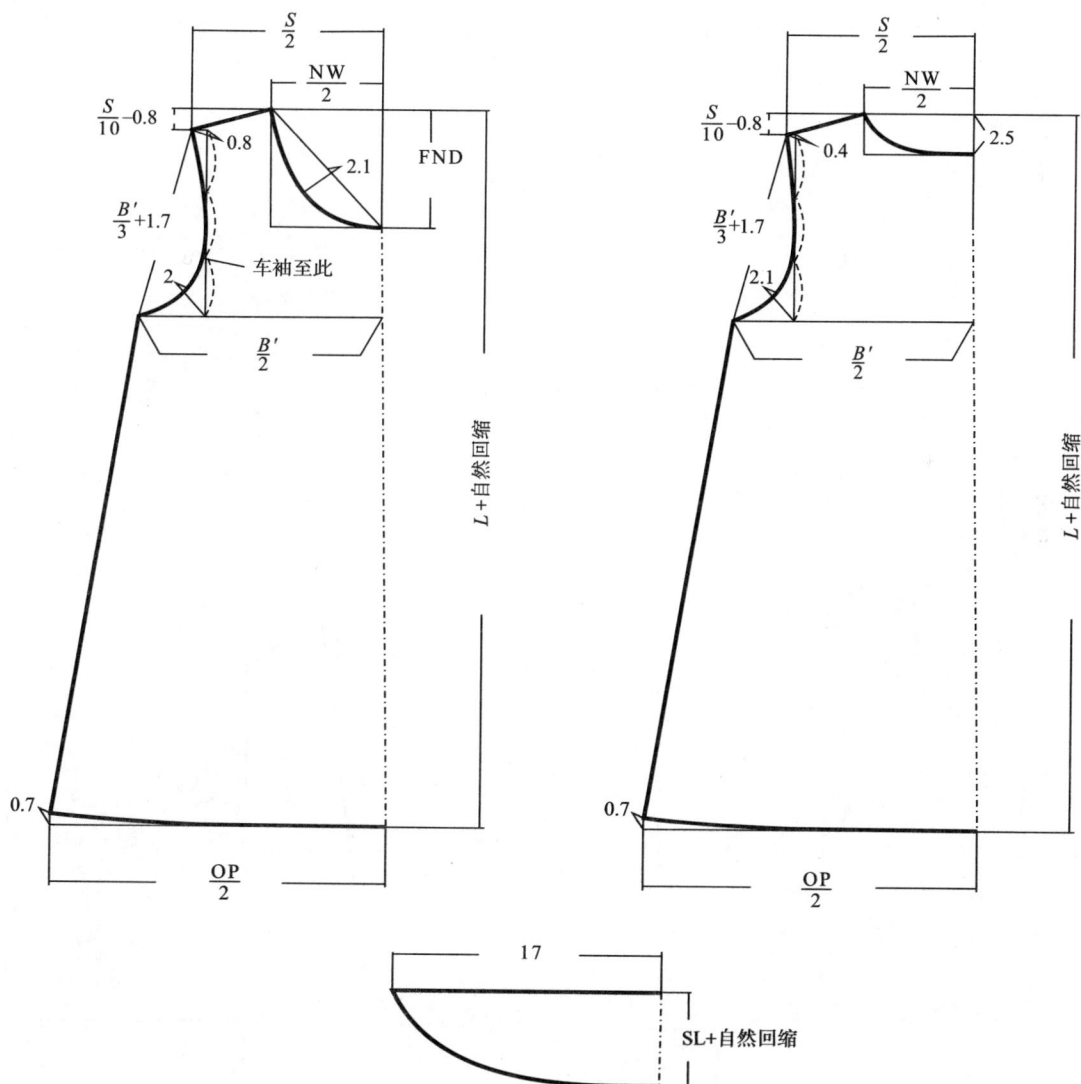

图6-43　结构制图

图6-44 款式图

十五、风衣帽连衣裙

1. 款式图（图6-44）

2. 成品规格（表6-22）

3. 结构制图（图6-45）

表6-22 成品规格表　　　　　单位：cm

尺寸 号型＼部位	衣长 L	半胸围 B'	肩宽 S	领口宽 NW	前领深 FND	袖长 SL	袖口宽 CO	半下摆 OP	帽长 HL	帽宽 HW
110/57	69	33	30	19	5.5	11	12.5	46	24.5	23

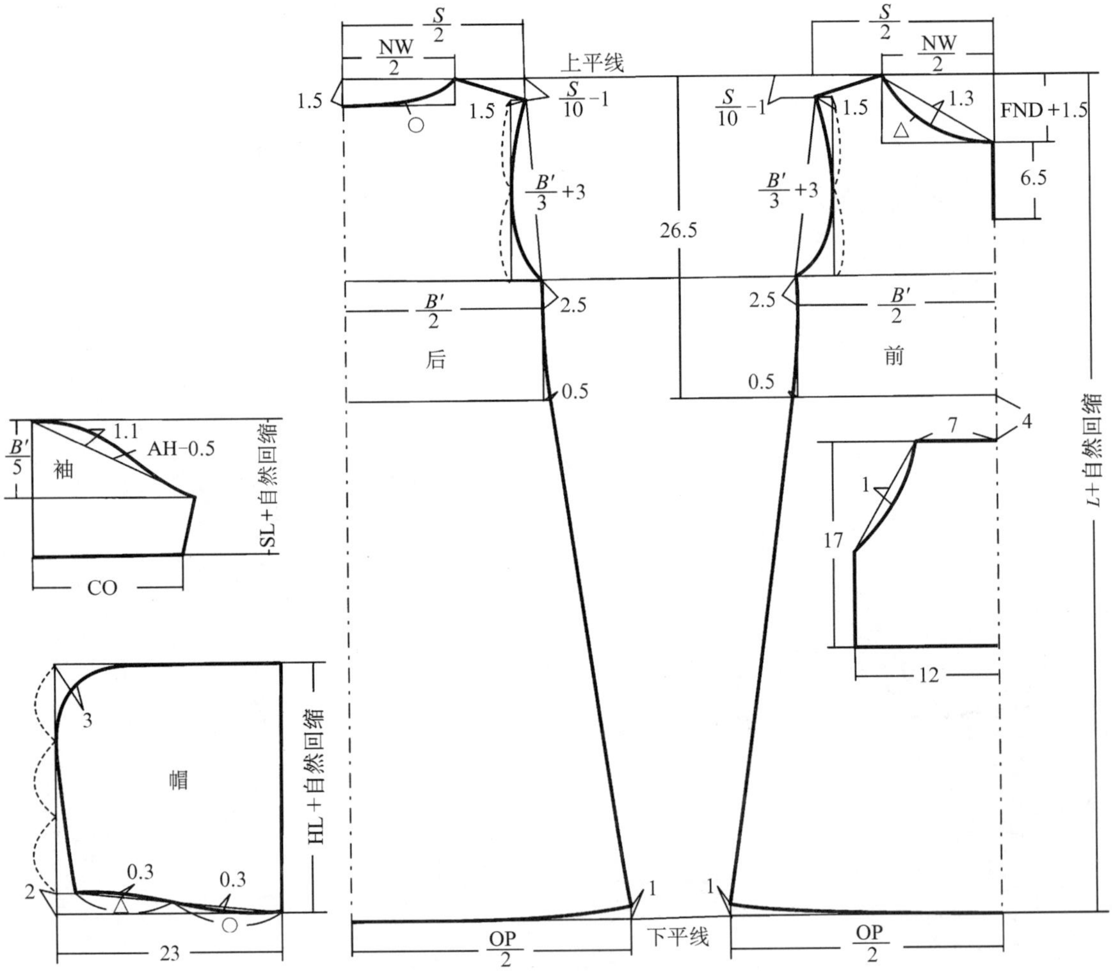

图6-45 结构制图

第四节　儿童上装结构制图实例

一、女童吊带衫

1. 款式图（图6-46）
2. 成品规格（表6-23）
3. 结构制图（图6-47）

表6-23　成品规格表　　　　　单位：cm

尺寸号型　　部位	衣长（肩领点下量）L	半胸围 B′	前领深 FND	后领深 BND	半下摆 OP
90/52	35	28	7	5.5	40

图6-46　款式图

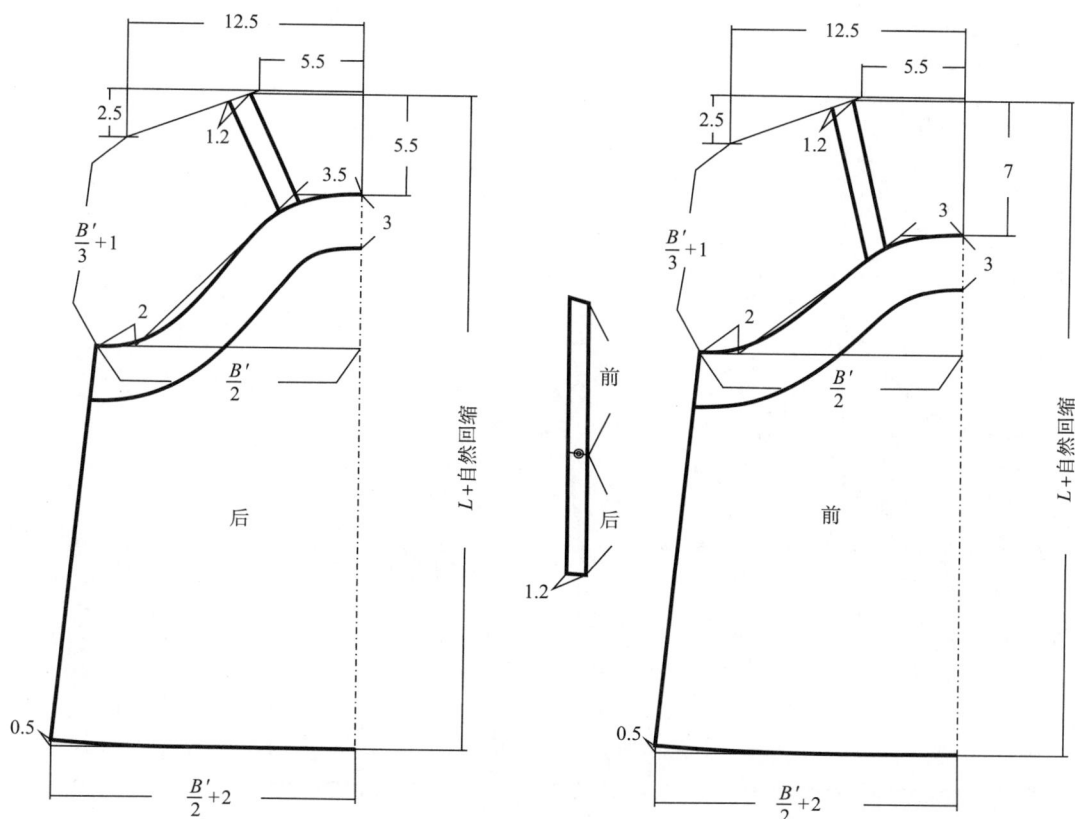

图6-47

附：前片展开图。

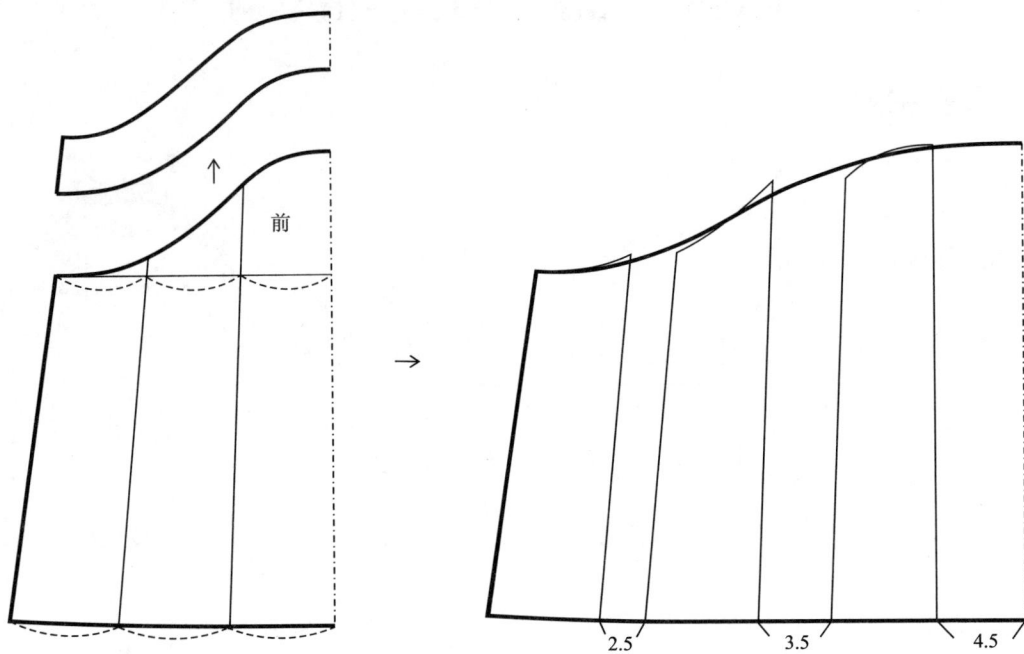

附：后片展开图。

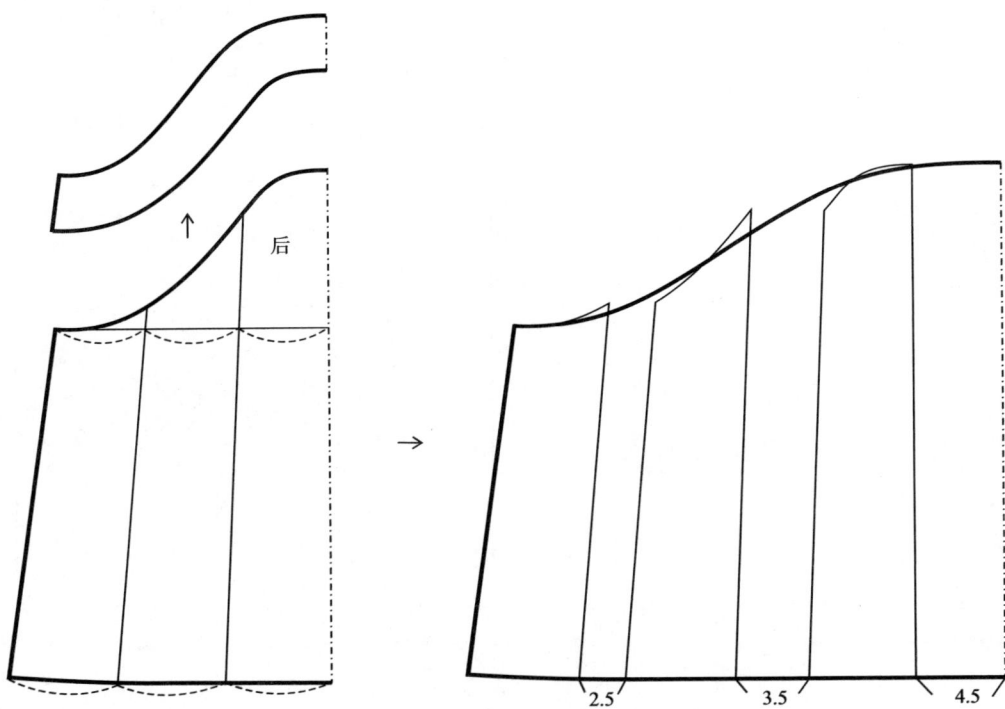

图6-47　结构制图

二、绲边领蕾丝女童衫

1. 款式图（图6-48）
2. 成品规格（表6-24）
3. 结构制图（图6-49）

图6-48　款式图

表6-24　成品规格表　　　　　　　　　　单位：cm

部位 尺寸 号型	衫长 L	半胸围 B'	肩宽 S	领口宽 NW	前领深 FND	半下摆 OP
120/60	47	35.5	28	17	7.5	40.5

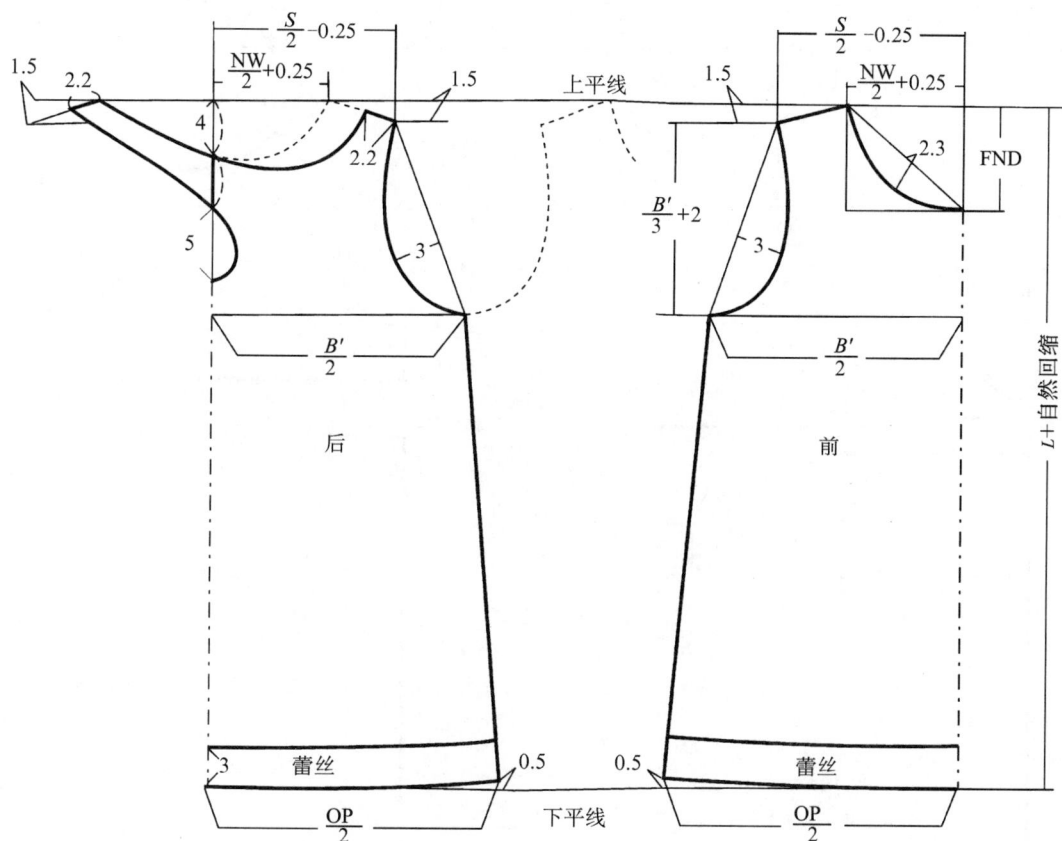

图6-49　结构制图

三、半袖女童衫

1. 款式图（图6-50）

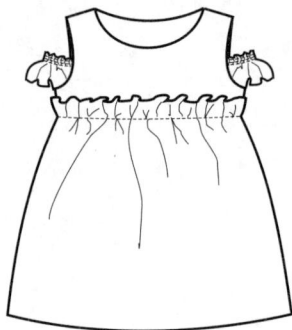

图6-50 款式图

2. 成品规格（表6-25）

3. 结构制图（图6-51）

表6-25 成品规格表 单位：cm

尺寸 号型 ＼ 部位	衣长 （肩领点下量） L	半胸围 B'	领口宽 NW	前领深 FND	肩宽 S	袖长 SL
120/60	46	34	17	6	27	6.5

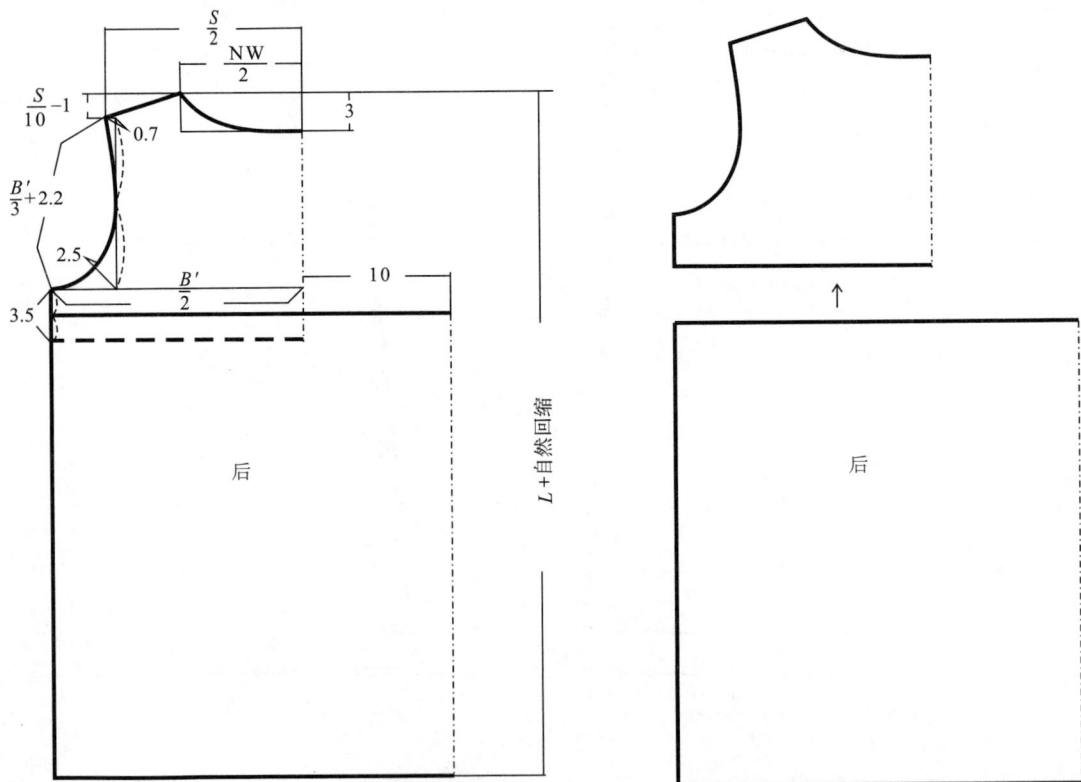

$$\frac{S}{2}$$

$$\frac{NW}{2}$$

$$\frac{S}{10}-1$$

1.2

2.2

FND

$$\frac{B'}{3}+2.2$$

2.4

3.5

$$\frac{B'}{2}$$

10

前

$L+$自然回缩

前

↑

SL+自然回缩

1.3

1.2

后AH−0.3

前AH−0.4

$$\frac{B'}{5}$$

8.5

0.4

缉橡筋

10

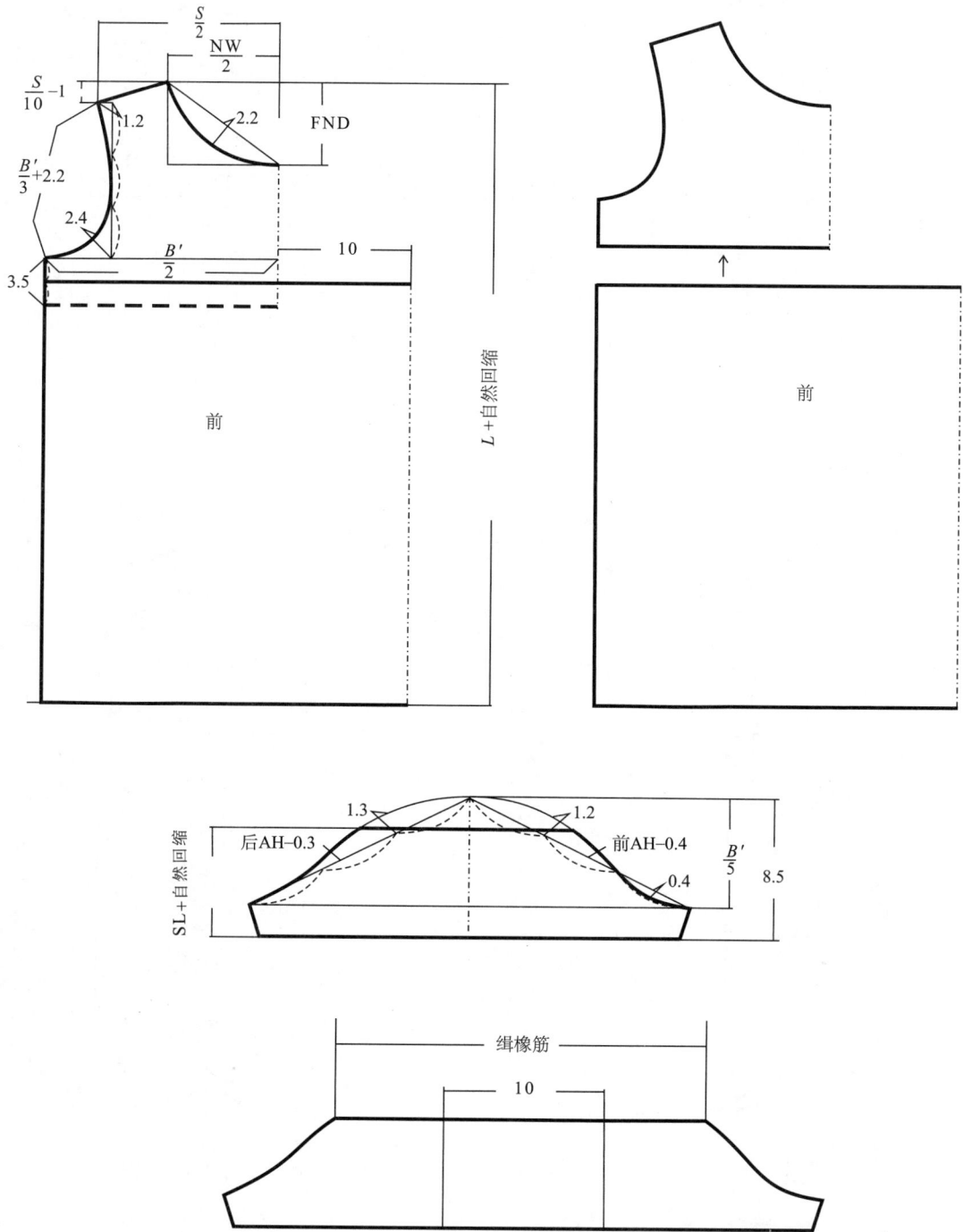

图6-51　结构制图

四、小童罗纹领肩扣短袖衫

1. 款式图（图6-52）

图6-52 款式图

2. 成品规格（表6-26）

3. 结构制图（图6-53）

表6-26 成品规格表　　　　单位：cm

尺寸号型 \ 部位	衣长 L	半胸围 B′	肩宽 S	领口宽 NW	前领深 FND	袖长 SL	袖口宽 CO
100/55	38	30	27	13	4	11	10.5

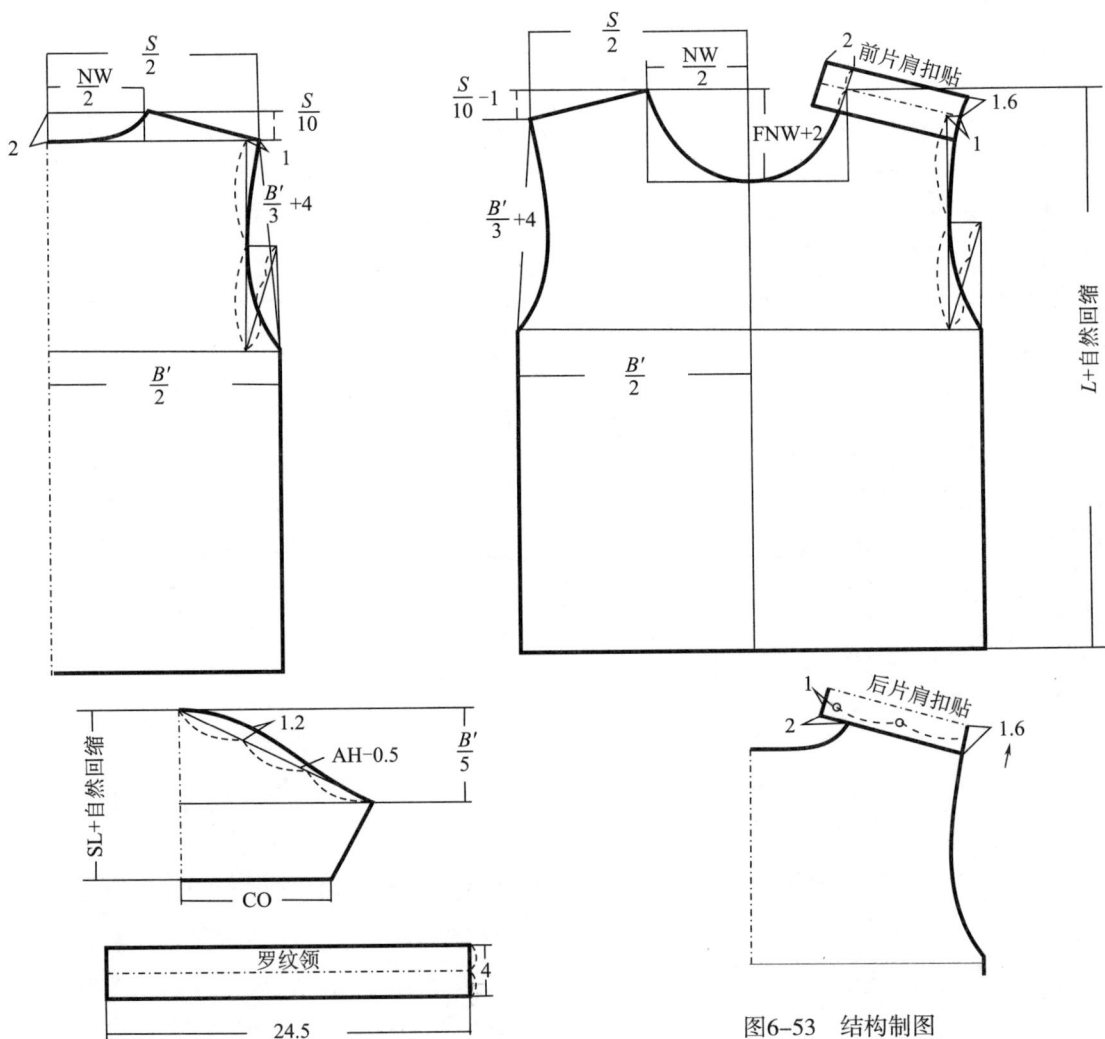

图6-53 结构制图

五、泡泡袖女童衫

1. 款式图（图6-54）
2. 成品规格（表6-27）

图6-54　款式图

表6-27　成品规格表
　　　　　　　　　　　　　　　　　　　　　　　　　　单位：cm

尺寸 号型 ＼ 部位	衣长 （肩领点下量） L	半胸围 B'	领口宽 NW	前领深 FND	连肩袖长 SL	袖口宽 CO
120/60	48	36	14	7	51	6

3. 结构制图（图6-55）

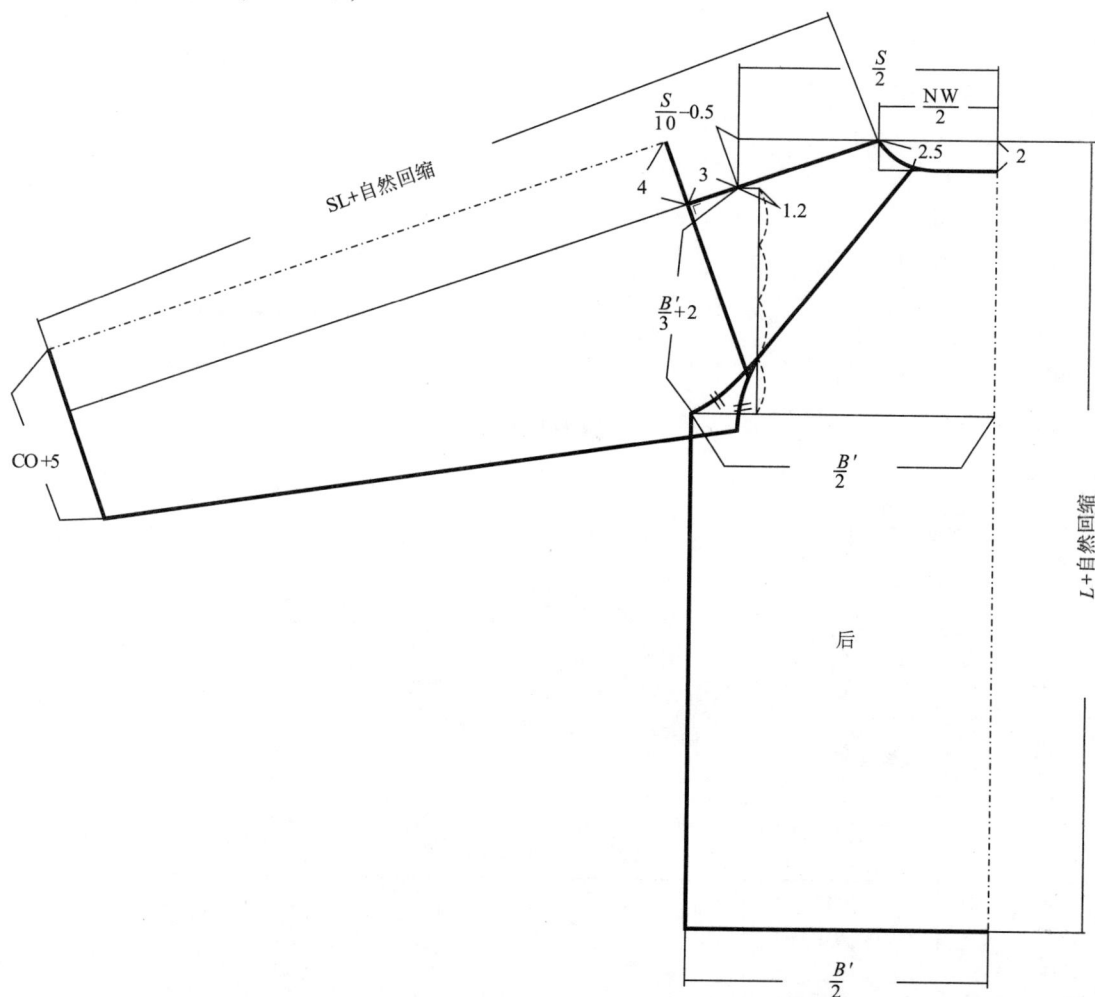

图6-55

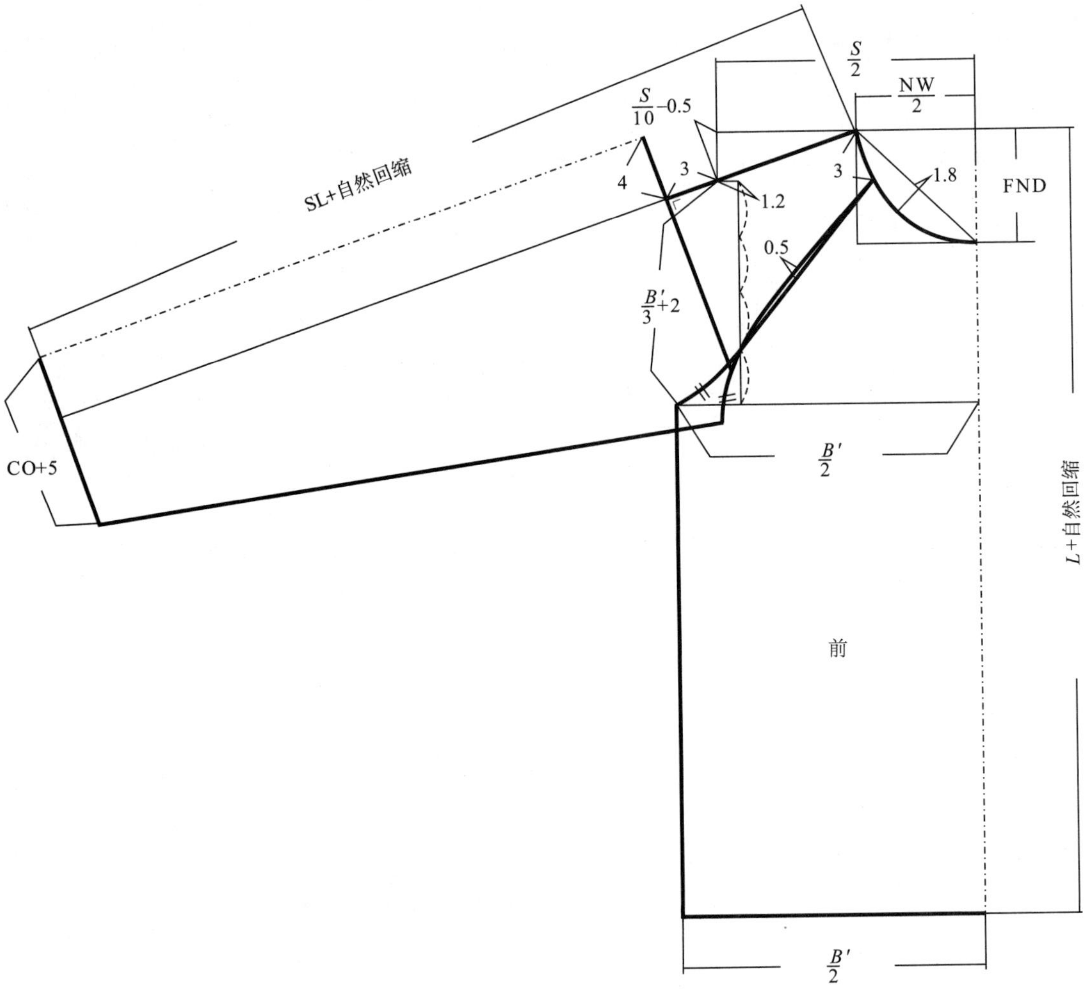

图6-55　结构制图

图6-56　款式图

六、绲领拼幅女童长袖衫

1. **款式图**（图6-56）

2. **成品规格**（表6-28）

表6-28　成品规格表　　　　　　　　　　　　　单位：cm

尺寸 号型	衣长（肩领点下量）L	半胸围 B'	领口宽 NW	前领深 FND	肩宽 S	袖长 SL	袖口宽 CO
140/67	52	40	18	6.5	34	48	7.5

3. 结构制图（图6-57）

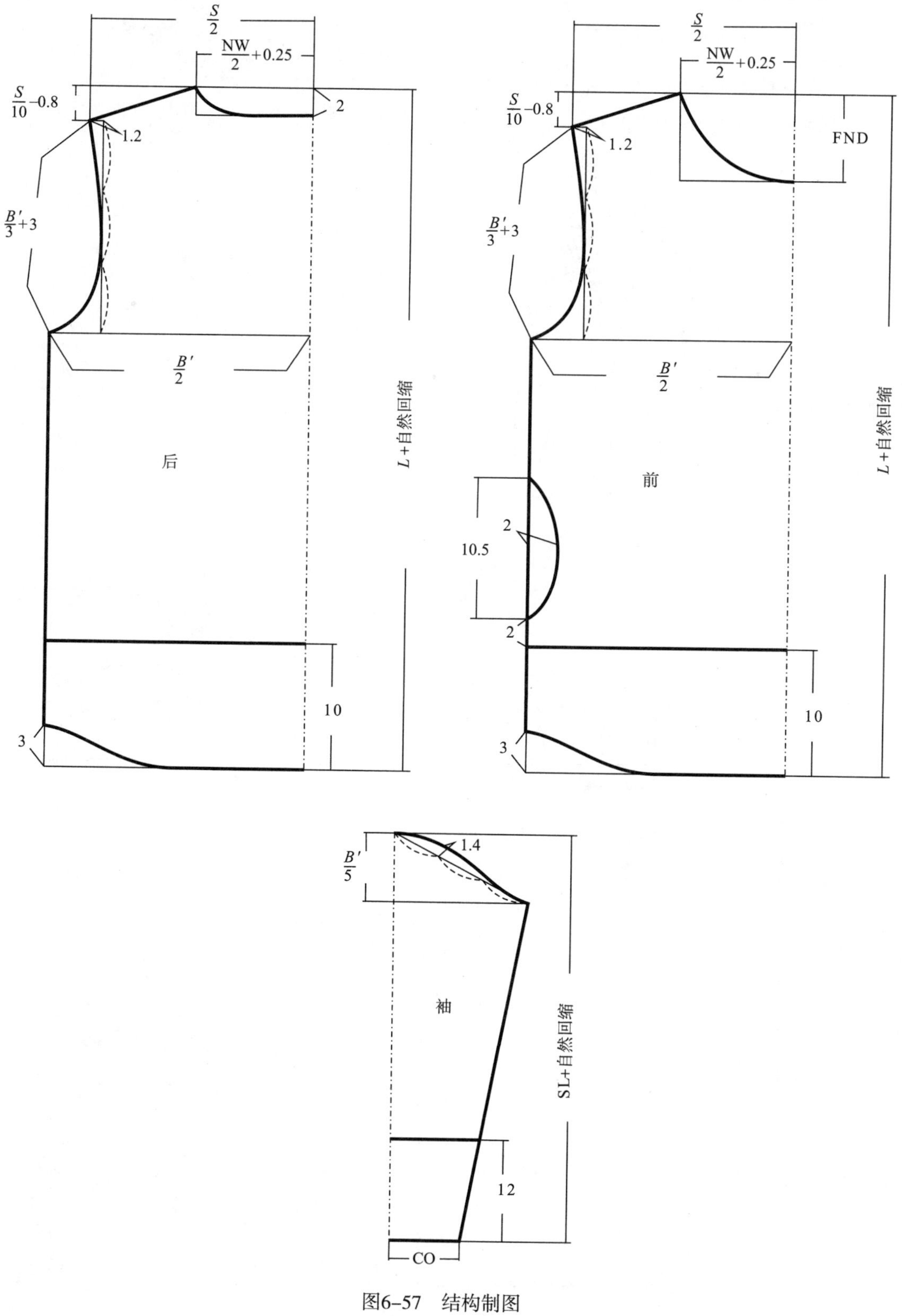

图6-57 结构制图

七、风衣帽女童背心

1. 款式图（图6-58）
2. 成品规格（表6-29）
3. 结构制图（图6-59）

表6-29 成品规格表　　　　单位：cm

尺寸 号型 \ 部位	衣长 L	半胸围 B′	肩宽 S	领口宽 NW	前领深 FND	帽长 HL	帽宽 HW
130/64	48	39	32	16	7	32	20

图6-58 款式图

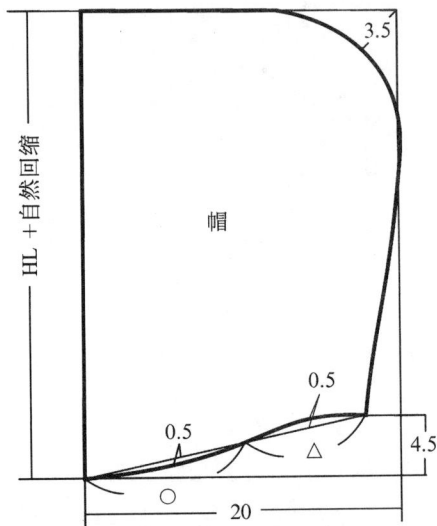

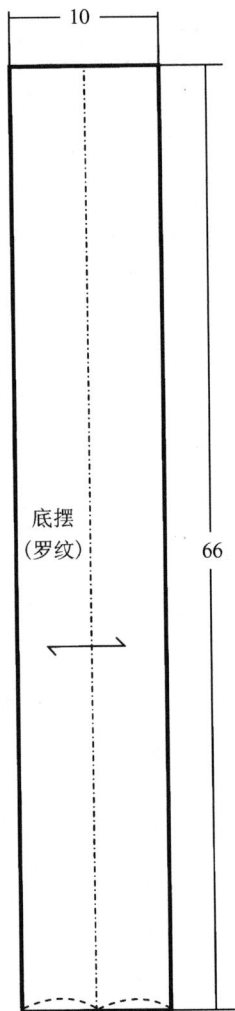

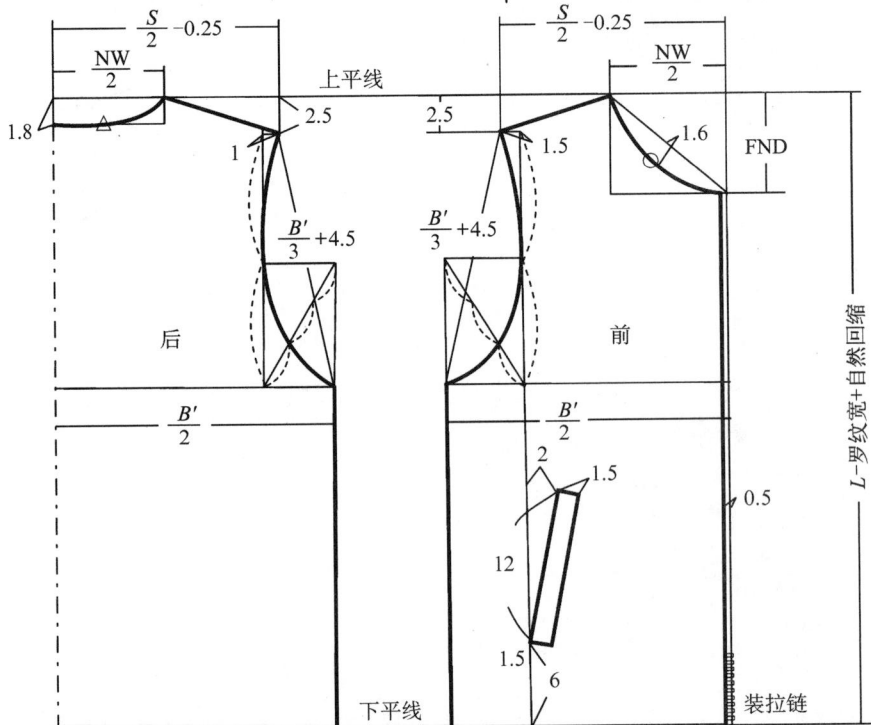

图6-59 结构制图

八、圆摆插肩长袖衫

1. 款式图（图6-60）
2. 成品规格（表6-30）

表6-30　成品规格表　　　　单位：cm

尺寸 部位 号型	衣长 L	半胸围 B'	肩宽 S	领宽 NW	前领深 FND	袖长 SL	袖口宽 CO
130/64	49	38	34	17.5	8	42	9

图6-60　款式图

3. 结构制图（图6-61）

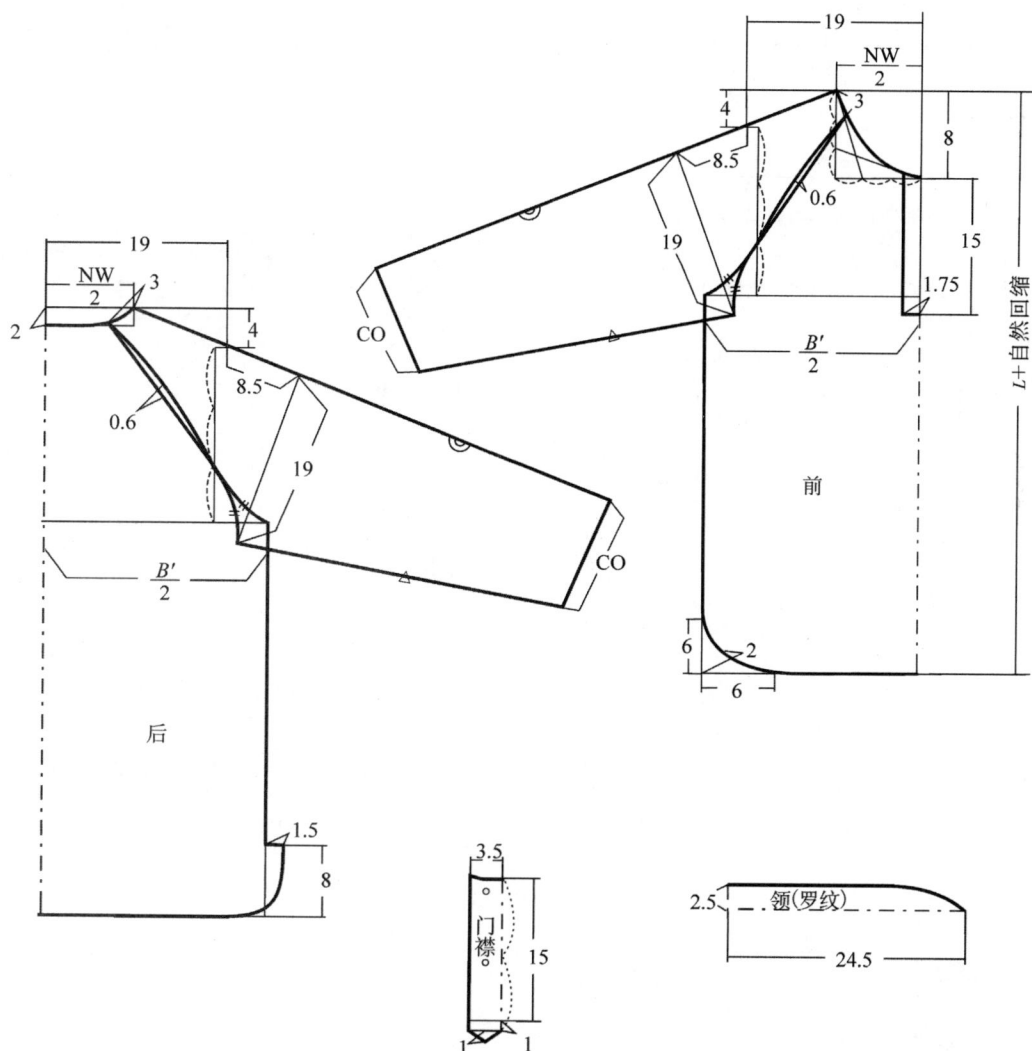

图6-61　结构制图

图6-62　款式图

九、罗纹领拼袖男童衫

1. 款式图（图6-62）
2. 成品规格（表6-31）
3. 结构制图（图6-63）

表6-31　成品规格表　　　　　　　　　　　　　单位：cm

尺寸 号型 ＼ 部位	衣长 （肩领点下量） L	半胸围 B'	肩宽 S	袖窿 AH	领口宽 NW	前领深 FND	袖长 SL	袖口宽 CO
140/68	52	40	34	17	16	7.5	48	9

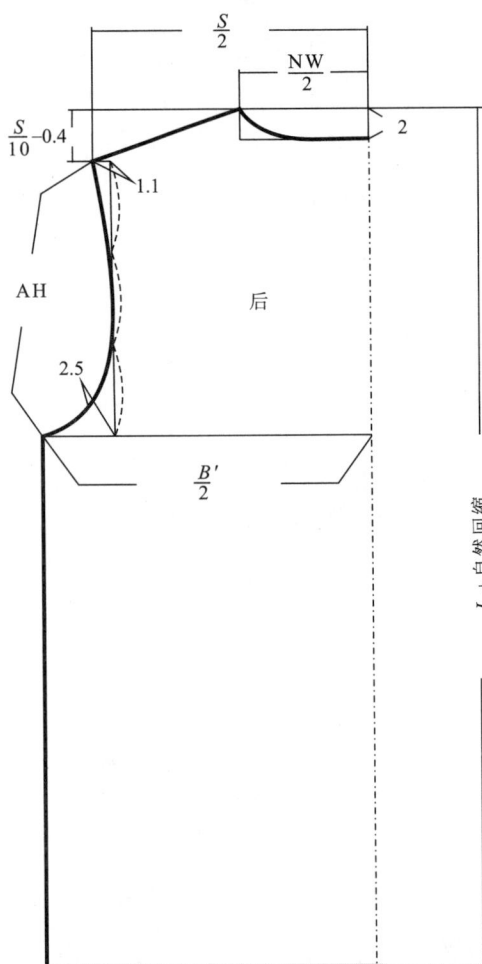

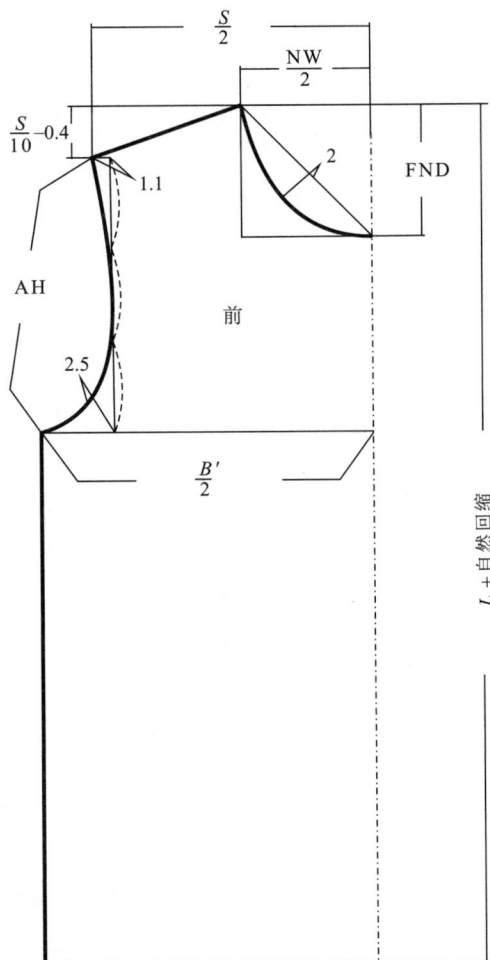

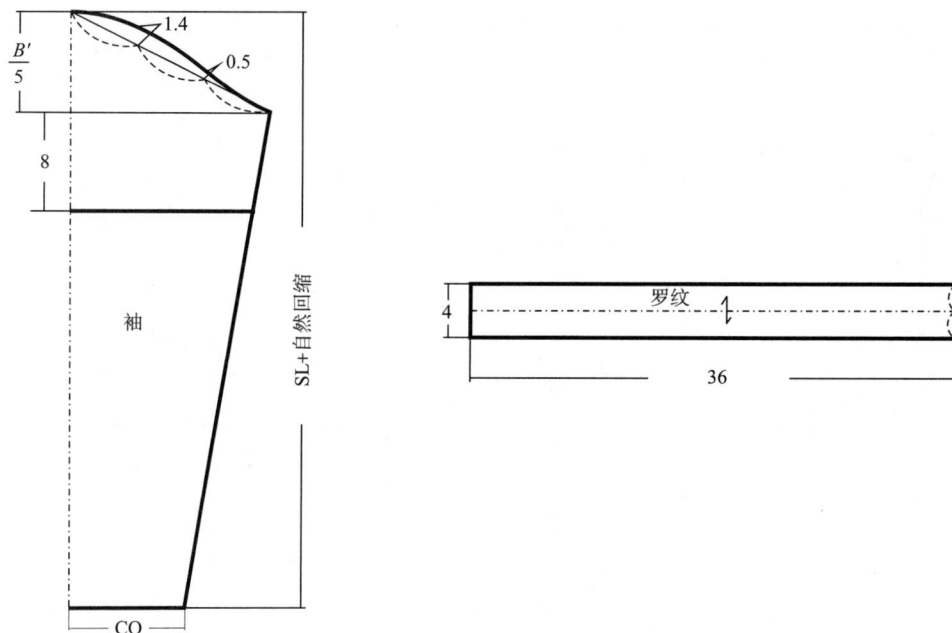

图6-63　结构制图

十、立领男童长袖衫

1. **款式图（图6-64）**

图6-64　款式图

2. **成品规格（表6-32）**

3. **结构制图（图6-65）**

表6-32　成品规格表　　　　　　　　　　　　单位：cm

号型 \ 尺寸 \ 部位	衣长（肩领点下量）L	半胸围 B'	领口宽 NW	前领深 FND	肩宽 S	袖长 SL	袖口宽（罗纹）CO
150/72	56	44	19	7.5	37	52	7.5

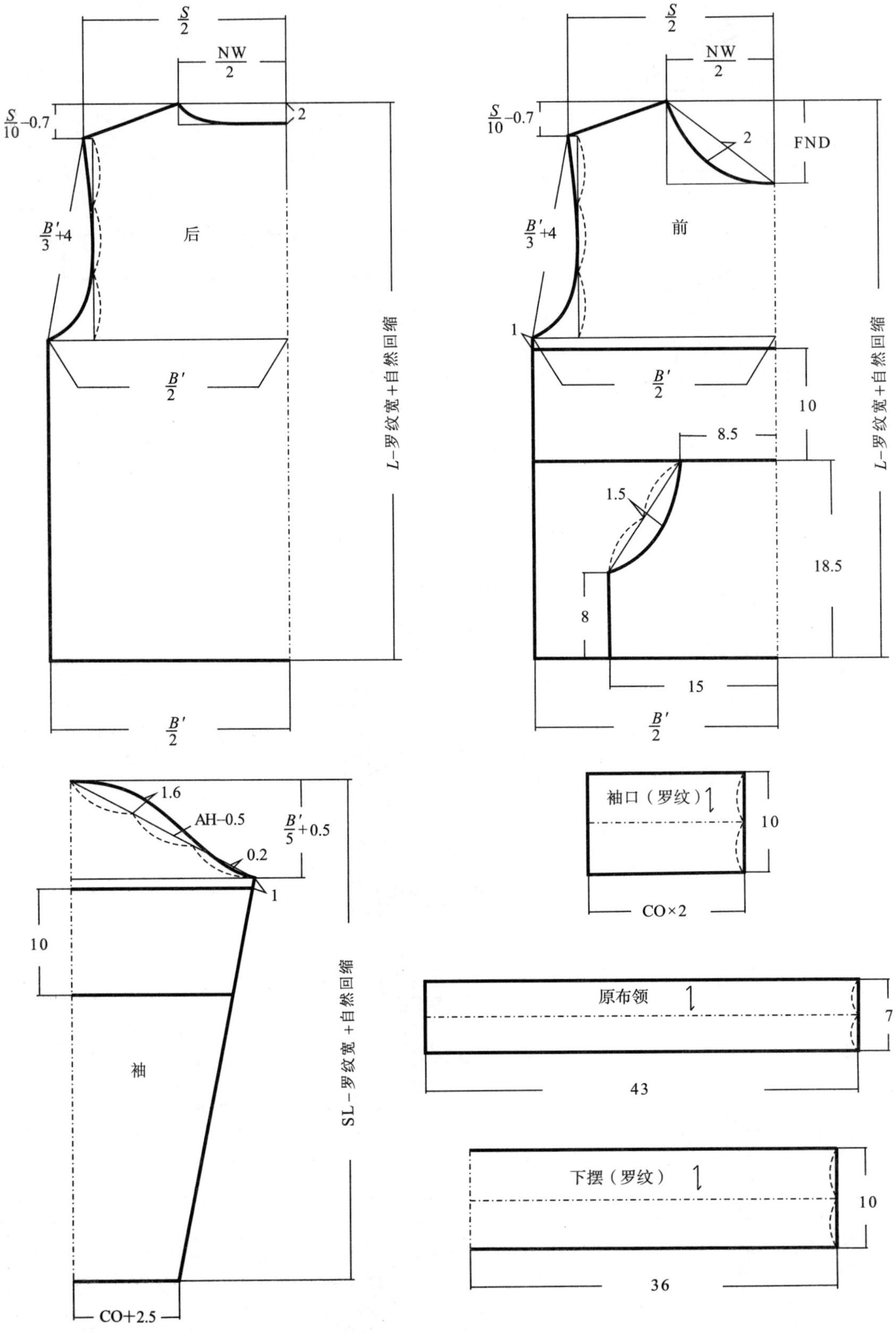

图6-65　结构制图

十一、风衣帽拉链男童衫

1. 款式图（图6-66）
2. 成品规格（表6-33）
3. 结构制图（图6-67）

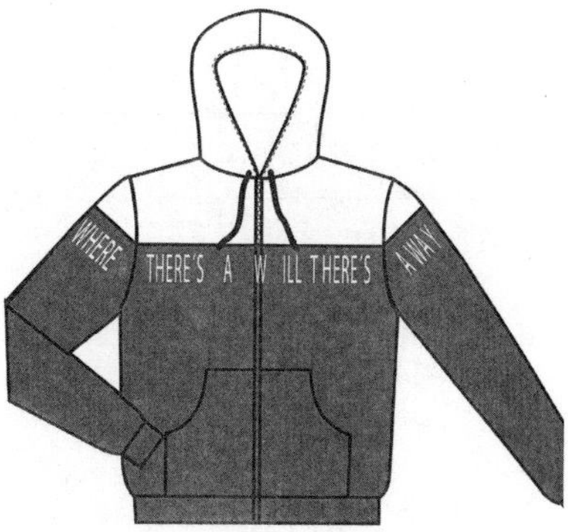

图6-66 款式图

表6-33 成品规格表
单位：cm

尺寸 号型	部位	衣长 （肩领点下量） L	半胸围 B'	领口宽 NW	前领深 FND	肩宽 S	袖长 SL	袖口宽 （罗纹） CO	帽长 HL	帽宽 HW
160/78		62	49	18	8.5	42	55	8.5	35	24.5

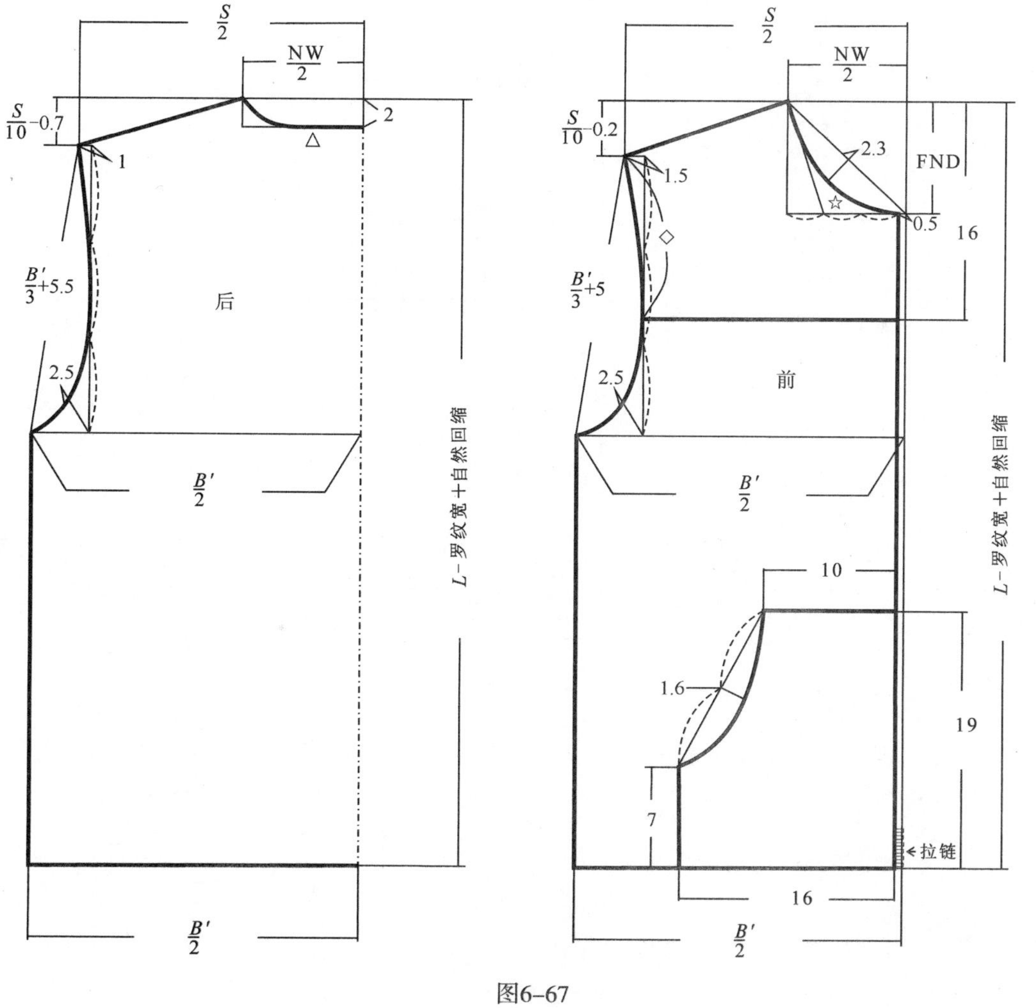

图6-67

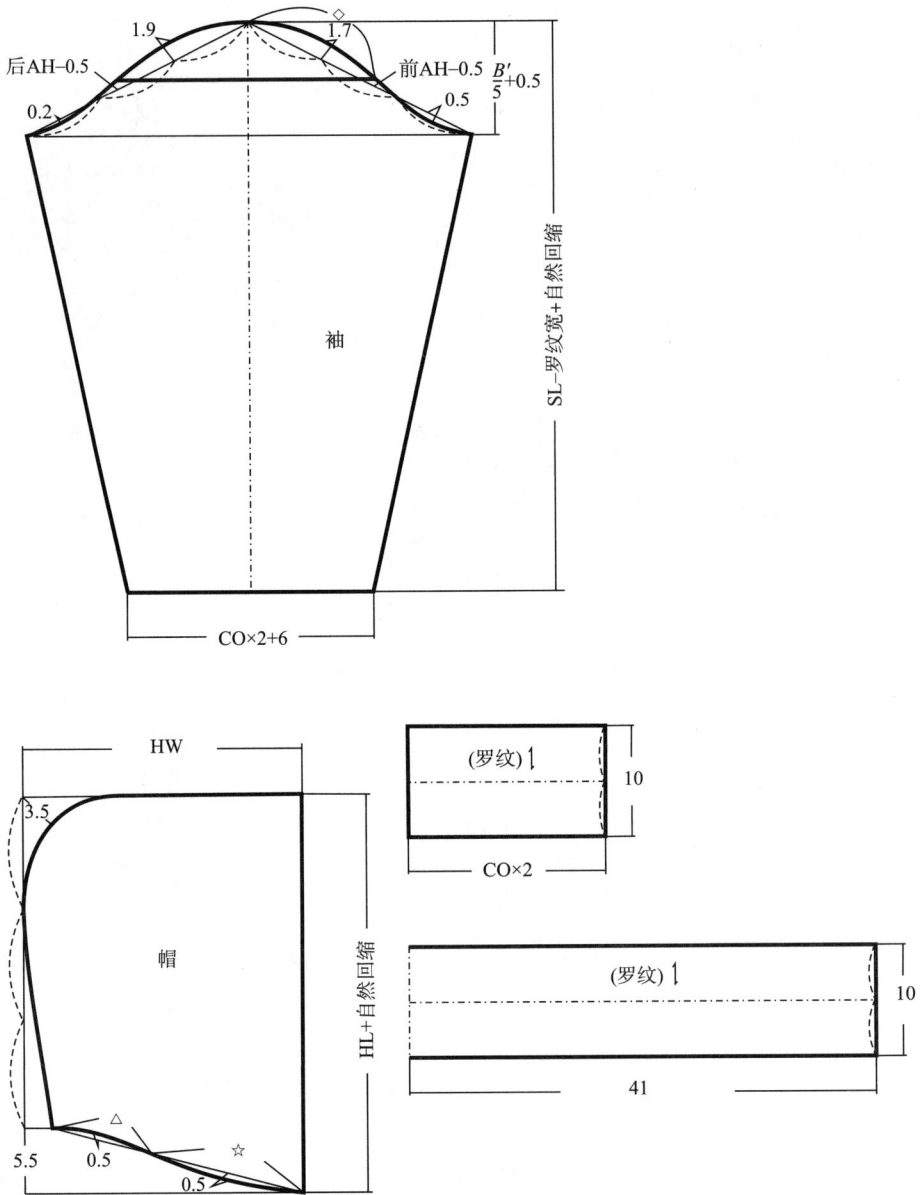

图6-67 结构制图

思考题

1. 童装分类有哪几种？

2. 儿童共分几个阶段，其生理和心理有哪些变化？

3. 童装结构制图要注意哪些特点？

4. 为什么婴儿的服装必须要用纯棉面料？

课后准备

实操练习。

实操篇——

针织特色服装结构制图

> **课题名称：**针织特色服装结构制图
>
> **课题内容：**针织男女运动装、针织时装、针织套装结构制图
>
> **课题时间：**24课时
>
> **教学目的：**使学生掌握针织特色服装制图的方法，能运用制图公
> 式绘画结构制图。
>
> **教学方式：**1:1大图教学、实操练习。
>
> **教学要求：**1. 运动服装的结构制图要结合不同运动项目的特点
> 来分析。
>
> 　　　　　　2. 时装类的结构制图要结合现代时尚或风格来分析。

第七章 针织特色服装结构制图

第一节 针织特色服装结构制图要点

弹性强、透气性好、容易变形的性能特征是一般针织服装所共有的，也是针织服装制图前必须考虑的因素。针织服装从内衣到高级时装，正在人们的生活中扮演着越来越重要的角色，成为我们生活中不可缺少的一部分，针织服装款式种类多种多样，造型风格各异，面料品种丰富。针织特色服装包括针织运动服、针织时装和针织套装等。

一、针织运动服

针织运动服的种类很多，不同体育项目的运动服，围度的放松量不一样，要视其体育运动的特点而定。例如，篮球与体操运动有很大的区别，前者运动量强，动作幅度大，因而运动服要宽松，面料多采用纯棉平纹布；而后者运动量虽无前者强，动作幅度也不小，但要求服装是贴体的，多采用强弹性的莱卡面料，这是由运动项目的特性所决定的。运动服装结构制图时应注意以下几点：

（1）背心类运动服的袖窿要开深一些，用罗纹绲袖窿或领口时，袖窿尺寸要加大1～1.5cm，领口要加大0.3～0.5cm。

（2）运动裤立裆比普通裤立裆要深些，横裆稍大，便于奔跑，但不宜过深或过宽，否则适得其反，对运动不利。

（3）泳衣和健美服一定要采用经、纬向弹性超强的莱卡平纹面料，根据面料的弹性其围度可减少6～8cm。

（4）运动服围度放松量较大，不收腰，上装前后片除了领深不同以外，其他大小都一样，袖窿及袖山弧线趋向平直。

二、针织时装

针织时装是休闲或上班都可以穿着的服装，当然上班时的着装要比休闲时的服装要端庄。但是，上班时穿着的针织服装不等同于制服，服装中具有一些流行的元素，可以体现出一定的工作性质与个人审美情趣，以及人们现代时尚的风貌。

针织时装的风格分为优雅型和优雅略带休闲型两类：

1. 优雅型

围度放松量较少，甚至小于胸围尺寸，收腰贴体，前后肩线高低不一样，袖窿及袖山弧线呈立体状。

2. 优雅略带休闲型

围度放松量适中，略收腰，袖窿分前后片，袖窿线和袖山弧线较曲。

三、针织套装

针织套装是上、下装采用相同的面料、不同的颜色或者相同的颜色、相同的面料制成的服装。上衣配裙子，朴实大方；上衣配长裤，干脆利落，造型风格多为休闲。

制图方法：围度放松量较大，前后片领深和前后肩线高低不一样，前后片袖窿、袖山都一样，袖窿及袖山弧线稍曲；宽松休闲风格的袖窿及袖山弧线较平直，带时装类的套装分前后袖窿和袖山。

第二节 针织运动女装结构制图实例

一、泳衣

1. 款式图（图7-1）

2. 成品规格（表7-1）

3. 结构制图（图7-2），原型展开图（图7-3）

表7-1 成品规格表 单位：cm

尺寸号型 \ 部位	衣长 L	半胸围 B'	半腰围 W'	领口宽 NW	前领深 FND	后领深 BND	半臀围 H'	袖窿 AH	裤口宽 SW
160/84	64	38	33	22	14	22	40	18	13.5

图7-1 款式图

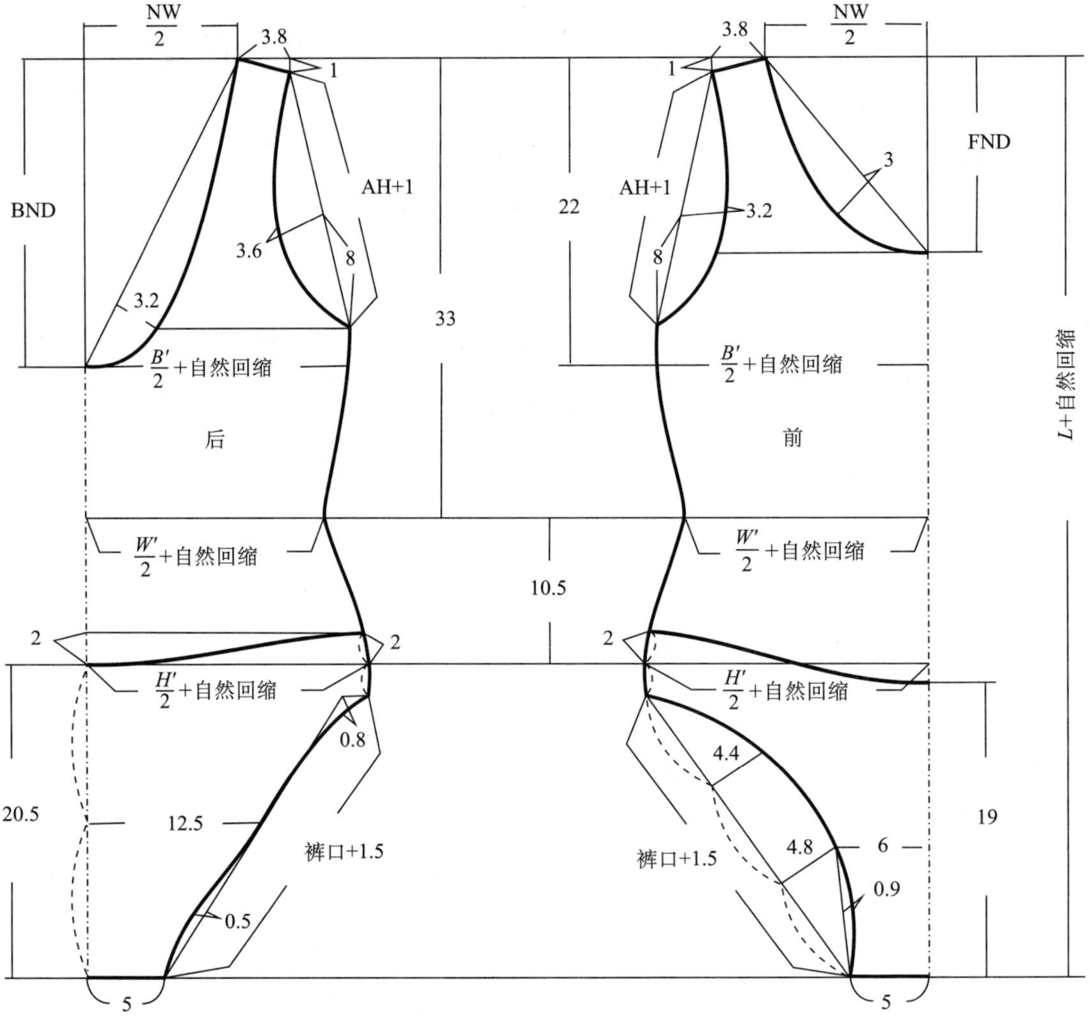

图7-2 结构制图

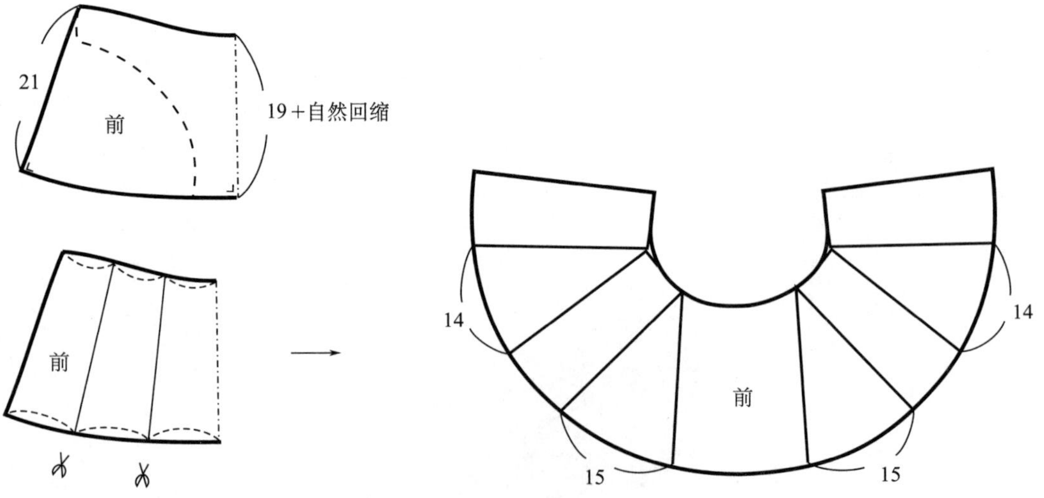

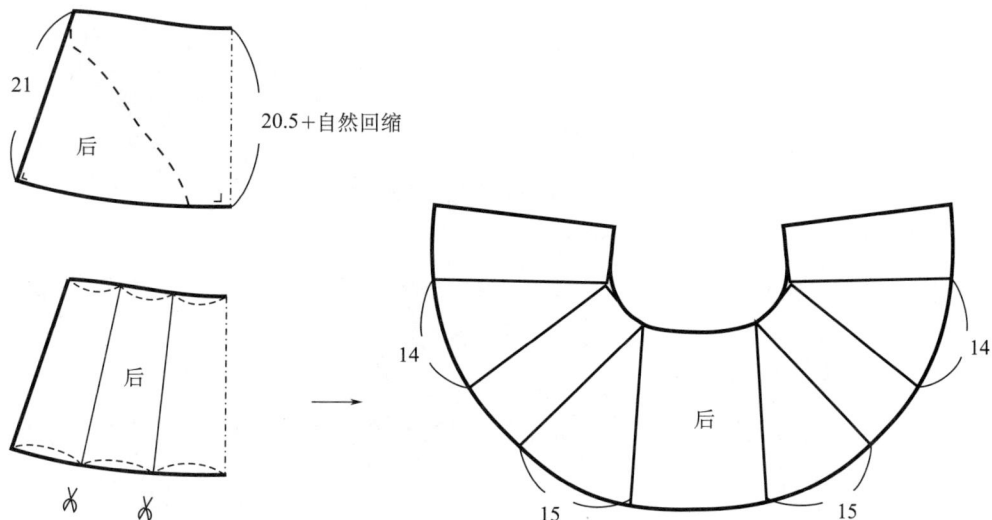

图7-3　原型展开图

4. 制图步骤

（1）前片。

①衣长：64cm（1+自然回缩率）。

②领口宽：1/2领口宽（22cm）=11cm。

③领口深：14cm。

④肩斜线：1cm。

⑤小肩宽：3cm。

⑥胸围：［1/2胸围（38cm）］［1+自然回缩率］。

⑦袖窿：18cm+1cm=19cm，加1cm是挂肩车橡筋所需要的。

⑧前胸宽：由挂肩辅助线向右进入3.2cm。

⑨腰围：［1/2腰围（33cm）］［1+自然回缩率］。

⑩臀围：［1/2臀围（40cm）］［1+自然回缩率］。

⑪前底裆宽：5cm。

⑫裤口：23.5cm+1.5cm=25cm，加1.5cm是裤口车橡筋所需要的量。

⑬前下摆分割：从前底裆向上量19cm。

⑭前裙下摆长：19cm（1+自然回缩率），21cm（1+自然回缩率）。

⑮裙摆展开：裙摆分为4个分割线分别取褶。

（2）后片。

①延长前片上平线、胸围线、腰围、臀围线、下平线。

②领口宽：1/2领口宽（22cm）=11cm。

③领口深：22cm。

④肩斜线：1cm。

⑤小肩宽：3.8cm。

⑥胸围：［1/2胸围（38cm）］［1+自然回缩率］。

⑦袖窿：18+1=19cm，加1cm是裤口车橡筋所需要的。

⑧后背宽：由挂肩斜线向左进入3.6cm。

⑨腰围：［1/2腰围（33cm）］［1+自然回缩率］。

⑩臀围：［1/2臀围（40cm）］［1+自然回缩率］。

⑪后底裆宽：5cm。

⑫裤口：23.5cm+1.5cm=25cm，加1.5cm是裤口车橡筋所需要的。

⑬后下摆分割：从底裆向上量20.5cm。

⑭后裙下摆长：20.5cm（1+自然回缩率），21cm（1+自然回缩率）。

⑮裙摆展开：裙摆分为4个分割线分别取褶。

二、吊带抽褶泳衣

1. **款式图（图7-4）**

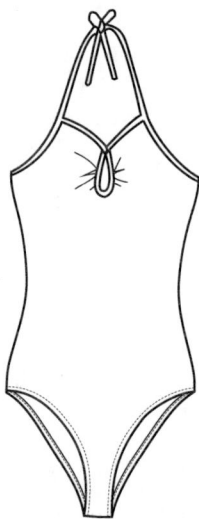

图7-4　款式图

2. **成品规格（表7-2）**

表7-2　成品规格表　　　　　　　　　　单位：cm

部位 尺寸 号型	衣长 L	半胸围 B′	半腰围 W′	半臀围 H′	裤口宽 SW
160/84	51	38	33	40	25

注　此图是在前一款泳衣造型上变化的，虚线为泳衣原型图。

此款用弹力面料。

3. 结构制图（图7-5）

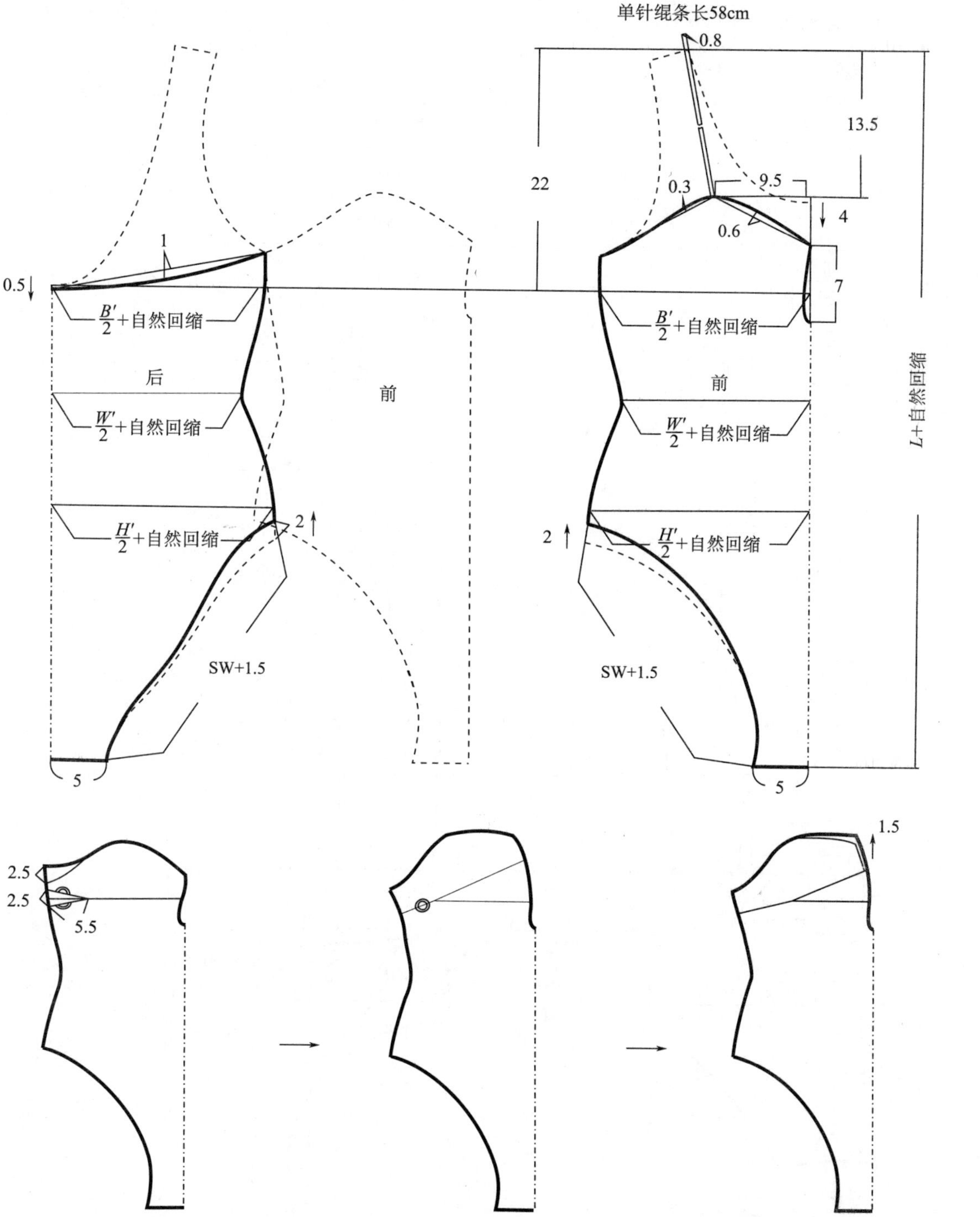

单针绲条长58cm

0.8

13.5

22

0.3

9.5

0.6

4

7

$\dfrac{B'}{2}$+自然回缩

后

前

$\dfrac{W'}{2}$+自然回缩

$\dfrac{H'}{2}$+自然回缩

2↑

L+自然回缩

0.5↓

1

2↑

$\dfrac{B'}{2}$+自然回缩

前

$\dfrac{W'}{2}$+自然回缩

$\dfrac{H'}{2}$+自然回缩

SW+1.5

SW+1.5

5

5

2.5

2.5

5.5

1.5↑

图7-5 结构制图

三、分体式泳衣

1. 款式图（图7-6）
2. 成品规格（表7-3）
3. 结构制图（图7-7）

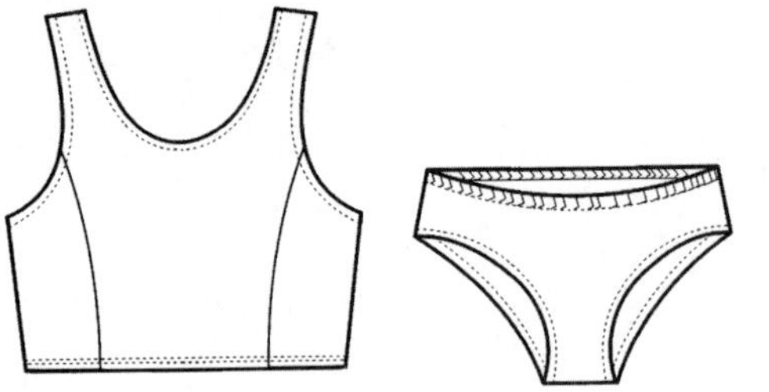

图7-6 款式图

表7-3 成品规格表　　　　　　　　　　　　　单位：cm

号型 \ 尺寸 \ 部位	衣长 L	半胸围 B'	上装半腰围 W'	领宽 NW	前领深 FND	后领深 BND	裤长 L	下装半腰围 W'	裤口宽 SW
160 / 84	35	38	31	22	16	13	26	28	24

注 此图是在泳衣原型上制图。虚线为泳衣原型图。

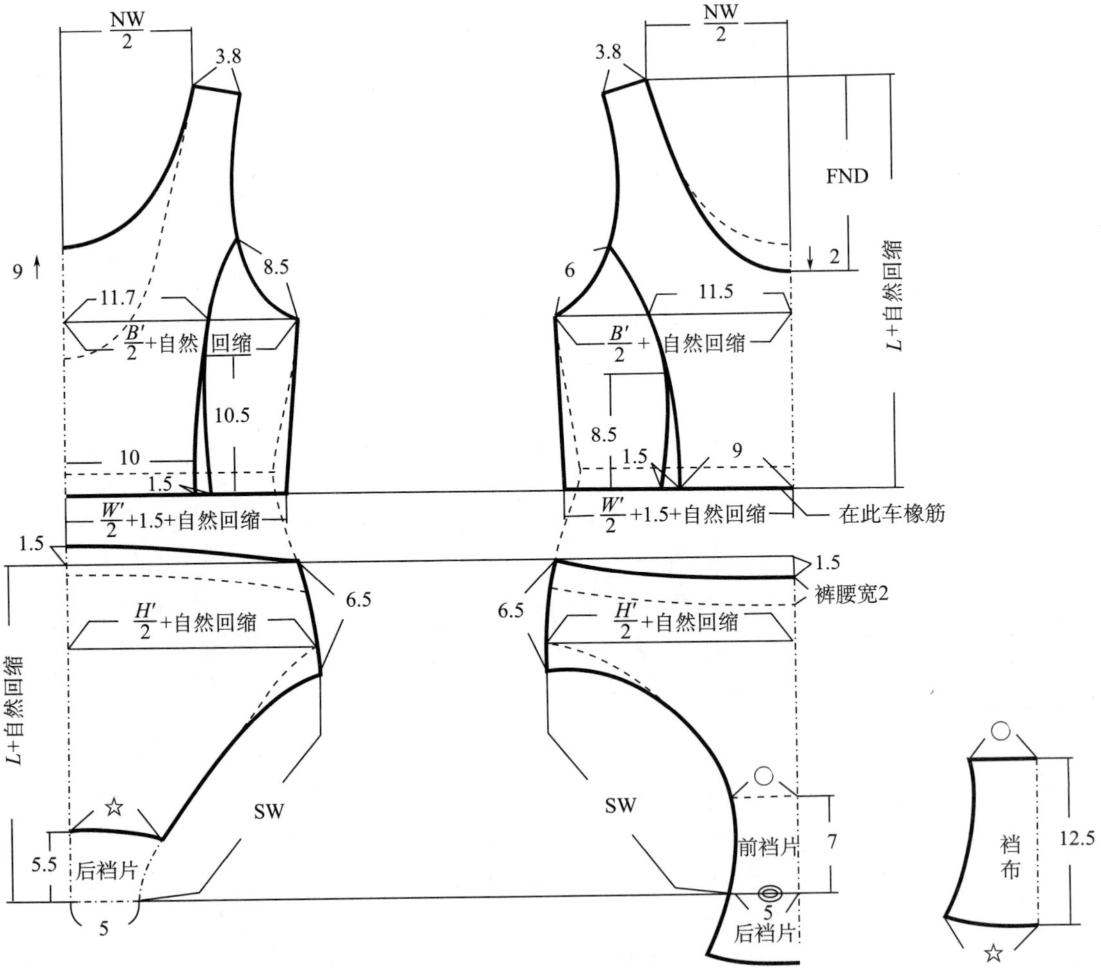

图7-7 结构制图

四、健美运动套装

1. 款式图（图7-8）
2. 成品规格（表7-4）
3. 结构制图（图7-9），前身细部结构图（图7-10）

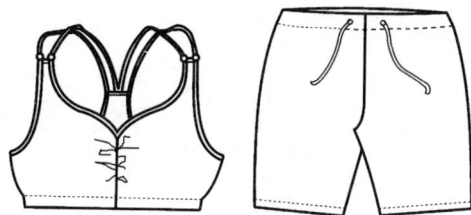

图7-8　款式图

表7-4　成品规格表　　　　　单位：cm

尺寸号型 部位	衣长 L	半胸围 B'	挂肩 AH	领口宽 NW	前领深 FND	半腰围（紧）W'	裤长 L	半臀围 H'	裤口宽 SW
155/82	20	34	13	19	8.5	29	34	35	17

注　此款采用弹力面料。

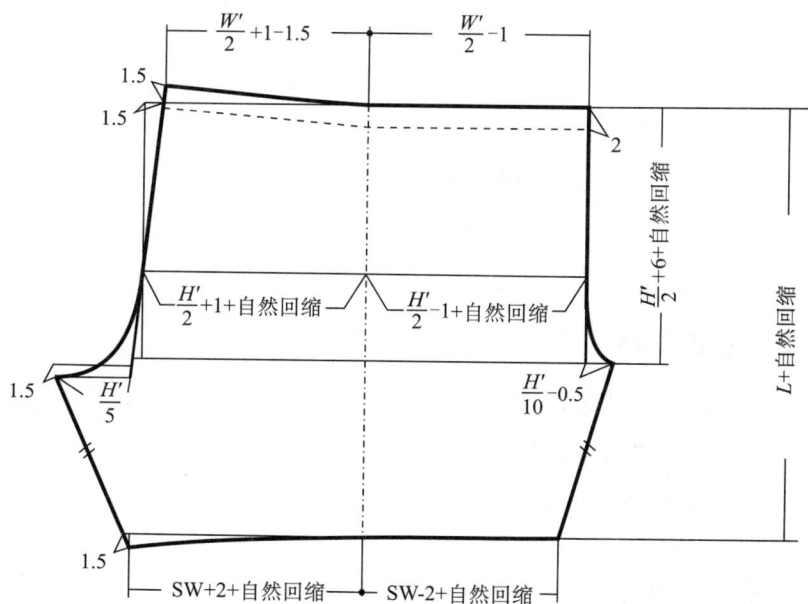

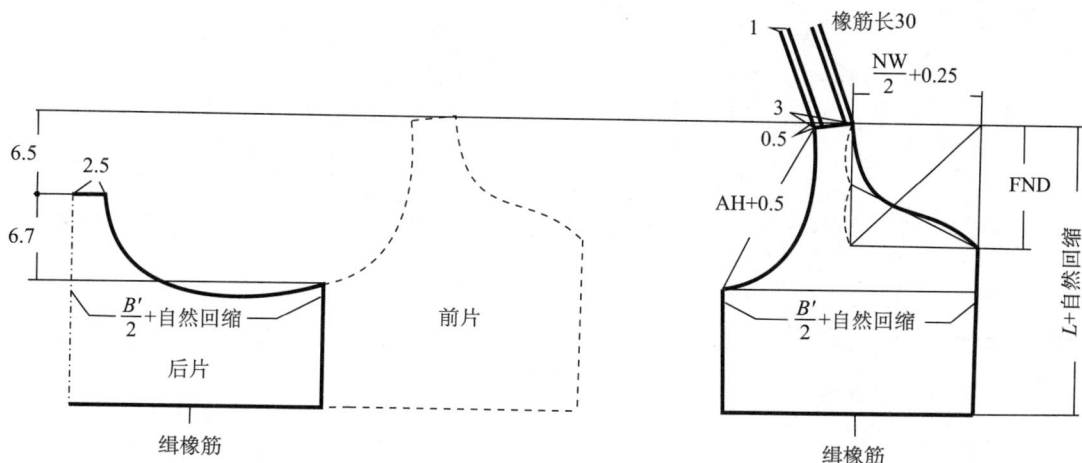

图7-9　结构制图

前片褶的取量

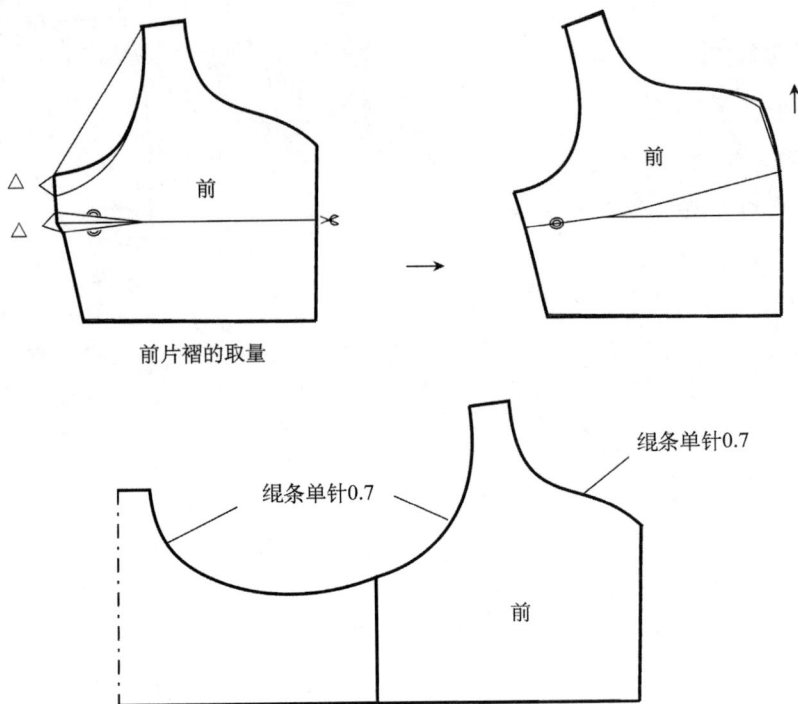

图7-10　前身细部结构图

五、泳衣背心

1. **款式图**（图7-11）
2. **成品规格**（表7-5）
3. **结构制图**（图7-12）

图7-11　款式图

表7-5　成品规格表　　　　单位：cm

尺寸 号型	衣长 L	半胸围 B'	领口宽 NW	前领深 FND	后领深 BND	后背宽 BW	袖窿 AH	半下摆宽 OP
160 / 84	68	33	22.5	18.5	3.5	9.5	20	38

注　此款面料用弹力罗纹。

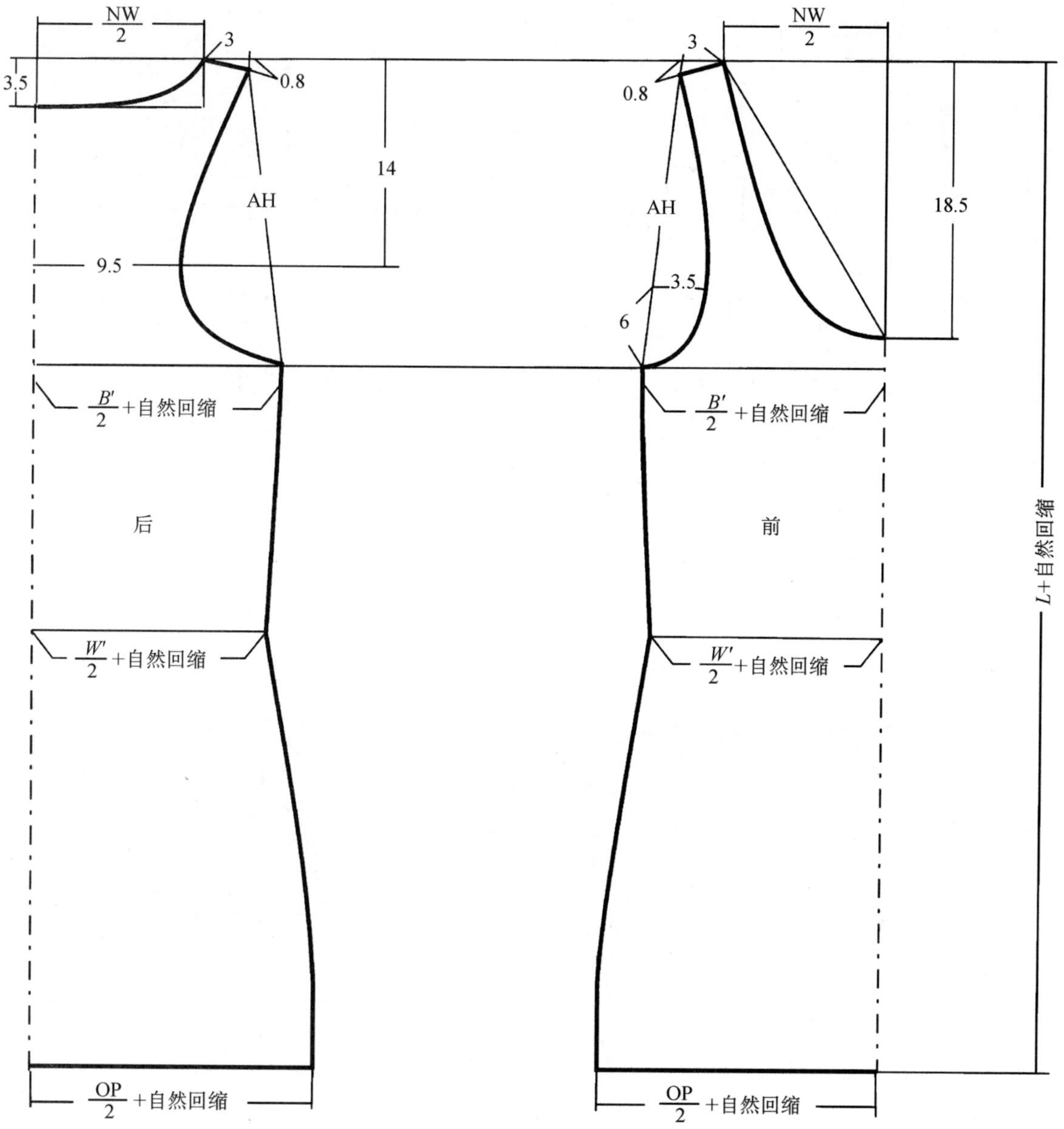

图7-12　结构制图

六、网球裙

1. **款式图（图7-13）**

2. **成品规格（表7-6）**

3. **结构制图（图7-14）**

图7-13　款式图

表7-6　成品规格表　　　　　　　　单位：cm

部位 尺寸 号型	裙长 L	半腰围 W'	半臀围 H'
160 / 66	42	34	47

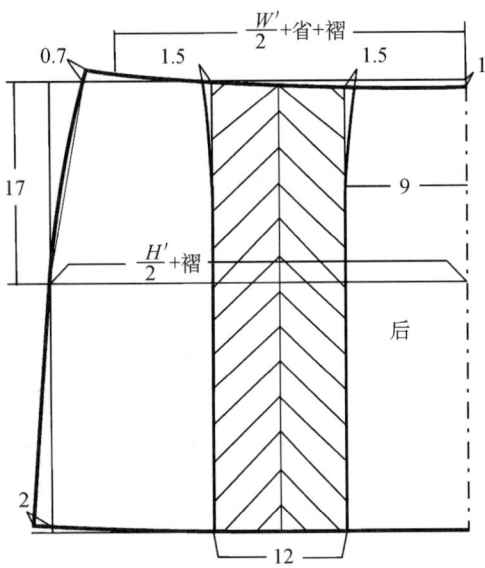

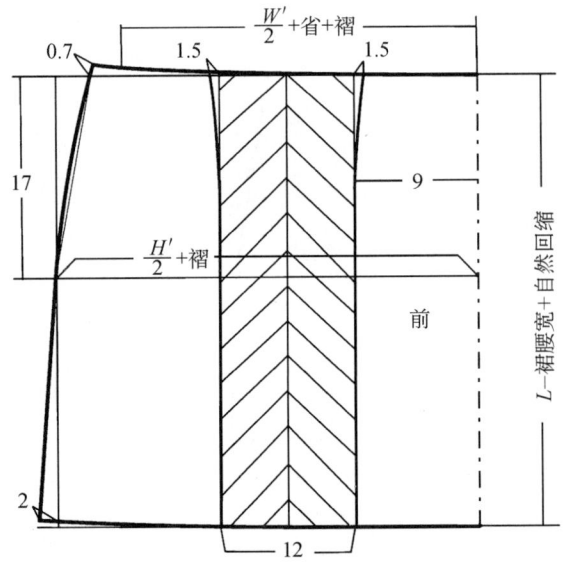

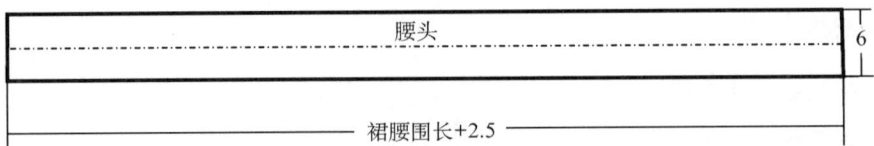

图7-14　结构制图

七、短袖运动衫

1. 款式图（图7-15）
2. 成品规格（表7-7）
3. 结构制图（图7-16）

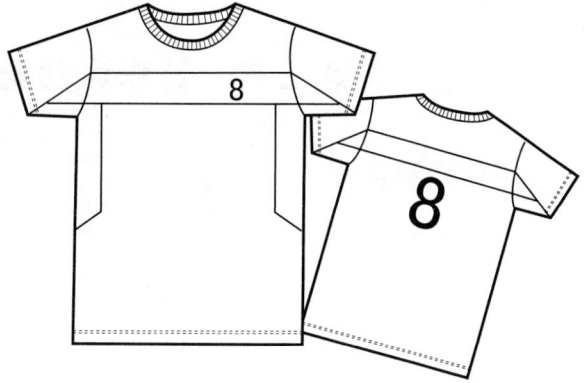

图7-15　款式图

表7-7　成品规格表　　　　　　　　　　　　单位：cm

部位 尺寸 号型	衣长 L	半胸围 B′	肩宽 S	领口宽 NW	前领深 FND	后领深 BND	袖窿 AH	袖口宽 CO
160 / 84	62	47.5	42	17.5	8	2.5	21	16

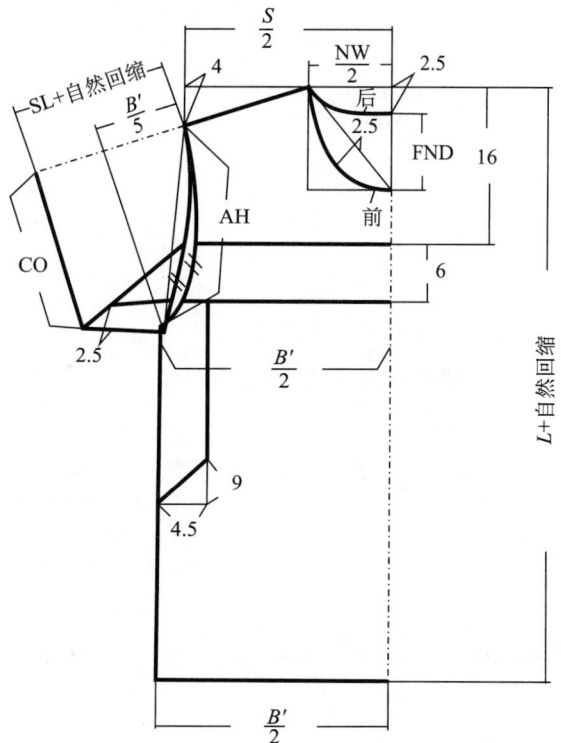

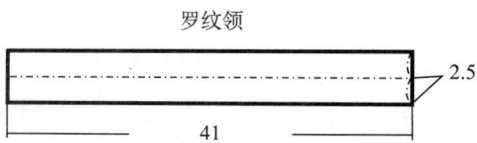

图7-16　结构制图

第三节　针织运动男装结构制图实例

一、篮球运动背心

1. 款式图（图7-17）

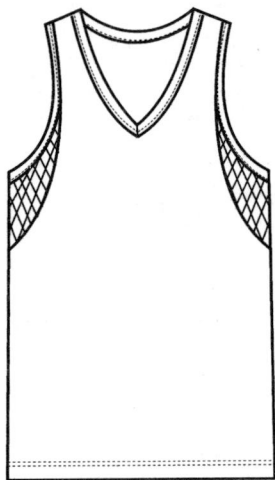

图7-17　款式图

2. 成品规格（表7-8）

3. 结构制图（图7-18）

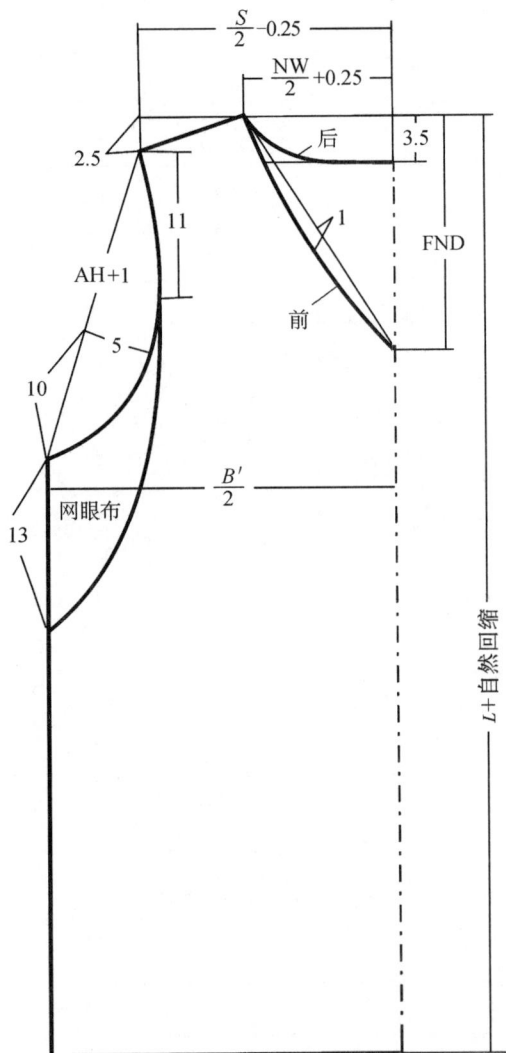

图7-18　结构制图

表7-8　成品规格表　　　单位：cm

尺寸 号型 \ 部位	衣长 L	半胸围 B'	肩宽 S	领口宽 NW	前领深 FND	挂肩 AH
170/88	69	52	39	22	17.5	23

二、篮球运动短裤

1. 款式图（图7-19）

2. 成品规格（表7-9）

3. 结构制图（图7-20）

图7-19　款式图

表7-9　成品规格表
单位：cm

尺寸号型 \ 部位	裤长 L	半腰围（橡筋）W'	半臀围 H'	裤口宽 SW
170／73	50	33	57	30

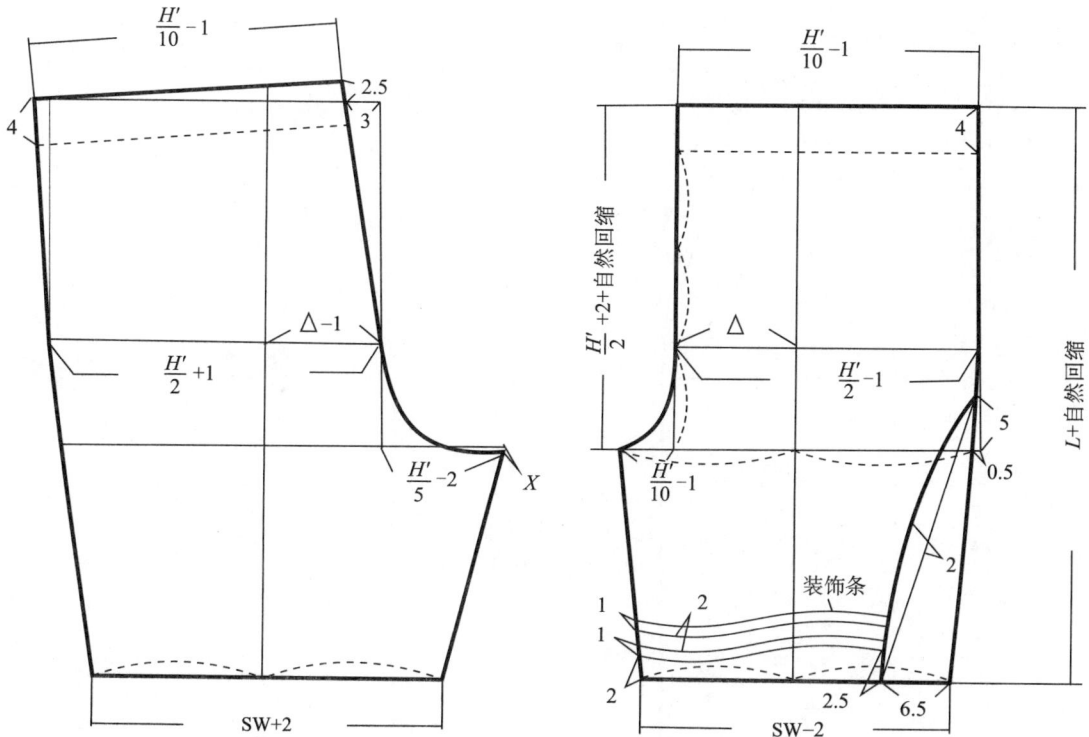

图7-20　结构制图

三、运动背心

1. 款式图（图7-21）
2. 成品规格（表7-10）
3. 结构制图（图7-22）

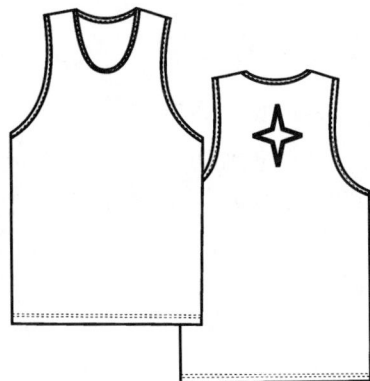

图7-21　款式图

表7-10　成品规格表　　　　　　　　　　单位：cm

部位 尺寸 号型	衣长 L	半胸围 B'	肩宽 S	领口宽 NW	前领深 FND	后领深 BND	挂肩 AH
170/88	70	50	33	19	13	4	28

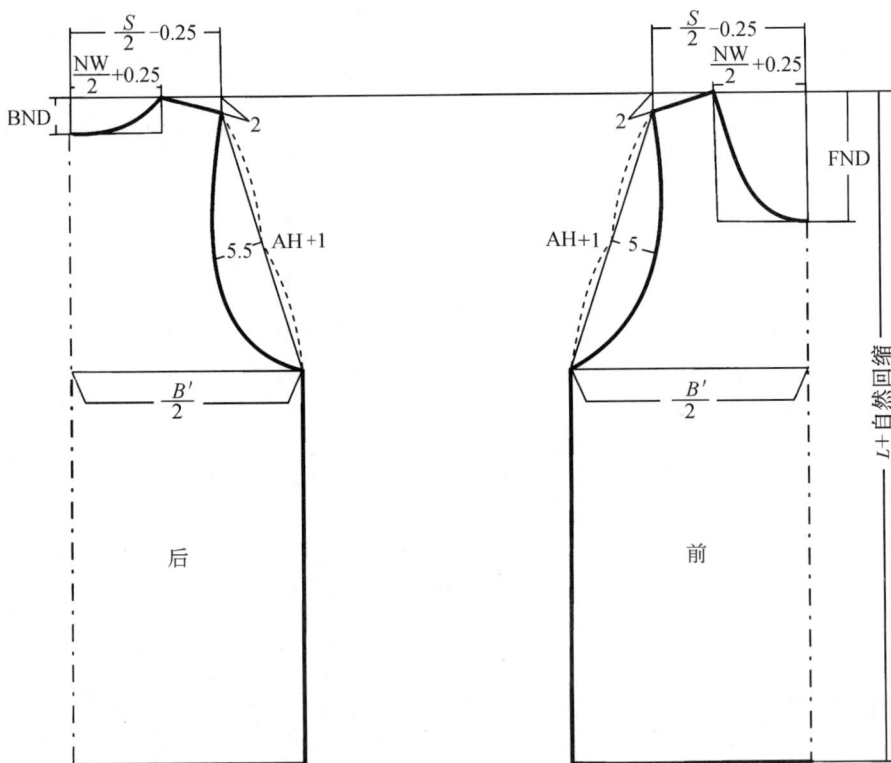

图7-22　结构制图

四、短袖运动衫

1. 款式图（图7-23）
2. 成品规格（表7-11）
3. 结构制图（图7-24）

图7-23　款式图

表7-11　成品规格表　　　　　单位：cm

部位 尺寸 号型	衣长 L	半胸围 B′	肩宽 S	领口宽 NW	前领深 FND	袖窿 AH	袖长 SL	袖口宽 CO
170/88	70	52	47	18	9.5	24	22	18.5

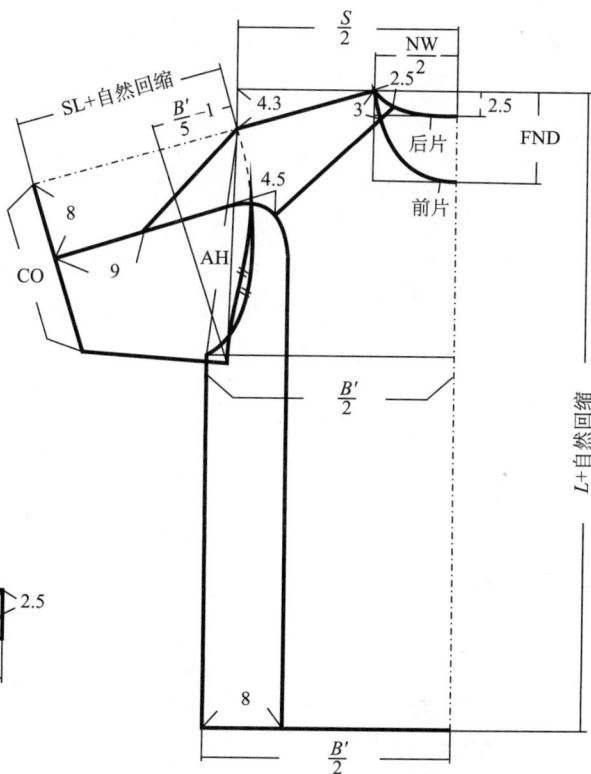

图7-24　结构制图

五、插肩袖拉链运动衫

1. 款式图（图7-25）
2. 成品规格（表7-12）

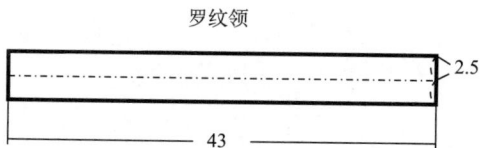

表7-12　成品规格表　　单位：cm

部位 尺寸 号型	衣长 L	半胸围 B'	领长 CL	肩宽 S	袖长 SL	袖口罗纹宽 CO
170/88	68	58	42	45	74	8.5

3. 结构制图（图7-26）

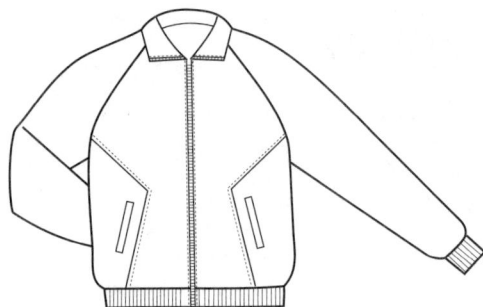

图7-25　款式图

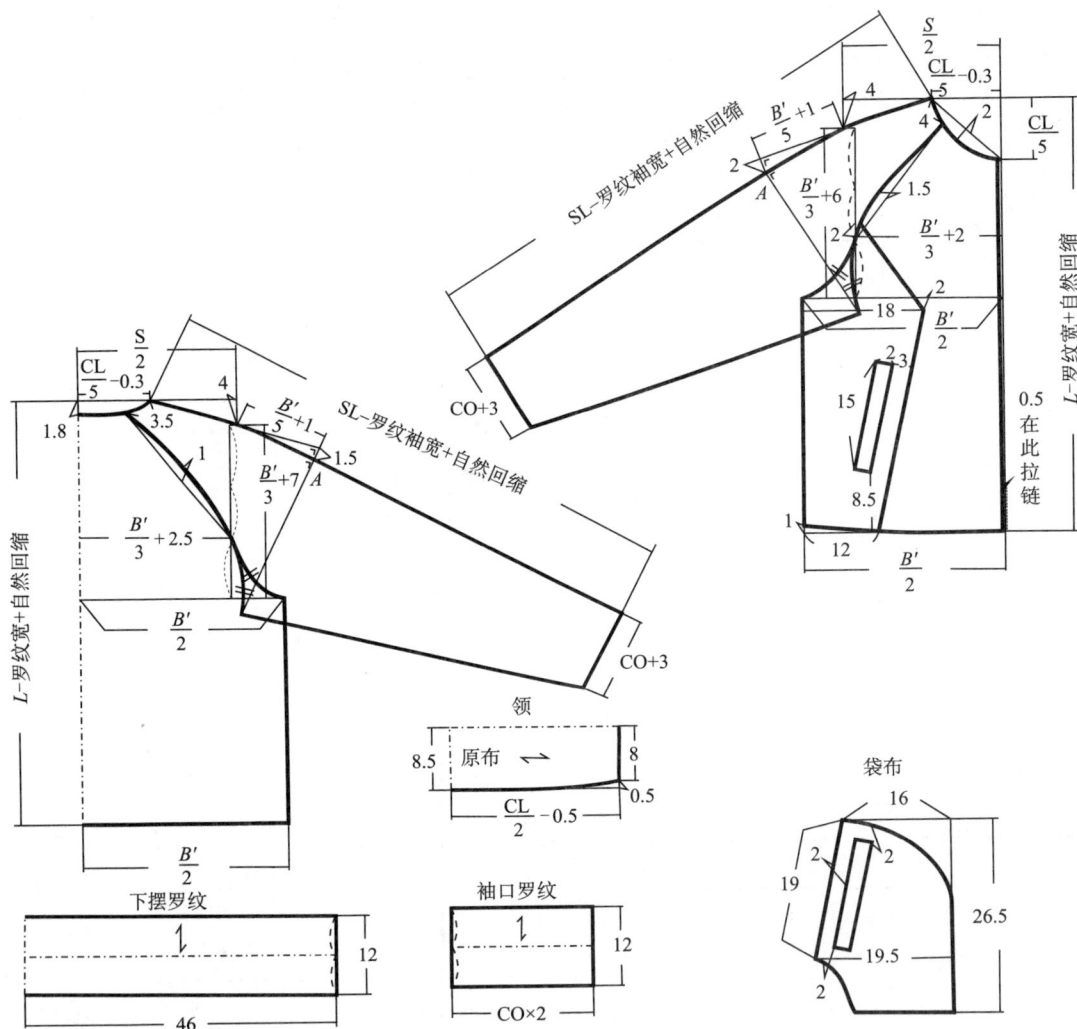

图7-26　结构制图

4. 制图步骤

（1）前片。

①衣长：［68cm-下摆罗纹宽（6cm）］［1+自然回缩率］。

②领口宽：1/5领（42cm）−0.3cm=8.1cm。

③领口深：1/5领（42cm）=8.4cm。

④肩斜线：1/10肩（45cm）−0.5cm=4cm。

⑤前肩宽：1/2肩宽（45cm）=22.5cm。

⑥袖窿深：1/3胸围（58cm）+6cm=25.3cm。

⑦前胸宽：1/3胸围（58cm）+2cm=21.3cm。

⑧胸围：1/2胸围（58cm）=29cm。

⑨拉链位置：露出拉链需要在前中线处减去0.5cm。

⑩袖窿分割线：在领口取4cm作一点，然后将前胸宽辅助线划分为三等份，经其1/3连接领口点，绘画袖窿弧线。

⑪袖山高：延长肩斜线，取1/5胸围（58cm）+1cm=12.6作一点，在此点垂直于肩斜线，取2cm作一点A，然后与肩宽点连接作一条线为袖长线，再在A点垂直于袖长线为袖山高线。

⑫袖长：［74−罗纹袖宽（6cm）］［1+自然回缩率］，从颈肩点往下量。

⑬袖山弧线：与袖窿弧线等长绘画袖山弧线。

⑭袖口宽：取罗纹袖口宽（8.5cm）+3cm=11.5cm。

⑮分割片：从前胸宽辅助线的第三等份向上量2cm，在袖窿弧线作一点，在胸围线侧边向右边量18cm、再向下量2cm作一点，在下摆侧缝线向右边量12cm作一点，然后连接这三点，绘画分割线。

⑯袋口：袋口长15cm，袋宽2cm。

（2）后片。

①衣长：［67cm−下摆罗纹宽（6cm）−1cm］［1+自然回缩率］，前衣片下摆起翘1cm。

②领口宽：1/5领（42cm）−0.3cm=8.1cm。

③领口深：1.8cm。

④肩斜线：1/10肩（45cm）−0.5cm=4cm。

⑤后肩宽：1/2肩宽（45cm）=22.5cm。

⑥袖窿深：1/3胸围（58cm）+7cm=26.3cm。

⑦后背宽：1/3胸围（58cm）+2.5cm=21.8cm。

⑧胸围：1/2胸围（58cm）=29cm。

⑨袖窿分割线：在后领口取3.5cm，然后将后背宽辅助线划分为三等份，经其1/3连接领口点，绘画袖窿弧线。

⑩袖山高：延长肩斜线，取1/5胸围（58cm）+1cm=12.6作一点，在此点垂直于肩斜线，取1.5cm作一点A，然后与肩宽点连接作一条线为袖长线，再在A点垂直于袖长线为袖山高线。

⑪袖长：［74cm−罗纹袖口宽（6cm）］［1+自然回缩率］，从颈肩点往下量。

⑫袖山弧线：与袖窿弧线等长绘画袖山弧线。

⑬袖口宽：取罗纹袖口宽（8.5cm）+3cm=11.5cm。

（3）辅料。

①领长：1/2领（42cm）–0.5cm=20.5cm，与前片一样少0.5cm露出拉链，领高：8.5cm。

②袖口罗纹：长8.5cm×2=17cm，宽6cm×2=12cm。

③1/2下摆罗纹；长46cm，宽6cm×2=12cm。

④袋布：长26.5cm，宽19.5cm。

图7-27　款式图

六、运动外衣

1. 款式图（图7-27）

2. 成品规格（表7-13）

3. 结构制图（图7-28）

表7-13　成品规格表　　　单位：cm

部位 尺寸 号型	衣长（后中量） L	半胸围 B'	肩宽 S	领口宽 NW	前领深 FND	袖长 SL	袖口宽 CO
175/92	71	59	49	19	9	60	9.5

注　此款采用经编面料制作。

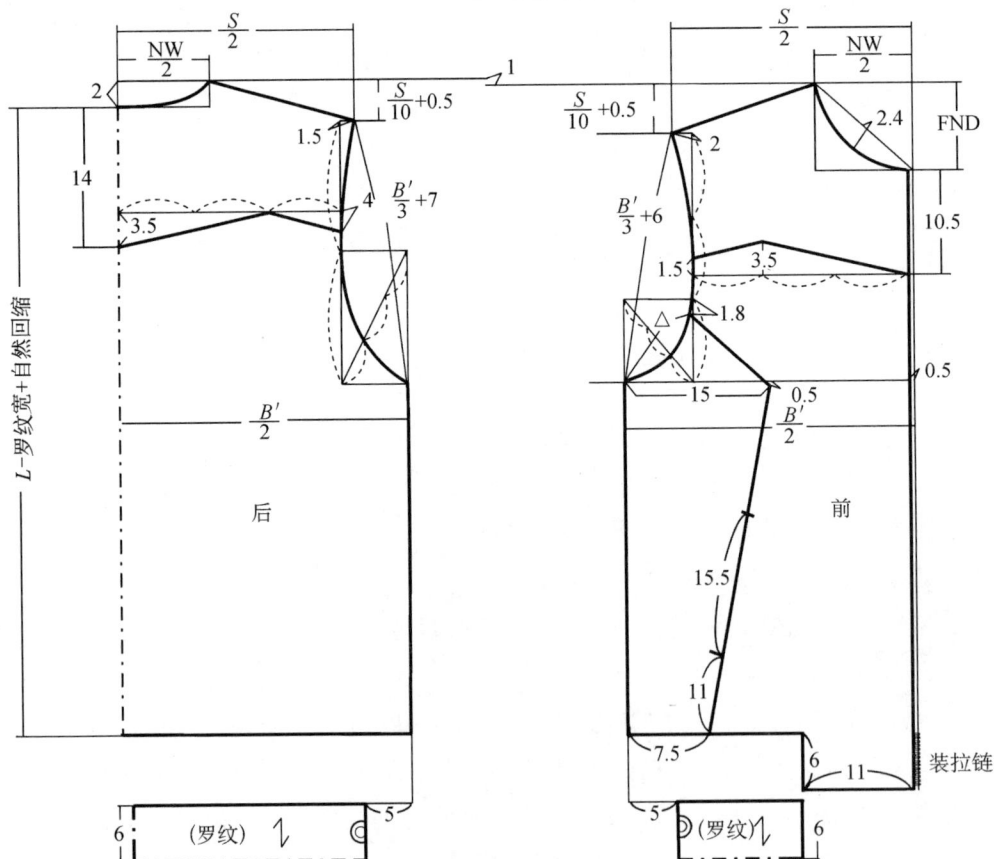

图7-28　前后身结构制图

后AH−0.5

前AH−0.5

1.5

$\dfrac{B'}{5}+1$

0.3

2

0.8

△

22.5

袖

SL−罗纹宽+自然回缩

1

1

3

(罗纹)

6

CO

7

(罗纹)领

44

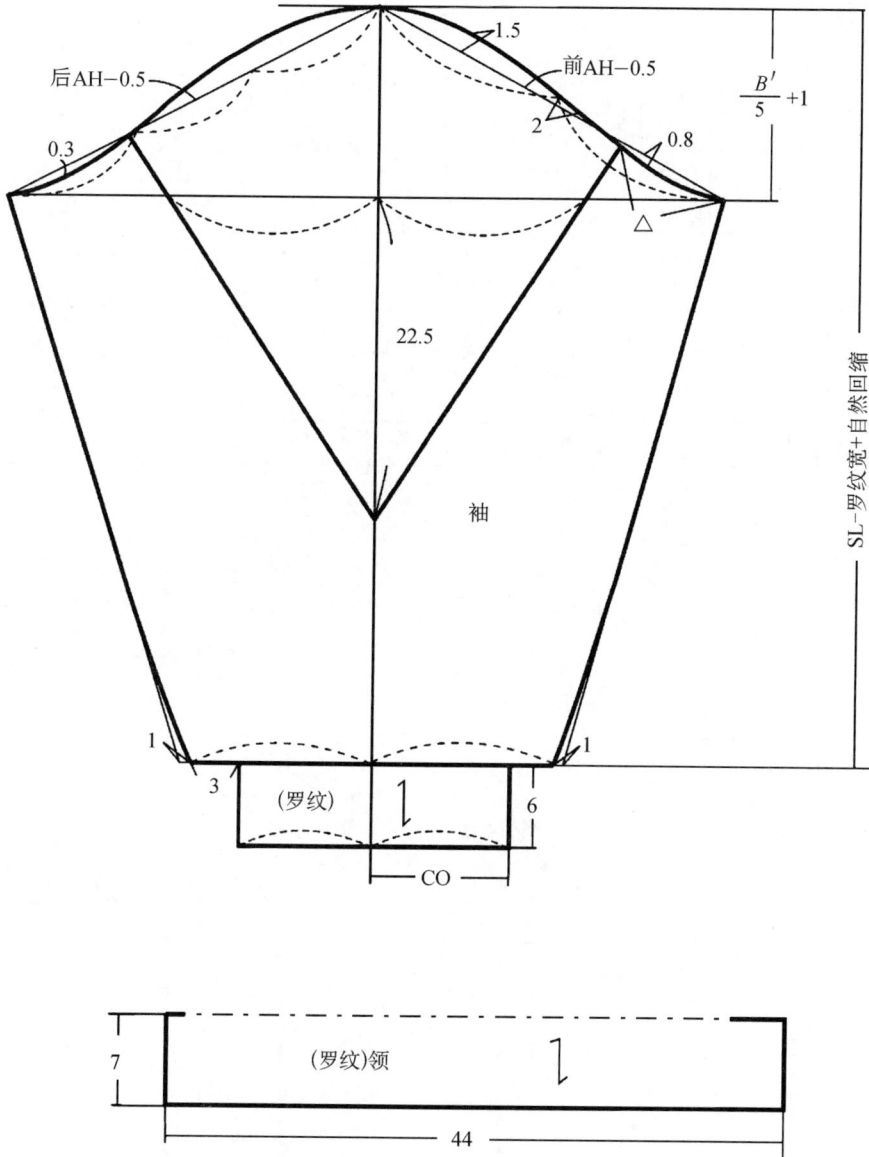

图7−29 袖子及领子结构制图

图7-30 款式图

七、拼幅运动外衣

1. 款式图（图7-30）

2. 成品规格（表7-14）

3. 结构制图（图7-31、图7-32）

表7-14 成品规格表　　　　　单位：cm

尺寸 号型 部位	衣长（后中量） L	半胸围 B'	肩宽 S	领口宽 NW	前领深 FND	袖长（后领中量） SL	袖口宽（罗纹） CO
175/92	71	59	49	19	9	85	9.5

注 此款采用经编面料制作。

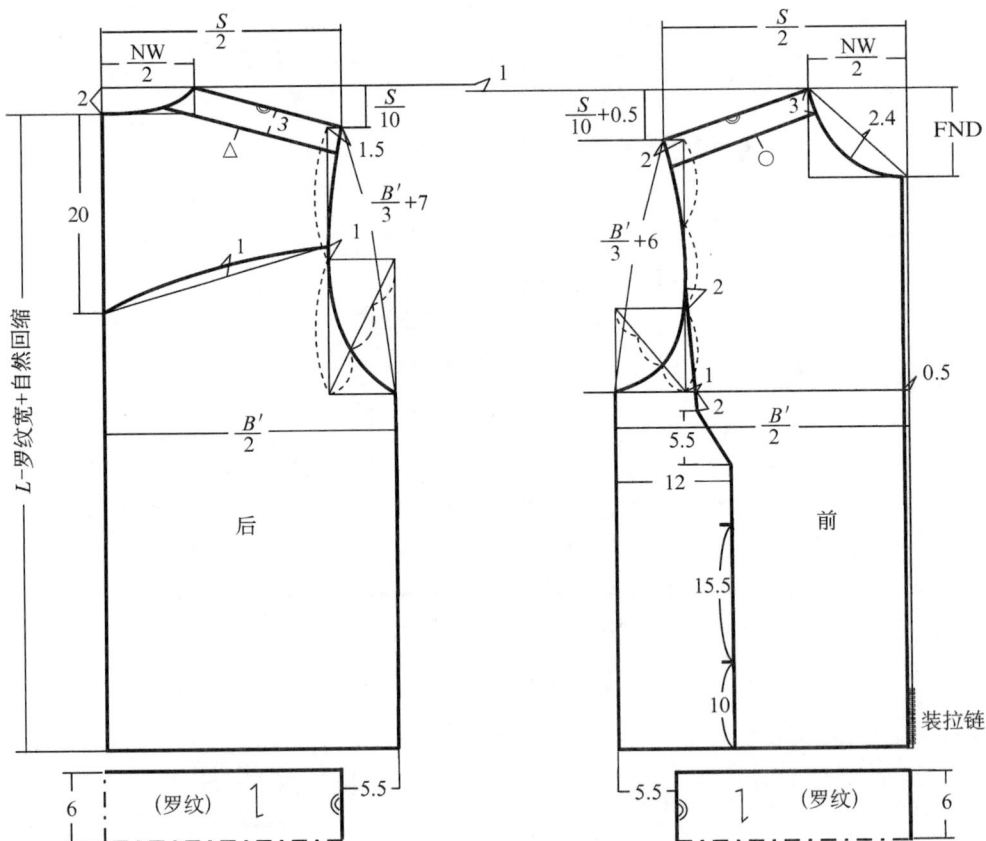

图7-31 结构制图

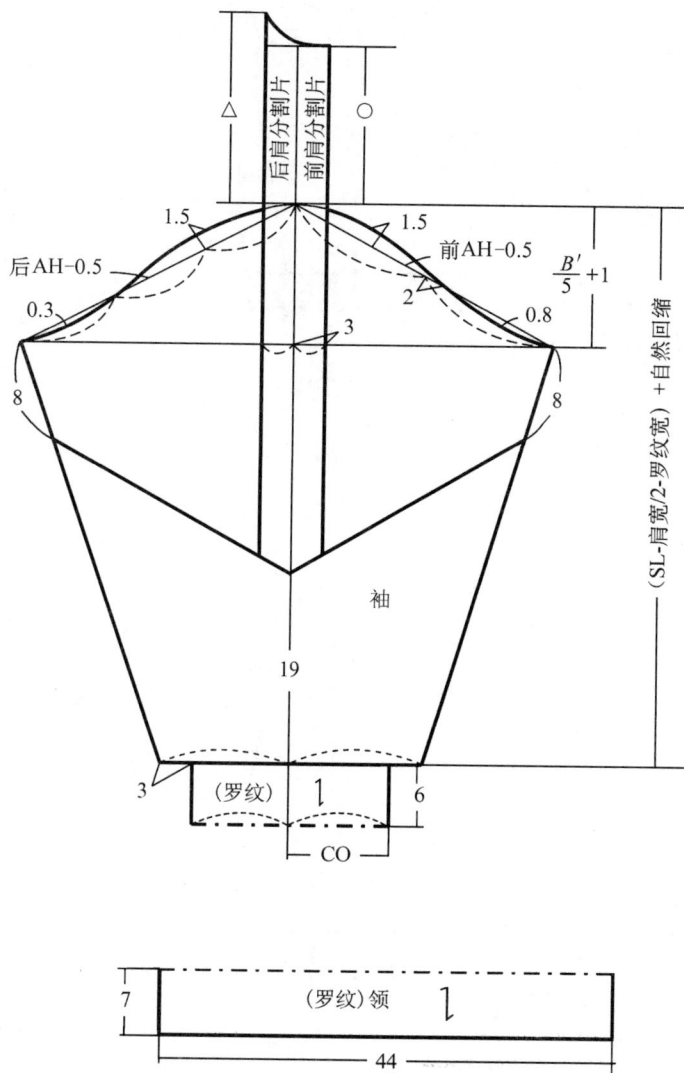

图7-32　袖子及领子结构制图

八、分割拼幅拉链衫

1. **款式图**（图7-33）

2. **成品规格**（表7-15）

表7-15　成品规格表　　　　　单位：cm

尺寸 号型	衣长 L	半胸围 B'	肩宽 S	半腰围 W'	半摆宽（罗纹） OP	领长 CL	袖长 SL	袖口宽 CO
170/88	66	52	45	50	48	48	59.5	10

图7-33 款式图

3. 结构制图（图7-34）

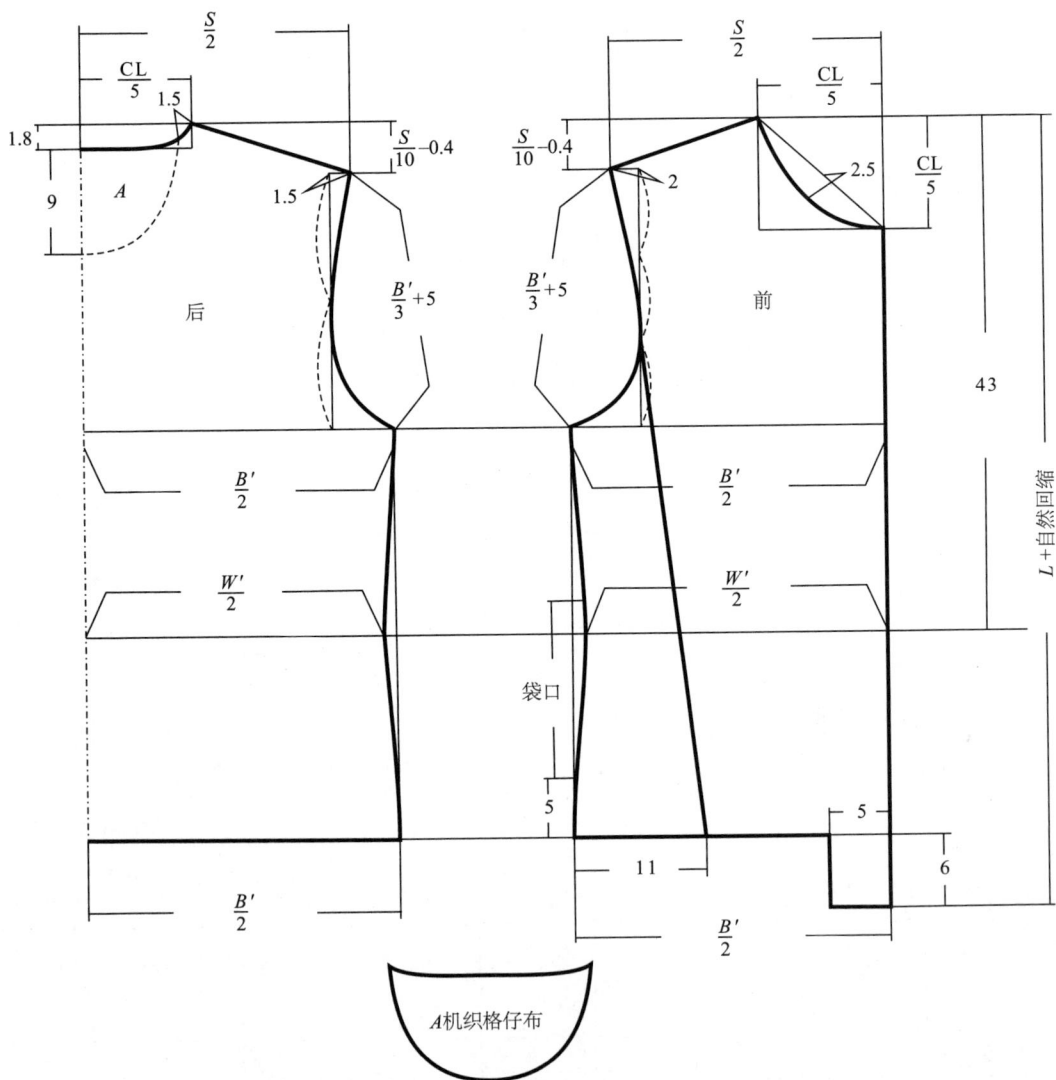

A机织格仔布

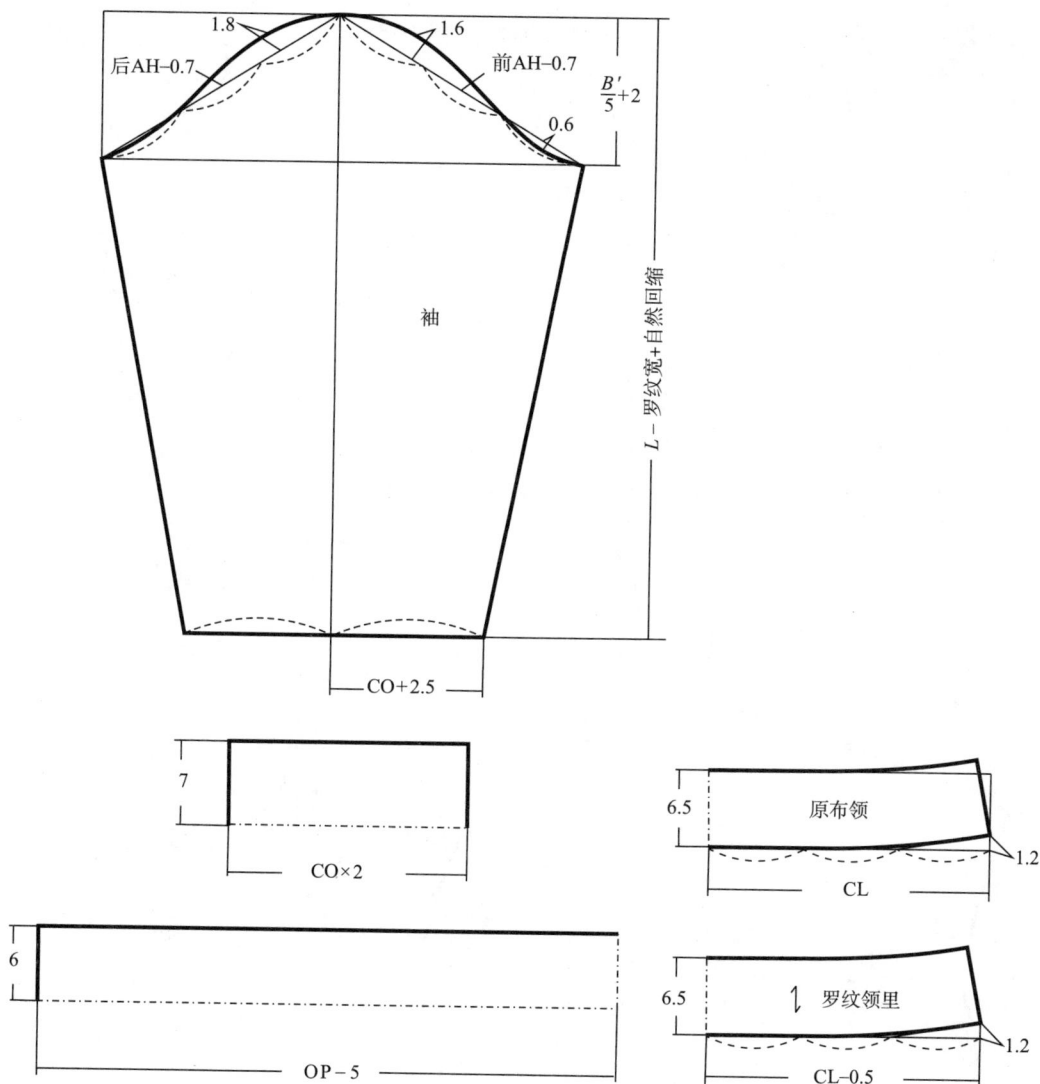

图7-34 结构制图

第四节 针织时装结构制图实例

一、抽褶翼袖衫

1. **款式图**（图7-35）

2. **成品规格**（表7-16）

表7-16 成品规格表

单位：cm

尺寸 号型 \ 部位	衣长 L	半胸围 B'	连袖肩宽 S	半摆宽 OP	领口宽 NW	前领深 FND	翼袖口宽 CO
165/88	66	46	50	49	20	9	18

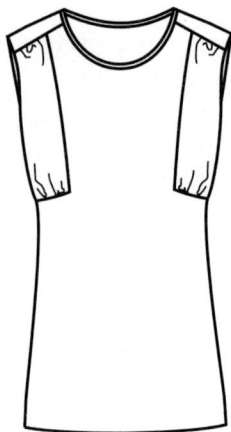

图7-35　款式图

3. 结构制图（图7-36）

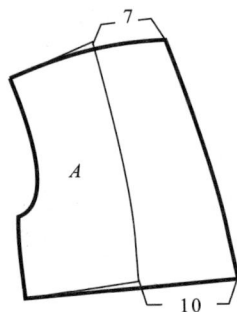

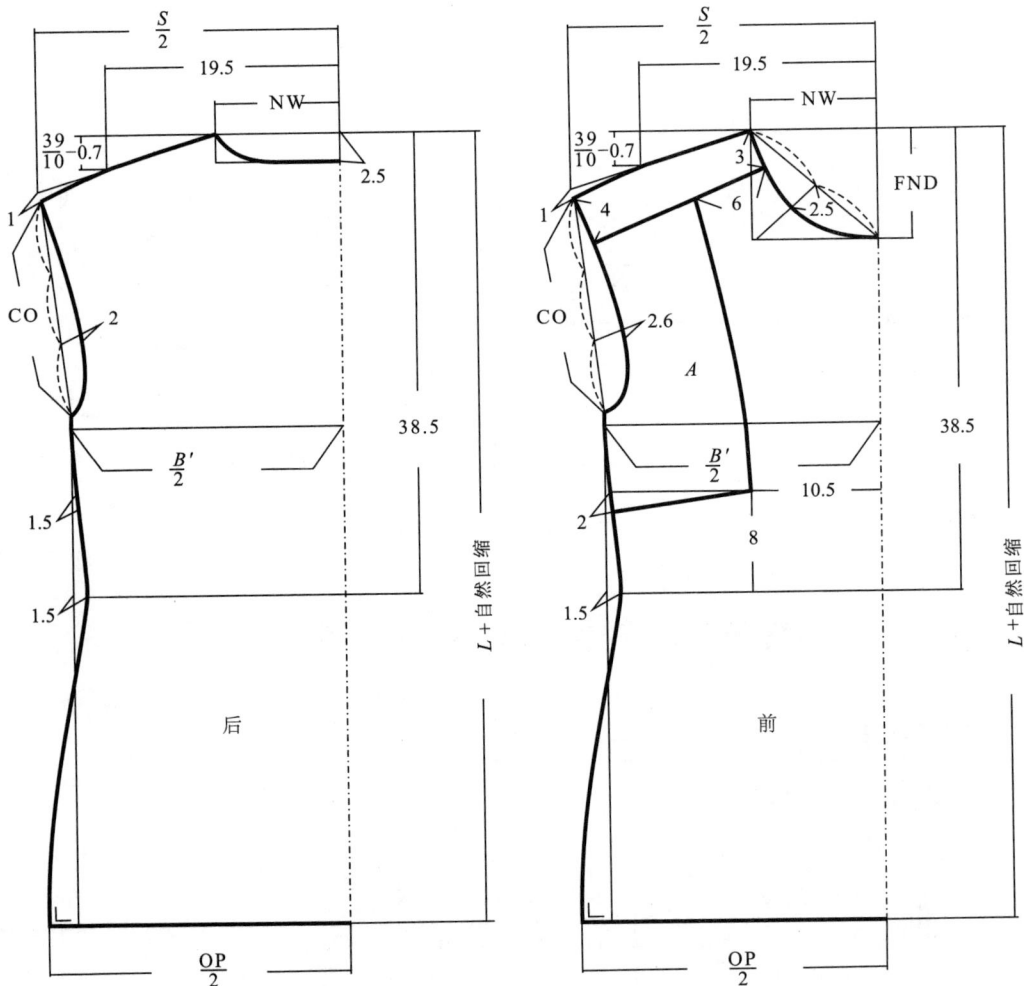

图7-36　结构制图

二、V领抽褶衫

1. 款式图（图7-37）

2. 成品规格（表7-17）

3. 结构制图（图7-38）

表7-17　成品规格表　　　单位：cm

尺寸号型 \ 部位	衣长 L	半胸围 B′	肩宽 S	领口宽 NW	袖长 SL	袖口宽（抽褶后）CO
160/84	60	41	36	20	13	14

图7-37　款式图

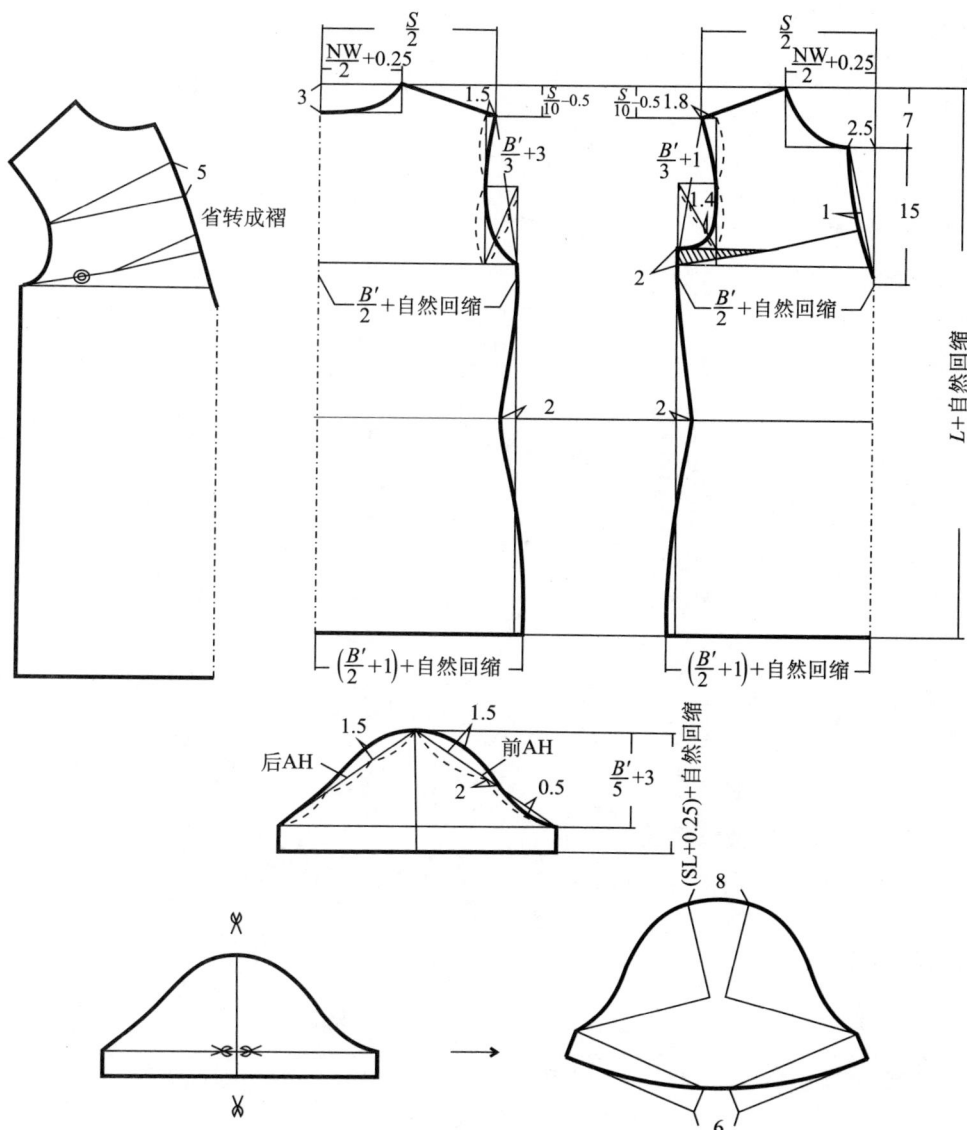

图7-38　结构制图

4. 制图步骤

（1）前片。

①衣长：60cm（1+自然回缩率）。

②领口宽：1/2领口宽（20cm）+绲领空隙（0.25cm）=10.25cm。

③领口深：7cm。

④肩斜线：1/10肩（36cm）=3.6cm。

⑤前肩宽：1/2肩（36cm）=18cm。

⑥袖窿深：1/3胸围（41cm）+3cm=16.7cm。

⑦前胸宽：在肩点进入1.8cm。

⑧胸围：［1/2胸围（41cm）］［1+自然回缩率］。

⑨省转移：在袖窿深线上2cm以省作转移取褶，当量不够时，可同时在袖窿处展开增加褶量。在展开的褶量上缉线，将底线抽紧，细褶便形成。

⑩下摆：［1/2胸围（41cm）+1cm］［1+自然回缩率］。

（2）后片。

①延长前片的上平线、胸围线、腰围线和下平线。

②领口宽：1/2领口宽（20cm）+绲领空隙（0.25cm）=10.25cm。

③后领口深：3cm。

④肩斜线：1/10肩（36cm）=3.6cm。

⑤后肩宽：1/2肩（36cm）=18cm。

⑥袖窿深：1/3胸围（41cm）+3cm=16.7cm。

⑦后背宽：在肩点向左进入1.5cm。

⑧胸围：［1/2胸围（41cm）］［1+自然回缩率］。

⑨下摆：［1/2胸围（41cm）+1cm］［1+自然回缩率］。

（3）袖片。

①袖长：［13cm-绲边空隙（0.25cm）］［1+自然回缩率］。

②袖山高：1/5胸围（41cm）+3cm=11.2cm。

③前袖山弧长：前袖窿弧长-0.5cm。

④后袖山弧长：后袖窿弧长-0.3cm。

⑤袖展开取褶：分别在袖头和袖口中缝处剪开取褶。

三、荷叶袖女衫

1. **款式图**（图7-39）

2. **成品规格**（表7-18）

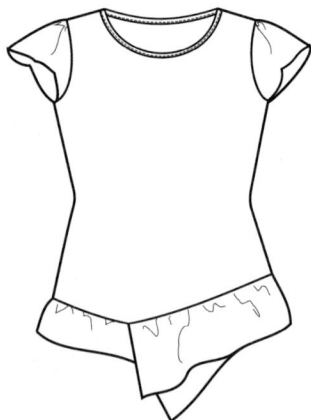

图7-39 款式图

表7-18 成品规格表 单位：cm

尺寸 号型 \ 部位	前衣长 （肩领点下量） FL	后衣长 BL	半胸围 B'	肩宽 S	下摆宽 OP	领口宽 NW	前领深 FND	袖长 SL	袖口宽 CO
160 / 84	56	58	42	36	47	22	7.5	10	19

3. 结构制图（图7-40）

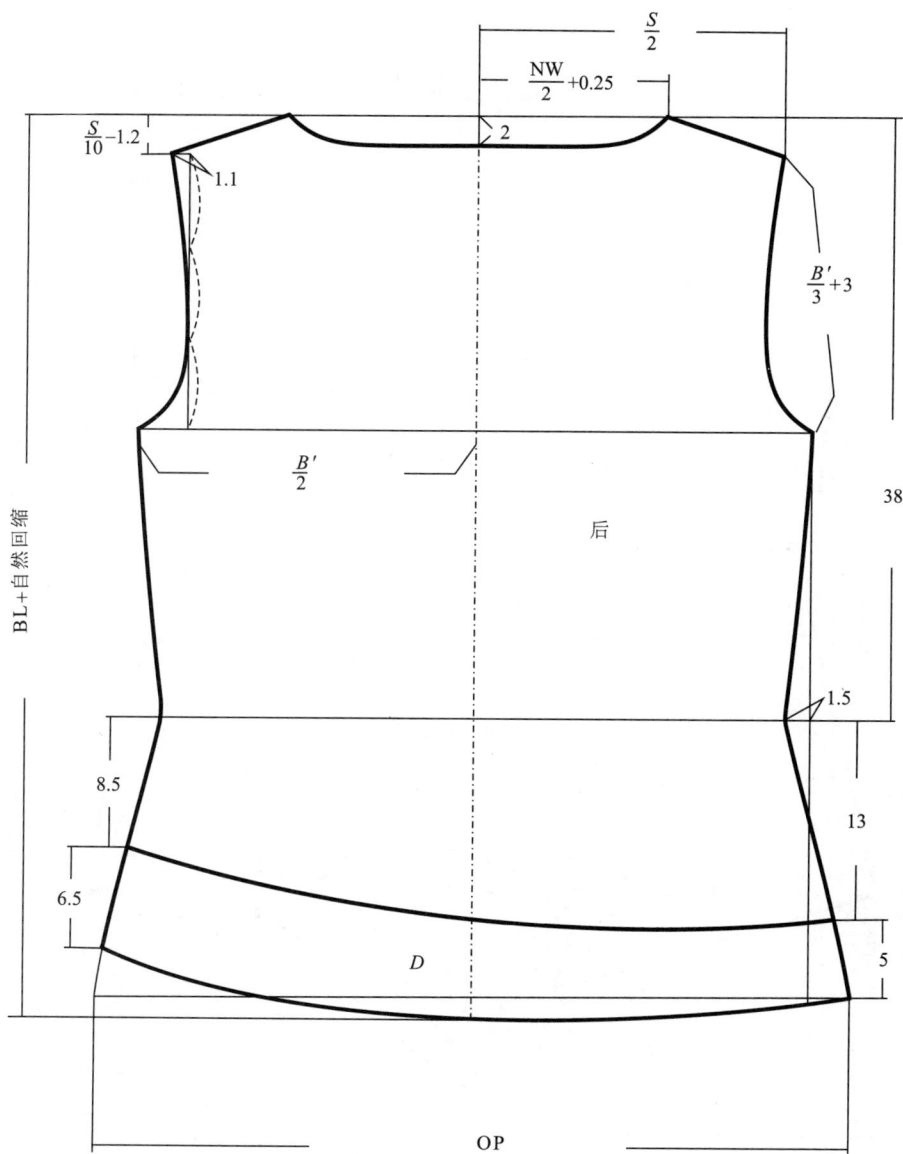

图7-40

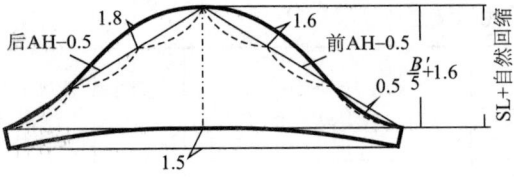

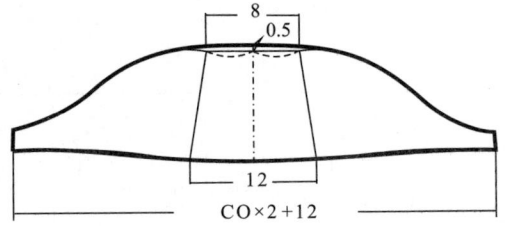

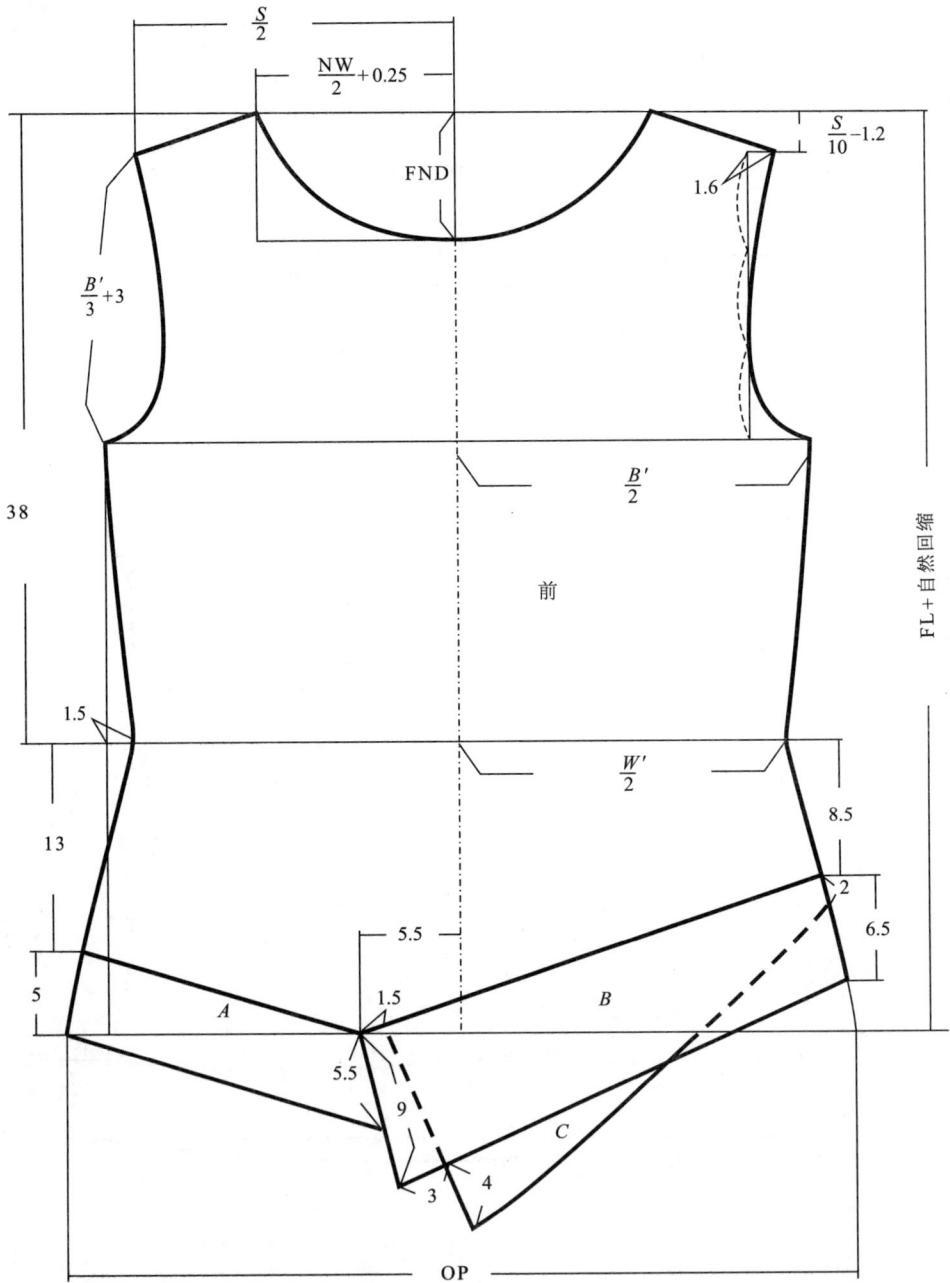

附：A、B、C、D展开图。

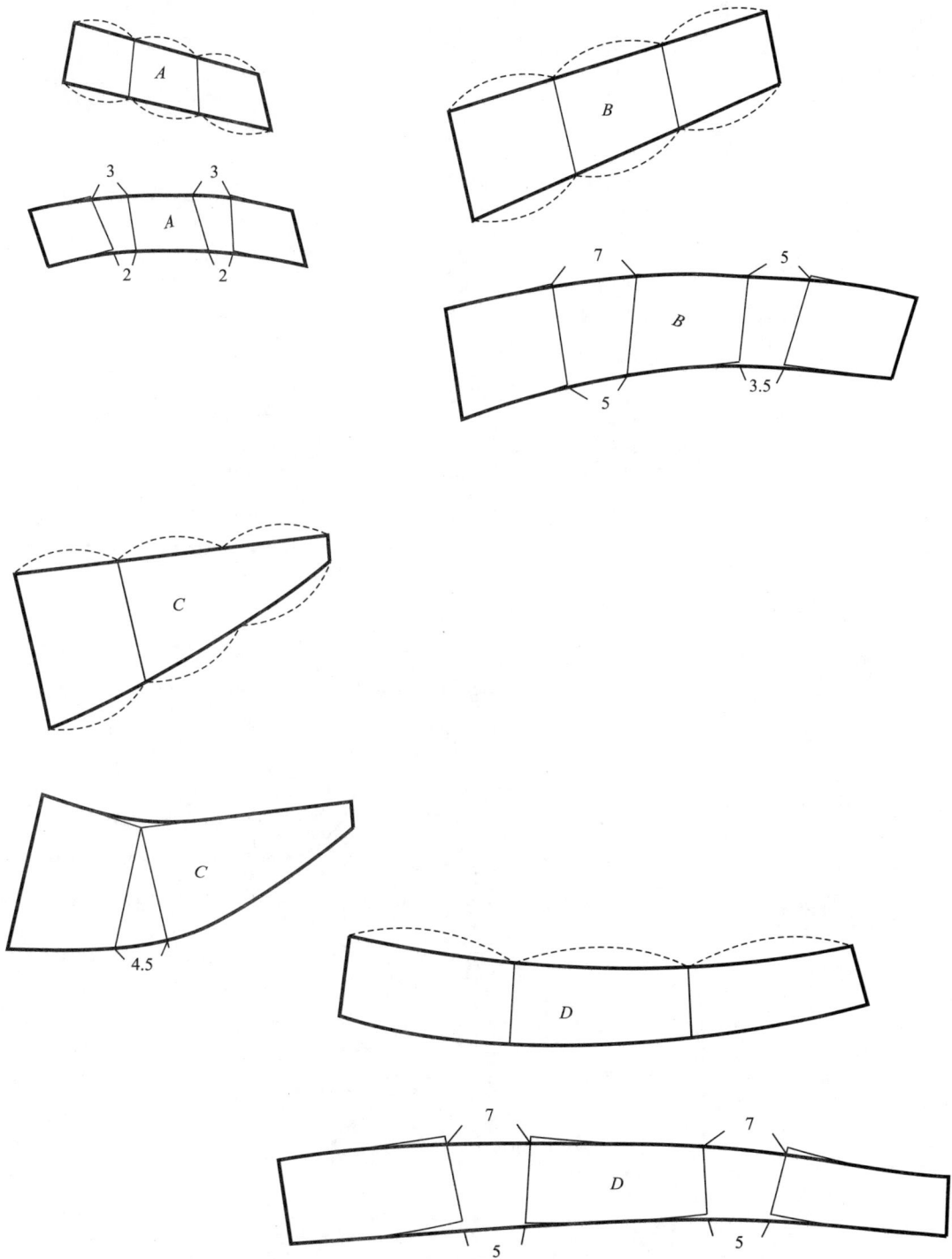

图7-40　结构制图

图7-41　款式图

四、绣珠中袖衫

1. 款式图（图7-41）
2. 成品规格（表7-19）
3. 结构制图（图7-42、图7-43）

表7-19　成品规格表　　　　　　　　　　单位：cm

部位 尺寸 号型	衣长 L	半胸围 B'	肩宽 S	领口宽 NW	前领深 FND	后领深 BND	半腰围 W'	半下摆 OP	袖长 SL	袖口宽 CO
160/84	56	42	36	21	15	8	37	45	41	12

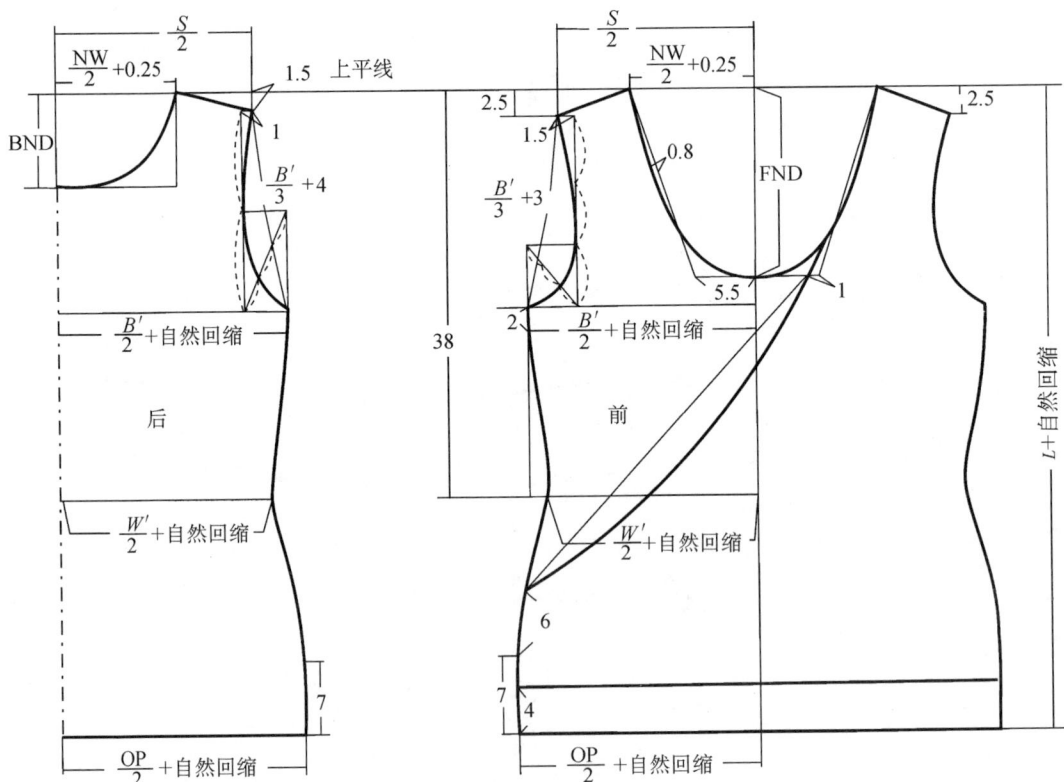

图7-42　结构制图

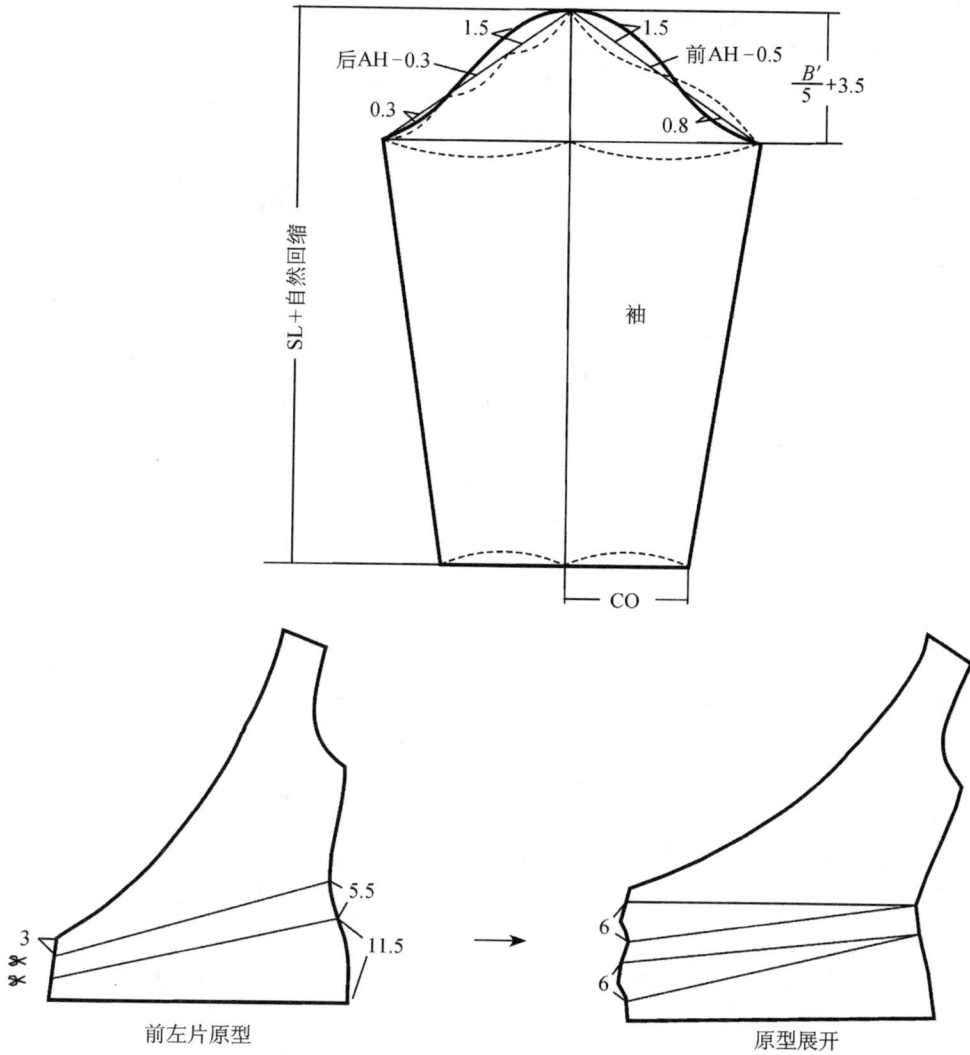

图7-43　袖子及前片细部结构制图

五、钉珠蕾丝长袖衫

1. **款式图**（图7-44）

2. **成品规格**（表7-20）

3. **结构制图**（图7-45）

表7-20　成品规格表

単位：cm

尺寸 号型 部位	衣长 L	半胸围 B'	肩宽 S	领口宽 NW	前领深 FND	袖长 SL	袖口宽 CO	半腰围 W'
160 / 84	56	40	38	20	6.5	75	9.5	39

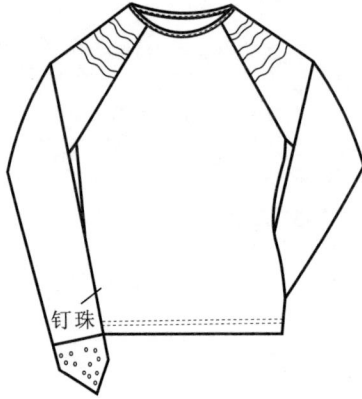

图7-44　款式图

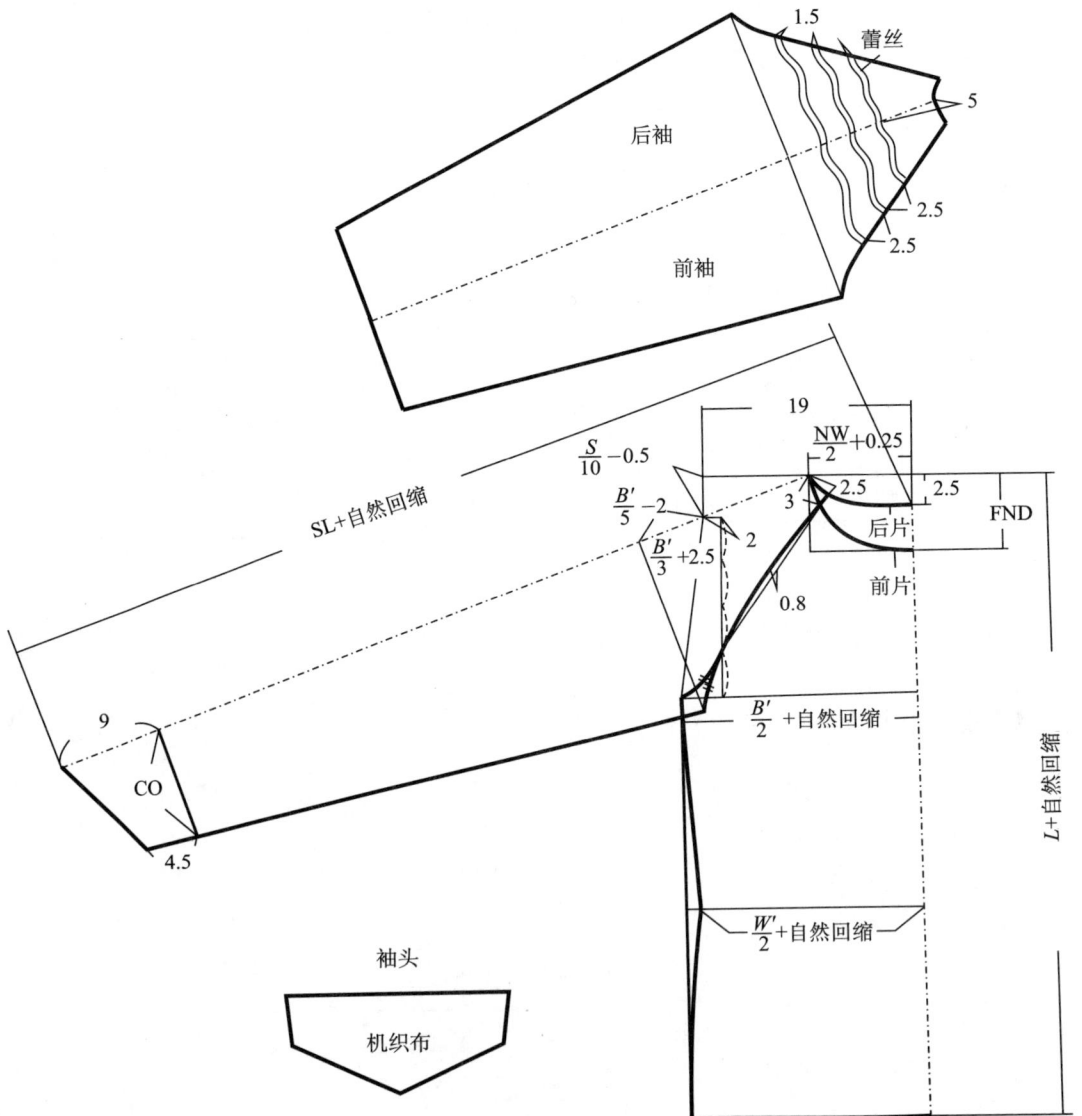

图7-45　结构制图

六、荷叶边领长袖衫

1. 款式图（图7-46）
2. 成品规格（表7-21）
3. 结构制图（图7-47）

表7-21 成品规格表 单位：cm

尺寸 部位 号型	衣长 L	半胸围 B'	肩宽 S	领口宽 NW	前领深 FND	袖长 SL	袖口宽 CO
160/84	58	46	38	18	17	56	11

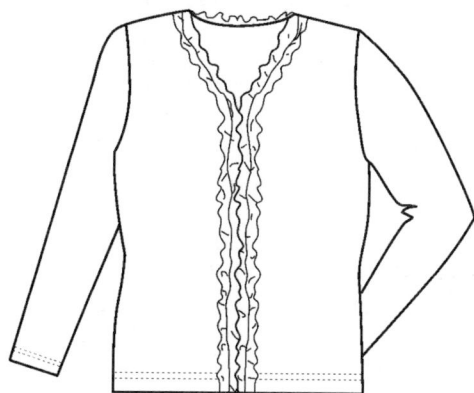

图7-46 款式图

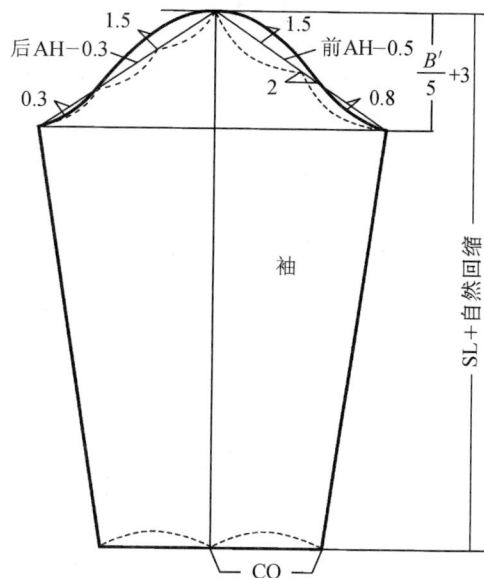

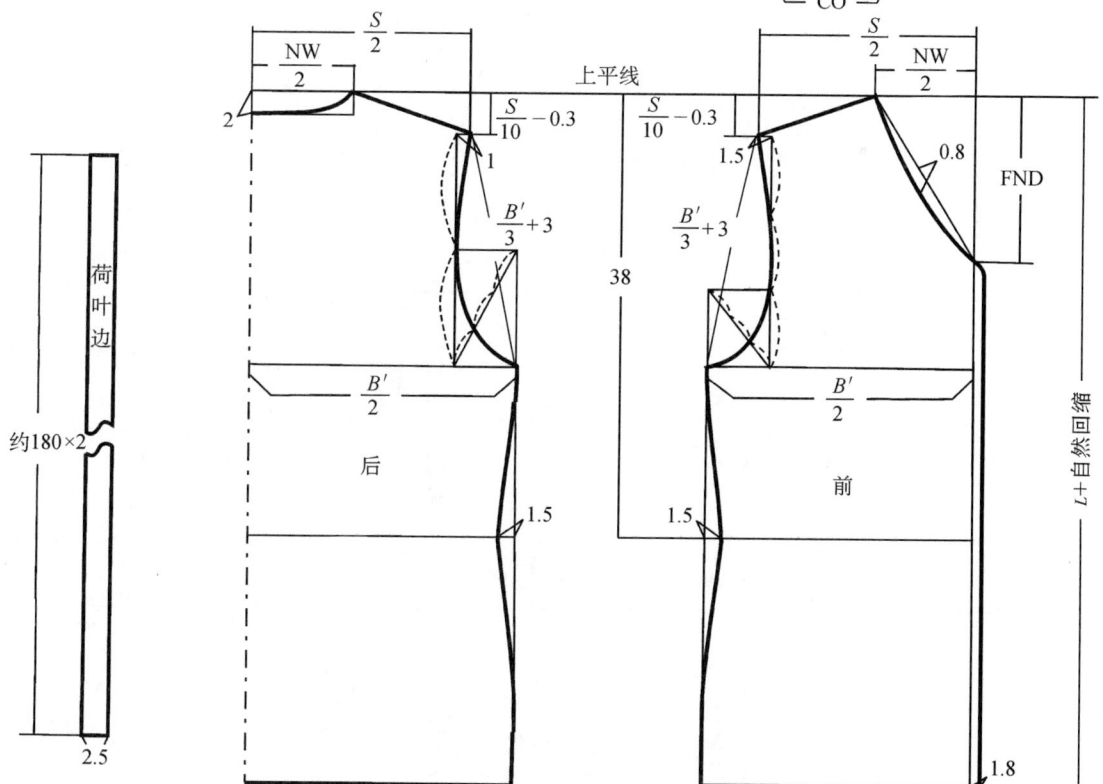

图7-47 结构制图

图7-48　款式图

七、斜襟抽褶衫

1. 款式图（图7-48）

2. 成品规格（表7-22）

3. 结构制图（图7-49、图7-50）

表7-22　成品规格表　　　　　　　　　　　　　　　　单位：cm

部位 尺寸 号型	衣长 L	半胸围 B'	肩宽 S	领宽 NW	前领深 FND	袖长 SL	袖口宽 CO	半腰围 W'	半下摆 OP
160 / 84	55	43	37	19	12	55	10	38	44

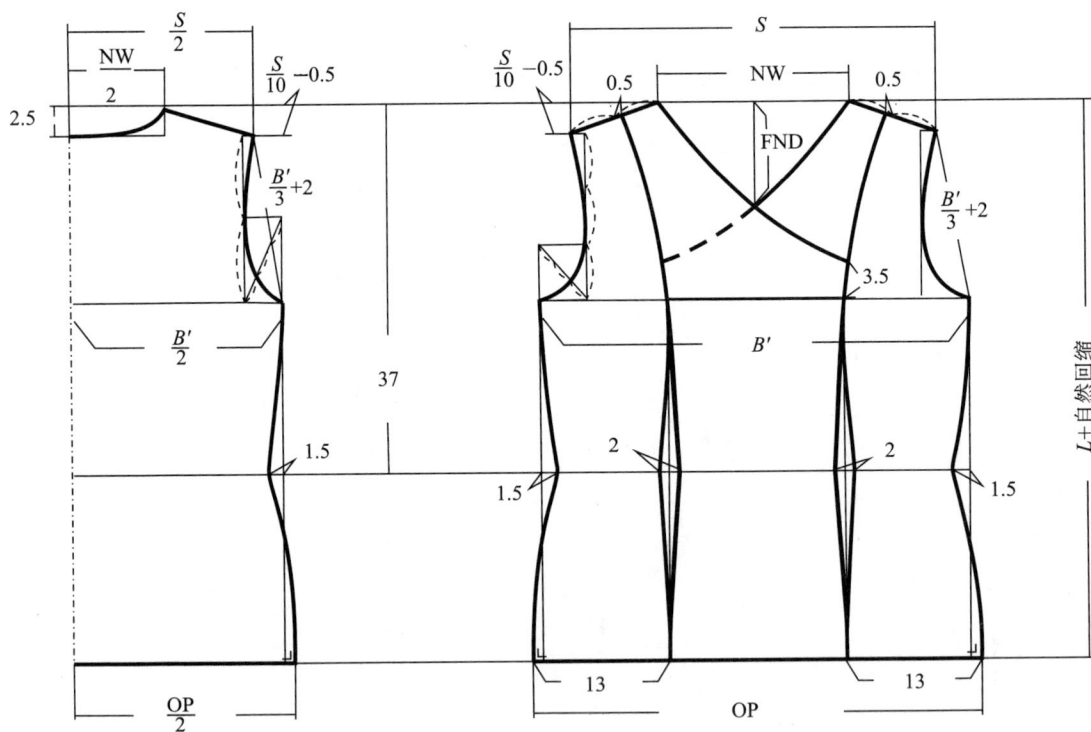

图7-49　结构制图

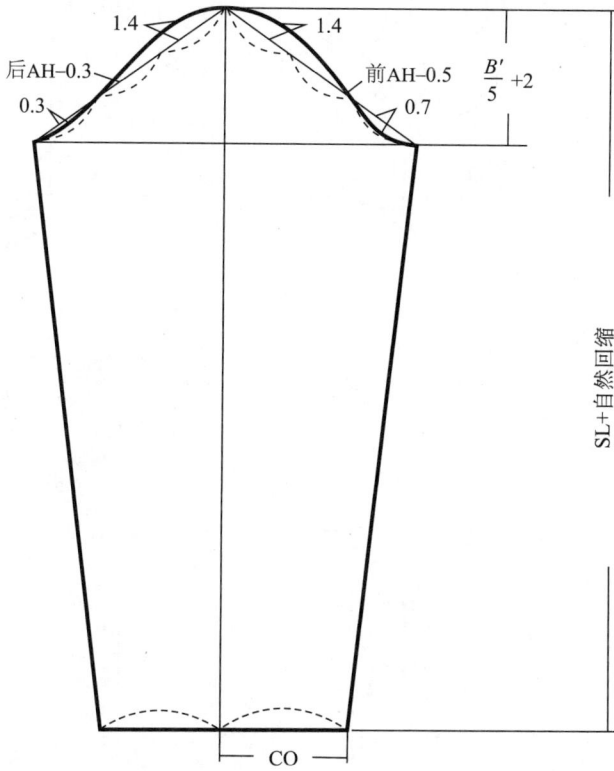

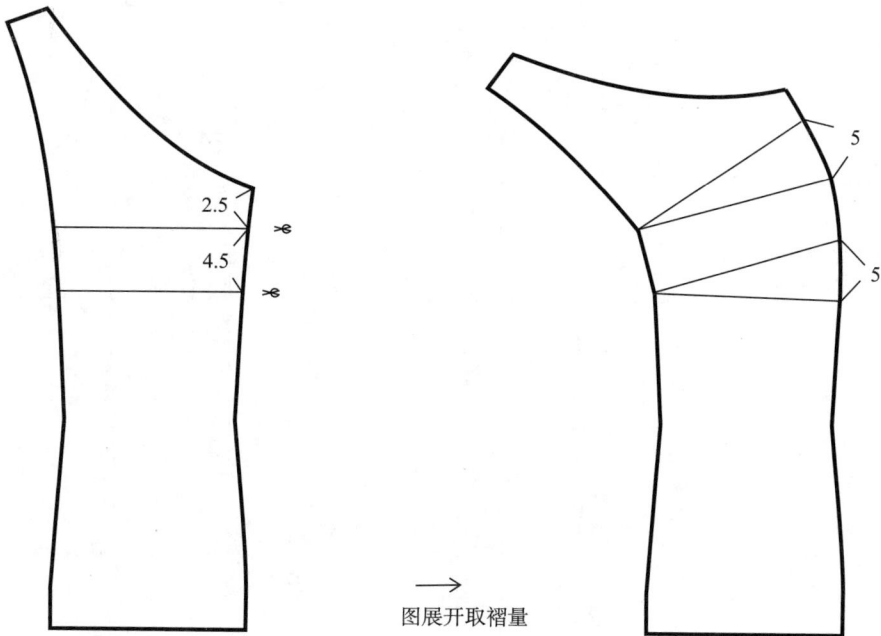

图7-50 袖子及前片细部结构制图

八、翻领半襟中袖衫

1. 款式图（图7-51）
2. 成品规格（表7-23）
3. 结构制图（图7-52）

表7-23　成品规格表　　　　单位：cm

部位 尺寸 号型	衣长 L	半胸围 B'	肩宽 S	领口宽 NW	前领深 FND	袖长 SL	袖口宽 CO
160 / 84	58	44.5	38	15	9	49	12

注　此款采用经编面料制作。

图7-51　款式图

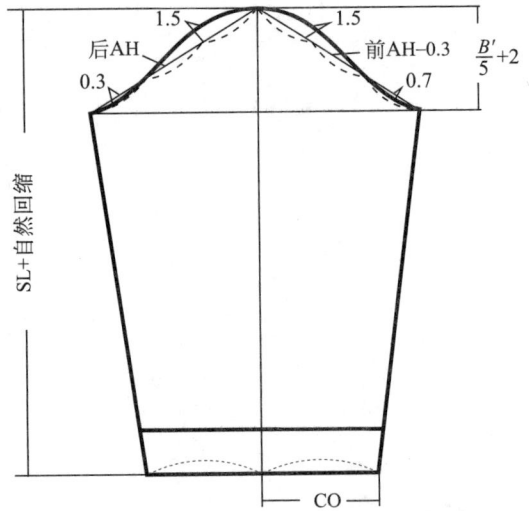

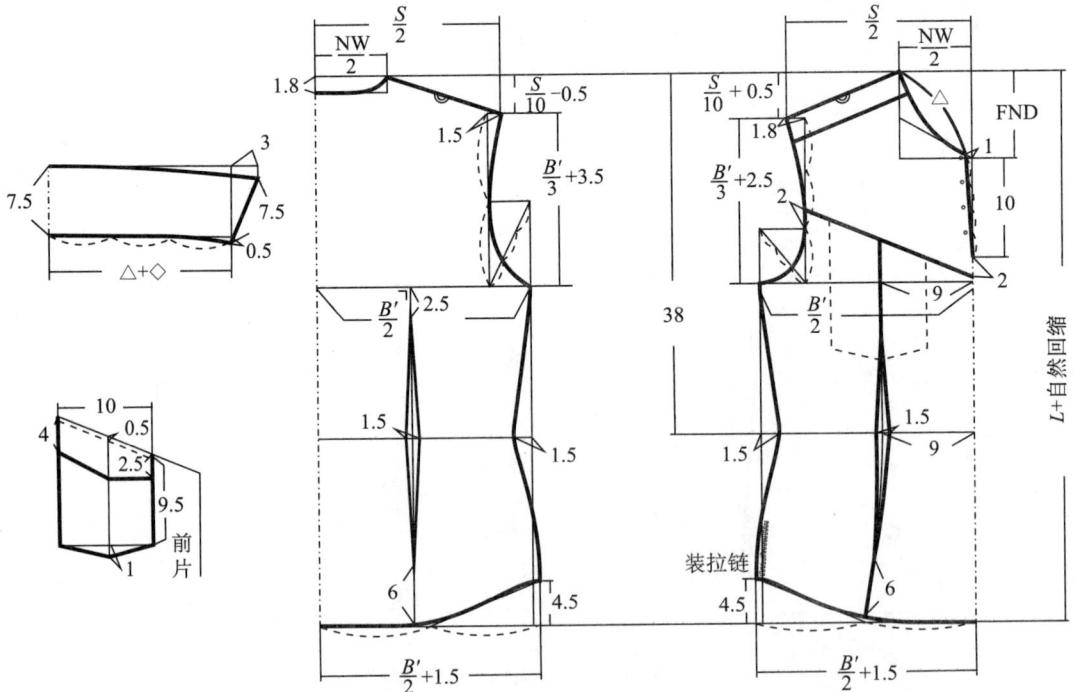

图7-52　结构制图

九、拉链短衫

1. **款式图**（图7-53）
2. **成品规格**（表7-24）
3. **结构制图**（图7-54）

表7-24　成品规格表　　　单位：cm

尺寸 号型 \ 部位	前衣长 FL	后衣长 BL	半胸围 B'	肩宽 S	领口宽 NW	前领深 FND	半腰围 W'	袖长 SL	袖口宽 CO
155 / 80	54	51	46	38	17	8.5	41	56	11

注　此款采用经编面料制作。

图7-53　款式图

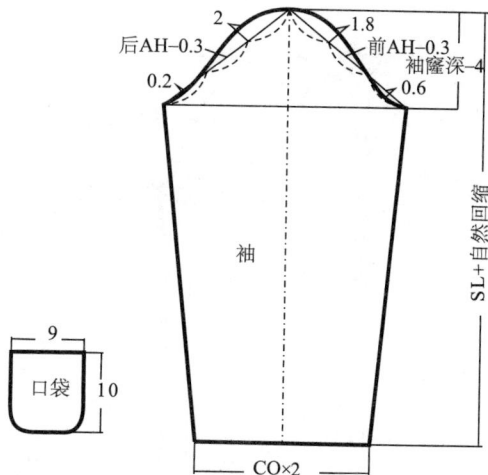

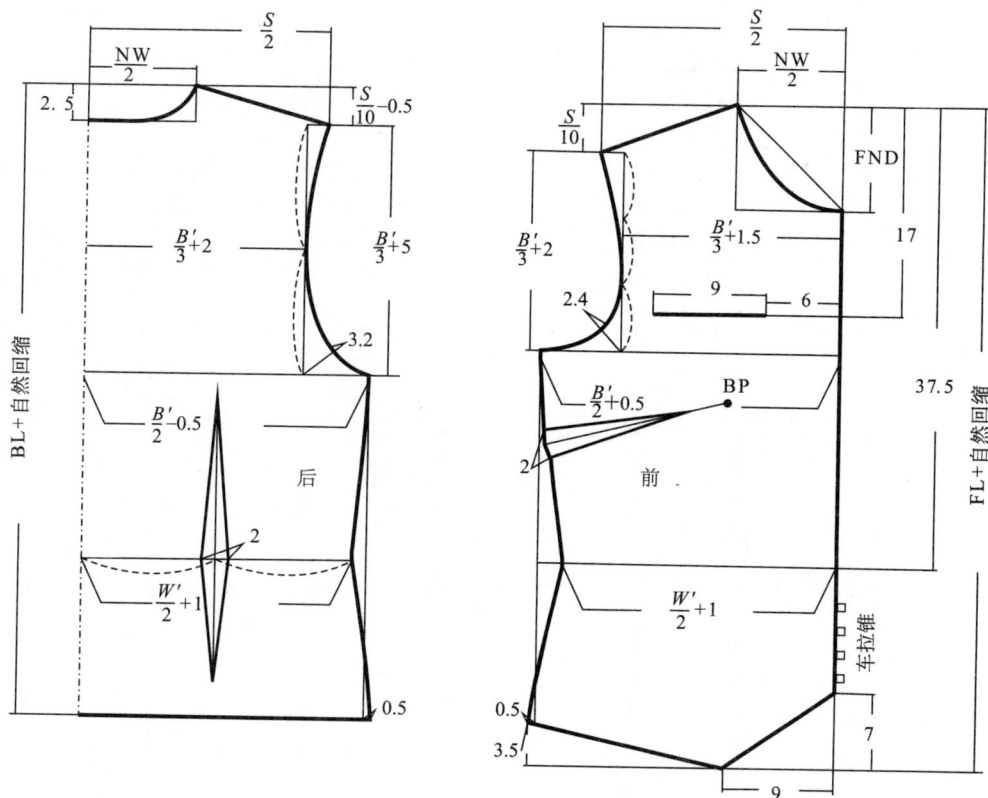

图7-54　结构制图

十、春秋装

1. 款式图（图7-55）
2. 成品规格（表7-25）
3. 结构制图（图7-56）

表7-25　成品规格表　　单位：cm

尺寸 号型	部位	衣长 L	半胸围 B′	肩宽 S	袖长 SL	袖口宽 CO
160 / 84		62	48	39	55	12.5

注　此款采用经编面料。

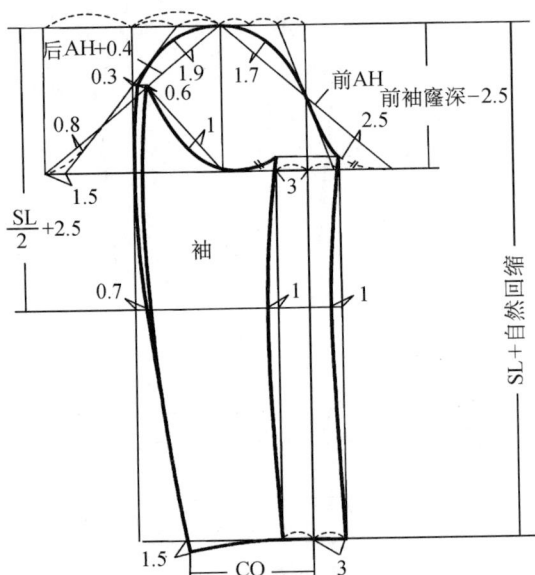

图7-55　款式图

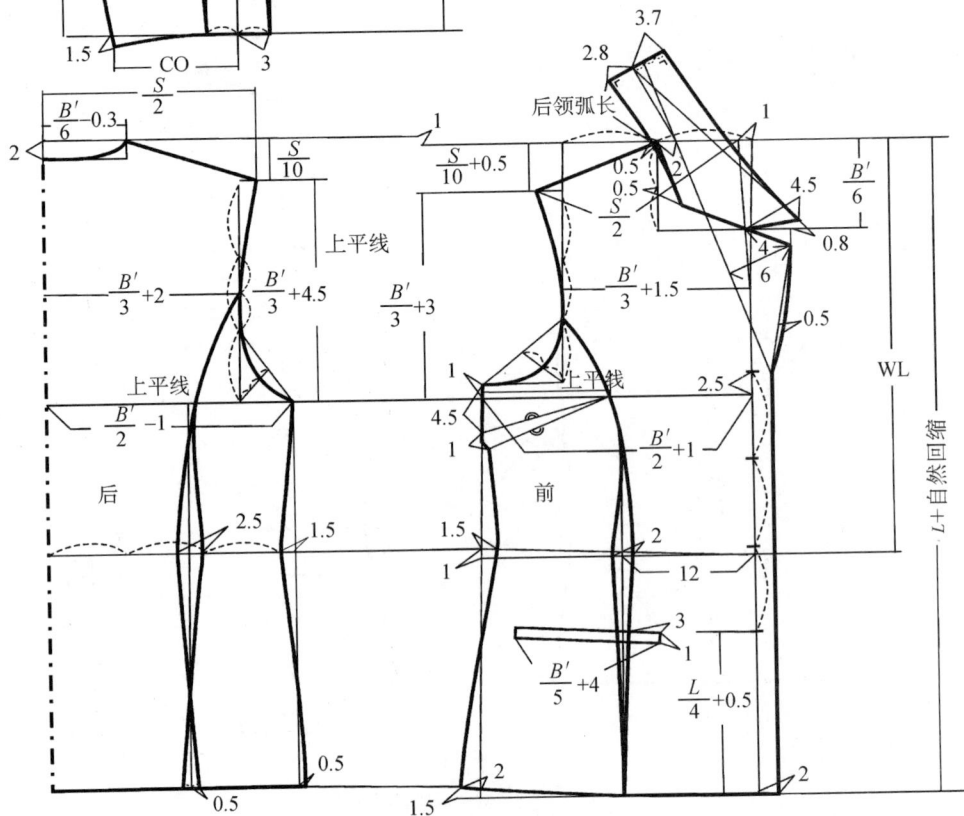

图7-56　结构制图

十一、登驳领双襟长袖衫

1. **款式图**（图7-57）
2. **成品规格**（表7-26）
3. **结构制图**（图7-58、图7-59）

图7-57　款式图

表7-26　成品规格表　　　　　　　　　　　　　　　单位：cm

尺寸 号型＼部位	衣长 L	半胸围 B′	肩宽 S	半腰围 W′	袖长 SL	袖口宽 CO	领长 CL
160 / 84	55	47.5	38.5	39	57	14	40

注　此款采用经编面料。

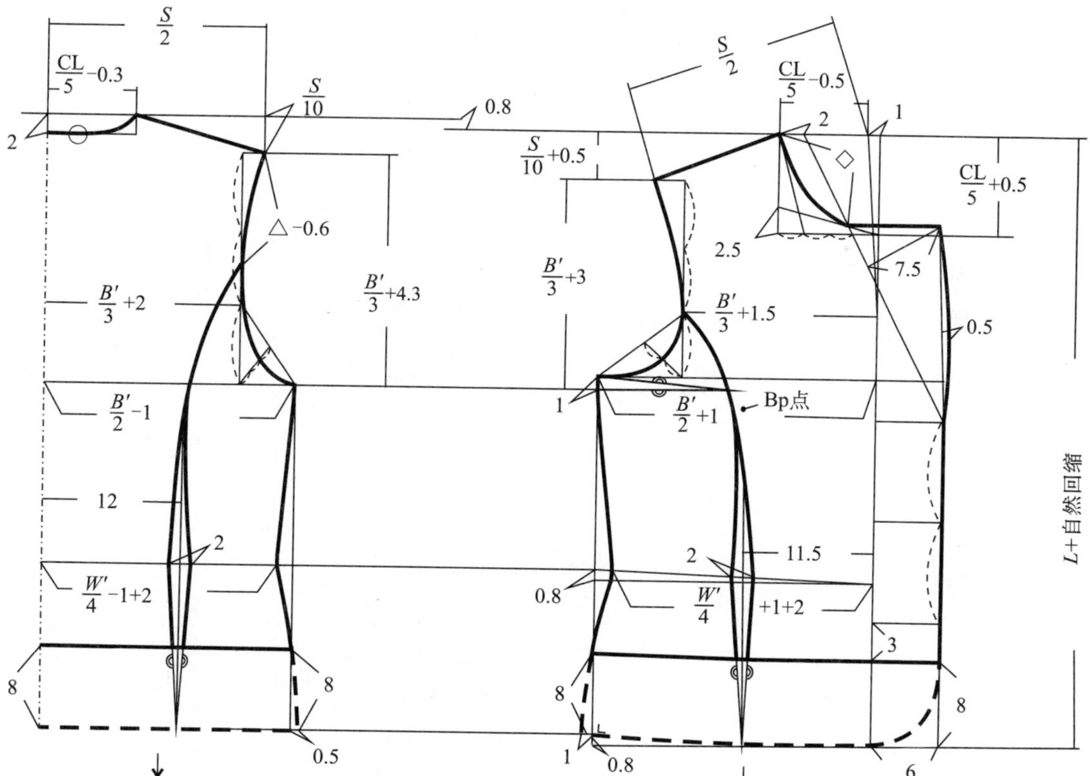

图7-58　前后片结构制图

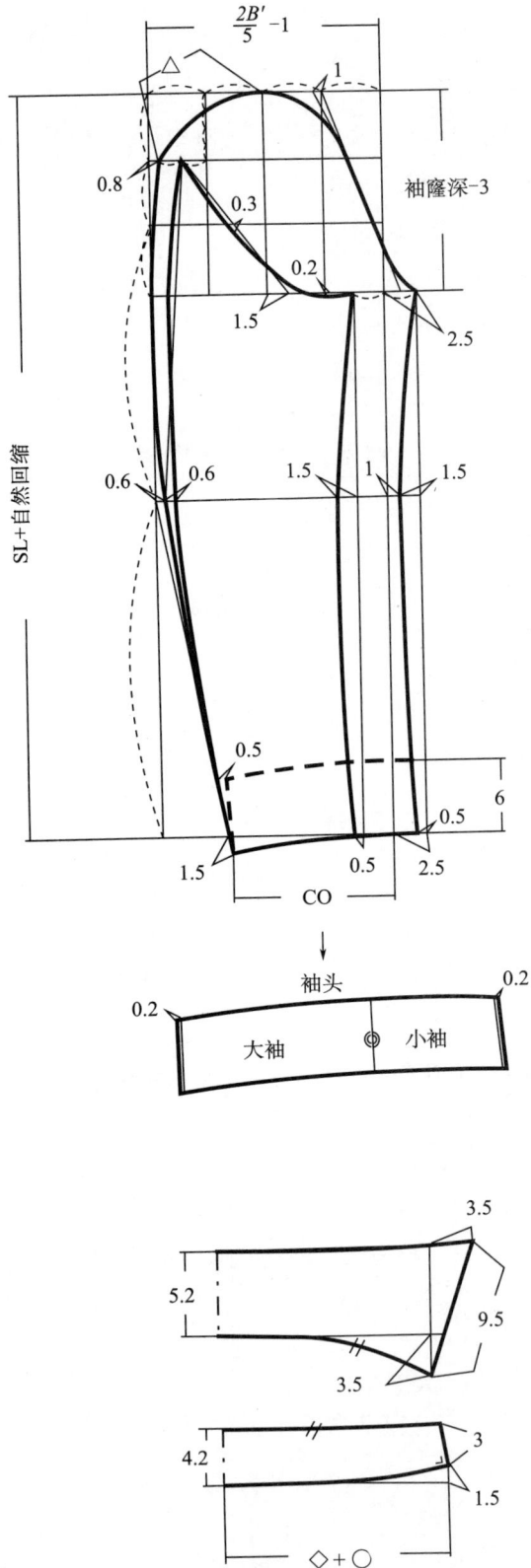

图7-59 袖子及领子结构制图

4. 制图步骤

（1）前片。

①衣长：55cm（1+自然回缩率）。

②领口宽：1/5领（41cm）–0.5cm=7.7cm。撇胸省1cm。

③领口深：1/5领（41cm）+0.5cm=8.7cm。

④落肩线：1/10肩（38.5cm）+0.5cm=4.4cm。

⑤前肩宽：1/2肩（38.5cm）=19.25cm，从撇胸省位往左量。

⑥袖窿深：1/3胸围（47cm）+3cm=18.7cm。

⑦前胸宽：1/3胸围（47cm）+1.5cm=17.2cm。

⑧胸围：1/2胸围（47cm）+1cm=24.5cm。

⑨腰围：1/2腰围（39cm）+1cm+省（2cm）=22.5cm。

⑩公主分割线位：从前中线往左量11.5cm。

⑪下摆分割线位：从下平线沿前中线向上量8cm。

⑫下摆原型收省：将省转移到侧缝。

（2）后片。

①衣长：55cm（1+自然回缩率）。

②领口宽：1/5领（41cm）–0.3cm=7.9cm。

③领口深：2cm。

④落肩线：1/10肩（38.5cm）=3.9cm。

⑤后肩宽：1/2肩（38.5cm）=19.25cm。

⑥袖窿深：1/3胸围（47cm）+4.3cm=20cm。

⑦后背宽：1/3胸围（47cm）+2cm=17.7cm。

⑧胸围：1/2胸围（47cm）–1cm=22.5cm。

⑨腰围：1/2腰围（39cm）–1cm+省（2cm）=20.5cm。

⑩公主分割线位：从后中缝线往右量12cm，袖窿处的分割点是在大袖的△–0.6cm处。

⑪下摆分割线位：从下平线沿前中线向上量8cm。

⑫下摆原型收省：将省转移到侧缝。

（3）袖片。

①袖长：57cm（1+自然回缩率）。

②袖肥：2/5胸围（47cm）–1cm=17.8cm。

③袖山高：袖窿深–3cm。

④袖口：14cm。

（4）领。

①领座长：前领圈弧长◇+后领弧长○，领高4.2cm。

②翻领长：领座上领边=翻领领下摆，领高5.2cm。

十二、斜襟拉链女衫

1. 款式图（图7-60）
2. 成品规格（表7-27）
3. 结构制图（图7-61）

表7-27　成品规格表　　单位：cm

尺寸号型 \ 部位	衣长 L	半胸围 B'	肩宽 S	半腰围 W'	半下摆 OP	袖长 SL	袖口宽 CO
160 / 84	55	46	39	39	48	56.5	11.5

图7-60　款式图

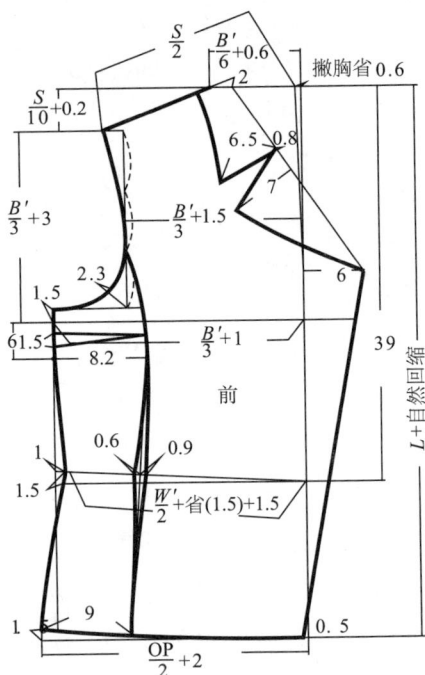

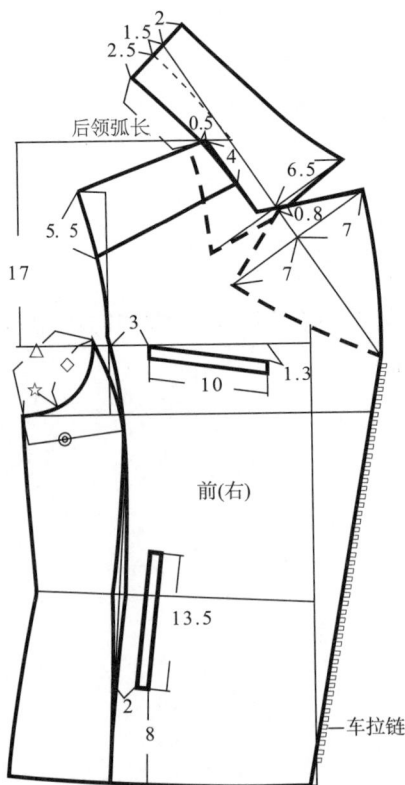

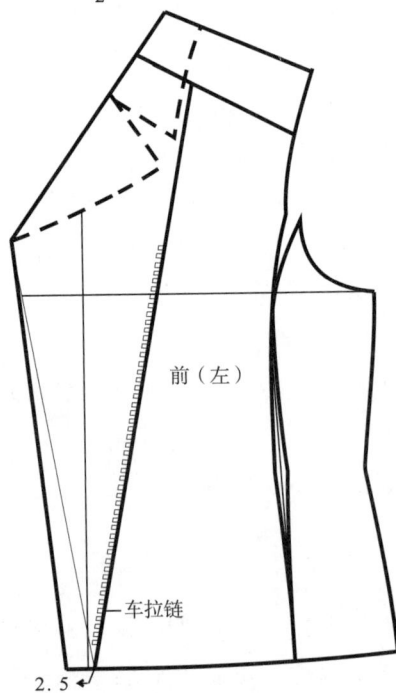

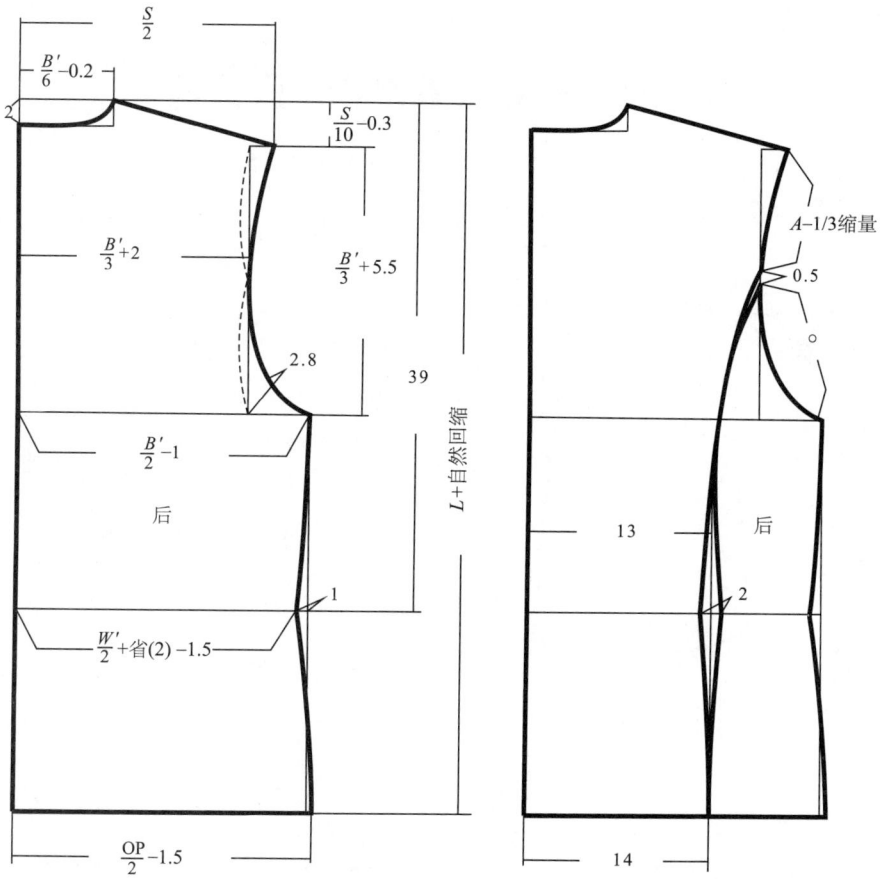

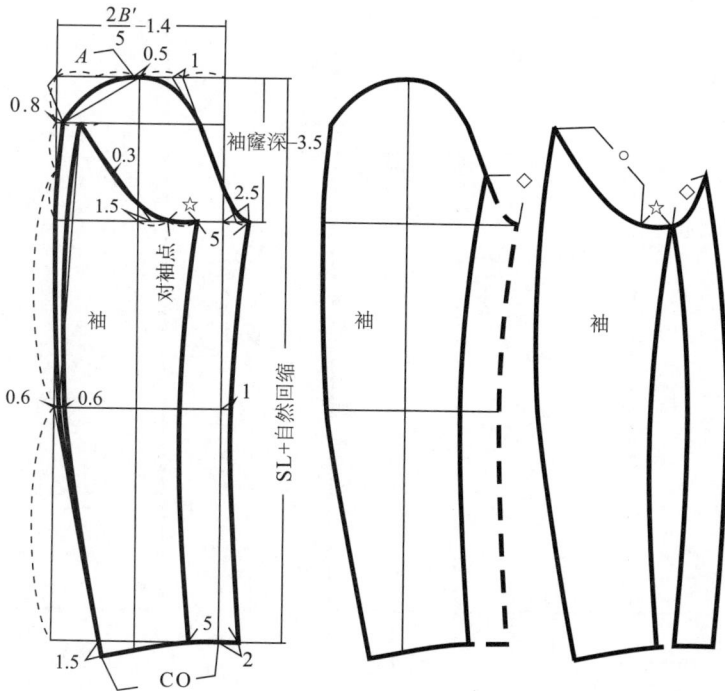

图7-61　结构制图

第五节　针织套装结构制图实例

一、结带套裙

图7-62　款式图

（一）下装

1. 款式图（图7-62）
2. 成品规格（表7-28）
3. 结构制图（图7-63）

表7-28　裙成品规格表　　单位：cm

尺寸 号型　　部位	裙长 L	半臀围 H'	半下摆 OP
160 / 66	80	45	45

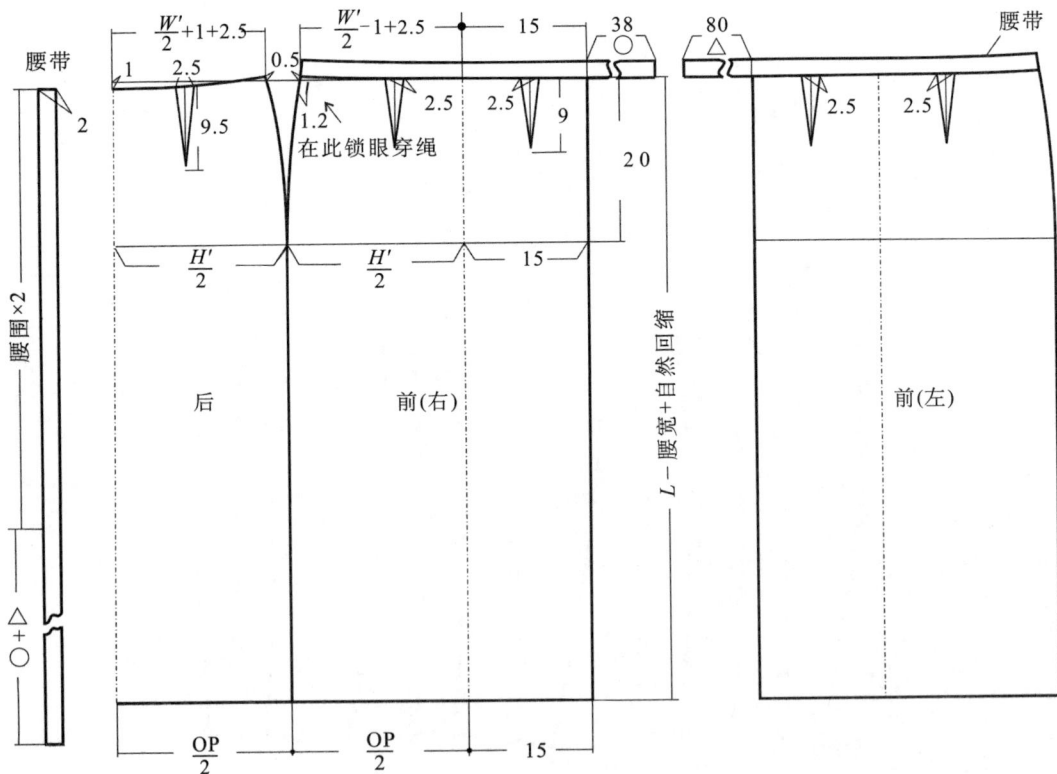

图7-63　裙结构制图

（二）上装

1. **成品规格**（表7-29）

2. **结构制图**（图7-64）

表7-29　衣成品规格表　　　　单位：cm

尺寸 号型 ＼ 部位	衣长 L	半胸围 B′	肩宽 S	领口宽 NW	前领深 FND	袖长 SL	袖口宽 CO
160 / 84	54	45	38	18	9	40	12.5

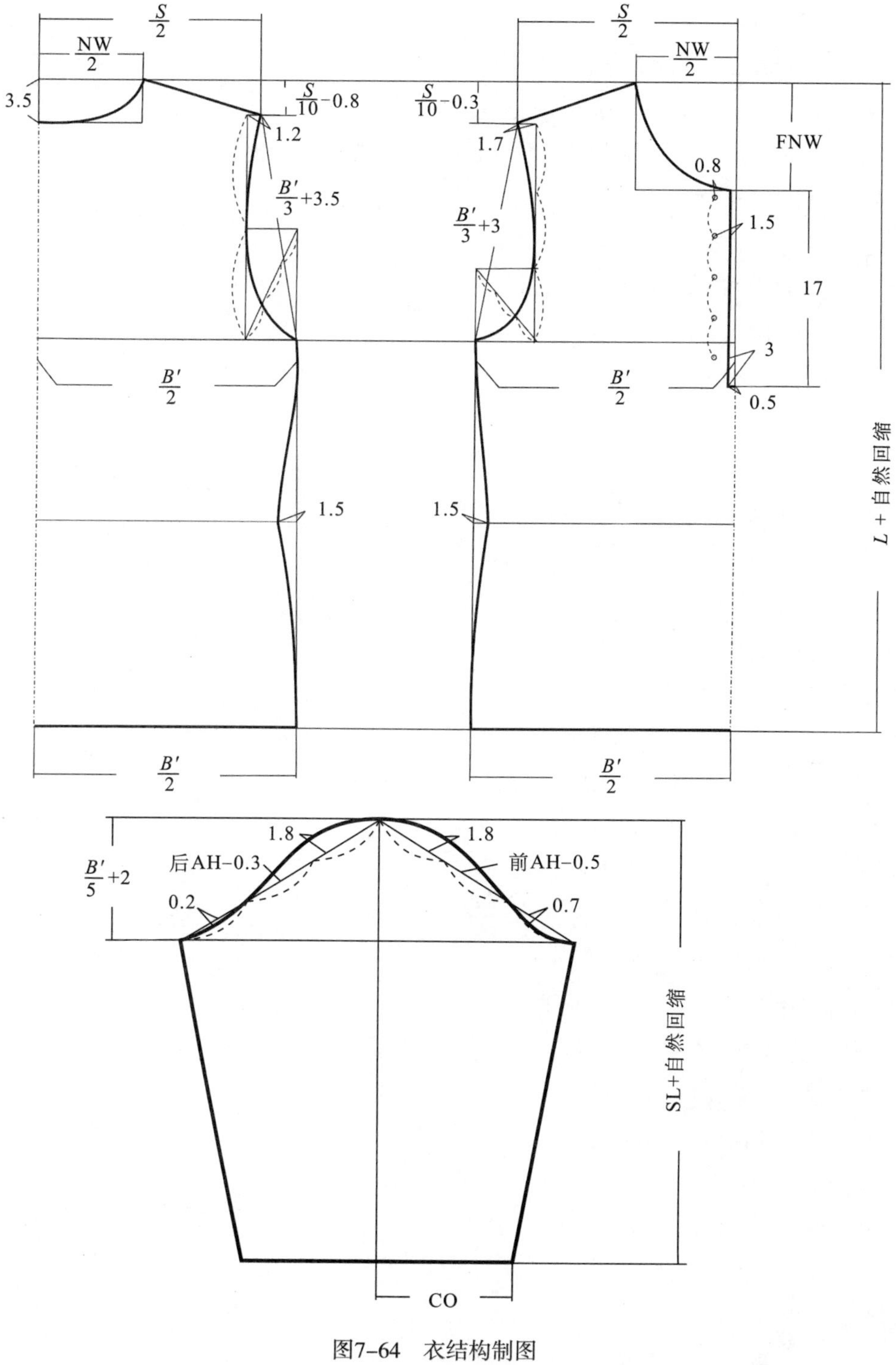

图7-64　衣结构制图

3. 制图步骤

下装：

（1）前片。

①裙长：［80-腰带宽（2cm）］［1+自然回缩率］。

②臀围高：20cm。

③臀围：1/2臀围（45cm）=22.5cm。

④腰围：1/2腰围（33cm）+省（2.5cm）=19cm，距前中线向右取15cm，设省2.5cm。

⑤下摆宽：1/2下摆宽（45cm）=22.5cm。

⑥裙片叠宽：15cm，距前中线向右取15cm，裙片两层双叠。

（2）后片。

①延长裙上、平线、臀围线下平线。

②臀围：1/2臀围（45cm）=22.5cm。

③腰围：1/2围（33cm）+省（2.5cm）=19cm。

④腰带：腰围+118cm，宽2cm。

上装：

（1）前片。

①衣长：54cm（1+自然回缩率）。

②领口宽：1/2领口宽（18cm）=9cm。

③前领深：9cm。

④落肩线：1/10肩（38cm）=3.8cm。

⑤前肩宽：1/2肩（38cm）=19cm。

⑥袖窿深：1/3胸围（45cm）+3cm=18cm。

⑦前胸宽：在肩点向右进入1.7cm。

⑧胸围：1/2胸围（45cm）=22.5cm。

⑨腰围：在侧缝线向右进入1.5cm。

⑩襟长：17cm。

（2）后片。

①延长前片上、胸围线和下平线。

②领口宽：1/2领（18cm）=9cm。

③领口深：3.5cm。

④落肩线：1/10肩（38cm）–0.5cm=3.3cm。

⑤后肩宽：1/2肩（38cm）=19cm。

⑥袖窿深：1/3胸围（45cm）+3.5cm=18.5cm。

⑦后背宽：在肩点向左进入1.2cm。

⑧胸围：1/2胸围（45cm）=22.5cm。

⑨腰围：在侧缝线向左进入1.5cm。

（3）袖片。

①袖长：40cm（1+自然回缩率）。

②袖山高：1/5胸围（45cm）+2cm=11cm。

③前袖山弧长：前AH–0.5cm。

④后袖山弧长：后AH–0.3cm。

⑤袖口：12.5cm。

二、绲条缉花套裙

1. 款式图（图7–65）

2. 成品规格（表7–30）

3. 结构制图（图7–66、图7–67）

图7–65　款式图

表7-30　成品规格表　　　单位：cm

尺寸号型 \ 部位	衣长 L	半胸围 B′	肩宽 S	领口宽 NW	前领深 FND	袖长 SL	袖口宽 CO	裙长 L	半臀围 H′
160 / 84	52	44	38	19	10	48	10.5	56	48

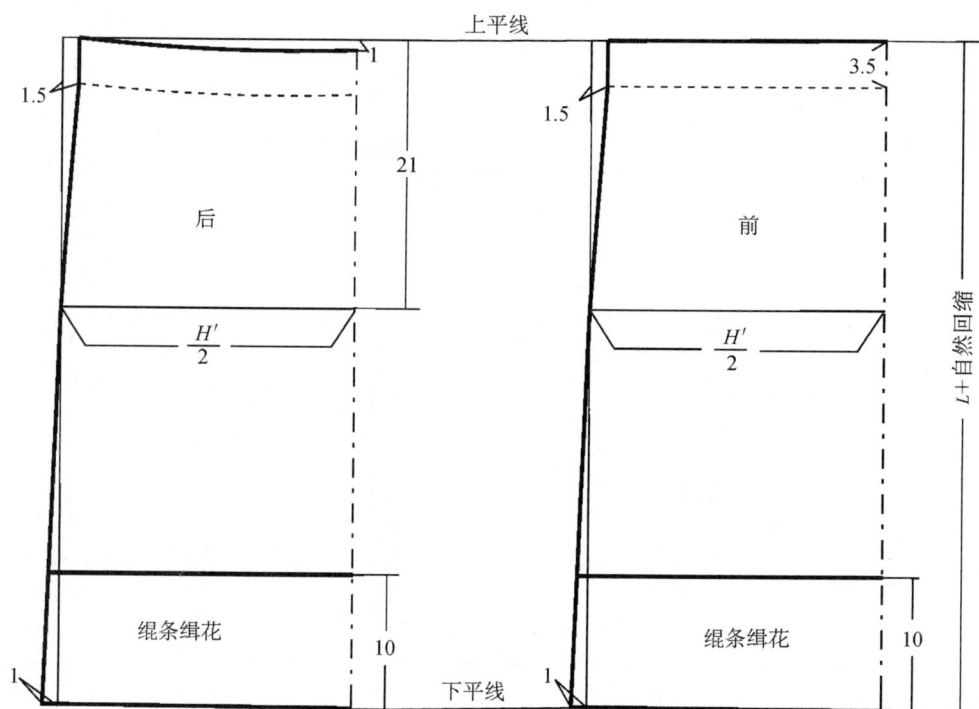

图7–66　裙结构制图

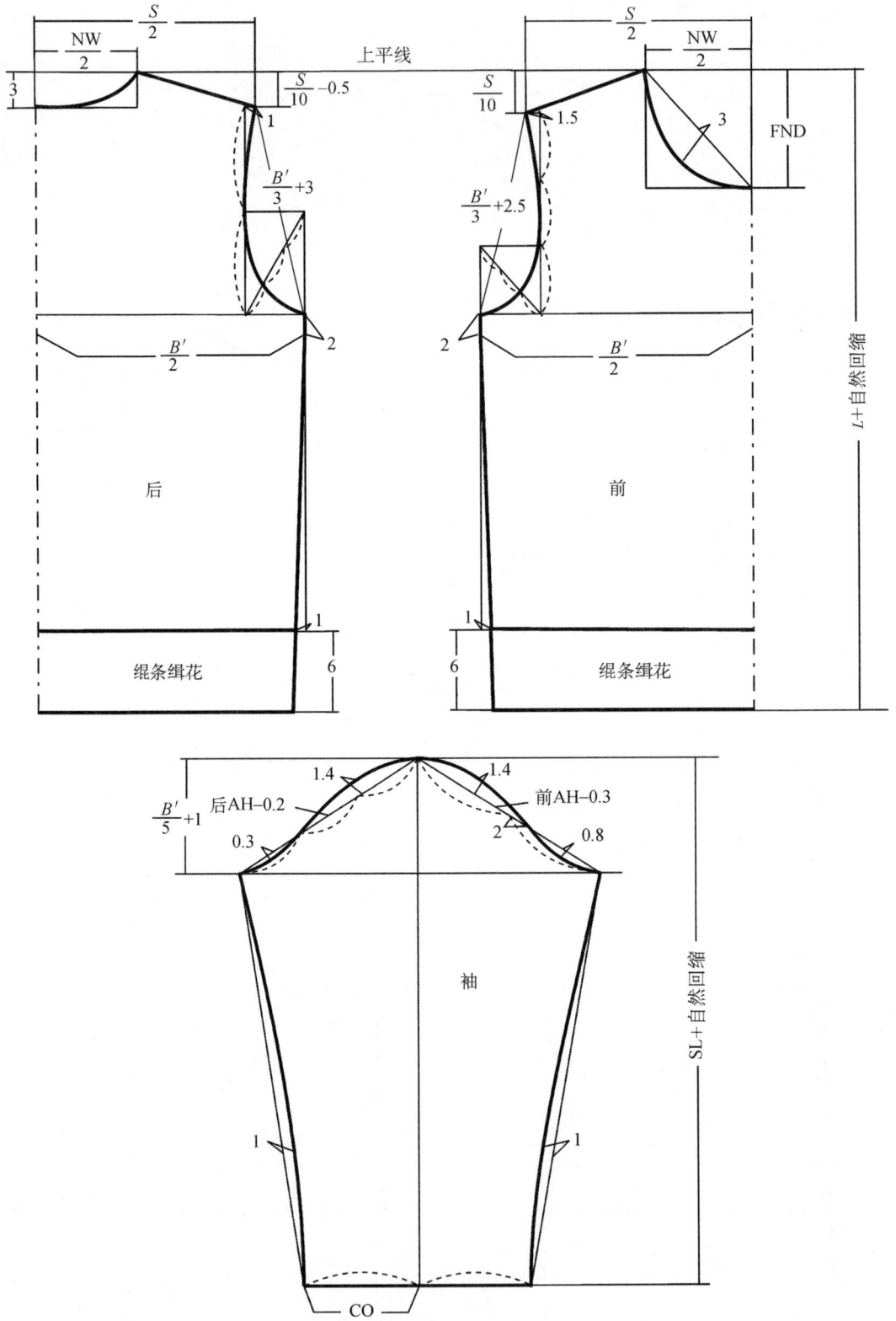

图7-67　衣结构制图

三、盆领套装

（一）上装

1. 款式图（图7-68）
2. 成品规格（表7-31）
3. 结构制图（图7-69）

表7-31　成品规格表　　单位：cm

尺寸 号型 　　部位	衣长 L	半胸围 B'	肩宽 S	领宽 NW	前领深 FND	袖长 SL	袖口宽 CO	半下摆 OP
160 / 84	64	47	41	20.5	9	55	13	52

图7-68　款式图

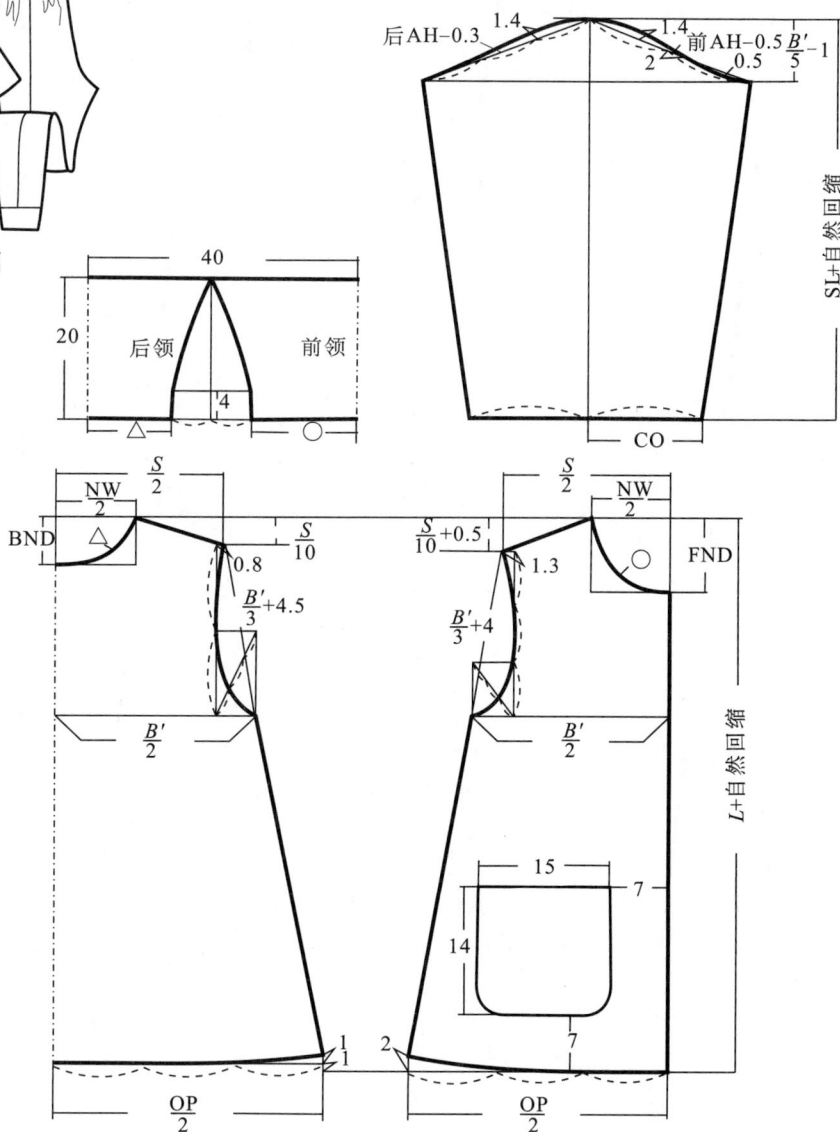

图7-69　结构制图

（二）下装

1. 成品规格（表7-32）

2. 结构制图（图7-70）

表7-32 裤成品规格表　单位：cm

尺寸 号/型	部位	裤长 L	半臀围 H'	半腰围（橡筋） W'	裤口宽 SW
160/66		98	47	30	13

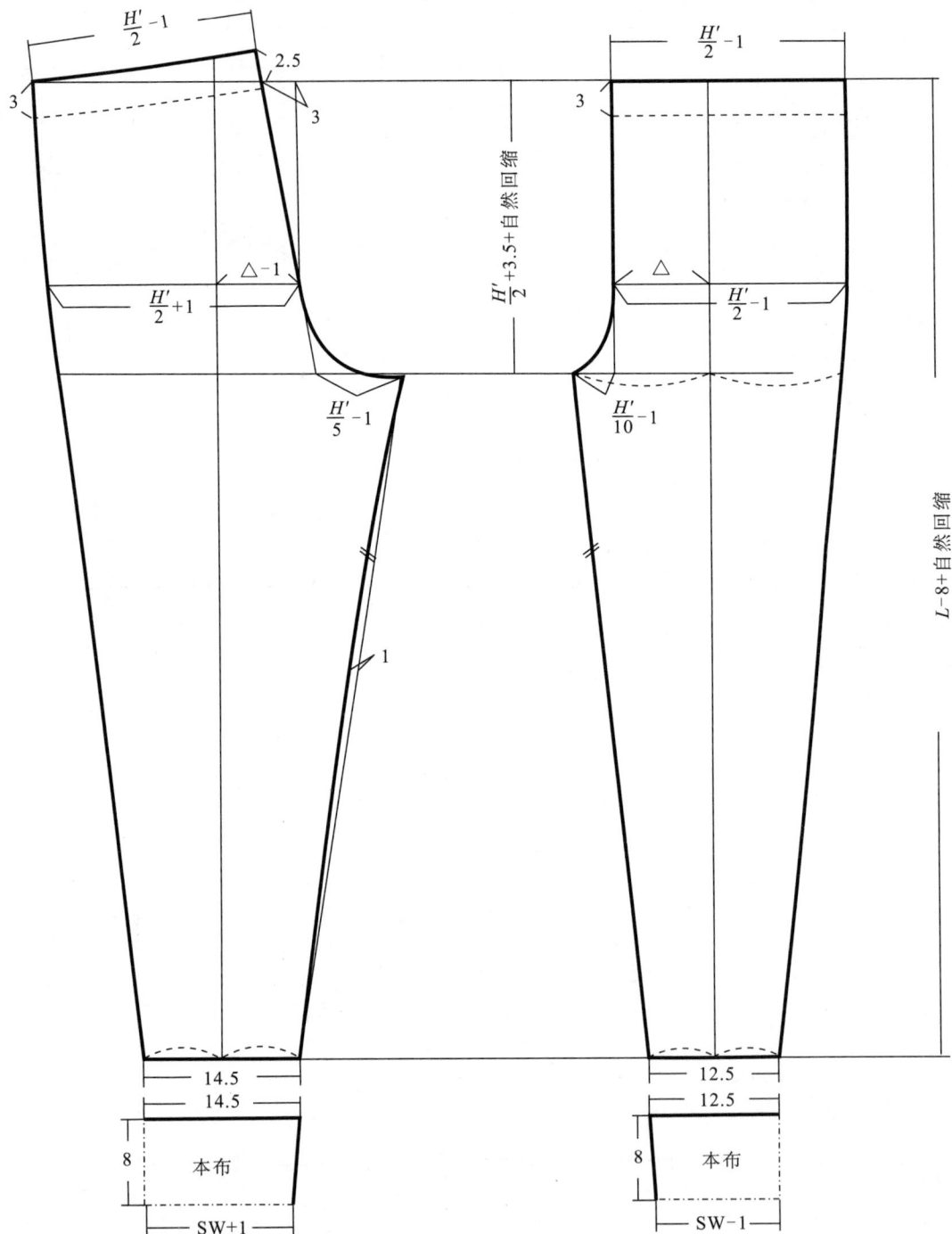

图7-70　裤结构制图

四、V领开襟套裙

1. 款式图（图7-71）
2. 成品规格（表7-33）
3. 结构制图（图7-72、图7-73）

图7-71 款式图

表7-33 成品规格表　　　　单位：cm

部位 尺寸 号型	衣长 L	半胸围 B'	肩宽 S	领口宽 NW	前领深 FND	袖长 SL	袖口宽 CO	裙长 L	半腰围（紧） W'	半臀围 H'	半下摆 OP
160/84	58	50	40	17	20	52	8	66	30	51	58

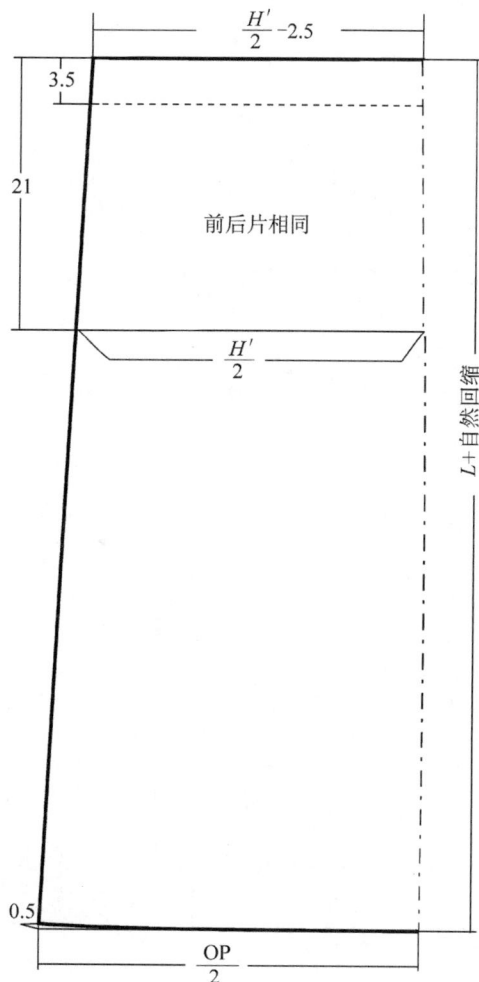

图7-72 裙结构制图

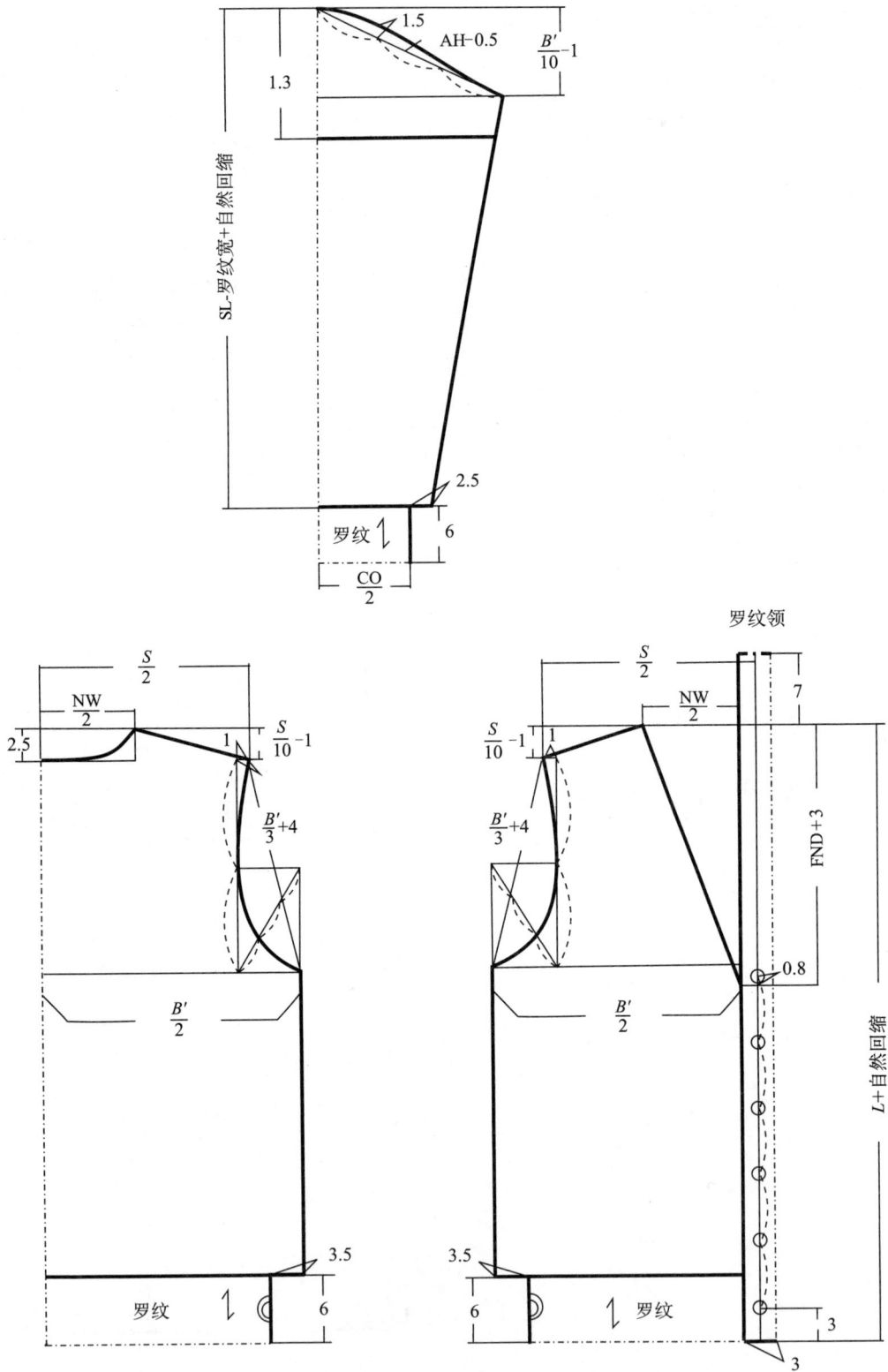

图7-73　衣结构制图

五、高领长袖套装

（一）上装

1. 款式图（图7-74）
2. 成品规格（表7-34）
3. 结构制图（图7-75）

图7-74 款式图

表7-34 衣成品规格表　　　　　　　　　　　单位：cm

尺寸 号型 ＼ 部位	衣长 L	半胸围 B'	肩宽 S	领口宽 NW	挂肩 AH	袖长 SL	袖口宽 CO
160／84	60	46	41	20	20	55	10

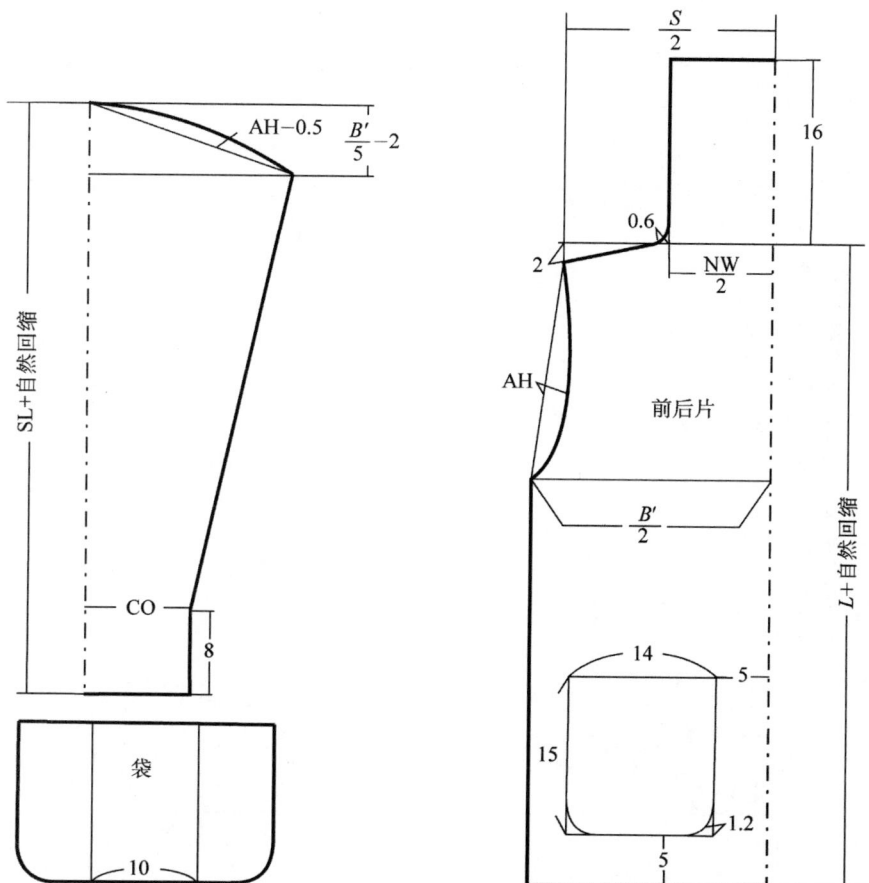

图7-75 衣结构制图

（二）下装

1. 成品规格（表7-35）

2. 结构制图（图7-76）

表7-35　裤成品规格表　单位：cm

部位 尺寸 号型	裤长 L	半臀围 H'	裤口宽 SW
160 / 66	103	43	10

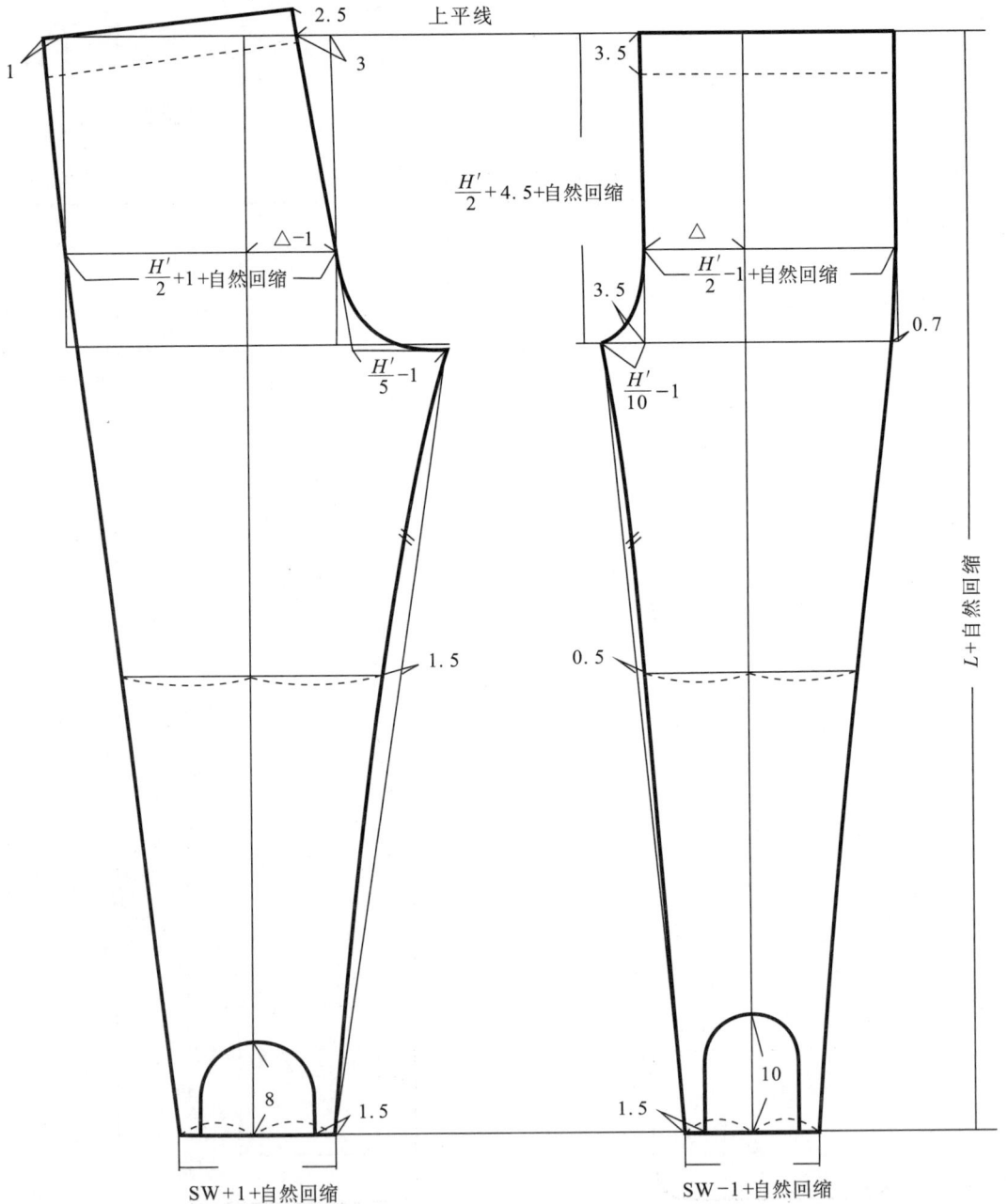

图7-76　裤结构制图

思考题

1. 为什么运动服的围度的放松量要比日常服装要大?
2. 什么是针织时装,其风格分类有哪些?
3. 套装类的服装结构制图有哪些特点?

课后准备

实操练习。

实操篇——

针织服装配件结构制图

课题名称：针织服装配件结构制图

课题内容：针织帽、包袋结构制图

课题时间：4课时

教学目的：让学生掌握针织配件结构制图的方法，懂得根据不同的服装风格选择不同的服装配件。

教学方式：1:1大图教学、实操练习。

教学要求：结合服装不同的风格来分析配件的结构制图。

第八章　针织服装配件结构制图

第一节　针织服装配件结构制图要点

针织服装的日渐时装化，使人们对针织服装的整体性有了进一步的追求，服饰配件在针织服装中起到了重要的装饰和实用作用，越来越得到消费者的认可。通过配件的造型、色彩、装饰弥补了某些服装的不足，满足了人们的心理和着装的需求。

一、针织服装配件的种类及作用

针织服装配件的种类很多，由于篇幅所限，本书重点介绍以下两种。

1. 帽

帽饰并非都是用针织面料制作的，本章所讲是指适合针织服装造型风格搭配的帽饰。针织帽可用针织面料的纬编、经编制作，如扎绳帽是用纬编制作的，六片太阳帽可以用经编的面料制作，也可以用纯棉机织面料制作。用毛线编织的帽搭配针织服装，更能增强服装的整体感，提高艺术的感染力。

帽饰既有装饰的一面，更有实用的一面，它不仅可以挡风、遮阳光，还可以保护皮肤、头发不受紫外线的侵害。

2. 包袋

包袋的实用性远比装饰性大。随着材料的不断创新与应用，技术的不断更新以及人们对美的追求，包袋在款式造型、色彩等方面日益丰富，已成为人们外出的必备品。

二、针织服装配件与服装环境的协调

服装与配件是相互依存的一个整体，配件是从属于这个整体的一部分。因此，配件要与服装的造型风格取得协调，如果搭配不当就会破坏整体效果。

人们总是在不同的环境、不同的场合中进行工作和生活的，按照审美习惯，不同的场合和环境有着不同的服饰着装和搭配。如运动场合，宽阔的运动场地给人一个自由、随意、奔放的感觉，穿着宽松的针织运动服装，搭配棉质的运动帽，足穿运动鞋进行运动，环境与服装、服饰的风格浑然一体，整体协调，使人感到轻松、自然、舒畅。如果此时穿着珠片连衣裙，佩戴名贵饰物，服装服饰的风格就会与场合格格不入，同样，如果穿着运动服，配丝绒花边帽，也感到很别扭。因此，服饰配件要与服装的风格及环境相协调，才

能取得最佳的装饰效果。

三、针织服装配件结构制作要点

机织服装配件制作要有专用设备和工具，并配备专门的配件及辅料，制作工艺比服装复杂。例如有的帽式制作，为了符合人的头型，要在模具上定型后再制作帽子，而针织帽饰是不需要使用专用设备及工具，也无需经过这些程序的。包袋制作也很简单，包袋材料多选用帆布、牛仔布、棉布、麻绳、棉线绳等，配件及辅料只需要一些必要的扣、带配件，而不需要带有过多的金属装饰物，以免影响包袋的休闲风格。

针织配件结构制图的要点如下：

1. 帽的裁剪制图要点

（1）帽围尺寸。

帽戴在头上一般不设绳或扣，因此帽必须要符合头围的尺寸。

帽围尺寸取决于最大头围尺寸。用毛线编织的或用针织面料制作的帽，因有弹性，可将帽围尺寸适当减小，而缩水率较大的牛仔布等面料制作的帽，可将帽围尺寸适当增大，以免因洗后缩水，使帽围过紧而感觉不适。

（2）裁片的缝接。

要画好帽的制图，首先将弄清楚帽的结构。

帽的结构分为：帽围、帽身、帽顶、帽檐或帽舌、帽里（图8-1）。

帽的缝接程序：帽顶与帽身缝合；帽身与帽围缝合；帽围与帽檐或帽舌缝合。每一个部位的尺寸都要符合与下一个拼接部位的尺寸。

（3）帽各部位尺寸的取值。

①帽围尺寸取决于头围的尺寸，取值的方法请参考上文。

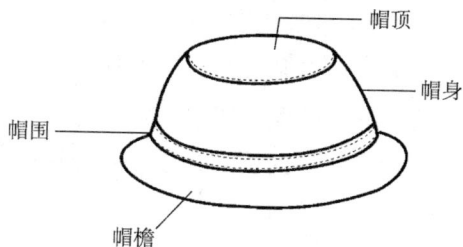

图8-1 帽的结构

②帽身、帽顶尺寸的取值。求帽身尺寸必须求出帽身高（包括帽身、帽顶、帽围）的总数据。帽身高尺寸的提取是从头部一侧耳朵的上方起，经头顶量至另一侧耳朵的上方，取其所测量的尺寸除以2；帽顶是帽身高尺寸的二分之一。例如，从头部一侧耳朵的上方到另一侧耳朵的上方中量取的尺寸为30.6cm，这是包括帽身、帽顶、帽围的总尺寸，再用30.6cm÷2=15.3cm，就是帽身高的尺寸；帽顶的半径则取帽身高尺寸的1/2，15.3cm÷2=7.65cm，即帽顶的半径为7.5cm（以0.5为小数，因此取值7.5cm）。

③帽身、帽围。设帽围高是2cm，则帽身=帽身总尺寸-帽顶-帽围，得15.3cm-7.5cm-2cm=5.8cm，帽身尺寸为5.8cm。如果帽顶或帽身分为几片，则帽顶或帽身圆周长分别是这几片的长度尺寸的总和。

2. 包袋的裁剪制图要点

包袋的裁剪制作比帽要简单，人为制约因素没有帽那么严格。包袋的取寸多从用途出发，外形多以圆形、方形、长方形为基本形，在此基础上再进行款式变化设计。

（1）包袋结构。

包袋结构包括袋片、手挽带、袋顶、袋侧片、袋底（图8-2）。

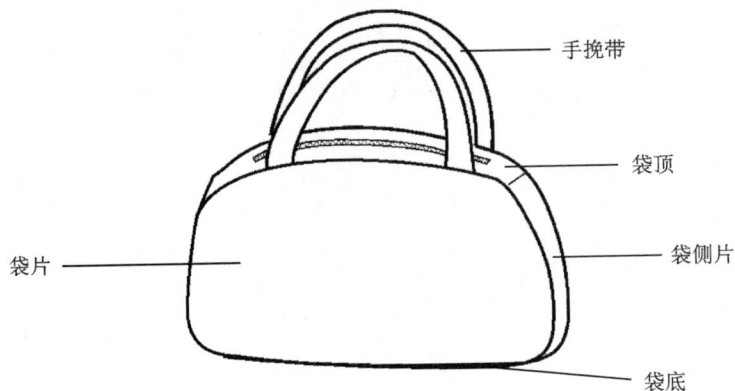

图8-2 包袋结构

（2）包袋制图要点。

袋片的宽和高是包袋的外形尺寸，袋侧片的宽度就是包袋的厚度。袋顶和袋底分别与两侧片相连袋侧片缝接袋片，每一个部位的尺寸要符合所拼接另一个部位的尺寸。因此，袋侧片和袋底的长度是袋片三边的尺寸的总和，袋顶的长度与袋片顶部的长度要一致。

第二节 针织服装配件结构制图实例

一、扎绳帽

1. **款式图**（图8-3）

2. **结构制图**（图8-4）

图8-3 款式图

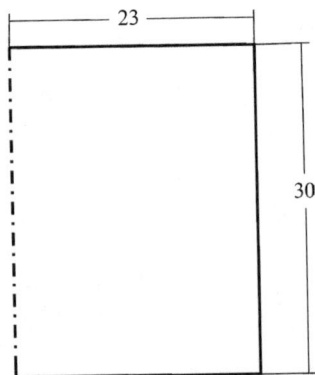

图8-4 结构制图

二、六片太阳帽

1. 款式图（图8-5）

2. 结构制图（图8-6）

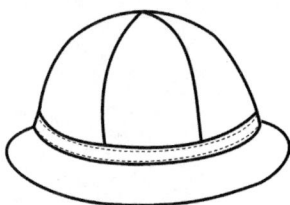

图8-5 款式图

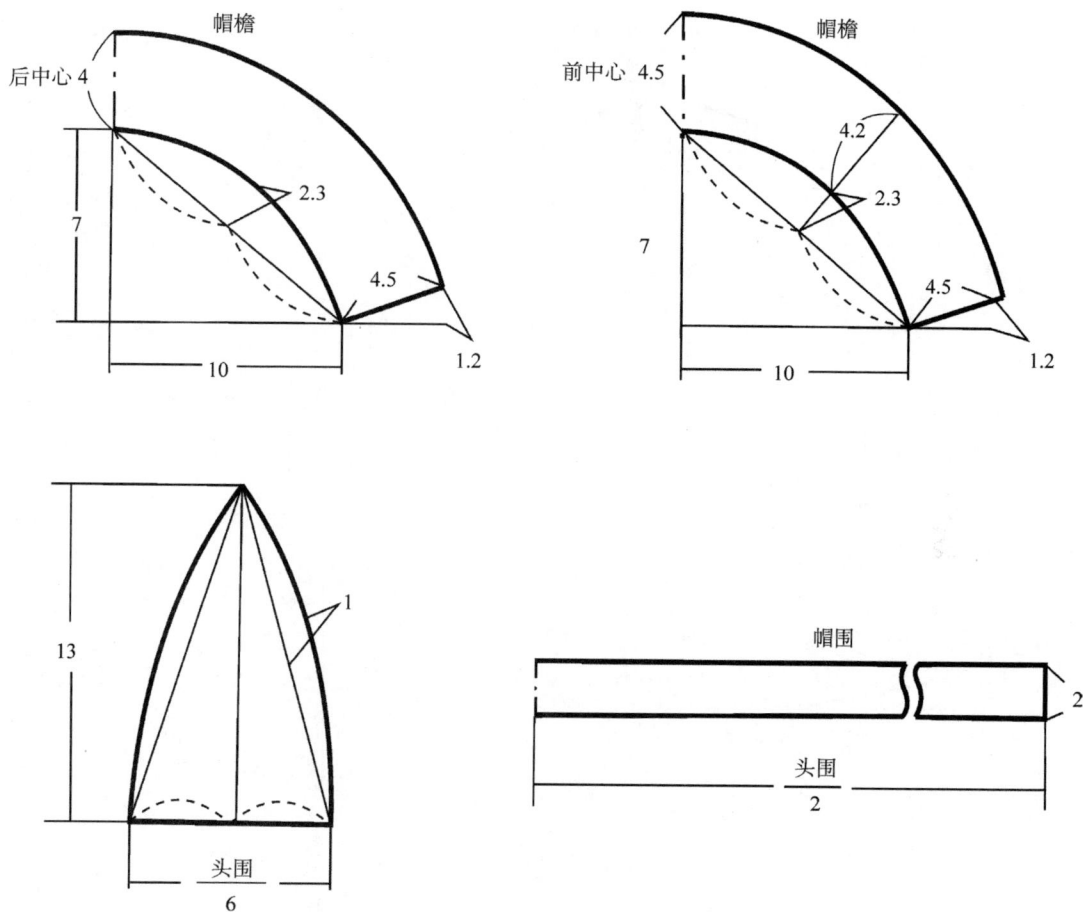

图8-6 结构制图

三、蝴蝶结太阳帽

1. 款式图（图8-7）
2. 结构制图（图8-8）

图8-7 款式图

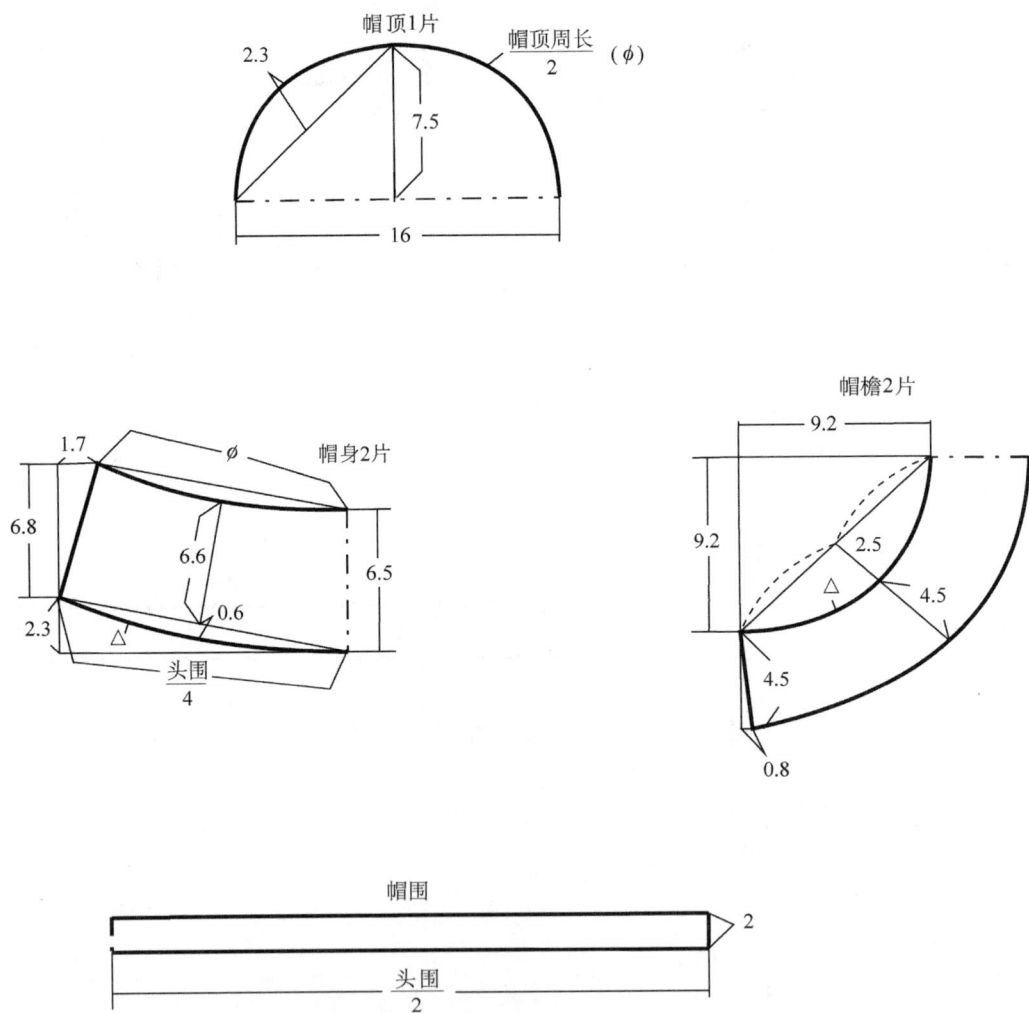

图8-8 结构制图

四、旅游帽

1. 款式图（图8-9）
2. 结构制图（图8-10）

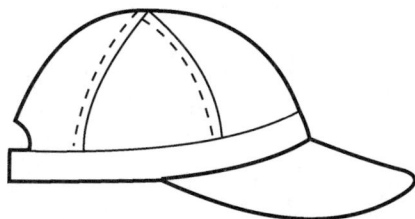

图8-9 款式图

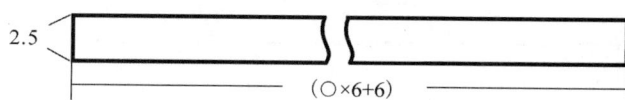

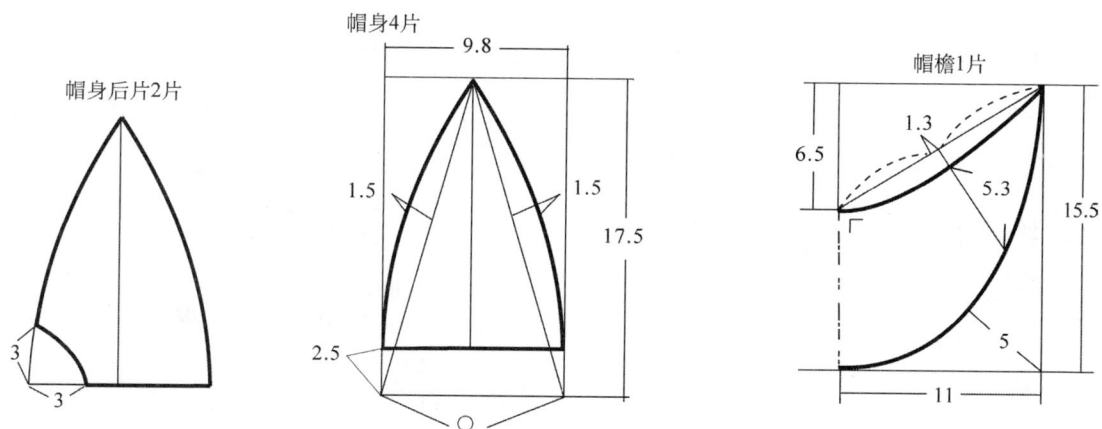

图8-10 结构制图

五、贝雷帽

1. 款式图（图8-11）
2. 结构制图（图8-12）

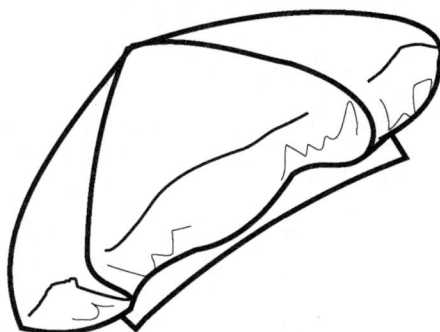

图8-11 款式图

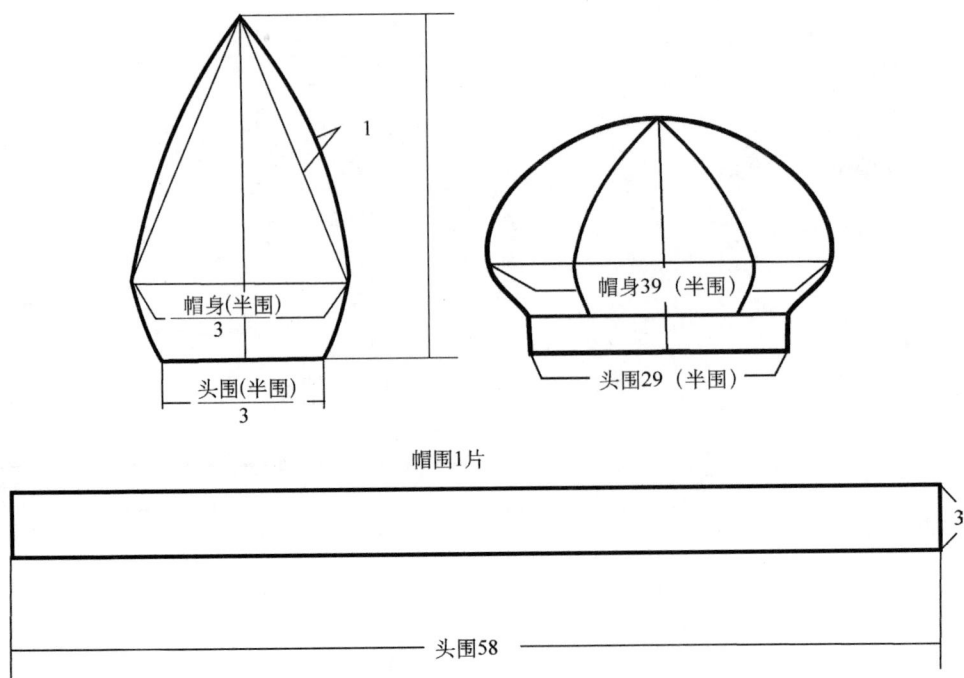

帽围1片

图8-12 结构制图

六、钟形帽

1. **款式图**（图8-13）

2. **结构制图**（图8-14）

图8-13 款式图

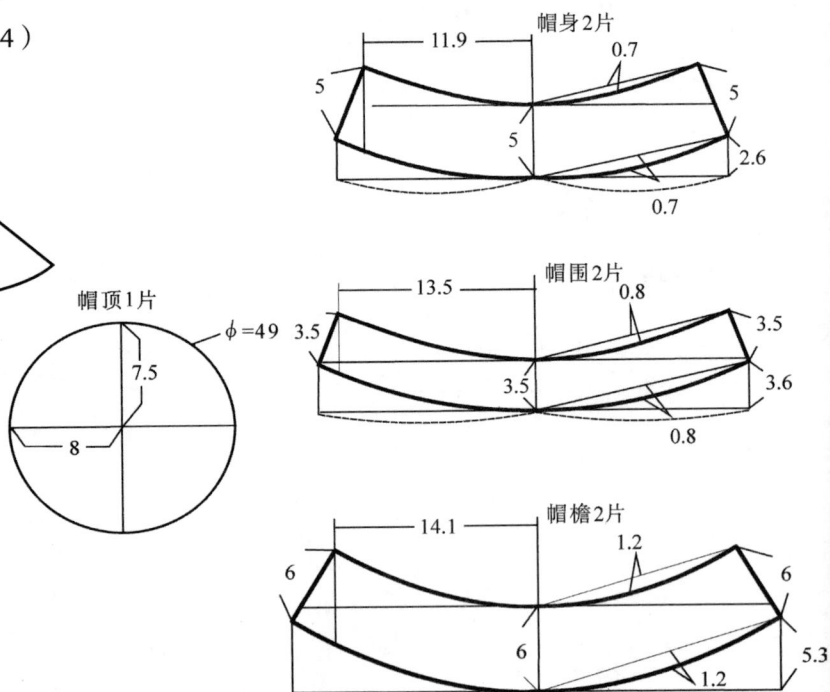

图8-14 结构制图

七、腰包

1. **款式图**（图8-15）
2. **结构制图**（图8-16）

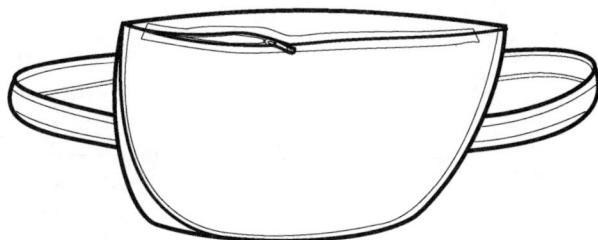

图8-15　款式图

侧片

后片

前片

19

11

2.5

6

2.5

2.5

3

19

11

1.8

4

2.5

5

40

包带×2

2.5

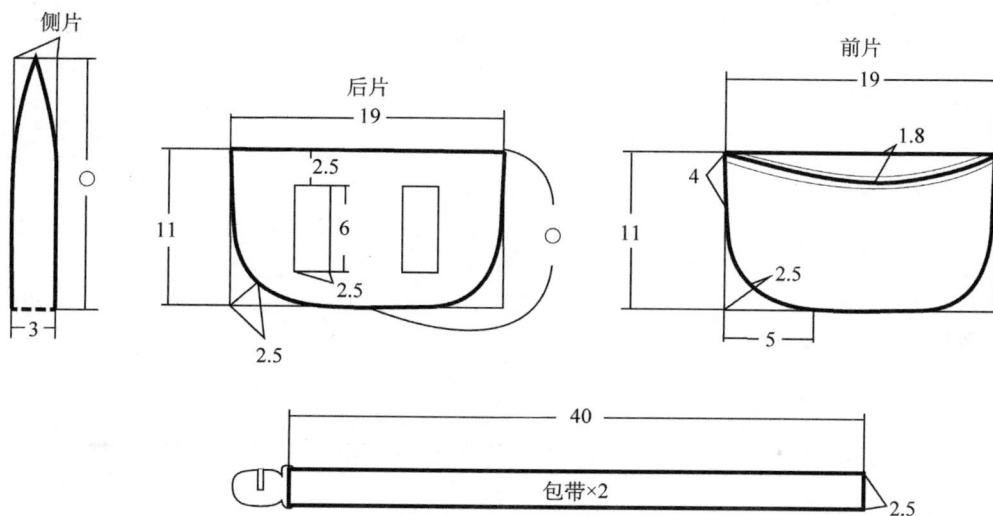

图8-16　结构制图

八、腰袋

1. **款式图**（图8-17）
2. **结构制图**（图8-18）

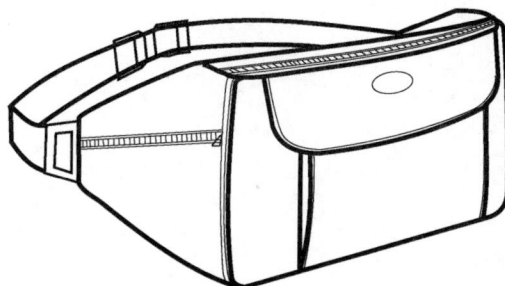

图8-17　款式图

11
2
5
侧片×2
12

18
12
7 袋盖
前片

后片
35
2
5
12.5

20
袋底、袋顶各1片
5.5

14
风琴袋
9.5
3.5   3.5

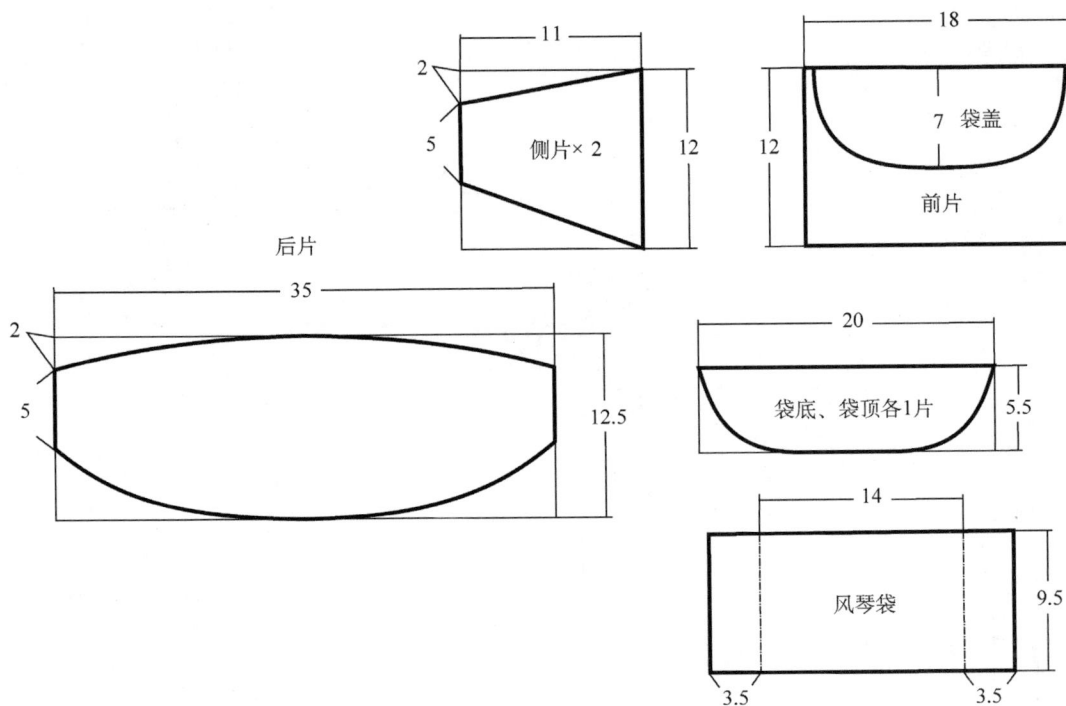

图8-18   结构制图

九、腰鼓式手挽袋

1. **款式图**（图8-19）
2. **结构制图**（图8-20）

1   袋身   缝拉链
5
2   4   缉带
3.5
21

图8-19   款式图

侧片×2
○
Ø 11

带×2
3
35

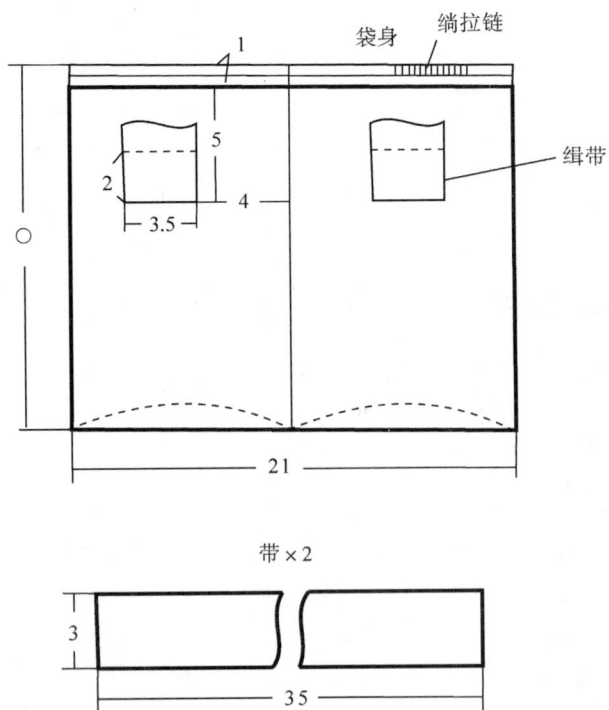

图8-20   结构制图

十、休闲袋

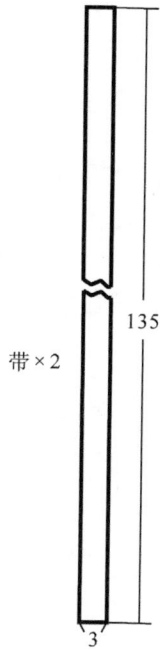

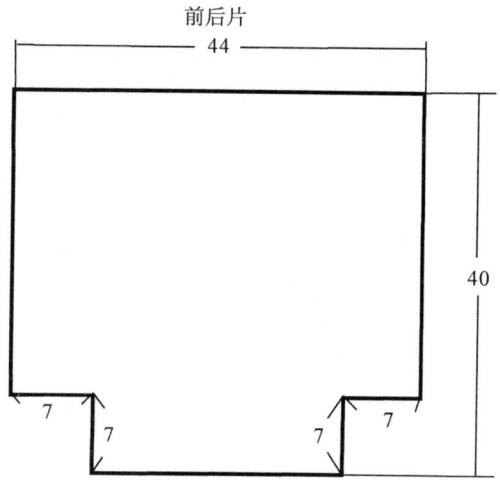

1. **款式图**（图8-21）
2. **结构制图**（图8-22）

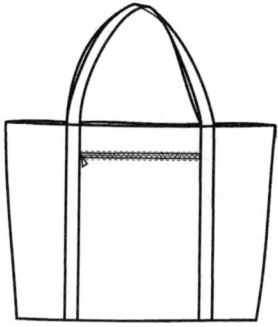

图8-21 款式图

带×2 135 3

前后片
44
40
7 7 7 7

图8-22 结构制图

十一、挎袋

1. **款式图**（图8-23）
2. **结构制图**（图8-24）

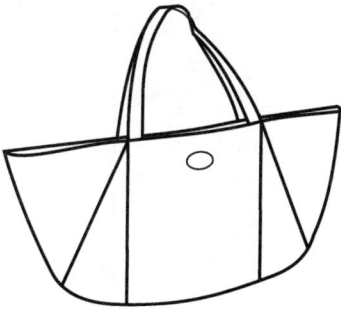

图8-23 款式图

前片
48
27
22
9 4.5 9
1.6 2.5

底片
25
11
4

后片
48
22

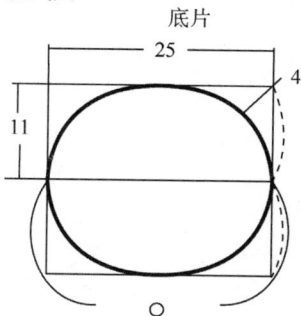

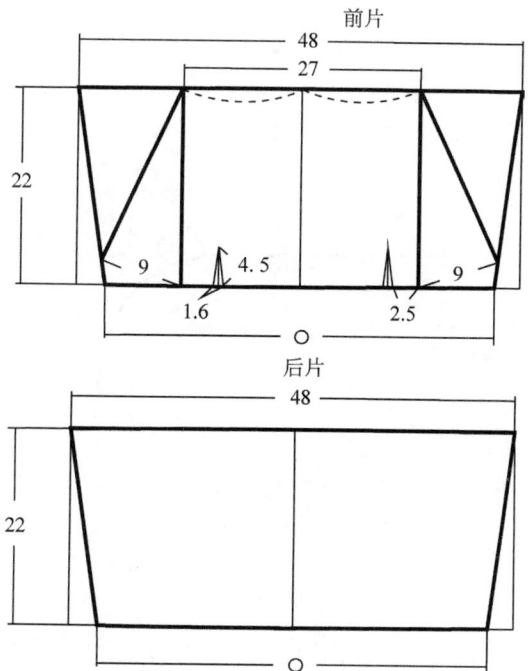

图8-24 结构制图

十二、手挽布袋

1. 款式图（图8-25）
2. 结构制图（图8-26）

图8-25　款式图

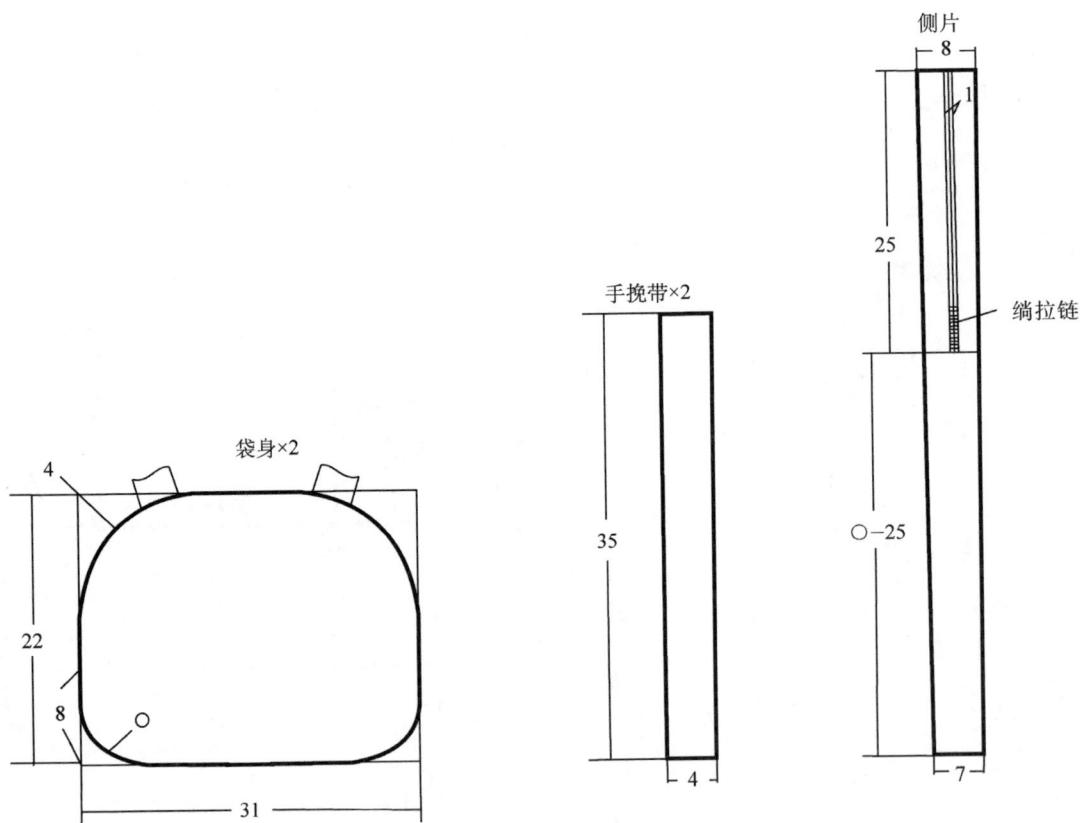

图8-26　结构制图

十三、背袋

1. **款式图**（图8-27）
2. **结构制图**（图8-28）

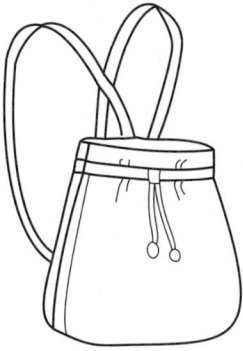

图8-27　款式图

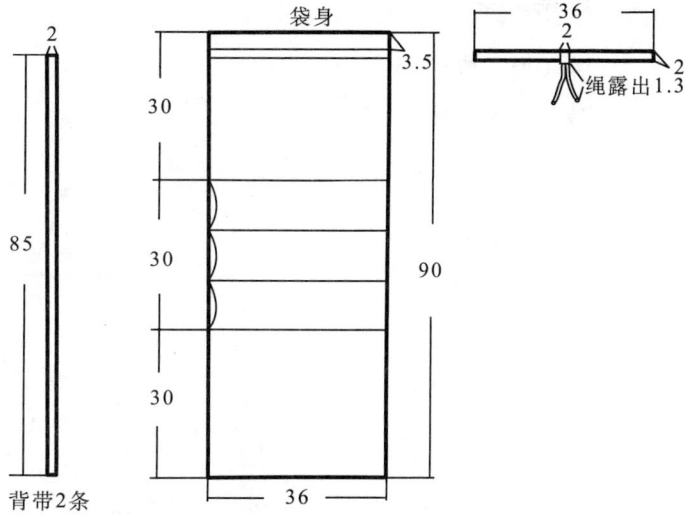

图8-28　结构制图

十四、网袋

1. **款式图**（图8-29）
2. **结构制图**（图8-30）

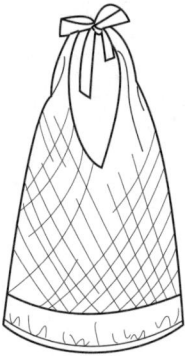

图8-29　款式图

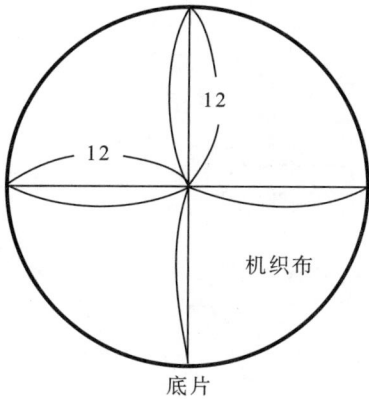

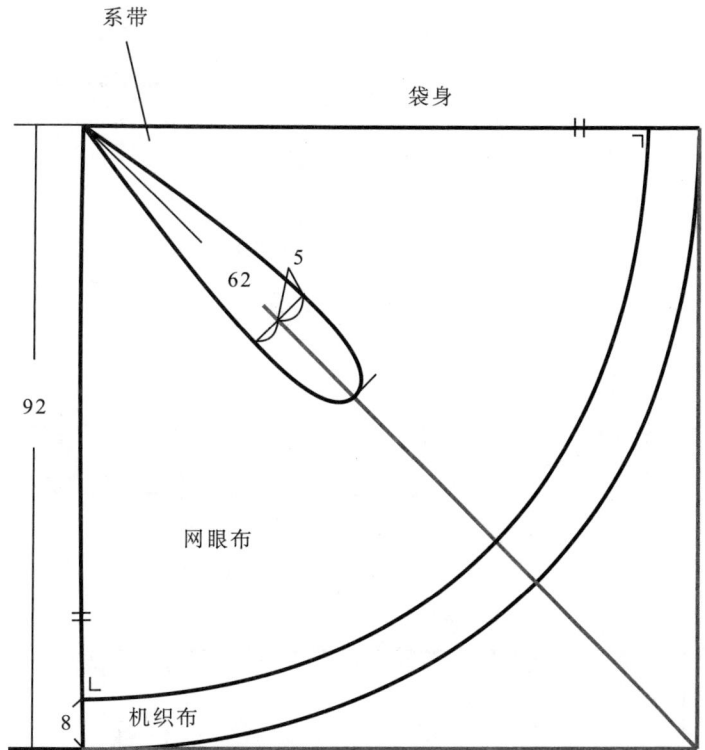

图8-30　结构制图

十五、肩挎网袋

1. 款式图（图8-31）
2. 结构制图（图8-32）

图8-31　款式图

前后片

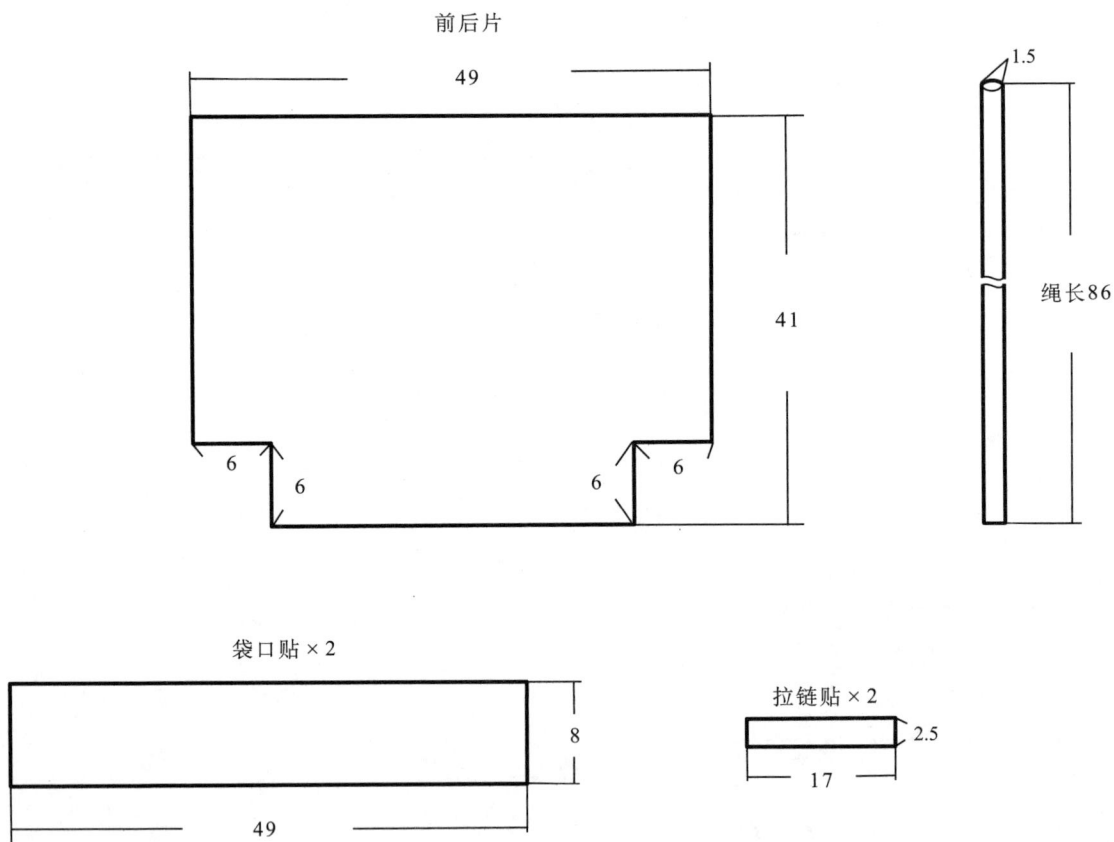

49

41

6　6　6　6

6

1.5

绳长86

袋口贴×2

8

49

拉链贴×2

2.5

17

图8-32　结构制图

思考题

1. 针织服装配件有哪些种类?
2. 服装配件在服装整体中起到什么作用?
3. 如何使服装配件与服装造型风格协调一致?
4. 针织服装配件结构制图有哪些制作要点?

课后准备

实操练习。

参考文献

［1］刘瑞璞，刘继和. 女装纸样设计原理与技巧［M］. 2版. 北京：中国纺织出版社，2002.

［2］中国标准出版社第一编辑室. 中华人民共和国国家标准GB/T 6411—1997棉针织内衣规格尺寸系列［M］. 中国标准出版社，1998.